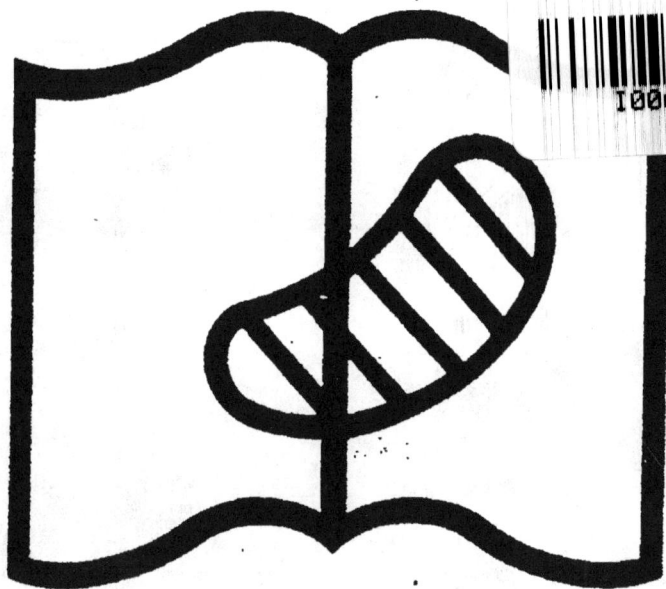

Original illisible

NF Z 43-120-10

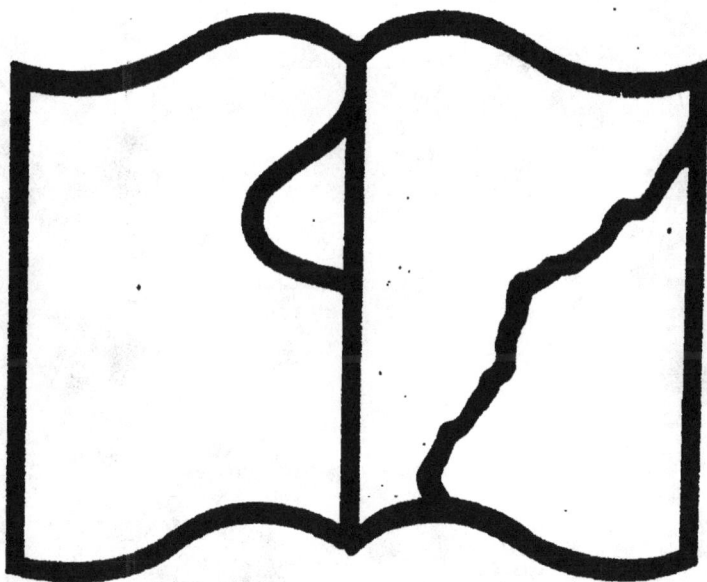

Texte détérioré — reliure défectueuse

NF Z 43-120-11

CE QU'IL Y A SOUS LE PAVÉ DE LONDRES

Conduite de gaz — Conduite d'eau — Tube pneumatique pour les dépêches — Égouts
Tunnel et railway métropolitain.

LES NOUVELLES CONQUÊTES

DE

LA SCIENCE

PAR

LOUIS FIGUIER

GRANDS TUNNELS
ET RAILWAYS MÉTROPOLITAINS

VOLUME ILLUSTRÉ DE 215 GRAVURES ET PORTRAITS

D'APRÈS LES DESSINS DE

MM. J. FÉRAT, A. GILBERT, BROUX, etc.

PARIS

LIBRAIRIE ILLUSTRÉE   MARPON & FLAMMARION

7, RUE DU CROISSANT   RUE RACINE, 26

LES NOUVELLES CONQUÊTES

DE LA SCIENCE

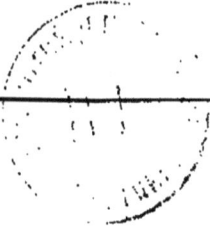

LE TUNNEL DU MONT CENIS

I

Les trois époques du passage des Alpes.

Jusqu'à l'année 1810, il n'existait aucune route carrossable pour traverser les Alpes, et se rendre de la Savoie en Italie. Annibal avait eu l'audace et le génie de faire franchir à une immense armée, avec ses bagages et ses *impedimenta* de tout genre, les cols et les vallées alpestres. Mais le conquérant carthaginois n'avait laissé à personne le secret des moyens qu'il avait mis en œuvre pour cette expédition glorieuse. Il avait seulement, sans doute pour dérouter l'histoire, créé la bonne mystification des barils de vinaigre servant à dissoudre les rochers. Un roi de France, Charles VIII, avait retrouvé les traces de ce passage, pour jeter dans le nord de l'Italie une armée formidable. Enfin, tout le monde sait avec quelle merveilleuse rapidité Bonaparte, en 1800, fit franchir aux bataillons qui devaient s'appeler l'armée d'Italie, les défilés des Alpes, pour descendre, comme un torrent, dans les plaines du Piémont. Mais, depuis ces grands maîtres en l'art de la guerre, les Alpes savoisiennes et italiennes étaient restées inabordables aux plus simples véhicules. Les petits centres de population, disséminés au cœur ou sur le flanc de ces montagnes, ne pouvaient communiquer entre eux que par quelques sentiers ; de sorte que les chamois et les aigles pouvaient seuls se flatter de franchir sans encombre la masse

FIG. 1. — LA VILLE DE SUSE, POINT D'ARRÊT DES CHEMINS DE FER D'ITALIE AVANT LE PERCEMENT DU TUNNEL DU MONT CENIS

énorme du rempart de granit et de calcaire qui sépare l'Italie du reste de l'Europe.

Ce fut l'empereur Napoléon Ier qui ordonna, en 1803, l'ouverture de la grande et belle route qui serpente le long du mont Cenis, et qui fait communiquer la Savoie avec le Piémont. Achevée en 1810, sous la direction de l'ingénieur Fabroni, la grande route du mont Cenis coûta 7,500,000 francs. Fabroni jugea nécessaire — et la précaution n'était pas inutile — de distribuer, le long de la route, vingt-trois maisons de refuge, qui sont numérotées en partant du Piémont.

La route du mont Cenis, fort admirée au commencement de notre siècle, était loin de garantir la sécurité qu'on lui accordait bénévolement. Les sinistres étaient assez fréquents sur ses lacets, qui côtoient les plus effrayants abîmes.

C'est pour cela, sans doute, que, dès que l'art de l'ingénieur des chemins de fer eut commencé à résoudre le problème des voies ferrées s'élevant le long des montagnes, on s'empressa d'appliquer les premières locomotives à forte rampe à la traversée du mont Cenis. En 1868, un chemin de fer à *crémaillère* déroulait ses sinuosités de fer et d'acier le long des pentes du mont Cenis. On appela cette voie ferrée montagneuse le *système anglais*, et la locomotive à crémaillère, la *locomotive Fell*, sans doute parce que l'invention du rail à crémaillère et de la locomotive qui s'y cramponne, était due à un Français, au baron Séguier, membre de l'Académie des sciences de Paris.

Mais la voie ferrée à crémaillère qui franchissait le mont Cenis, avait bien des inconvénients. La neige l'obstruait pendant huit mois de l'année. Il fallait couvrir une partie de la route, et la tourmente glacée qui balayait ses sommets, emportait trop souvent ces frêles abris. Enfin, la descente sur ces terribles pentes était toujours environnée de dangers, et plus d'un accident vint justifier les craintes qui régnaient généralement contre le système Fell.

En 1857, grâce à l'initiative prise par le gouvernement Sarde et le roi Charles-Albert, dès 1845, et reprise par l'un des plus grands ministres d'Italie, M. de Cavour, l'audacieuse entreprise du percement souterrain des Alpes, avait été décidée par une loi. Il s'agissait d'ouvrir une galerie sous terraine de plus de 12 kilomètres de longueur, surmontée par des sommets si élevés qu'il était impossible de songer à y créer des puits d'aérage. L'opération paraissait donc alors, et elle était réellement, le comble de l'art de l'ingénieur.

Cependant, après bien des péripéties diverses, au mois de septembre 187... cette œuvre colossale était terminée, et les représentants de la France

de l'Italie célébraient par des fêtes splendides cette nouvelle et merveilleuse création du génie de l'homme aux prises avec tous les obstacles
de la nature.

Le hasard des circonstances a fait que j'ai vu de près ces trois
modes successifs de la traversée des Alpes. En 1865, j'ai franchi le
mont Cenis, d'Italie en Savoie, et j'ai été un des derniers voyageurs, on pourrait dire une des dernières victimes, de cette terrible
route, faite en hiver. Et si je n'ai pas péri alors au bas d'un des abîmes
qui s'ouvrent sous les pas du voyageur, c'est sans doute parce qu'il y a,
comme pour les ivrognes, un Dieu pour les vulgarisateurs empêtrés dans
les neiges.

En 1868, j'ai eu l'occasion, dans un second voyage en Italie, de franchir
les Alpes, sur le chemin de fer à crémaillère. Ici le spectacle était tout autre,
et l'impression bien différente. Le mélange de la mécanique avec les grands
aspects des paysages alpestres, était fait pour influencer vivement l'imagination et le cœur d'un physicien qui sait goûter les beautés de la nature, et je
n'oublierai jamais les sensations que j'éprouvai dans ces heures rapides ou
l'on voyait se dérouler, dans la verdure et sous le soleil de mai, les tableaux
si variés de la montagne, pendant qu'une grinçante machine vous retenait
suspendu au-dessus des plus effroyables abîmes que l'œil humain puisse
mesurer.

Enfin, comme plus d'un de mes confrères de la presse scientifique, j'ai pu
visiter, pendant l'exécution des travaux, le tunnel du mont Cenis.

Aujourd'hui, les touristes et les voyageurs, commodément assis sur les
coussins rembourrés de leur wagon de première classe, bien chauffés et bien
éclairés, pénètrent, sans s'en douter, dans le tunnel des Alpes, et en sortent
sans le savoir. Ils traversent ces 12 kilomètres de galerie souterraine, avec
une parfaite indifférence, en disant, tout au plus : « *Ce n'est que cela !* » Ils
verraient autrement les choses s'ils avaient assisté au travail cyclopéen du
creusement de cette voie sous le massif des Alpes ; s'ils avaient pénétré
dans ce défilé ténébreux où, au milieu de toutes sortes d'empêchements et
d'obstacles, il fallait s'avancer presque à tâtons, avec une lumière insuffisante et
une atmosphère d'une respirabilité douteuse, ayant sur sa tête 1,000 mètres
de hauteur de roches ; alors que rien ne garantissait que la voûte fraîchement
taillée ne s'effondrât point sur vos têtes ; alors que l'on n'avait pour perspective lointaine qu'une profonde nuit, où couraient confusément les clartés de
quelques lampes de mineurs, et d'autre bruit que celui des coups de mine
retentissant, par intervalles réguliers, pour ébranler et démolir le rocher,

et qui imprimaient à l'air de la galerie des secousses à renverser les hommes les plus robustes.

Ce sont ces trois étapes de la traversée des Alpes, effectuées par des moyens de transport fort différents, que j'ai à vous raconter, ami lecteur, et les souvenirs personnels que je pourrai mêler à mes récits, me permettront de vous éviter l'ennui d'un exposé purement technique.

Cela posé, passons aux faits, comme disent les juges, et quelquefois les avocats.

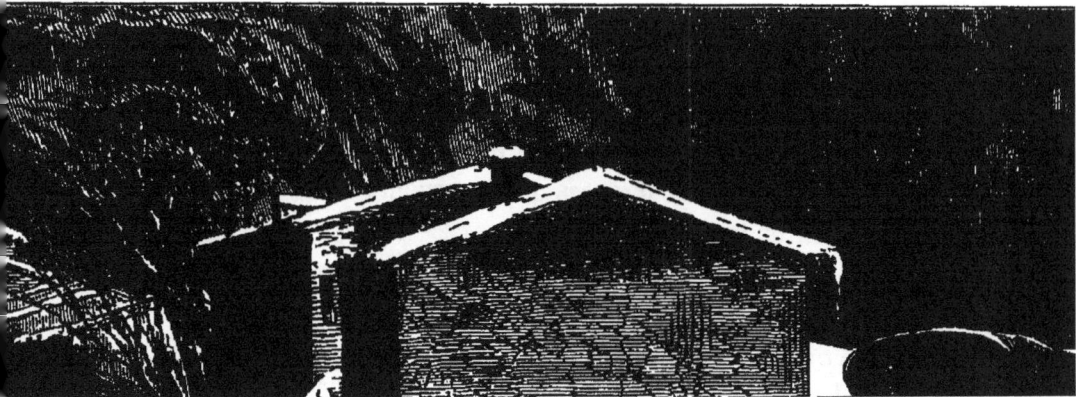

II

L'ancienne route du mont Cenis. — Fâcheuses impressions de voyage. — Ce qu'on appelait *traîneaux* dans le passage du mont Cenis. — La ville de Suse. — Lans-le-Bourg. — Sortie des neiges. — Saint-Michel. — Saint-Jean de Maurienne. — Un salut aux travaux préparatoires du tunnel du mont Cenis. — Le lac du Bourget. — Les impressions du retour.

C'était au mois de mars 1865. Je venais de terminer mon premier voyage en Italie. J'avais passé deux mois à remplir mon esprit et mes yeux des richesses artistiques de ce merveilleux pays, et à récolter de précieux matériaux dans l'ordre scientifique. Le moment était venu de revenir en France. Revenir, c'est bientôt dit ; mais comment ? Les Alpes étaient encore couvertes de neige, et ce n'est jamais sans quelque danger que l'on franchit les neiges des montagnes. Il fallait pourtant se décider à affronter le passage du mont Cenis pendant la mauvaise saison. Les difficultés de ce passage font aujourd'hui partie du domaine de l'histoire, et c'est seulement à titre de souvenir que nous raconterons les souffrances que l'on endurait en ce pénible trajet, avant la création du tunnel subalpin.

Ce fut un soir, avec ce froid piquant, propre aux pays environnés de montagnes, que je quittai la ville de Turin. Le chemin de fer me conduisit en deux heures à Suse. Clef de l'Italie, entre le mont Cenis et le mont de Genèvre, au bas duquel elle se trouve, par quelque route de ces deux géants rocheux que l'on y arrive, la jolie petite ville de Suse est des plus pittoresques. Blottie au pied des Alpes, près de l'ancienne frontière française, elle est d'un aspect un peu triste, mais il ne faut pas demander aux localités dominées par des neiges éternelles, la gaieté des grandes villes. La nature a comblé la petite ville de Suse de ses plus riants décors, cela suffit au touriste.

A Suse, je dus attendre, en quittant le wagon du chemin de fer, que les bagages fussent chargés sur la diligence qui devait nous faire franchir le mont Cenis.

Je croyais la diligence disparue, comme le mastodonte des terrains quaternaires, comme les manches à gigot de l'époque de la Restauration et les sous-pieds du temps de Louis-Philippe. Quelle erreur ! Cette diligence que l'on prétendait disparue, je l'avais devant moi, un peu disloquée, un peu branlante, et pour tout dire, en fort mauvais état, comme un engin que l'on s'apprête à mettre au rebut, mais toujours sur ses quatre roues et en équilibre, malgré son immense et haute charge. Je reconnus le coupé aristocratique, l'intérieur, destiné aux fortunes modestes, et la rotonde, séjour habituel des nourrices et des ouvriers. Je revis avec joie cette impériale, refuge des artistes, des touristes, des curieux, et de ceux qui recherchent le bon marché ; ce postillon, avec son même fouet et sa même pipe; ce conducteur, avec son entrain, sa rondeur et sa gaieté. Je croyais tout cela éteint, et je le retrouvais tel que je l'avais vu dans ma jeunesse, alors que la France entière était sillonnée des voitures Laffitte et Caillard !

Par une singulière mauvaise foi administrative, malgré mon billet de première classe du chemin de fer, qui me donnait droit à une place de choix, on me fait monter dans l'intérieur de la diligence, avec les voyageurs de deuxième classe arrivant du chemin de fer. L'intérieur était occupé par un marchand de bestiaux, un ouvrier chapelier de Turin et deux couturières de Suse, excellentes personnes, sans doute, mais qui, n'ayant aucune habitude des voyages, criaient, s'épouvantaient, et menaçaient de tomber en syncope à la plus faible apparence de danger.

Cependant, nous partons. La neige est si épaisse que les roues s'y enfoncent jusqu'au moyeu. La route est large et belle, mais elle n'a aucun garde-fou et elle monte ou descend continuellement. Elle ne cesse de tourner, comme un serpent qui replie ses anneaux.

Malgré les dangers évidents de cette course tournoyante au bord des précipices, on ne pouvait s'empêcher d'admirer ces rochers recouverts d'un éblouissant manteau, ces noirs sapins, ces mélèzes, aux branches dépouillées de leurs feuilles, et qui de chacun de leurs rameaux laissaient pendre une stalactite de glace. C'était un merveilleux spectacle que celui de ces nuages qui semblaient d'abord vous envelopper d'un suaire funèbre, mais qui, bientôt, déchirés par la bise, laissaient pénétrer les pâles rayons de la lune. On est au milieu d'une vision. On semble marcher sur des nuages. Où finit la terre ? où commence le ciel ? on ne sait. Et si la tourmente se déchaîne dans les gorges de la montagne, si le vent, soulevant la neige qui couvre le sol, la projette en épais tourbillons, on comprend alors les souffrances, et les peines de ces hardis marins et de ces courageux savants, qui bravent les glaces et les tempêtes des mers polaires, pour dérober à la nature quelques-uns de ses secrets.

Fig. 3. — LE DÉBLAIEMENT DES NEIGES ET DES GLACES, AU MONT CENIS

Tout le monde ne peut pas aller au pôle, pour jouir des admirables effets de neige des régions hyperboréennes ; mais on peut les contempler en hiver, pendant la traversée des Alpes, qui en donne une idée suffisante.

La nuit est arrivée, et la vue des dangers s'aggrave, pour nos compagnons de voyage, de la terreur que font naître les ténèbres. On ne peut se rendre bien compte des objets qui vous entourent, et les masses de neiges accumulées sur le sol, réfléchissant les rayons tremblants de quelques étoiles incertaines, ont l'air de fantômes couverts de grands linceuls.

On a été obligé de déblayer certaines parties de la route, pour laisser passer les voitures (fig. 3). On avance donc pesamment, entre des remparts de neige de 6 mètres de haut, qui se rejoignent et forment un long berceau qui semble devoir vous ensevelir à chaque pas. J'ai vu peu de choses aussi sinistres que ce couloir glacé, silencieux, frayé dans la neige, et dans lequel le bruit même des roues de la voiture se trouvait étouffé en roulant sur un matelas cotonneux.

Mes deux voisines, les couturières de Suse, ont quelque peu l'air de condamnées à mort marchant au supplice. Mornes et résignées, elles regardent avec effroi la neige accumulée en blanches pyramides, les gouffres béants sur le bord de la route, et les pauvres cahutes de sauvetage perdues dans le désert immense. Souvent, une brusque rafale mugit dans l'air, secoue la neige, l'emporte, la fouette, et dans un tourbillon suprême, l'éparpille sur la neige nouvelle. D'autres fois, un bruit sourd, mystérieux, retentit au loin ; tandis qu'on voit une énorme masse de neige qui grandit sans cesse, s'avancer, tumultueuse et terrible. Ce monstre, qui porte l'épouvante sur son passage, et qui brise, anéantit, ensevelit tout ce qu'il touche, c'est l'avalanche.

Ainsi, des dangers variés nous menacent, et nous n'échappons à l'un que pour retomber dans un autre. De petites lumières rougeâtres brillent faiblement au milieu de l'obscurité. Ce sont les cabanes dont nous avons parlé, et qui sont placées de distance en distance, pour servir de refuge aux voyageurs, en cas d'avalanche ou d'excessive accumulation de neiges.

C'est dans un de ces refuges que M. de Sartiges, ambassadeur de France à Rome, fut obligé, en 1860, de se remiser, et où il faillit périr de froid et de faim, par suite de l'accumulation des neiges, qui, ne permettant pas à sa chaise de poste d'avancer, le forcèrent à s'arrêter, jusqu'à ce que le chemin fût devenu praticable.

L'aspect de ces petits refuges, au lieu de calmer les craintes du voyageur, les redouble. En effet, chaque lumière, chaque maisonnette, est un signal qui l'avertit d'un nouveau péril.

Vers minuit, notre diligence ne peut plus bouger ; elle est prise, comme dans un étau, dans la neige durcie. C'est le moment de faire usage des *traîneaux*.

Ce mot de *traîneau* éveille une idée assez réjouissante ; il fait songer aux attelages pittoresques des journées de fête et de plaisir. Mais quel n'est pas notre désappointement de découvrir, au lieu du traîneau rêvé, une douzaine de vieilles voitures sans roues, dont la caisse repose sur des sabots en forme d'arc. Ce sont les *traîneaux* des Alpes.

Dans les montagnes de la Suisse, le transport des voyageurs et des dépêches se fait encore forcément au moyen de diligences qui passent d'un canton dans un autre, et qui, pour ce motif, sont désignées sous le nom de *Messageries fédérales*.

Pendant l'hiver, l'amoncellement des neiges offrirait des obstacles insurmontables à des voitures organisées comme celles qui doivent rouler dans les plaines, et, d'un autre côté, des voitures construites uniquement en vue de franchir des rampes unies et glacées, seraient peu propres à marcher dans les vallées et les cols qui séparent les montagnes. On a donc concilié les deux exigences. Au moment où la voiture quitte la route, pour entrer sur les neiges, on introduit un traîneau sous la voiture, on enlève les roues et la diligence continue sa marche. Lorsque le passage des neiges est franchi, on replace les roues, on recharge le traîneau sur la voiture et l'on se retrouve dans des conditions normales.

Les pieds dans la neige, chacun cherche le véhicule qui lui est destiné.

On nous avait assuré que ces prétendus traîneaux étaient chauffés, mais nous n'y trouvons pas la moindre boule d'eau chaude, pas même de la paille, pour essuyer la neige, qui pendant notre transbordement, s'est attachée à nos chaussures.

L'idée du danger, qui s'affaiblit et s'évanouit sous la lumière et la chaleur, grandit et s'exagère par le froid et la nuit. Lorsque le corps est transi, l'esprit est paralysé, et la volonté, ne pouvant plus réagir, semble elle-même s'éteindre.

Montés en *traîneau* — puisque tel est le nom donné à ces voitures sans roues et à patins — je pars, avec mes mêmes compagnons, c'est-à-dire le marchand de bestiaux, l'ouvrier chapelier et les deux couturières criardes.

Pour comble d'infortune, notre carriole à glissades a un carreau de vitre brisé et une portière disloquée et ne fermant pas. Toutes les couvertures et les mouchoirs de la communauté sont mis à contribution. Mais il est

FIG. 4. — PASSAGE DU MONT CENIS PENDANT L'HIVER : LES DILIGENCES TRANSFORMÉES EN TRAINEAUX

impossible de se barricader contre l'air glacial qui arrive de tous les côtés. Je crois qu'il serait difficile, à moins d'en mourir, d'endurer un froid plus rigoureux que celui dont nous fûmes enveloppés dans cette nuit terrible.

Le conducteur et le postillon, se sentant geler sur leurs sièges, descendent, allument leur pipe, et marchent, en agitant leurs bras, pour se réchauffer. Dès lors, sur cette route qui court sur des abîmes, voilà les

FIG. 5. — LE TRAINEAU DES ALPES

chevaux complètement livrés à leurs seuls instincts. Toutes les fois qu'ils s'approchent du bord, nos voyageurs poussent des cris épouvantables, en ouvrant les portières, prêts à se jeter sur la route. Nous avons beau les supplier de rester tranquilles, car il n'y a rien de plus dangereux, en pareille circonstance, que d'effrayer les chevaux, les jérémiades et les clameurs recommencent à chaque nouvelle déviation du traîneau.

C'est ce qui arrive souvent, car nous rencontrons de nombreux convois de roulage, aux charrettes formidablement chargées. Il faut croiser ces

II. 3

lourds véhicules ; ce qui n'est pas toujours aisé. De plus, la fatalité veut que nous soyons justement placés du côté des précipices.

. Comme il n'y a aucun parapet, que la neige est glissante, que les postillons sont à moitié ivres, et les chevaux rétifs, il se pourrait parfaitement que d'un instant à l'autre nous roulions dans un des abîmes, dont la vue seule donne le vertige.

Pour changer mes impressions, je m'avise de descendre de voiture, et d'aller accompagner à pied le marchand de bestiaux et le conducteur, qui cheminent au bord de la route, en fumant philosophiquement leur pipe en racine de buis. Mais je ne suis pas pourvu des grosses bottes fourrées et à double cuir jaune, qui protègent les jambes de nos automédons savoyards ; de sorte qu'au bout de quelques instants, je suis embourbé dans la neige fondue, qui me glace les tibias. Force m'est de rentrer au plus vite dans la voiture, et de me serrer, pour me réchauffer, entre les deux couturières.

De zigzag en zigzag, de terreur en terreur, transis et moulus, entourés de voyageurs inexpérimentés et maussades, nous arrivons, au point du jour, à Lans-le-Bourg. Grâce à Dieu, le mont Cenis est passé !

Nous entrons dans une auberge, où un poêle bien allumé, rouge et ronflant, nous cause une volupté indescriptible. Une grande table, sur laquelle sont rangées des tasses remplies de café au lait fumant, et de jolies servantes, coiffées de bonnets à ailes de moulin, occupées à confectionner une multitude de tartines beurrées, complètent ce réjouissant tableau.

Ici nos tristes traîneaux sont abandonnés, et avantageusement remplacés par de confortables diligences. On sent déjà la bonne influence de la France.

Cependant les dangers de la route n'ont point disparu, car nous sommes toujours au cœur des Alpes. Mais nous avons le soleil pour les éclairer, et le paysage est si merveilleusement beau que notre âme ne ressent plus qu'un vif sentiment d'admiration.

Les Alpes ont une grandeur telle, qu'on ne peut leur comparer aucune autre chaîne de montagnes. Les Apennins mêmes auraient l'air de pygmées à côté de ces cimes colossales qui se dressent sur le ciel, comme des géants de marbre. La neige donne une majesté nouvelle à ces formidables pics, que la lumière, en se jouant, fait resplendir de mille feux irisés. On dirait des accumulations de nacre ou d'opale ; tandis qu'au fond des vallées, la neige blanche, éblouissante, immuable, étend sur les prés, un manteau doux et moelleux, comme le duvet d'un cygne. Au-dessus de la perspective éclatante de la neige, une forteresse, un château, un

FIG. 6. — LE PASSAGE DES ÉCHELLES AU MONT CENIS

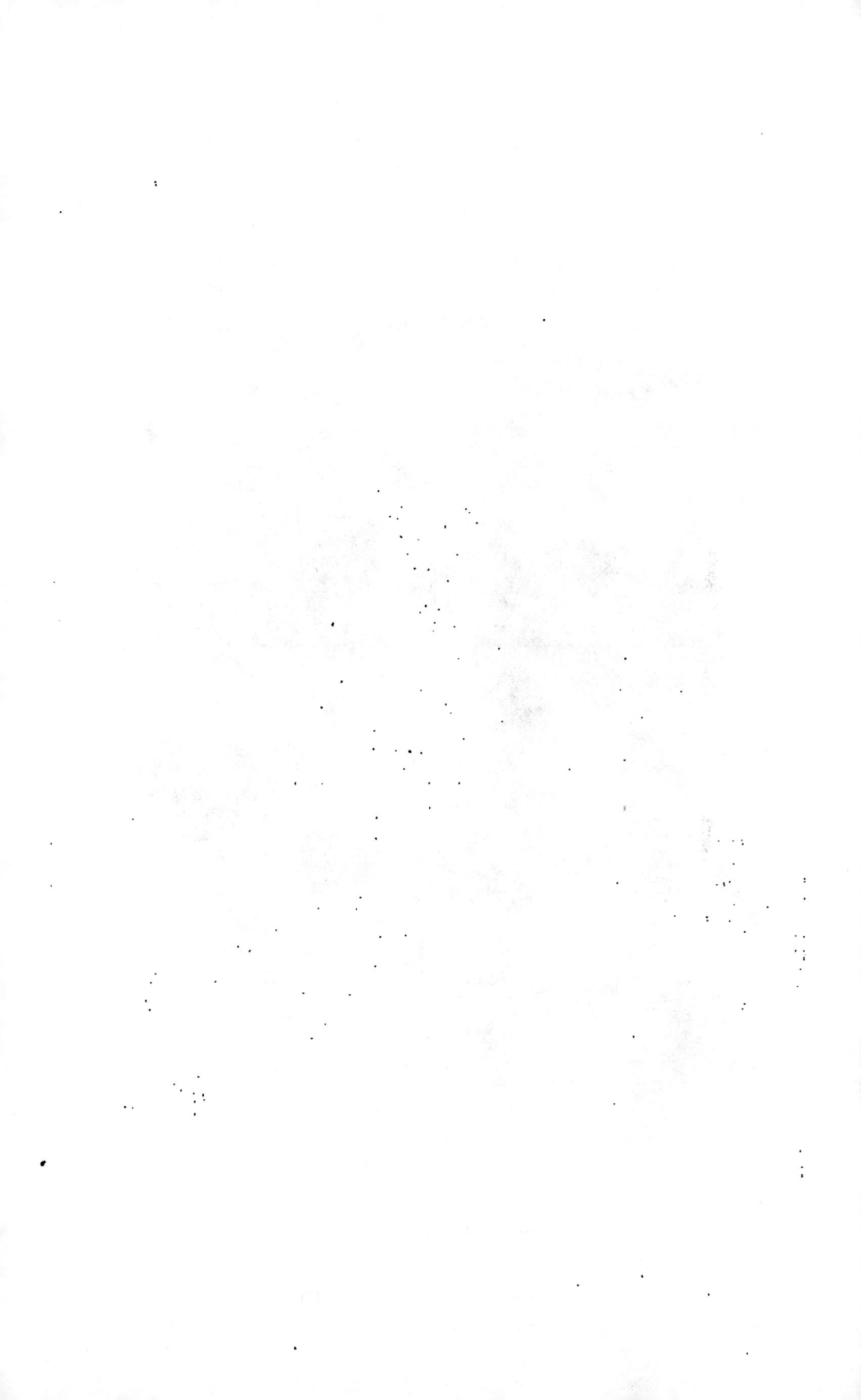

poste de douaniers, profilent, de temps à autre, leurs façades sombres
sur le ciel. On les prendrait pour des blocs de granit, tandis que la route,

FIG. 7. — DESCENTE DU MONT CENIS

pareille à un blanc lacet, dessine mille circuits autour des monts sauvages,
qui leur servent d'appui.

Quelques touffes de végétation roussâtre rompent seules la monotonie du
blanc linceul qui couvre la campagne. Ce sont des sapins et des mélèzes

qui, secoués par le vent, présentent aux regards leurs rameaux, non plus teintés de ce vert sombre et luisant, qui fait leur beauté, mais rongés, desséchés, tordus et comme brûlés par le froid. D'autres arbres, placés à l'abri de l'ouragan, ont, au contraire, gardé sur leurs branches tous les flocons accumulés de l'hiver. Comme des pommiers couverts de fruits abondants, ils se courbent, sans se rompre, sous le poids de leur charge d'albâtre. Les champs et les prairies sont transformés en nappes virginales, dont rien n'altère la pureté. Les roches aiguës ressemblent à des tuyaux d'orgue et les cascades gelées, cristallisées, ont l'air de diamants étincelant au soleil.

On dirait que la nature veut nous initier à toutes ses splendeurs, Cette vaste campagne glacée nous apparaissant après les horizons radieux de l'Italie, forme un de ces constrastes qui ne s'effacent jamais de la mémoire.

Blottis dans les vallées, quelques villages peuplent à peine ces immenses déserts. Le bétail et la famille sont enfermés, de compagnie, dans des logis bien clos, aux toits recouverts d'un épais matelas de neige. Là, tout est immobile et comme endormi. Aucun enfant ne joue sur le seuil des demeures ; le rucher est sans abeilles, la fontaine sans murmure et la haie sans oiseaux. Un peu de fumée s'élevant au-dessus des chaumières, le tintement grêle de la cloche paroissiale, le bruit de sabots retentissant sur la neige durcie, et quelques femmes, se rendant à l'église, les mains pliées dans leur tablier, trahissent seuls la vie de ces pauvres villages, atrophiés par le froid.

La neige règne donc ici sans partage. On dirait que de tous les points du globe elle soit venue s'y réunir et s'y amonceler. L'œil est fatigué et l'esprit attristé, par la vue de ce blanc domaine, qui, sans interruption, s'étend en mille replis bizarres. La verdure, la terre, la montagne, tout a disparu sous son enveloppe implacable.

Aussi quelle surprise pour nous, lorsque, au milieu de cette nature immobilisée, le témoignage vivant du travail et du progrès apparaît subitement à nos yeux. En arrivant à Modane, la route côtoie les travaux préliminaires du tunnel du mont Cenis. Nous voyons les ouvriers, les habitations des ingénieurs, et l'entrée béante du souterrain des Alpes (fig. 8). Cette lutte du génie humain contre la nature est un tableau saisissant, au milieu du silence général et de la majesté des déserts de glace qui nous environnent ; et ce n'est pas sans émotion que nous contemplons l'entrée du tunnel destiné à réunir deux pays qui semblaient séparés par un infranchissable rempart.

Vers le milieu du jour, nous arrivons à Saint-Michel, où nous devons reprendre le chemin de fer. La température s'est adoucie, l'atmosphère est sereine. La campagne, entièrement dépouillée de neiges, est éclairée par un doux soleil.

FIG. 8. — ENTRÉE DU TUNNEL DU MONT CENIS

Le convoi nous amène rapidement à Saint-Jean de Maurienne.

Le chemin de fer qui traverse la Savoie offre, en entrant dans la gorge de la Maurienne, l'aspect le plus saisissant et le plus pittoresque. Enclavée dans de hautes montagnes qui bornent l'horizon de toutes parts, la voie ferrée dispute l'étroit passage au torrent de l'Arc, qui roule ses eaux mugissantes tantôt à droite, tantôt à gauche, et qui forme des marais aussitôt que le vallon s'élargit.

Saint-Jean de Maurienne est une petite et ancienne ville, aux maison sombres, située au pied des plus hautes Alpes, et qui est maintenant un vaste entrepôt de transit pour les marchandises.

Ce petit chef-lieu possède le monument dont les Savoisiens s'enorgueillissent le plus, et dont ils s'empressent de faire les honneurs aux touristes qui traversent leur pays en revenant d'Italie : c'est la statue en bronze du savant Fodéré, leur compatriote. Cette statue est édifiée sur la place qui porte son nom.

Fodéré fut l'un des plus éminents médecins de la France, qu'il avait adoptée pour patrie. Quelques-uns de ses traités sont restés classiques ; mais son principal titre à la reconnaissance de ses confrères et des jurisconsultes, c'est d'avoir, le premier, coordonné, dans un ouvrage, les rapports de la médecine avec la législation, c'est-à-dire d'avoir créé la *médecine légale*.

Nous arrivons bientôt au lac du Bourget, chanté par Lamartine :

> Là le lac immobile étend ses eaux dormantes,
> Où l'étoile du soir se lève dans l'azur.

La voie ferrée longe l'un des bords du lac ; ce qui permet de jouir assez longtemps de la vue d'un des plus riants tableaux du monde alpestre. Le lac, comme un vaste miroir, étale ses eaux bleues entre des coteaux verdoyants, faisant suite aux montagnes escarpées qui terminent la perspective. Le ciel est empourpré par les rayons du couchant, et notre locomotive, en lançant ses bouffées impatientes, laisse dans l'air un nuage blanchâtre, qui s'évanouit aussitôt dans les vapeurs du soir.

Le lac du Bourget est profondément encaissé au nord, mais au midi, c'est-à-dire en Savoie, il s'insinue sans obstacles dans des anses et de petits golfes, entre des coteaux couverts de bois, de vignes, de figuiers et de châtaigniers, qui trempent leurs feuilles dans ses eaux. Dans la partie du lac que nous parcourons, en longeant sa rive droite, c'est-à-dire près de Tresserve, Aix-les-Bains et Saint-Innocent, le lac est dominé par un superbe fond de décor, le *mont du Chat*, avec sa longue crête, au sommet dentelé qui semble percer le ciel de ses dents aiguës.

Au pied du *mont du Chat* nous voyons très distinctement l'abbaye de Haute-Combe, qui renferme les tombeaux des princes de la maison de

FIG. 9. — VALLÉE DE SAINT-JEAN DE MAURIENNE.

Savoie. Ce vaste édifice qui développe, sur la rive gauche du lac, ses longs et noirs bâtiments, est perpétuellement plongé dans l'ombre immense de la muraille du *mont du Chat*, comme pour rappeler la nuit éternelle où sont descendus les princes et les rois qui dorment dans ses caveaux.

Près de l'abbaye de Haute-Combe, est la *tour de Gessens*, où J.-J. Rousseau écrivit une des plus belles pages de la *Nouvelle Héloïse*, sa description du lever du soleil, observé précisément du haut de cette tour.

En remontant sur la même rive du lac, on aperçoit au loin le *château de Bordeau*, qui date du neuvième siècle, mais qui a été plusieurs fois reconstruit, et qui dresse fièrement ses terrasses et son grand mur à pic, semblable aux anciens remparts des villes. Le *château de Bordeau*, d'où l'on domine tout le lac du Bourget, a vraiment l'air d'un observatoire qui aurait été bâti à l'usage des touristes qui veulent étudier les beaux sites de la nature.

Plusieurs barques de pêcheurs sillonnent le lac, et lui ôtent son caractère habituel de tranquille monotonie ; tandis que deux ou trois aigles, descendus des hauts sommets des Alpes, déploient leurs ailes grisâtres au-dessus de la *dent du Chat*.

A partir de Culoz nous sommes sur la route directe de Lyon, et, à l'entrée de la nuit, nous arrivons à Lyon, et je n'ai rien de plus pressé, après un repas pris rapidement à la table d'hôte bruyante de l'hôtel, que d'aller entendre, au grand théâtre, l'opéra de *Roland à Ronceveaux*, de Mermet. La marche du troisième acte soulève des applaudissements à faire crouler la salle, et c'est ainsi que je retrouve avec bonheur, dans des impressions poétiques et musicales, l'âme de ma patrie.

III

Le chemin de fer à crémaillère. — Le baron Séguier, sa vie et ses travaux. — Ce que l'on voyait en passant le mont Cenis avec la locomotive Fell.

En 1860, le creusement d'un tunnel sous la masse du mont Cenis était commencé à la main depuis trois ans, mais on calculait que l'exécution de ce travail, hérissé de difficultés inouïes, exigerait encore dix à douze années pour être achevé. On voulut devancer l'époque de l'ouverture de cette nouvelle voie, et, pour éviter les lenteurs et les dangers du voyage en diligence ou en voiture de roulage, on décida d'établir sur les pentes du mont Cenis un système de traction qui venait d'être conçu et essayé sur de petites longueurs.

Ce fut un ingénieur anglais, M. Fell, qui exécuta la nouvelle voie, dite *à crémaillère*; mais l'inventeur de ce système était, nous l'avons dit dans le précédent chapitre, le baron Séguier.

Le baron Séguier est un peu oublié de la génération actuelle ; il ne sera donc pas inutile de donner quelques détails sur sa personnalité scientifique.

Armand Séguier était le représentant de ces grands seigneurs d'autrefois qui se consacraient au service et à l'encouragement des sciences. Il n'avait certes point la prétention d'être un Mécène, car il travaillait efficacement de son intelligence et de ses mains, qui étaient d'une adresse incomparable, au progrès des sciences mécaniques ; mais sa fortune et son crédit étaient toujours au service de la science et de ses adeptes.

Appartenant à une famille célèbre depuis trois siècles dans la magistrature et dans les parlements, Armand Séguier dirigea ses études vers la jurisprudence, ; mais ses goûts le portaient vers l'étude des arts mécaniques et les questions industrielles. Il devint bientôt d'une habileté remarquable en mécanique pratique. Il se passionna pour les recherches techniques et les progrès de l'industrie, ce qui lui acquit une juste notoriété.

En 1833, il fut nommé membre libre, c'est-à-dire hors section, de l'Académie des sciences de Paris. Cependant il n'en était encore, à cette époque, qu'à ses débuts dans la mécanique. Un mémoire qu'il avait publié sur les *moteurs à vapeur*, avait seul attiré l'attention sur lui, et mérité que l'Académie des sciences l'appelât dans son sein. A partir de son entrée à l'Institut, il s'adonna davantage à la science, et délaissa la magistrature dans la même proportion.

LE BARON SÉGUIER

Le baron Séguier a travaillé pendant quarante ans à l'avancement des arts mécaniques. Une chaudière à circulation d'eau pourvue d'un serpentin en hélice — un petit bateau à vapeur, dans lequel tous les éléments de la construction étaient améliorés ; — des travaux importants sur tous les détails de l'horlogerie ; — une curieuse balance automatique pour peser et distribuer les monnaies suivant leurs poids, balance qui fonctionne encore à l'hôtel des Monnaies ; — des recherches sur les armes à feu ; — un projet pour la fabrication d'une poudre à rapidité croissante d'inflammation, — tels sont, entre bien d'autres, les travaux qu'on lui doit.

C'est en 1843, qu'il proposa, pour obtenir l'adhérence nécessaire à la traction sur les chemins de fer, de substituer à l'énorme poids des locomotives, la pression que deux roues horizontales, poussées par des ressorts, exerceraient sur un rail central. Ce n'était pas là, d'ailleurs, une simple vue théorique. Le baron Séguier avait étudié, avec le concours de Duméry, constructeur éminent, les moyens pratiques de créer le *chemin de fer à rail central et à pression latérale.*

Ce système fut établi en 1864, à peu près tel que le baron Séguier l'avait décrit, par l'ingénieur anglais Fell, sur le mont Cenis, pour la traversée du sommet des Alpes par une voie ferrée, avant l'ouverture du tunnel du mont Cenis. Le baron Séguier dut même revendiquer contre l'ingénieur anglais le mérite de cette invention.

A la mort de son père, arrivée en 1848, Séguier avait quitté la magistrature, pour se consacrer entièrement aux études scientifiques et à des recherches mécaniques. Membre de plusieurs sociétés savantes, il suivait leurs séances avec assiduité. Il discernait avec sûreté les inventions utiles, et employait, pour les faire réussir, sa grande et légitime influence.

Les Expositions popularisèrent le nom du baron Séguier. Aucune récompense ne lui fut décernée, parce qu'il était membre des jurys, en même temps qu'exposant, mais les rapporteurs qui eurent à examiner ses travaux, ne négligèrent jamais d'en signaler toute la valeur.

A l'Exposition de 1849, la commission pour les machines, s'exprimant par l'organe de Charles Dupin, rendit « une éclatante justice à son amour « infatigable pour les arts mécaniques, ainsi qu'à son esprit ingénieux, qui « le porte sans cesse à les perfectionner. »

En 1851, Mathieu (de l'Institut) décrivit avec beaucoup de soin sa balance monétaire, en donnant de grands éloges à ce remarquable appareil, bien qu'il n'eût pas encore reçu les améliorations avec lesquelles Séguier le présenta à l'Exposition de 1855.

Dans les rapports qu'il faisait à la *Société d'encouragement*, grâce aux détails par lesquels il éclairait les discussions de cette société, qu'il présida souvent, il montrait toute l'étendue de ses études et la précision de ses vues, toute la valeur de ses recherches personnelles sur l'action des divers outils, l'histoire de leurs perfectionnements, les difficultés à surmonter encore, etc. Mais c'est surtout dans les jurys des Expositions qu'il fallait voir le grand parti qu'il tirait de la généralité de ses connaissances, combien il était empressé à faire rendre justice aux véritables inventeurs. Il retrouvait alors sa nature de magistrat, pour faire rendre des arrêts équitables.

Armand Séguier, mort en 1868, figurera, dans l'histoire, comme un ami, aussi ardent que désintéressé, des progrès de l'industrie française.

J'ai dit que le baron Séguier aimait à travailler de ses mains à la construction de ses machines. Ce qui va suivre le prouvera suffisamment.

Le baron Séguier s'était lié avec M. Daniel Colladon, de Genève, le savant physicien-ingénieur dont nous aurons à parler dans l'histoire de la perforation des Alpes ; et il invoquait souvent le secours de son ami, plus expert que lui en géométrie et en physique.

Le baron Séguier avait construit un bateau à vapeur pourvu d'une chaudière à serpentin, sorte de générateur tubulaire, disposé en hélice ; et ce petit bateau à vapeur était amarré en amont du Pont-Neuf. Souvent M. Daniel Colladon et le baron Séguier partaient de l'atelier de ce dernier, situé rue Pavée, et tous deux, revêtus de la blouse de l'ouvrier et munis de leurs outils, ils allaient travailler aux bords de la Seine, aux pièces mécaniques du bateau.

N'est-ce pas que tout un monde de réflexions vous vient à l'esprit, lecteur, en voyant ce descendant des Séguier, ce dernier représentant d'une famille célèbre depuis trois siècles dans l'histoire de notre magistrature et de nos parlements, traverser Paris, en costume d'ouvrier, et aller faire œuvre de ses mains, sur les rives de la Seine ? Pour moi, je vois dans ce fait, vraiment caractéristique, la noblesse et l'aristocratie française reconnaissant et consacrant la loi suprême du travail, qui s'impose à tous les hommes, à quelque hauteur sociale que la destinée les ait placés.

Ce singulier travestissement de nos deux savants en simples prolétaires, donna lieu, du reste, à une assez plaisante méprise.

Un teinturier de Puteaux avait une machine à vapeur à cylindre horizontal, qui se montrait défectueuse. Ce teinturier était le propre frère de M. J.-B. Dumas, notre illustre chimiste, aujourd'hui secrétaire perpétuel de l'Académie des sciences. M. J.-B. Dumas pria le baron Séguier, son collègue à l'Institut, d'aller visiter la machine à vapeur de son frère.

Le baron Séguier partit donc, un matin, pour Puteaux. Il avait endossé sa blouse d'ouvrier mécanicien, et il emmenait avec lui son fidèle Achate,

M. Daniel Colladon, qui avait également revêtu la blouse et portait les outils.

Occupé à visiter le cylindre horizontal de la machine à vapeur, Colladon et Séguier s'étaient assis à califourchon sur ce cylindre; lorsque le manufacturier Dumas aîné les aperçut, ayant l'air de bavarder ensemble, au lieu de travailler ; et il les interpella aussitôt, en ces termes :

« Ah ! çà, mes amis, vous babillez, au lieu de faire votre besogne. Ce n'est pas ainsi qu'on gagne sa journée !

— Monsieur, répondit le baron Séguier, sans se déconcerter, il nous manque quelques outils, et nous discutons pour savoir ceux qui nous seront nécessaires. »

Puis, nos deux ouvriers improvisés se remirent à examiner les soupapes et le tiroir de la machine à vapeur, qu'ils remirent en état; et ils se retirèrent, après avoir signalé au maître de l'établissement les vices de sa machine et les réparations qu'ils y avaient apportées.

Quelques jours après, le baron Séguier retournait à Puteaux, en compagnie de M. Colladon. Seulement, les deux amis n'avaient plus à la main leurs outils et ne portaient plus la blouse. Ils arrivaient dans un élégant tilbury, emmenant avec eux M. J.-B. Dumas. Un laquais galonné se tenait au second banc du tilbury.

Je vous laisse à penser quelles furent la surprise et la confusion du manufacturier Dumas, quand il reconnut dans ses visiteurs les figures des deux ouvriers dont il avait tancé la prétendue nonchalance.

Le chemin de fer à rail central et à crémaillère, imaginé par le baron Séguier, fut établi, avons-nous dit, en 1864, par l'ingénieur Fell, sur la route carrossable du mont Cenis.

La ligne ferrée commençait à la hauteur de 1622 mètres au-dessus du niveau de la mer, et s'élevait à 1773 mètres, ce qui fait une différence de niveau de 151 mètres, pour une longueur d'environ 2 kilomètres, ou, comme on dit, de 75 millièmes. La voie tournait en angle aigu, et réunissait les deux zigzags de la rampe par une courbe de 49 mètres de rayon seulement.

Le 6 juillet 1866, une expérience décisive eut lieu sur la partie terminée du chemin de fer à rail central, en présence du ministre des travaux publics de France, du directeur général, M. de Franqueville, et de plusieurs ingénieurs. La partie terminée de la nouvelle route ferrée fut parcourue par un convoi composé de plusieurs voitures. La vitesse fut de 18 kilomètres à l'heure à la montée, et de 15 kilomètres à la descente. La pente atteignait jusqu'à 8,50 pour 100, et certaines courbes n'avaient pas plus de 40 mètres

FIG. 11. — LA LOCOMOTIVE FELL, A RAIL CENTRAL ET A CRÉMAILLÈRE POUR LA TRAVERSÉE DU MONT CENIS

de rayon. La voie ferrée était placée sur le côté intérieur de la grande route ;

FIG. 12. — SAINT-MICHEL

elle occupait de 3 à 4 mètres de sa largeur, et laissait 6 mètres libres pour la circulation des voitures, charrettes et diligences. La clôture du chemin

FIG. 13. — ROUTE DU VILLAGE DES FOURNEAUX, PRÈS DE MODANE

de fer, s'interposant entre la route libre et le précipice, assurait aux diligences une certaine sécurité.

Nous allons donner une rapide description des aspects variés que présentait la traversée du mont Cenis faite dans un des wagons du chemin de fer à rail central et à crémaillère. On vient de lire le récit de notre passage du mont Cenis en allant de l'Italie en Savoie, nous décrirons ici la traversée de la même montagne faite en allant de la Savoie en Italie.

C'est le même voyage fait à l'envers. C'est la même chose, excepté que c'est le contraire, comme me disait Brabant, le prévôt de notre salle d'armes

FIG. 14. — MODANE

de la Société d'escrime de la rue Saint-Honoré, après m'avoir fait prendre un contre de tierce :

« Maintenant, monsieur Figuier, pour prendre le contre de quarte, c'est « absolument comme pour prendre le contre de tierce…, excepté que c'est le « contraire. »

Donc, en 1868, par une belle matinée de mai, je montai dans un des wagons du chemin de fer, système Fell. La voie ferrée à crémaillère commençait à Lans-le-Bourg. Voici, rapidement énumérées, les principales et plus curieuses stations de cette course rapide au milieu de spectacles les plus variés de la nature alpestre.

L'exploitation d'une voie ferrée le long des Alpes n'était possible qu'à la condition d'emprunter le tracé d'une route déjà existante, ce qui permettait d'éviter tout travail d'art, et de borner, pour ainsi dire, à la pose des rails, les frais d'établissement de la voie. Or, la locomotive ordinaire, on le sait, ne s'accommode ni de fortes rampes, ni de courbes trop prononcées. Pour arriver à remorquer des trains sur des rampes de 8 à 9 centimètres par mètre, il fallait modifier leurs moyens d'action, en un mot, créer la *locomotive de montagne*, dans la plus complète acception du mot.

C'est ce problème qu'avait résolu le baron Séguier, avec sa *locomotive à rail central et à pression latérale*, dont l'ingénieur Fell reproduisit tout l'agencement, et qu'il fit fonctionner sur la route du mont Cenis, en 1865.

Après différents essais faits par M. Fell, dans lesquels il modifia, plus ou moins sérieusement, ses premiers types, M. Gouin fut chargé de construire

Fig. 15. — LE VERNEY (STATION DU CHEMIN DE FER A CRÉMAILLÈRE)

douze locomotives, dans lesquelles une paire de cylindres à vapeur agissait directement sur deux petites roues horizontales, qui pressaient le rail latéralement, et actionnaient les grandes roues verticales, par l'intermédiaire d'un arbre oscillant.

Un frein, composé de deux sabots frottant sur le rail médian, et dont l'action, extrêmement énergique, s'ajoutait à celle des freins ordinaires qui s'adaptent aux roues verticales selon le mode habituel, permettait d'arrêter rapidement les véhicules, quelle que fût la vitesse, quelque rapide que fût la pente sur laquelle le train était lancé.

La locomotive Fell, que représente la figure 11 (page 33), se compose, en réalité, de deux machines distinctes, ayant chacune sa chaudière à vapeur, ses cylindres et son régulateur. L'une agit par l'adhérence naturelle que produit le poids de la locomotive sur les rails latéraux ; l'autre, par l'adhérence supplémentaire obtenue par la pression des roues horizontales contre le rail central. La première machine à vapeur est à deux cylindres extérieurs et à quatre roues couplées d'un diamètre de 0ᵐ,60. La seconde, également à deux cylindres disposés entre les roues, parallèlement à la chaudière, agit sur quatre roues horizontales, du diamètre de 0ᵐ,40, que des ressorts à boudin poussent contre le rail central. Des boîtes à sable permettent d'augmenter l'adhérence sur les rails.

Chaque wagon est muni, en son milieu et sous les châssis, de quatre galets directeurs, destinés à agir également sur le rail central et à empêcher, dans les courbes, les bourrelets des roues de frotter contre les rails extérieurs.

FIG. 16. — LE FORT L'ESSEILLON

Construite en 1863, cette locomotive fut essayée, à la fin de la même année, sur le chemin de Cromfort à High-Peak, en Angleterre, et donna des résultats si satisfaisants qu'on se décida immédiatement à répéter les expériences sur la route même du mont Cenis. L'autorisation des gouvernements français et italien ayant été obtenue, on procéda, de 1864 à 1865, à la construction de la ligne d'essai entre Lans-le-Bourg et le sommet du mont Cenis, c'est-à-dire sur une longueur de 2 kilomètres, présentant une pente de 73 millimètres par mètre. L'expérience eut un plein succès; et, sur le rapport d'une commission spéciale instituée par le gouvernement français, la concession du chemin de fer du mont Cenis fut accordée à MM. Brassey, Fell et Cⁱᵉ, par décret du 4 novembre 1865.

Comme nous l'avons dit, on avait, dès cette époque, commencé depuis plusieurs années le gigantesque travail consistant à percer le massif des Alpes, pour relier la France à l'Italie par un tunnel, mais il ne devait être terminé que vers 1872. C'est donc avec la pensée de devancer notablement l'ouverture de ce tunnel que MM. Brassey et Fell avaient formé le projet d'établir une voie ferrée sur les flancs du mont Cenis par le système du rail central.

FIG. 47. — LAC ET HOSPICE AU SOMMET DU MONT CENIS

Pour accomplir cette entreprise, ils ne demandèrent aucune subvention, car la compagnie qui se chargea de la construction de cette route, comptait en tirer des bénéfices suffisants pendant le temps que prendrait encore le percement des Alpes.

La voie ferrée est établie sur le côté extérieur de la grande route des Alpes, occupant une largeur de 4 mètres au bord du précipice, et laissant un espace de 6 mètres pour la route ordinaire, largeur bien suffisante pour la circulation des voitures.

FIG. 18. — VALLÉE ET GORGES DE LA NOVALAISE

Le rail central est employé pour toutes les rampes dépassant 30 millimètres et les courbes de moins de 100 mètres de rayon ; il est élevé de 20 centimètres au-dessus des rails latéraux.

Les courbes sont au nombre de vingt. Les plus grandes ont 267 mètres de rayon, les plus petites ne dépassent pas 40 mètres. On peut apprécier ici les avantages d'un système qui permet de parcourir des courbes à rayon aussi faible.

La vitesse moyenne était de 10 kilomètres à l'heure pour les marchandises et de 17 kilomètres pour les voyageurs. Le trajet total, de Saint-Michel à

Suse, était parcouru en quatre heures, environ, au lieu de douze à quinze heures qu'il fallait y consacrer autrefois.

La longueur totale du chemin Fell, de Saint-Michel à Suse, était de 77 kilomètres. Son établissement coûta 8 millions, ou 104,000 fr. par kilomètre; c'est le tiers, environ, de ce que coûte une voie ferrée ordinaire, à une seule voie et en plaine.

Le 23 mai 1868, les membres du conseil d'administration, accompagnés de quelques personnages de distinction, firent solennellement l'ouverture de la voie, qu'ils parcoururent tout entière dans l'un et l'autre sens, sans la moindre difficulté.

Mais, pour plus de sûreté, la commission franco-italienne n'autorisa

FIG. 19. — BART (STATION DU CHEMIN DE FER A CRÉMAILLÈRE)

jusqu'au 30 juin que le transport des marchandises. A partir de cette date, les voyageurs prirent possession de la ligne.

La wagons, au lieu d'être divisés en compartiments, étaient garnis de sièges régnant dans toute la longueur de la caisse. Les voyageurs s'y plaçaient, comme dans un omnibus, au nombre de douze, quatorze ou seize, selon les classes.

Nous partîmes de Saint-Michel (fig. 12). Ici la ligne, empruntant, pendant quelque temps, un tracé différent de la route carrossable, côtoyait l'Arc, torrent dont les crues fréquentes n'avaient pas peu contribué à retarder l'achèvement de la voie à rail central; puis elle s'élevait, par une série de rampes d'une inclinaison très variable, jusqu'au fort de l'Esseillon, en passant par Lapras, les Fourneaux (fig. 13), et Modane (fig. 14).

A peu de distance de Modane, nous revoyons, sur la droite, au village des Fourneaux, les établissements du percement des Alpes, du côté de la France. C'est une véritable ville manufacturière avec ses énormes engins destinés à produire l'aération des galeries et à mettre en mouvement les puissants outils qui percent le roc.

Ici, la vallée s'élargit, le torrent y roule, à une grande profondeur; et, du flanc des rochers qui la dominent, s'échappe la cascade Saint-Benoît. Une modeste chapelle s'élève sur le bord du torrent : la tradition du pays assure qu'elle a été édifiée à la place où Charles le Chauve fut assassiné.

FIG. 20. — LE MOLARET (STATION DU CHEMIN DE FER A CRÉMAILLÈRE)

Le Verney (fig. 15), station du chemin de fer, ne se compose que de quelques maisons. Une petite église, modeste à l'extérieur, splendide à l'intérieur, fait déjà deviner que l'on approche de l'Italie.

Plus loin, la vallée se resserre : des rochers, des forts, des bastions ferment le passage, et l'on arrive au fort de l'Esseillon (fig. 16).

La forteresse de l'Esseillon appartenait autrefois au Piémont, de sorte que tous ses feux, toutes ses défenses, sont dirigés vers la France. Elle serait donc de peu d'utilité, si une agression nous venait de l'autre côté des Alpes. Dans tous les cas, je plains les pauvres militaires qui y tiennent garnison : à l'exception du beau spectacle qui s'ouvre devant eux, ils doivent avoir peu de distractions sur ces sommets perdus.

Termignon, que l'on traverse, par son interminable rue, précède une côte escarpée d'où la vue s'étend au loin sur de magnifiques forêts de sapins.

Plus on avance, plus la route devient rapide.

La locomotive Fell gravit les rampes avec la plus grande facilité. En face du fort l'Esseillon, le train serpente au bord d'un précipice de plus de 100 mètres de profondeur, au fond duquel l'Arc roule ses eaux tumultueuses. Puis il s'engage dans une série de lacets reliés par des courbes de moins de 40 mètres de rayon, au tournant desquelles se briseraient des wagons ordinaires, mais que l'on parcourt, grâce au rail médian, en toute sécurité, et même sans ressentir de secousses insolites.

A chacun des coudes, la voie passe d'un bord à l'autre du torrent. Il avait donc fallu établir des passages à niveau, ce qui ne laissait pas de présenter certaines difficultés, par suite de l'élévation du rail central au-dessus du sol. On avait été obligé de monter le rail sur des charnières, qui permettaient de le rabattre dans une rainure ménagée à cet effet, et de le relever au niveau du passage du train, au moyen d'un levier à contre-poids.

Nous arrivons à Lans-le-Bourg, dans la région des avalanches. Là commencent les galeries couvertes. Ces galeries, qui s'étendent sur une longueur totale de 12 kilomètres environ, sont construites en

FIG. 21. — UNE CASCADE SUR LES PENTES DU MONT CENIS

tôle et en charpente là où les tourmentes de neiges sont seules à craindre, et en maçonnerie dans les parties exposées aux véritables avalanches.

Nous sommes parvenus à la frontière, station du sommet. Là nous avons le curieux spectacle d'un lac, presque toujours gelé, qui occupe en ce point le haut de la montagne (fig. 17, page 39), et nos yeux embrassent une immense étendue de petites éminences qui dentèlent cette partie du mont Cenis.

Pendant l'été le lac du mont Cenis offre un spectacle admirable, avec ses belles eaux bleues et les pâturages verdoyants qui l'environnent. Mais à

l'époque où je le vis, le lac était encore recouvert d'une croûte glacée. Les
pâturages disparaissaient sous la neige, et quelques parois verticales de
rochers contrastaient seules, par leur teinte sombre, avec la blancheur éclatante du paysage, que rendait plus intense encore le sombre azur du ciel, à
une semblable élévation.

Voici les différentes hauteurs que l'on atteint, en traversant le mont
Cenis :

Saint-Michel de Maurienne.	718 mètres.
Lans-le-Bourg.	1,400 »
Hospice et lac.	1,908 »
Sommet du mont Cenis.	2,180 »

L'hospice du mont Cenis n'est qu'une longue ligne de maisons, au centre
de laquelle se trouve une chapelle. Comme Napoléon Ier, en faisant établir
la route du mont Cenis, avait fait de cet édifice un poste militaire, on y trouve,
du côté de l'Italie, un mur de défense crénelé. Sa destination est à présent
plus pacifique : il renferme des écuries pour le service des Messageries
nationales. Il mérite encore toutefois le nom d'hospice, car une partie de ce
bâtiment est consacrée à loger quelques ecclésiastiques, dont la mission est
de recevoir, d'abriter et de nourrir les malheureux qui, en toute saison,
traversent la montagne, et qui savent qu'ils ne frapperont pas en vain à cette
porte hospitalière.

Depuis le sommet du mont Cenis on se trouve en Italie ; on s'en aperçoit
à la première cabane de refuge que l'on rencontre, en voyant écrit sur ses
murs : *Regia casa di ricovero*.

La locomotive redescend alors les pentes, et les freins ont fort à faire pour
retenir le convoi, animé de toute la vitesse que lui impriment et son poids et
l'inclinaison du terrain. A la descente, les pentes sont non seulement plus
raides qu'à la montée, car elles atteignent à chaque instant 8 et 9 centimètres
par mètre, mais elles sont d'une telle continuité que la distance du sommet
à Suse, en suivant la grande route, est près de trois fois moindre que celle
de Saint-Michel au sommet, bien que la hauteur verticale soit à peu près la
même. Aussi avait-on craint que la descente ne devînt périlleuse dans la
mauvaise saison. Mais l'expérience démontra que, grâce à l'action combinée
des deux systèmes de freins, on restait toujours maître de la vitesse à la
descente, et la circulation ne fut que bien rarement interrompue dans cette
partie du parcours.

Au début de l'exploitation, quelques vices dans la construction des freins et dans la force de résistance des chaînes de sûreté, occasionnèrent la brusque

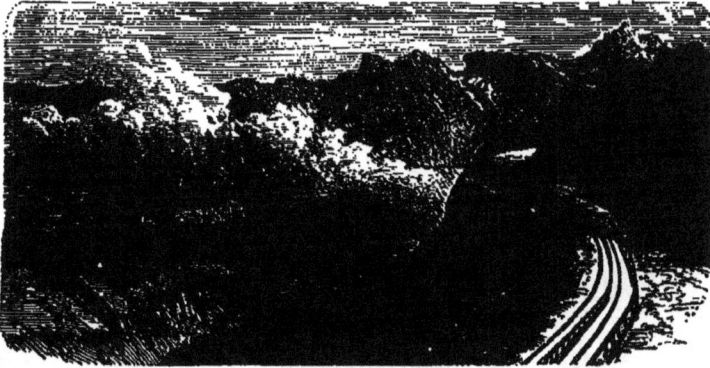

Fig. 22. — LA MONTÉE SUR LE CHEMIN DE FER A RAIL CENTRAL

séparation de quelques voitures et leur chute rapide sur la déclivité de la

Fig. 23. — LA DESCENTE

montagne (1). Mais, grâce aux précautions qui furent prises, ces accidents ne se renouvelèrent plus.

(1) Le 2 décembre 1869, un train de marchandises, composé d'une locomotive et de deux wagons, dérailla, et fut précipité dans les abîmes. Le chauffeur fut tué, ainsi qu'un garde de nuit qui avait pris place sur ce train de marchandises. Un serre-frein fut grièvement blessé.

Fig. 24. — SUSE

Après avoir traversé *la Grande-Croix*, hameau qui ne se compose que de dix à douze maisons, on aperçoit à ses pieds, les gorges de la vallée de la Novalaise (fig. 18) et l'on côtoie les hauteurs qui la dominent. Un torrent rapide parcourt le fond de cette vallée et s'engouffre dans les anfractuosités que présentent les rochers qui l'entourent.

En s'élevant un peu, on arrive au village de Bart (fig. 19), qui n'est qu'une station, composée de quelques maisons à peine.

La route contourne toujours la montagne, tout en descendant vers Suse, dont bientôt on verra les clochers et la vallée fertile qui porte au Pô les eaux que lui envoie la chaîne du mont Cenis, la Ceniza et la Doria.

Le Molaret (fig. 20) est une autre station sans importance.

Du Molaret à Suse, la route est un véritable jardin. Elle passe entre de magnifiques touffes de châtaigniers et de noyers, entremêlés de quelques mélèzes, et présentant quelques cultures. Au loin, la vue s'étend sur la vallée jusqu'à San-Ambrogio, un des lieux de sépulture des anciens rois de Piémont, situé sur un pic escarpé.

On longe encore le joli village de Giaglione, et, en contournant le rocher sur lequel s'élève le vieux fort de la Brunetta, on entre dans Suse, en laissant à sa droite un arc de triomphe antique, que la municipalité de Suse pourrait conserver avec plus de soin.

Nous ne mîmes que cinq heures à franchir le mont Cenis, de Saint-Michel à Suse, et notre voyage ne fut qu'une succession de points de vue aussi variés qu'intéressants. La végétation au bas de la montagne, en Savoie et en Italie, était luxuriante, et le soleil de mai égayait de tons joyeux les sapins, les épicéas et les mélèzes. Les rochers eux-mêmes semblaient revêtir des teintes transparentes, par l'effet de la vive lumière qui les frappait.

Partout la nature était souriante et animée. Au sommet seulement, les neiges reprenaient leur empire, mais on les contemplait sans ennui ni crainte. On ne voyait dans leur blancheur qu'une opposition avec l'aspect des paysages que l'on venait de quitter au bas de la montagne et que l'on allait retrouver au revers suivant.

C'est un beau spectacle que celui du travail de l'homme luttant contre la nature, et se frayant un passage commode là où elle avait placé un obstacle, mais ce qui est plus beau encore, c'est le spectacle de la nature abandonnée à elle-même, et réservant aux voyageurs des surprises comme les pays de montagnes seuls peuvent en offrir. Sur les dernières pentes du mont Cenis nous apperçûmes une cascade (fig. 21) qui jetait à travers l'espace son ruban irisé. Les émeraudes, les turquoises, les opales et les perles mêlant au soleil leurs couleurs variées et étincelantes, ne donneraient peut-être qu'une idée insuffisante des couleurs qui se jouaient autour des rochers brisant l'eau de la montagne en franges écumeuses.

Quel constraste avec notre premier passage par le froid et la nuit, dans ces traîneaux disloqués et branlants !

Arrivé à Suse que nous revoyons telle que nous l'avons quittée trois années auparavant, c'est-à-dire, calme et tranquille, nous reprenons la voie ordinaire du chemin de fer, qui nous emporte à travers les riches vallées du Piémont.

V

Le tunnel du mont Cenis. — Prolégomènes.

Un ardent chauvinisme règne en Italie. Qu'il soit italien ou français, le chauvinisme est un excellent sentiment, mais il ne faut pas qu'il s'exerce au détriment des autres nations. L'Italie a voulu faire du percement des Alpes une œuvre exclusivement nationale, et pourtant ce sont des ingénieurs étrangers à la Péninsule qui ont eu le mérite de la pensée et de l'exécution de la plus grande partie de cette œuvre grandiose. C'est un pauvre habitant des montagnes limitrophes de la Savoie, Joseph Médail, qui découvrit, dès 1841, dans le labyrinthe des vallées alpestres, la meilleure route à suivre pour creuser une galerie souterraine à travers ce massif montagneux. C'est un ingénieur belge, M. H. Maus, qui exécuta tous les plans, devis, avant-projet et projet de la galerie souterraine que traversent aujourd'hui les convois. C'est un ingénieur suisse, M. Daniel Colladon, qui proposa, dès 1852, l'idée splendide de faire servir l'air comprimé sortant des compresseurs à l'excavation et à l'aération du tunnel pendant les travaux, et qui prouva que l'air comprimé, destiné à faire agir les machines perforatrices, peut se transporter, avec une minime perte de puissance, aux plus grandes distances. C'est un ingénieur anglais, M. Bartlet, qui exécuta, dès 1855, la première machine perforatrice marchant par l'air comprimé. C'est encore M. Maus, l'ingénieur belge, qui a étudié et publié les premiers plans et projets des voies d'accès reliant le tunnel du mont Cenis aux lignes ferrées des deux versants de ces montagnes. Enfin, c'est un savoisien, Germain Sommeiller, qui modifia la perforatrice Bartlet, dirigea l'exécution du travail et le mena à bien, grâce à sa persévérance à ses talents et à son activité.

C'est donc avec peine que l'on voit l'Italie fermer les yeux sur le concours puissant qu'elle a reçu des ingénieurs étrangers. Au banquet qui eut lieu, le 26 octobre 1879, pour fêter l'inauguration du beau monument que la ville de Turin a fait ériger, sur la place du Statut, en l'honneur de Germain Sommeiller et de ses collaborateurs, Grandis et Grattoni, on ne prononça pas le nom de M. H. Maus, l'ingénieur belge qui a pris la plus grande part à l'œuvre dont on célébrait la réalisation, et tandis que le syndic de la ville se répandait en congratulations et en hommages pour tous les hommes appartenant à sa patrie, tandis qu'on célébrait jusqu'aux mérites du maître-queux qui avait tourné les sauces du banquet municipal, il omettait, dans sa harangue, le nom de M. Daniel Colladon, le savant qui a rendu possible et pratique le travail d'excavation dans le long trou noir et sans issue que l'on voulait percer, sans se flatter d'y réussir.

Pour nous, qui avons pour devise, en fait de science et d'industrie, la vérité, rien que la vérité, nous sommes heureux de pouvoir retracer avec une entière impartialité l'histoire précise de cette œuvre admirable, de rendre à César ce qui appartient à César, et cela, non par des phrases et des mots, mais par des pièces authentiques et des documents officiels.

Nous ajouterons qu'il y a dans l'histoire de l'entreprise du tunnel des Alpes un *imbroglio* parlementaire et technique, que tout le monde paraît ignorer, que personne, du moins, n'a raconté, ou suffisamment mis en lumière, et que nous sommes en mesure de dévoiler dans son entier, pour l'amusement de nos lecteurs et l'ébahissement des masses.

Savez-vous pourquoi l'œuvre du percement du mont Cenis, momentanément abandonnée en 1856, fut subitement reprise et menée à bonne fin ? Parce que M. de Cavour avait fait voter par le parlement du Piémont, un prêt de 90,000 francs aux trois ingénieurs Sommeiller, Grandis et Grattoni, pour un appareil mécanique applicable au chemin de fer de Turin à Gênes, qu'il avait porté aux nues et qui n'avait donné aucun résultat pratique, et que M. de Cavour ne voulait pas subir la responsabilité des suites de ce vote parlementaire.

Cette singulière histoire sur la cause réelle de la reprise du percement du tunnel du mont Cenis, que l'on devait exécuter en entier par l'emploi exclusif d'un appareil hydraulique qu'il fallut bien vite abandonner, je voudrais vous la raconter tout de suite, mais il faut qu'elle arrive à sa place, et nous commencerons, si vous le voulez bien, par le commencement.

FIG. 25. — LE MONT FRÉJUS VU DE MODANE (VERSANT FRANÇAIS)

VI

Quoique réunis sous un même sceptre pendant quatre cents ans, le Piémont et la Savoie se trouvaient physiquement séparés par une barrière, celle des Alpes, dont les cols les plus bas, sur soixante lieues d'étendue, surpassent d'environ 2,000 mètres le niveau de la mer.

Une entreprise comme celle du passage des hautes Alpes par une voie ferrée établie dans de bonnes conditions, ne pouvait être conçue, étudiée et exécutée d'un seul jet. Les données du problème étaient trop diverses, les combinaisons possibles et les difficultés à vaincre trop variées et trop nombreuses, pour que la solution la meilleure pût se trouver tout d'un coup.

Les rampes fortement inclinées ne sont pas favorables aux locomotives. Elles leur créent des difficultés sérieuses; elles dépouillent, en quelque sorte, ces machines de leurs principaux avantages : *la rapidité*, *la puissance*, *l'économie*. C'est ce qui faisait naître de grandes incertitudes quant au principe même de l'entreprise.

Et d'abord, en quelle partie des Alpes fallait-il placer le tunnel ? Quel était le point le plus favorable pour le percement de cette chaîne

L'homme à qui revient l'honneur d'avoir le premier indiqué le trajet le plus facile pour une galerie souterraine allant de la Savoie au Piémont, à travers les Alpes, est un simple habitant de ces montagnes, qui n'était nullement ingénieur, mais qui était doué d'une rare persévérance, unie à une intelligence remarquable. Il se nommait Joseph Médail et était né à Bardonnèche. En 1814, il était commissaire des douanes aux frontières de Montmeillan et de Pont-Beauvoisin. En 1828, il était entrepreneur de routes à Lyon. Très actif, il était toujours occupé à rechercher les moyens de faciliter l'échange des produits entre Lyon et l'Italie.

Revenu dans son pays natal, en 1832, il parcourait déjà les cols du Fréjus et de la Roue, traçant des plans, relevant les distances entre Modane et Bardonnèche. Son bon sens, aidé de quelques notions scientifiques, lui avait révélé l'endroit qui offrait le moins d'épaisseur à percer et le plus de facilités à un chemin de fer. C'est, en effet, dans cette section, entre Modane et Bardonnèche, que les Alpes offrent le moins d'épaisseur et qu'elles sont le plus accessibles par les vallées de l'Arc et de la Dora Riparia. Le mur à traverser n'est que de 12 kilomètres et demi.

Joseph Médail connaissait une à une les vallées et les montagnes de son pays natal. Enfant, il allait y chercher des cristaux et y dénicher des oiseaux ; jeune homme, il y avait chassé le chamois ; et, dans la belle saison, il y retournait, pour mesurer les pentes et les distances, et découvrir lequel de ces monts serait le moins large à percer ; car il était déjà persuadé que la voie la plus courte entre Turin et Lyon devait passer par Modane et Bardonnèche.

Notre géomètre montagnard avait fait de ce tunnel le rêve de sa vie. Dans le projet qu'il rédigea, il traversait les Alpes au même point qui fut plus tard adopté par les ingénieurs ! De l'embouchure savoisienne du tunnel, il conduisait son chemin de fer à travers la Maurienne, jusqu'à Chambéry. De là partaient deux lignes : l'une se dirigeait sur Genève, par Annecy, l'autre traversait la montagne de l'Épine par un tunnel, et allait se souder sur le Rhône, à Saint-Geix, au réseau français, empruntant le territoire de la Savoie pour communiquer avec la Suisse. Il voulait, du reste, placer son tunnel à un point plus élevé de la montagne, afin de n'avoir que 6,000 mètres à franchir, au lieu de 12,000.

Le 20 juin 1841, après avoir obtenu l'assentiment du roi Charles-Albert, Joseph Médail se rendit à Turin, pour présenter son projet aux ministres et au président de la chambre du commerce.

Voici un fragment de son mémoire :

« Pour améliorer la route de Turin à Chambéry de manière qu'elle ne laisse rien à désirer et qu'elle puisse rivaliser avec celles de nos voisins, il faut abandonner le mont Cenis et percer les Alpes dans leur partie la moins large, c'est-à-dire sous le mont Fréjus, entre Bardonnèche et Modane. »

Le point du passage est indiqué par Joseph Médail avec une précision mathématique, et le plus grand éloge que l'on puisse faire de sa clairvoyante sagacité, c'est qu'après de longues et laborieuses études, tous les ingénieurs lui ont donné raison.

Joseph Médail ajoute, dans son mémoire :

« La percée, gigantesque en apparence, n'aura en réalité que 5,000 mètres de longueur. Je me chargerais moi-même des travaux, si Votre Majesté veut me les concéder en même temps que le droit de priorité de la percée, comme étant

FIG. 26. — LA VALLÉE DE BARDONNÈCHE (VERSANT ITALIEN)

l'auteur du projet, qui devrait être exécuté aux frais de l'État. Comme les travaux de cette percée pourront durer de cinq à six ans, il conviendrait de les commencer sans retard. »

Il énumère ensuite les avantages commerciaux qui dériveraient de la construction de cette nouvelle route, et termine son remarquable écrit en ces termes :

« La percée des Alpes rendra la vie et l'activité au Piémont, et fera de Gênes le premier port de l'Europe méridionale. Ce sera le plus grand et le plus utile monument que jamais souverain ait élevé au profit de ses peuples. Honneur aux ministres qui l'auront favorisé! Ils auront bien mérité de la patrie, et leurs noms passeront à la postérité! »

Le mémoire que Joseph Médail présenta aux ministres de Charles-Albert, et à la chambre de commerce de Turin, n'était accompagné d'aucun avant-projet, ni projet d'ingénieur ; il n'était appuyé sur aucune consultation d'un homme de l'art. C'était une conception de génie, mais dénuée de bases pratiques.

Du projet de Joseph Médail, il n'est donc resté que l'indication précise du massif à percer. Il est facile de comprendre que proposer de creuser un tunnel de 12 kilomètres de longueur; ou seulement de 6 kilomètres, en passant sous une voûte de plus de 1000 mètres d'épaisseur, c'est n'offrir au mineur comme points d'attaque, que ses deux extrémités. L'idée de puits verticaux, obliques ou latéraux, dont parlait Joseph Médail, pour aérer les travaux et multiplier les points d'attaque à travers cette voûte immense, était absolument chimérique.

Le roi Charles-Albert accueillit Joseph Médail avec courtoisie, mais son projet ne fut pas considéré comme sérieux. Prématurée pour ce temps, cette idée apparut comme un songe fantastique, plutôt que comme une idée pratique et réalisable.

Cependant il ne suffisait pas d'avoir reconnu le massif de la montagne qu'il fallait percer pour passer, en galerie souterraine, de la Savoie en Piémont. Il restait d'autres questions à résoudre. Monterait-on plus haut, pour creuser un souterrain d'une longueur moindre ? Fallait-il préférer les rampes longues et de faible inclinaison, ou pouvait-on recourir à des rampes courtes et rapides ?

Ces difficultés ont, de tout temps, préoccupé les ingénieurs et elles les divisent encore. Les uns se rallient aux tunnels percés à un niveau bas et à des rampes faiblement inclinées ; d'autres cherchent des moyens mécaniques pour élever les convois sur les rampes rapides. C'est ainsi qu'on a préconisé successivement : les câbles de traction utilisés de diverses manières, les locomotives perfectionnées, les convois dans lesquels toutes les roues sont mises en action par des chaînes sans fin, ou par des cylindres placés sous les wagons et recevant la puissance motrice de la vapeur.

De tous ces procédés quel était celui qu'il fallait appliquer à l'exécution du tunnel du mont Fréjus ?

A côté de ces premières questions techniques il s'en présentait d'autres, non moins essentielles.

Une même chaîne de montagnes, celle des Alpes Cottiennes, par exemple, n'est pas composée d'une série de massifs tous homogènes. On parle souvent de la *barrière granitique des Alpes*. Mais les Alpes ne sont pas entièrement granitiques ; on y trouve, outre le granit et ses homologues, des roches de transition et des masses calcaires plus récentes. Ces éléments eux-mêmes peuvent offrir des différences, soit de dureté et de résistance au ciseau, soit de solidité et de durée en plein air. La science géologique avait donc, elle aussi, ses études à faire et son mot à dire. Son rôle était de prévoir, à côté des obstacles faciles à reconnaître, ceux, plus cachés, que pouvait recéler une montagne épaisse de quelques lieues.

Enfin, en 1845, époque à laquelle on commença à se préoccuper activement du percement des Alpes, une autre difficulté plus sérieuse rendait tout à fait incertaine la possibilité de percer ce long tunnel.

En général, dès que la longueur d'un souterrain dépasse deux ou trois kilomètres, on ne se contente pas d'attaquer le percement aux deux extrémités ; le travail d'excavation serait trop long, l'aération trop difficile. On y remédie par le procédé suivant. On détermine d'abord un plan vertical, qui passe dans l'axe du souterrain ; puis on reporte, par les procédés de la géométrie, la trace de ce plan sur les surfaces qui surplombent la ligne du tunnel, et on construit le long de cette trace des puits verticaux, d'une profondeur telle qu'ils atteignent l'axe du souterrain. Des ouvriers descendent dans ces puits, et percent horizontalement le sous-sol, en deux sens différents, qui sont dans la direction même du tunnel. On reproduit cette opération sur plusieurs points, en espaçant les puits de quelques centaines de mètres. Le souterrain, attaqué ainsi par tronçons séparés, s'aère plus facilement, et son achèvement, poursuivi sur tous les points à la fois, devient beaucoup plus rapide.

C'est ainsi, pour prendre un exemple, que le tunnel de Blaisy, près de Dijon, long de 4,100 mètres, fut percé au moyen de vingt puits et de quarante-deux attaques ; celui de la Nerthe, près Marseille, long de 4,620 mètres, a été creusé par cinquante attaques, avec l'aide de vingt-quatre puits verticaux.

Cette manœuvre n'était pas praticable pour le souterrain du mont Fréjus, car les ingénieurs avaient adopté un niveau de percement tel que le tunnel en projet devait être situé à plus de 1000 mètres au-dessous de la surface supérieure de la montagne. Il aurait fallu des puits de secours tellement profonds, que leur perforation préliminaire aurait exigé plusieurs années de travail et des sommes considérables.

Pour réussir, il fallait donc vaincre deux difficultés, en apparence insurmontables : celle du *temps* et celle de l'*aérage*. Tant que ces deux problèmes n'étaient pas résolus d'une manière satisfaisante, il eût été téméraire d'entamer un travail qui pouvait être suspendu après de fortes dépenses, ou qui eût été inutile au trafic pendant une grande fraction de siècle.

Ces quelques données préliminaires feront mieux comprendre que, pour entrevoir la réussite, il ne suffisait pas d'avoir reconnu au sud et au nord de la chaîne des Alpes deux points placés à peu près au même niveau, qu'on pût atteindre avec une rampe accessible aux locomotives, et qui ne fussent distants que d'un certain nombre de kilomètres, dans une roche peu difficile à percer.

Nos lecteurs saisiront mieux maintenant les nouvelles recherches qu'il y avait à faire, et ils comprendront le mérite des inventeurs qui ont contribué au succès d'une tentative que plusieurs praticiens habiles considéraient comme irréalisable.

Les études préparatoires, les expériences successives, les tentatives de percement et l'achèvement du tunnel du mont Cenis embrassent, dans leur ensemble, la durée d'un quart de siècle. Cette période se divise, sous le point de vue historique, en quatre époques, caractérisées par des études et des travaux spéciaux et par les procédés successifs qui ont été proposés ou mis en action par divers inventeurs.

A la première époque se rattache surtout le nom de l'ingénieur M. H. *Maus* et celui du géologue *Sismonda* ; à la seconde celui de M. *Daniel Colladon* ; à la troisième celui de M. *Bartlett* et ceux des trois associés, *Sommeiller*, *Grandis* et *Grattoni*, lesquels reparaissent seuls dans la quatrième et dernière époque.

VII

Première période (1844 à 1850). — M. H. Maus. — M. de Sismonda.

Le gouvernement sarde, préoccupé du désir d'unir, par une voie rapide, Gênes à Turin et Turin à Chambéry, avait appelé un ingénieur belge M. Henri Maus connu par divers travaux, et spécialement par les machines à remorquer qu'il avait établies, près de Liège, sur deux rampes consécutives de 33 millièmes, longues chacune de 2 kilomètres, pour faire monter les convois, au moyen de puissantes machines à vapeur et d'un câble sans fin en fil de fer, de 5 centimètres de diamètre (1).

Le mérite frappant de ce travail désignait M. Henri Maus à l'exécution de l'entreprise des deux lignes dont l'une devait franchir l'Apennin et l'autre les Alpes, et sur lesquelles, par conséquent, il était fort probable qu'on aurait de fortes rampes à gravir.

Il nous paraît indispensable de placer, avant l'historique des études et de la mise en œuvre du tunnel du mont Fréjus, une notice préliminaire sur le chemin de fer de Gênes à Turin. Là se trouve, en effet, l'origine des travaux de M. H. Maus, l'intervention des ingénieurs sardes, Sommeiller, Grandis et Grattoni, et du *bélier-compresseur*, qui devait servir à remorquer les trains sur les pentes de cette voie ferrée.

Nous emprunterons le récit de la création du chemin de fer de Turin à Gênes au *Traité des chemins de fer* de Perdonnet. Cette relation est un peu ancienne, mais elle précise parfaitement les points que nous tenons à mettre en lumière, les jalons qui doivent guider dans la suite de ce récit.

« Le chemin de fer de Gênes à Turin, commencé en 1845, dit Perdonnet (2), est le premier qui ait traversé les Apennins. Il remplaça la route royale, construite trente années auparavant.

« Ce chemin de fer a une très grande importance, non seulement parce qu'il

---

(1) Voir les détails de ce plan incliné dans les *Annales des ponts et chaussées de France*, année 1843.

(2) *Traité élémentaire des chemins de fer*, 3e édition. Paris, 1865. T. I, pp. 292-297 et p. 136.

joint deux villes capitales d'anciens États italiens aujourd'hui réunis, mais encore parce que, en réduisant de moitié les dépenses de transport des marchandises, il abaisse les prix d'importation, favorise l'exportation des riches produits de l'agriculture du Piémont, et développe les entreprises industrielles, en faisant arriver jusqu'au pied des montagnes, riches en cours d'eau, les matières premières, qui s'exporteront transformées en produits manufacturés.

« Il exerce ainsi la plus heureuse influence sur la prospérité du Piémont et l'activité du port de Gênes, dont les intérêts sont solidaires depuis que le chemin de fer, obtenant, par ses bas prix, la préférence sur toutes les communications entre la mer et le Piémont, fait de Gênes le principal port du royaume de Sardaigne.

« Ces avantages, appréciés depuis longtemps, auraient fait entreprendre ce chemin de fer plus tôt, si la nature n'avait présenté à son exécution de nombreux et sérieux obstacles.

« Il fallait, en effet, traverser la chaîne des Apennins, dont le faîte, élevé d'environ 500 mètres au-dessus du niveau de la mer, n'en est éloigné que de 20 kilomètres. Des rampes rapides et un long tunnel, dans une roche sans consistance, étaient inévitables ; les seules vallées praticables sur les deux versants sont tortueuses, bordées de roches schisteuses en décomposition, et occupées par des torrents dont le lit présente des escarpements qui atteignent souvent 30 mètres de hauteur verticale.

« Arrivé dans la plaine, le chemin traverse les torrents de la Bormida, du Tanaro et du Pô, qui, à l'époque de la fonte des neiges tombées sur les montagnes voisines, deviennent, par le volume de leurs eaux, comparables aux fleuves les plus grands et les plus dangereux.

« On conçoit que l'on ait tardé à entreprendre une communication présentant de si nombreuses difficultés. Mais, lorsque les chemins de fer, en se propageant en France et en Italie, eurent démontré les avantages de ce nouveau mode de communication, et menacé, en favorisant des points rivaux, de faire perdre à Gênes une partie des avantages de sa position, il n'était plus possible d'hésiter.

« Après avoir accordé, pour la construction de ce chemin de fer, une concession demeurée sans résultat sérieux, le gouvernement sarde, fortement encouragé par le roi Charles-Albert, se décida à faire exécuter lui-même les travaux, qu'il poursuivit, malgré les agitations politiques et les embarras financiers, avec une courageuse persévérance, aussi honorable pour lui que pour la nation, qui, maintenant, recueille le fruit des sacrifices qu'elle s'est imposés.

« Aucun ingénieur piémontais n'avait, à cette époque, assez d'expérience des chemins de fer pour diriger ce travail ; le gouvernement s'adressa à un ingénieur belge connu par ses travaux sur la ligne de Liège à Anvers et spécialement par ses machines établies près de Liège pour gravir deux rampes consécutives longues de quelques kilomètres au moyen de câbles en fil de fer mus par des machines à vapeur et servant à remorquer ou à retenir les trains sur ces plans inclinés.

« M. Maus fut, en même temps, chargé, par le roi Charles-Albert, d'étudier avec le célèbre géologue de Turin, A. Sismonda, le point le plus propice pour percer les Alpes entre le Piémont et la Savoie.

« M. Maus fit exécuter avec beaucoup d'habileté le chemin de Gênes à Turin.

« La gare des voyageurs, point de départ à Gênes, est établie près du palais Doria. Après avoir longé le pied de la montagne qui entoure le port, le chemin de fer traverse un tunnel qui débouche à Saint-Pierre d'Arena, faubourg de Gênes ; il remonte la vallée de Polcevera jusqu'à Pontedecimo, puis s'engage dans la vallée du Ricco, qui le fait arriver au pied de la chaîne des Apennins, qu'il traverse au moyen du plan incliné et du tunnel de faîte de Giovi, et aboutit sur le versant nord, à Busalla, d'où il descend dans la vallée de la Scrivia, qu'il suit jusqu'à Serravalle ; de là il se dirige sur Novi et Alexandrie, en touchant à Frugarola et traversant le torrent Bormida, ainsi que le champ de bataille de Marengo.

« La distance de Gênes à Turin est de 166 kilomètres. Toute cette ligne est à double voie.

« Dans la vallée des Apennins, le rayon des plus petites courbes n'est pas inférieur à 400 mètres, sauf une seule exception, où il est de 300 mètres : les rayons dans la plaine sont généralement supérieurs à 1000 mètres. »

M. Perdonnet, après avoir donné le tableau exact des hauteurs des principales inflexions du profil, ainsi que le maximum d'inclinaison adopté, ajoute :

« Il résulte de ces indications que le chemin de fer, pour traverser les Apennins, s'élève de 345^m,23 au-dessus de la station de Gênes, puis descend de 266^m,18 pour atteindre la station d'Alexandrie.

« Le tunnel des Apennins a 3,250 mètres de longueur. La pente du chemin dans ce tunnel est de 28,7 millimètres et aux abords sud de 35 millièmes sur une longueur de 7 kilomètres. Son extrémité septentrionale se trouve à la station même de Busalla.

« Le tunnel de Giovi, percé au sommet des Apennins, traverse sur presque tout son parcours, une roche décomposée, qui exerce une grande pression, et a exigé, sur la longueur de 3,255 mètres, un solide revêtement en maçonnerie qui a absorbé au delà de trente millions de briques.

« Sur le versant septentrional et à 3 kilomètres au delà du tunnel de Giovi, commence, dans la vallée de la Scrivia, une série de tunnels, de ponts, viaducs et murs de soutènement, qui transforment la construction du chemin de fer en un ouvrage d'art continu d'une étendue d'environ 12 kilomètres.

« Le chemin de fer de Gênes à Turin peut être comparé aux chemins de Manchester à Leeds et de Liège à Aix-la-Chapelle, pour le nombre des ouvrages d'art, mais non pour l'importance des difficultés rencontrées, qui sont beaucoup plus grandes sur la ligne de Gênes à Turin.

« Le prix par kilomètre est d'environ 630,000 francs.

« Pour s'élever du niveau de la mer au sommet des Apennins sur la courte distance de 20 kilomètres, le profil du chemin de fer a dû admettre la plus forte inclinaison, 35 millimètres, que l'on ait encore adoptée sur les lignes de grande communication, et qui dépasse notablement la rampe de 25 millimètres du passage du Sœmmering.

« Le mouvement à la remonte étant considérable, les frais de traction sont très élevés.

« Un accroissement de pente de 2 millimètres seulement donne lieu à un accroissement de dépenses déjà sensible.

« S'agit-il de pentes atteignant 20 ou 30 millimètres par mètre de longueur, telles qu'on en rencontre quelquefois dans les pays de montagnes, la dépense devient énorme.

« Sur la pente comprise entre Gênes et Pontedecimo, où la pente moyenne est de $5^{mm},8$, et la pente maxima de 11 millimètres, la dépense pour le transport des voyageurs est par voiture de voyageurs à 1 kilomètre, de 0 fr. 19 par tonne brute ; à 1 kilomètre, de 0 fr. 029.

« Sur la portion du chemin de Pontedecimo à Busalla, où se trouve le souterrain du Giovi, la pente moyenne étant de $28^{mm},2$, la pente maxima, de 35 à ciel ouvert, de 35 en souterrain, de 28,7 et les courbes ayant généralement de 400 à 500 mètres de rayon, le transport des voyageurs a coûté, par wagon, à 1 kilomètre fr. 0,37 ; par tonne brute à 1 kilomètre fr. 0,037.

« Sur la même partie du chemin, le transport des marchandises a coûté, par wagon, à 1 kilomètre fr. 0,49. »

C'est, avons-nous dit, l'ingénieur belge, H. Maus, qui avait été appelé pour construire le chemin de fer de Gênes à Turin, lequel traversait, près de Gênes, comme vient de le dire l'auteur du *Traité élémentaire des chemins de fer*, un col de l'Apennin élevé de 400 mètres au-dessus du niveau de la mer.

Pour franchir le sommet de ce col, M. H. Maus fit établir une rampe, longue de 10 kilomètres, que l'on nomme aujourd'hui le *plan incliné du Giovi*, et dont la partie supérieure est un souterrain. La rampe totale a une inclinaison moyenne de 28 millièmes.

A cette époque, les locomotives n'étaient pas assez puissantes pour remorquer de longs convois sur des rampes aussi fortement inclinées. D'après le projet de M. H. Maus, cette rampe de 10 kilomètres devait être pourvue d'un câble de remorque, mû par des roues hydrauliques. Nous retrouverons dans la troisième période un autre projet pour franchir ce même plan incliné du Giovi par l'impulsion d'un piston dans un tube pneumatique central.

Pendant que M. H. Maus dirigeait l'exécution du chemin de fer de Gênes à Turin, le gouvernement sarde le chargeait d'étudier les meilleurs moyens de franchir les Alpes par une voie ferrée.

Quoique partisan des câbles de remorque, M. H. Maus, se confiant aux ressources de la science, se consacra à l'étude d'un long tunnel.

Son premier rapport, daté du mois d'août 1845, admettait un tunnel de 10 kilomètres. Pour en relier les entrées avec Modane et Suse, il projetait cinq plans inclinés au 35 pour mille, sur lesquels les convois auraient été remorqués par des machines funiculaires.

L'éminent géologue de Turin, Angelo de Sismonda, avait étudié la nature du massif à percer, et il avait reconnu que le massif ne présenterait pas d'obstacle insurmontable. Élie de Beaumont et d'autres géologues célèbres, consultés à cette occasion, confirmaient les prévisions d'Angelo de Sismonda.

MM. Maus et de Sismonda firent exécuter de nombreux essais sur la résistance des roches locales au ciseau du mineur. Ils en conclurent qu'il faudrait 35 à 40 années pour percer une galerie de petite section par les procédés à la main, seuls connus à cette époque.

Une pareille durée n'était pas admissible ; M. Maus dut donc se préoccuper de la création d'une machine pour entailler rapidement le rocher. On lui alloua une somme pour de premiers essais, et, les résultats ayant été favorables, M. Maus obtint, en 1846, un crédit pour la construction d'un appareil perforateur de son invention, destiné à découper la roche au moyen d'un grand nombre de ciseaux, ou fleurets, pouvant agir par un mouvement alternatif et rapide dans le sens de leur longueur.

Cet appareil de M. Maus, très bien construit par M. Thémar, de Turin, a été fort exalté d'abord et beaucoup trop oublié depuis. On l'avait établi à poste fixe, dans un moulin situé au val d'Occo, aux portes de Turin.

Le mécanisme se composait d'étages parallèles de ciseaux, ou fleurets, très rapprochés, pouvant glisser horizontalement dans les trous d'un châssis. Tous ces fleurets, ou ciseaux, portaient un manchon solidement fixé et qui servait à deux effets :

1° A les faire tourner autour de leur axe ;

2° A les faire reculer par l'action de cames ; pendant ce recul ils comprimaient de puissants ressorts qui, lors de l'échappement des cames, lançaient les ciseaux dans les trous, ou les entailles.

On avait apporté des Alpes voisines de grands blocs, contre lesquels on exerçait le jeu de la machine. La roue du moulin faisait mouvoir les cames, et par suite, les ciseaux. Le châssis avait un double mouvement : un mouvement latéral alternatif, pour obtenir avec les ciseaux des rainures continues, et un mouvement progressif vers le front de taille, réglé sur l'avancement des ciseaux.

Des expériences heureuses, qui furent souvent répétées en public, excitèrent un intérêt facile à comprendre.

Les très nombreux visiteurs qui avaient assisté aux expériences de la machine perforatrice de M. H. Maus, étaient unanimes pour reconnaître la puissance de ses effets ; et les ingénieurs de tous les pays entrevoyaient la possibilité de percer en peu d'années des souterrains à la base des plus hautes montagnes.

Pendant ces essais, M. Maus reprenait les études topographiques locales. Il se rallia à l'idée du percement d'un souterrain plus long, situé à un niveau plus bas. Il avait, de plus, étudié les projets et les devis pour l'exécution des chemins de raccord qui devaient unir le souterrain à Modane et à Suse.

Ces expériences et ces études firent le sujet de deux rapports, qui furent présentés au gouvernement sarde, par M. H. Maus, en juin 1848 et en février 1849.

Ce dernier, le plus complet, résumait toutes les études et les expériences des quatre années précédentes. Il était accompagné d'un grand nombre de devis, plans, dessins de machines, cartes, etc., le tout formant un ensemble complet, où les principaux détails étaient prévus, étudiés et calculés.

Ce rapport final fut soumis au jugement d'une commission gouvernementale, composée de neuf membres, présidée d'abord par le ministre Galvagno, puis, trois mois après, par l'illustre ingénieur vénitien Paleocapa, devenu ministre des travaux publics. Cette commission réunissait l'élite des ingénieurs et des professeurs techniques du Piémont : Paleocapa, Mosca, Carbonazzi, Giulio, Menabrea, Sismonda, Cavalli, Melano.

L'auteur adoptait un souterrain de 12,290 mètres, sous le mont Fréjus, entre Modane et Bardonnèche, comme l'avait proposé Joseph Médail, le géomètre montagnard, s'élevant du nord au sud, par une pente continue de 19 pour 1000. L'entrée méridionale, point le plus élevé, devait se trouver à 1,364 mètres au-dessus du niveau de la mer, et à 800 mètres plus bas que la route à voitures du mont Cenis.

Le tunnel achevé devait avoir une grande section : 8 mètres de largeur sur 6 mètres de hauteur, et recevoir une double voie. Mais on devait commencer par tailler une galerie préparatoire ayant seulement 10 mètres carrés de section (4 mètres, 40 de largeur sur 2 mètres, 20 de hauteur).

Le percement de cette galerie d'avancement était l'œuvre difficile et essentielle, celle qui présentait le plus d'inconnu.

Le projet pour cette perforation contenait quatre éléments distincts : la *machine à percer*, la *production de la force motrice*, la *transmission de cette force*, l'*aérage du souterrain*.

La machine à percer devait être celle du val d'Occo, que l'on reconstruirait, à l'usine de Seraing, sur une plus grande échelle, pour attaquer la roche sur une section quadrangulaire, ayant $2^m,20$ de hauteur sur $2^m,20$ de largeur. L'appareil devait se placer alternativement à droite et à gauche du front de taille, de manière à ouvrir immédiatement un souterrain large de $4^m,40$.

La roche devait être découpée horizontalement, en quatre blocs superposés, au moyen d'une centaine de ciseaux, rangés en cinq étages. Ces blocs devaient être ensuite détachés par des coins, et enlevés par les moyens ordinaires.

Pour percer la roche, nettoyer les entailles et empêcher le rapide échauffement des ciseaux, il était indispensable de projeter de l'eau avec force dans les entailles en percement. M. Maus y pourvoyait en plaçant sur son appareil une puissante pompe hydraulique, mue par le même moteur que la perforatrice, et puisant l'eau dans un réservoir situé à proximité.

Quant à la force motrice, elle s'obtenait au moyen de roues hydrauliques extérieures, à augets, empruntant leur action au torrent de l'Arc, du côté nord, et à la petite rivière de Rochemolle et d'autres affluents, du côté sud.

Pour la transmission de la force motrice de ces roues jusqu'à la distance extrême de 6 à 7 kilomètres, M. Maus avait adopté des câbles sans fin, en fil de fer, de 44 millimètres de diamètre, portés sur des poulies, distantes de 10 mètres pour l'aller et d'autant pour le retour, soit une poulie pour 5 mètres de longueur du tunnel. Ainsi, vers la fin du percement, de chaque côté du souterrain, on aurait eu un câble sans fin d'une longueur de 13,000 mètres, soutenu par 2,400 poulies fixées sur le sol intérieur !

La vitesse du câble était calculée à 12 mètres par seconde et les 116 fleurets, ou ciseaux, devaient frapper, à chaque front de taille, 150 coups par minute.

A ce nombre, qui supposait une puissance de 83 chevaux-vapeur transmise à chaque machine perforatrice par les câbles, l'avancement calculé pouvait être de 5 mètres par vingt-quatre heures dans chacune des galeries, soit, en tout, 3,650 mètres par an.

En tenant compte de l'imprévu, on espérait achever en cinq ou six ans la galerie préparatoire, et, au bout de dix ans au plus, inaugurer le tunnel et la ligne entière de Suse à Modane.

L'emploi du câble exigeait, outre les centaines de poulies de support dont il vient d'être parlé, d'autres poulies motrices, destinées à recevoir la puissance hydraulique et à la diriger sur l'appareil perforateur, sans la perdre en glissements.

En vue de ce résultat, M. Maus plaçait, près de sa machine perforatrice, *un récepteur de puissance*, pour recevoir et transmettre aux outils le travail dynamique. C'était un chariot muni de deux fortes poulies de 2 mètres de diamètre, sur lesquelles le câble faisait plusieurs circonvolutions, avant de revenir vers le moteur hydraulique.

La quatrième condition, c'est-à-dire l'*aération* n'était pas résolue d'une manière satisfaisante. M. Maus espérait y suppléer en renonçant à l'emploi de la poudre, et en plaçant, sur quelques-unes des poulies de support du câble, des ventilateurs, pour refouler l'air impur dans un tube d'expulsion.

Il est facile de juger qu'un tel système exigeait, pour être complet et efficace, une conduite d'air spéciale, de fort diamètre, ayant une longueur égale à celle de la galerie en percement.

Le tunnel, d'après les projets de M. Maus, devait donc contenir, dans toute sa longueur, pendant la durée des travaux, les engins suivants : deux câbles superposés, courant à la vitesse de 12 mètres par seconde ; — une conduite continue, de fort diamètre, pour l'expulsion de l'air vicié ; — deux cents poulies de support par kilomètre ; — enfin, des moyens télégraphiques de communication à l'extérieur ; car il fallait pouvoir donner un signal pour arrêter les moteurs à eau, à chaque accident survenu dans le tunnel à la machine ou au câble.

Parmi les tableaux et devis qui accompagnaient le rapport de 1849, il en est deux principaux, dont l'un concerne l'estimation de la dépense totale, et l'autre l'emploi utile et les pertes de la force motrice.

La dépense totale pour joindre Suse à Modane, par un chemin à double voie, était évaluée, par M. H. Maus, à 35 millions, à savoir :

14 millions pour le tunnel achevé, moins la voie ;
17 millions pour les tronçons de route vers Suse et Modane ;
 4 millions pour la voie de fer à poser sur une longueur totale de
    49 kilomètres.

Quels que fussent l'ordre et l'économie qui distinguaient l'éminent ingénieur belge, il est évident qu'il se faisait des illusions sur le coût réel définitif.

Dans le tableau de l'emploi et de la dissémination du pouvoir moteur (page 16 du rapport), M. H. Maus analyse les pertes de puissance provenant des frottements de la machine, de la raideur du câble et de la résistance des poulies de support. Ces pertes sont considérables. Le pouvoir transmis à l'origine, au câble, par les roues, étant supposé, par exemple, de 100 chevaux, il n'en serait resté, d'après M. H. Maus, que 29 pour l'effet utile, à la distance de 6 kilomètres ; et sur ces 29 chevaux restants il aurait fallu probablement en prendre la moitié pour maintenir, avec des ventilateurs, un aérage suffisant, car ce tableau ne tient pas compte de la puissance absorbée par la ventilation.

Pendant les années 1846 et 1847, la machine Maus excita un grand enthousiasme des deux côtés des Alpes, en Savoie et en Piémont. Les élèves de l'Université de Turin se joignaient à la foule des curieux, pour aller admirer le jeu de la perforatrice, et l'on ne doutait pas de son succès, quand elle serait installée dans les profondeurs de la montagne. Le roi Charles-Albert, entouré d'un brillant cortège d'officiers généraux, d'aides de camp et d'ingénieurs civils, se rendait souvent au val d'Occo, où l'appareil était installé, et les expériences auxquelles il assistait le laissaient plein d'espérance.

« Le projet de Joseph Médail se corse, disait Charles Albert, en se frottant les mains. »

C'est que la noble ambition d'illustrer son règne par l'abaissement des Alpes, séduisait ce roi chevaleresque et sensible à la gloire. Charles-Albert se voyait déjà ouvrant le Piémont et l'Italie à la circulation commerciale de l'Europe, et rattachant, par une route fantastique, le berceau de ses ancêtres, la Savoie, au reste de ses États. Dans un pays aussi profondément attaché à sa vieille dynastie, les goûts du prince deviennent facilement ceux du peuple. Tout le monde partageait la confiance royale, et les masses populaires, qui ne pouvaient se rendre compte des obstacles immenses qu'il restait à franchir, s'enthousiasmaient à l'idée de voir la barrière des Alpes ouverte de part en part, et par la gigantesque trouée ainsi opérée, passer tout le courant du commerce, pour pénétrer dans la vallée du Pô, et féconder cette magnifique contrée, que le génie de Paleocapa venait de transformer et d'enrichir par les bienfaits de ses infinies irrigations.

Ainsi, l'opinion publique poussait vivement la marche du roi en avant dans cette grande idée. Monarque et nation avançaient ensemble, et avec un égal entrain, vers le but grandiose qui frappait toutes les imaginations.

Pourquoi cet enthousiasme pour les paisibles conquêtes de la science et de l'industrie fit-il place à d'autres ambitions? Charles-Albert crut pouvoir essayer de secouer le joug qui pesait sur sa patrie. Il crut le moment venu de réaliser le but traditionnel de la maison de Savoie, c'est-à-dire de s'emparer de toute la haute Italie, après en avoir chassé l'étranger. Se laissant emporter par l'idée italienne, il déclara la guerre à l'Autriche. Les millions qu'il avait lentement amassés, pour l'entreprise du percement des Alpes, furent promptement dévorés par la guerre. On sait le reste. Vaincu dans les plaines de Novare, et désespéré de sa défaite, Charles-Albert jeta sa couronne sur le champ de bataille, et alla mourir obscurément, en Portugal, laissant inachevé le grand projet technique qu'il avait dès longtemps préparé et caressé avec ardeur.

Les tristes événements dont le Piémont fut le théâtre, en 1849, firent perdre singulièrement du terrain au projet du percement des Alpes Cottiennes et à la machine de M. H. Maus. Quand l'opinion publique y revint, elle était moins disposée à voir les choses par le côté facile. Le découragement avait gagné les esprits, qui ne voyaient plus l'œuvre projetée avec le même enthousiasme.

On reconnaît les traces de ce découragement dans le rapport général qui fut fait, après la paix de 1849, à l'avènement du roi Victor-Emmanuel, pour étudier le système de perforation de l'ingénieur belge.

Cette commission, dans laquelle figuraient et dominaient le colonel Menabréa, mathématicien distingué, professeur à l'École militaire de Turin, que la France, Vienne, Londres et Paris ont possédé, plus tard, comme ambassadeur du royaume d'Italie, et Paleocapa, l'illustre savant vénitien, réfugié en Piémont, après la chute de Venise.

Le rapport de la commission gouvernementale de 1849 élevait contre le système de M. H. Maus des objections sérieuses. La principale portait sur le câble moteur. Ce câble, disait-on, transmettrait le mouvement à une faible distance ; mais suffirait-il pour la moitié du tunnel, c'est-à-dire pour 6 kilomètres ? L'aération par les ventilateurs centrifuges donnait également prise à la critique. On n'accordait pas à ces ventilateurs assez de puissance pour envoyer une quantité d'air suffisante aux ouvriers. Enfin, le système d'attaque proposé, consistant à entamer la roche par des ciseaux, au lieu de la barre à mine et de la poudre, que l'inventeur écartait, afin d'éviter la dépense d'air, résultant de l'explosion des mines, se tournait contre lui. En effet, pour conserver aux ouvriers l'air respirable, M. H. Maus allait se priver du secours de la poudre, cet auxiliaire puissant du mineur. C'était, disait-on, revenir aux ciseaux et aux coins des Romains, et à la pique des Sarrasins !

En résumé, la commission, tout en signalant les parties du projet de l'ingénieur belge que l'on pouvait utiliser pour la perforation, conclut, néanmoins, non au rejet du système, mais à un ajournement.

Il est bon d'ajouter que la pensée des malheurs publics et l'épuisement des finances de la monarchie, ne fut pas étrangère à cette conclusion défavorable. Là, en effet, était alors le grand obstacle à l'entreprise. Les ressources financières piémontaises étaient épuisées ; l'État était singulièrement appauvri par la guerre et l'indemnité de guerre qu'il avait fallu donner à l'Autriche. Il fallait cicatriser les plaies de la patrie, et donner à ses capitaux le temps de se reconstituer, avant de s'engager dans un travail dont la dépense était évaluée alors à 40 millions.

Cependant, en dépit des défectuosités, assez palpables, du projet de M. H. Maus, le personnage le plus important de cette commission, Paleocapa, s'en déclarait partisan absolu. Le rapport que Paleocapa lut devant la Commission technique du mont Cenis, le 25 octobre 1849, adoptait tous les devis, concluait à un avancement probable de 5 mètres par jour, au minimum, de chaque côté, approuvait la commande immédiate d'une grande perforatrice, et ajoutait (p. 45) que les devis des dépenses étaient calculés si largement *qu'il était probable qu'il faudrait les restreindre, plutôt que les augmenter*.

Le 1ᵉʳ novembre 1849, ce rapport fut lu devant la Commission technique, qui, *après l'avoir approuvé à l'unanimité* (p. 53), *proposa de l'imprimer, avec le projet de M. H. Maus, pour le livrer au public et en demander la sanction au Parlement national*.

Les projets de M. H. Maus, avec ses plans, cartes et devis, les rapports approbatifs du ministre et de la commission, réunis en un seul volume, furent publiés immédiatement en français et en italien, aux frais de l'État, distribués aux corps savants et reproduits dans des journaux scientifiques.

Les débats auxquels ils donnèrent lieu, entre M. H. Maus et divers ingénieurs, n'aboutirent à aucune idée importante, qui pût améliorer les projets. Les objections qui étaient faites au système mécanique de l'ingénieur belge, jointes à la pénurie des capitaux, firent abandonner tout essai, au moins pour un temps. Ce fut seulement en 1852 que des idées nouvelles, présentées par un professeur génevois, au gouvernement sarde, avec des preuves scientifiques, vinrent changer l'état de la question, en donnant une nouvelle probabilité au succès de l'entreprise.

VIII

Seconde période (1850 à 1855). M. Daniel Colladon.

L'idée de remplacer le câble de M. H. Maus par une circulation d'air à très haute tension, et d'employer cet air à diverses fonctions utiles, est incontestablement celle qui a le plus contribué au succès, et qui est devenue, pour ainsi dire, l'âme du percement du tunnel des Alpes.

La pensée d'utiliser l'air comprimé comme force motrice est loin d'être nouvelle. Le mécanicien français Pecqueur, vers 1848, avait, le premier, démontré la possibilité d'actionner des machines motrices au moyen de l'air comprimé préalablement dans un cylindre de grande capacité, et lancé, au moyen d'un tuyau muni d'un robinet, contre l'obstacle à vaincre. Julienne avait, après Pecqueur, démontré les avantages de cet engin de force. Andraud, mécanicien connu par plusieurs inventions originales, avait appliqué l'air comprimé à faire marcher des locomotives sur les voies ferrées, et à produire une série d'actions mécaniques d'un ordre très varié. Andraud avait surabondamment prouvé que l'on peut utiliser une force naturelle, comme les chutes d'eau ou le poids d'une colonne liquide, pour comprimer de l'air dans un récipient; et que cet air comprimé est un véritable magasin d'énergie mécanique. La puissance de l'air comprimé comme agent moteur était donc depuis assez longtemps acquise à la science, quand on commença à s'occuper du percement des Alpes.

Mais ce que l'on ne savait pas, et ce qui fut comme une véritable révélation, c'est que l'on pût expédier la force expansive de l'air comprimé à de très grandes distances. C'est donc avec une vive surprise que le monde savant apprit qu'il était possible, au moyen d'une canalisation d'air comprimé, contenu dans un tube d'un très petit diamètre, de transporter au loin une force mécanique quelconque, telle que celle des torrents, des chutes d'eau, du vent ou de la vapeur.

Cette découverte appartient en propre à M. Daniel Colladon, professeur à l'Académie de Genève, qui s'était déjà rendu célèbre par de nombreux travaux de physique, et dont le nom est resté attaché aux belles expériences

10

sur la rapidité de transmission du son dans l'eau, faites sur le lac de Genève, en 1828, expériences qui sont restées classiques, et dont tous les ouvrages de physique font mention depuis un demi-siècle.

Avant de marquer la part précise que M. Daniel Colladon a prise au perfectionnement des procédés du percement du mont Cenis, il nous paraît utile d'entrer dans quelques détails biographiques sur le professeur de Genève, qui, pendant trois quarts de siècle, n'a cessé de se consacrer au progrès de la science générale, et de l'art de l'ingénieur en particulier.

Né à Genève, le 15 décembre 1802, M. Daniel Colladon descend d'une ancienne famille protestante du Berry, qui s'était réfugiée à Genève, au seizième siècle, pour cause de persécution religieuse. Un de ses ancêtres avait rédigé, en 1560, pour le gouvernement de la république génevoise, le code des Édits politiques et civils.

Le jeune Colladon fit avec succès ses études au collège et à l'Académie scientifique de Genève, et dès l'âge de dix ans, il se trouva lié, par l'amitié la plus étroite, à un jeune Génevois, Charles Sturm. Ces deux amis, qui travaillaient habituellement ensemble, étaient placés au premier rang de leurs classes. Cette communauté de vie et cette similitude de goûts scientifiques a subsisté pendant vingt-cinq années.

Les parents de Daniel Colladon le destinaient au barreau, et il dut faire ses études de droit; mais tous ses moments de loisir étaient consacrés à des études et à des expériences de physique.

Il avait fondé, avec quelques autres étudiants de Genève, une société dite *de philosophie*, qui tenait des séances régulières, et dont les membres devaient lire des mémoires, à tour de rôle. Cette petite société était souvent honorée de la présence de professeurs et de savants célèbres, tels que Pyrame de Candolle, Marc-Auguste Pictet, Théodore de Saussure et J.-L. Prévost. M. J.-B. Dumas, l'illustre secrétaire perpétuel de l'Académie des sciences de Paris, dont l'éducation scientifique s'est faite à Genève, se rendait également aux séances de ce jeune institut familier.

Nommé, en 1824, membre de la *Société de physique*, M. Daniel Colladon y lut divers mémoires, sur la chaleur dégagée par la compression des différents gaz, sur le roulement du bruit du tonnerre, etc.

En 1824, l'Académie des sciences et des arts de Lille avait mis au concours *la découverte d'un photomètre sensible, comparable, et d'une manipulation facile et sûre.* M. Colladon avait envoyé un mémoire, qui fut couronné l'année suivante. En 1825, il publia, en collaboration avec J.-L. Prévost, une série d'expériences sur les faits magnétiques qu'Arago venait de découvrir dans les corps en mouvement.

En 1825 l'Académie des sciences de Paris avait mis au concours, pour le grand prix des Sciences mathématiques à décerner en 1826, la mesure de compressibilité des principaux liquides. M. Colladon engagea Ch. Sturm à s'associer à lui, pour ce concours. Afin d'éviter des dépenses exagérées, ils construisirent eux-mêmes la plupart des appareils, suppléant, par plusieurs procédés ingénieux, aux dispositions trop élémentaires des instruments dont ils pouvaient disposer. Les deux amis préparèrent ainsi une série d'expériences assez complètes sur la compressibilité des principaux liquides, à diverses températures. Désireux d'y joindre des expériences sur la vitesse du son dans l'eau, vitesse qui, d'après les formules de Laplace, dépend de la compressibilité du liquide, ils firent, sur le lac de Genève, quelques tentatives, que les mauvais temps de novembre 1825 et un accident personnel, occasionné par l'explosion d'une fusée destinée aux signaux, ne leur permirent pas de terminer.

Sur ces entrefaites, M. Colladon avait obtenu de son père l'autorisation de se rendre à Paris, pour y suivre les cours, et de se faire accompagner par Ch. Sturm. Ils apportèrent à Paris leur mémoire, qui fut déposé au secrétariat de l'Institut.

Ces six mois passés à Paris furent une époque décisive dans la carrière des deux amis. Accueillis avec une extrême bienveillance par d'illustres savants, Ampère, Arago, Baron Fourrier, Dulong, C. Becquerel, Fresnel, et par M. J.-B. Dumas, devenu répétiteur des cours de chimie de l'École polytechnique, ils se lièrent avec Coriolis, Liouville, Élie de Beaumont, Fresnel, Savary, etc., et furent admis dans une réunion scientifique de ces savants, où se discutaient plusieurs questions mathématiques et physiques.

M. Daniel Colladon ayant été autorisé, par Ampère, à travailler dans le cabinet de physique du Collège de France, y fit deux importantes découvertes, qui lui valurent la haute protection d'Ampère et d'Arago.

Arago avait demandé à Ampère, si, avec ses courants circulant dans des solénoïdes, il pourrait produire les mêmes phénomènes que lui-même avait découverts sur le magnétisme par rotation. La réponse ayant été affirmative, Arago donna rendez-vous à Ampère et à quelques collègues de l'Académie des sciences, pour cet essai, à l'Observatoire du Luxembourg. Au jour dit, on procède à l'essai, mais aucun mouvement ne se produit. On répète, on varie l'expérience, tout est inutile. Ampère, profondément ému de cet échec, ne put retenir ses larmes.

Quelques mois plus tard, dans une visite qu'il faisait à Ampère, qui lui parlait de cet insuccès, M. Colladon lui proposa de répéter l'expérience, en adoptant un autre système d'appareil, celui qu'il avait employé à Genève dans ses expériences avec J.-L. Prévost, sur le magnétisme rotatoire. Bien que fort découragé, Ampère autorisa M. Colladon à faire un essai dans le cabinet de physique du Collège de France. Colladon organisa, dans ce but, un appareil. Ce ne fut qu'à 11 heures du soir que tout fut terminé, et il eut la joie de voir l'hélice tourner rapidement, sous l'influence du magnétisme d'une plaque de cuivre mise en rotation. Aussitôt il court rue des Fossés-Saint-Victor, trouve Ampère jouant aux échecs, avec Binet, professeur d'astronomie de la Sorbonne, et en entrant, il dit à Ampère : « L'appareil tourne ! »

Ampère se lève tout joyeux.

« Allons voir cela, » dit-il.

Et à minuit on fait ouvrir la porte du Collège de France, pour répéter l'expérience. La rotation se reproduisit à merveille.

Ampère chargea, séance tenante, M. Colladon de faire construire au plus tôt, par Pixii, un appareil complet, moins primitif que celui qui venait d'être improvisé, et, l'appareil terminé, M. Colladon fut autorisé à répéter l'expérience devant l'Académie, dans la séance du 4 septembre 1826. Le succès fut complet, et plusieurs membres, entre autres l'illustre Laplace, félicitèrent M. Colladon.

Peu de jours après M. Colladon fit une découverte nouvelle, plus importante. On distinguait, à cette époque, deux espèces d'électricité : l'électricité statique, due au frottement, ou aux circonstances atmosphériques, incapable de produire des courants magnétiques, et l'électricité voltaïque, produite par l'action chimique des métaux, qui donne naissance à des aimants capables de faire dévier l'aiguille aimantée. M. Colladon, convaincu que l'électricité statique produirait des courants avec une disposition convenable, si l'on empê-chait l'électricité des machines de franchir l'espace d'une spire à une autre, dans l'enroulement des fils d'un galvanomètre, construisit un galvanomètre où ces spires, disposées par étages successifs, étaient soigneusement isolées. Il réussit ainsi à démontrer, pour la première fois, que par l'écoulement de l'électricité des machines à frottement, des bouteilles de Leyde, etc., on peut obtenir sur la boussole les mêmes effets qu'avec une faible pile voltaïque.

Convaincu que l'électricité soutirée des nuages produirait les mêmes effets sur son galvanomètre isolé, M. Colladon s'empressa de faire placer une longue perche sur la terrasse de l'Observatoire du Collège de France. Au sommet de cette perche était fixée l'extrémité du fil de ce galvanomètre ; l'autre extrémité était attachée à la tige conductrice du paratonnerre. Dans deux orages du 4 et du 6 août, on obtint des déviations remarquables, et en même temps on avait un indice certain de la nature électrique des nuages

M. DANIEL COLLADON

et des variations qui suivaient et même qui précédaient un coup de foudre.

Le mémoire sur ces expériences nouvelles et intéressantes, lu à l'Académie le 21 août 1826, fut accueilli avec un vif intérêt.

Nous arrivons aux célèbres expériences de M. Daniel Colladon sur la vitesse du son dans l'eau.

Le mémoire apporté à Paris par Colladon et Sturm, en décembre 1825, sur la compressibilité des liquides, avait été remarqué des savants ; mais l'Académie, en raison des expériences trop peu nombreuses contenues dans ce mémoire, avait remis le même sujet au concours pour l'année suivante. Sturm étant retenu à Paris par ses leçons, M. Colladon repartit seul pour Genève, en 1826, afin de reprendre les expériences de mesure de la vitesse du son dans l'eau. Le célèbre botaniste Pyrame de Candolle, qui possédait une maison de campagne au bord du lac Léman, offrit à M. Colladon l'hospitalité dans sa maison, l'aide de son fils Alphonse et celui de son jardinier.

Dans une première expérience, faite de nuit, on opéra de la manière suivante. De Candolle fils et un aide, montés sur un bateau, auquel était suspendue une cloche, du poids de 65 kilogrammes, immergée dans l'eau, s'éloignaient à 1 ou 2 kilomètres. Un marteau à long manche servait à frapper la cloche, de l'intérieur du bateau. Sur un autre bateau stationnaient Colladon et un ami, muni d'un chronomètre à arrêt. On envoyait, au moyen d'un signal lumineux, l'ordre de frapper la cloche, et l'on faisait marcher l'aiguille des secondes du chronomètre. Alors Colladon plongeait la tête dans l'eau, et sa main avisait de l'arrivée du son le porteur du chronomètre placé dans le bateau.

Un tel procédé n'était ni commode ni agréable. Chaque jour, notre expérimentateur revenait tout mouillé. Après de telles expériences, il ne dormait guère, cherchant dans sa tête un meilleur procédé pour écouter sous l'eau. Une nuit, il lui vint l'heureuse idée qu'un récipient métallique plein d'air, muni d'un tube acoustique, ouvert par le haut et plongeant dans l'eau, comme un aréomètre, pourrait recueillir les vibrations sonores et les transmettre à l'air du récipient, puis à l'air extérieur et de là à l'oreille, sans qu'il fût nécessaire de mettre la tête dans l'eau.

De bon matin, Colladon réveille son ami, de Candolle fils, il lui communique son projet, et pour son premier appareil provisoire, il se sert d'un arrosoir convenablement lesté. Le bateau portant la cloche est lancé sur le lac ; Colladon donne le signal de frapper la cloche, et en approchant l'oreille de l'arrosoir flottant, il a la satisfaction d'entendre nettement le bruit des coups de cloche.

Les amants passionnés des sciences, surtout dans le jeune âge, comprennent seuls le bonheur que ressentit notre expérimentateur lorsque, embarqué sur le lac, il entendit, à quelques kilomètres, fonctionner si bien la cloche et l'arrosoir.

Dès ce moment la réussite était certaine ; le même observateur pourrait, dorénavant, tenir la montre, voir les signaux lumineux annonçant les coups frappés, puis écouter, la tête dans l'air, le bruit de l'arrivée du son, et mouvoir de sa main l'arrêt du chronomètre.

Nous n'avons pas besoin de dire que l'arrosoir fut vite remplacé par un appareil spécial, mieux disposé, dont le dessin a été donné dans le tome V des *Mémoires des Savants étrangers* de l'Académie des sciences de Paris, et que nous reproduisons d'après ce recueil.

Les figures 28 et 29 représentent le *bateau expéditeur* du son et le *bateau récepteur*. Dans le *bateau expéditeur* (fig. 28), est immergée une cloche, que peut faire résonner un marteau, et une poulie P, sur laquelle s'enroule une corde permettant de faire simultanément retentir la cloche et enflammer le petit tas de poudre, B, qui sert de signal lumineux. Quand la main de l'opérateur placé dans le bateau, abaisse le levier L, qui pousse le marteau contre la cloche, le mouvement de ce même levier, tirant la corde qui s'enroule sur la poulie P', abaisse le corps enflammé A, vers B, sur lequel est placé un tas de poudre, et la poudre s'allume à ce contact. La production du signal lumineux et le tintement du coup de cloche sont donc simultanés.

L'observateur placé dans le bateau récepteur (fig. 29), dès qu'il aperçoit le signal lumineux, note la seconde, sur le chronomètre qu'il tient à la main ; puis il met l'oreille à l'embouchure du tube acoustique, immergé sous l'eau, qui se termine par un pavillon, et qui est fermé, à sa partie inférieure, par une petite membrane de tôle, T. Les vibrations de cette membrane, sous l'influence des ondulations sonores, transmises par l'eau, produisent dans le tube acoustique, un son très net. L'observateur note alors la seconde marquée par le chronomètre, et connaissant la distance exacte entre les deux stations, on a la vitesse du son dans l'eau, à la température à laquelle on opère. Par le calcul on ramène cette vitesse à la température convenue, de + 8°.

M. Colladon et Ch. Sturm firent, avec cet appareil acoustique, plusieurs séries d'expériences sur la vitesse de propagation du son à travers la plus grande largeur du lac Léman, c'est-à-dire entre les villes de Rolle et de Thonon. Nous n'avons pas besoin de dire qu'on opérait de nuit, pour bien voir les signaux, et n'être point dérangé par la navigation sur le lac. La courbure de la terre entre ces deux rives, éloignées de 13,887 mètres, ne permettait pas aux expérimentateurs de se voir ; mais les expériences se faisant de nuit, l'inflammation de 150 grammes de poudre,

FIG. 23. — BATEAU EXPÉDITEUR DU SON

au moment du choc, donnait à l'horizon un éclair parfaitement distinct.

Les repères d'amarre des deux bateaux fixés à 200 mètres du rivage,

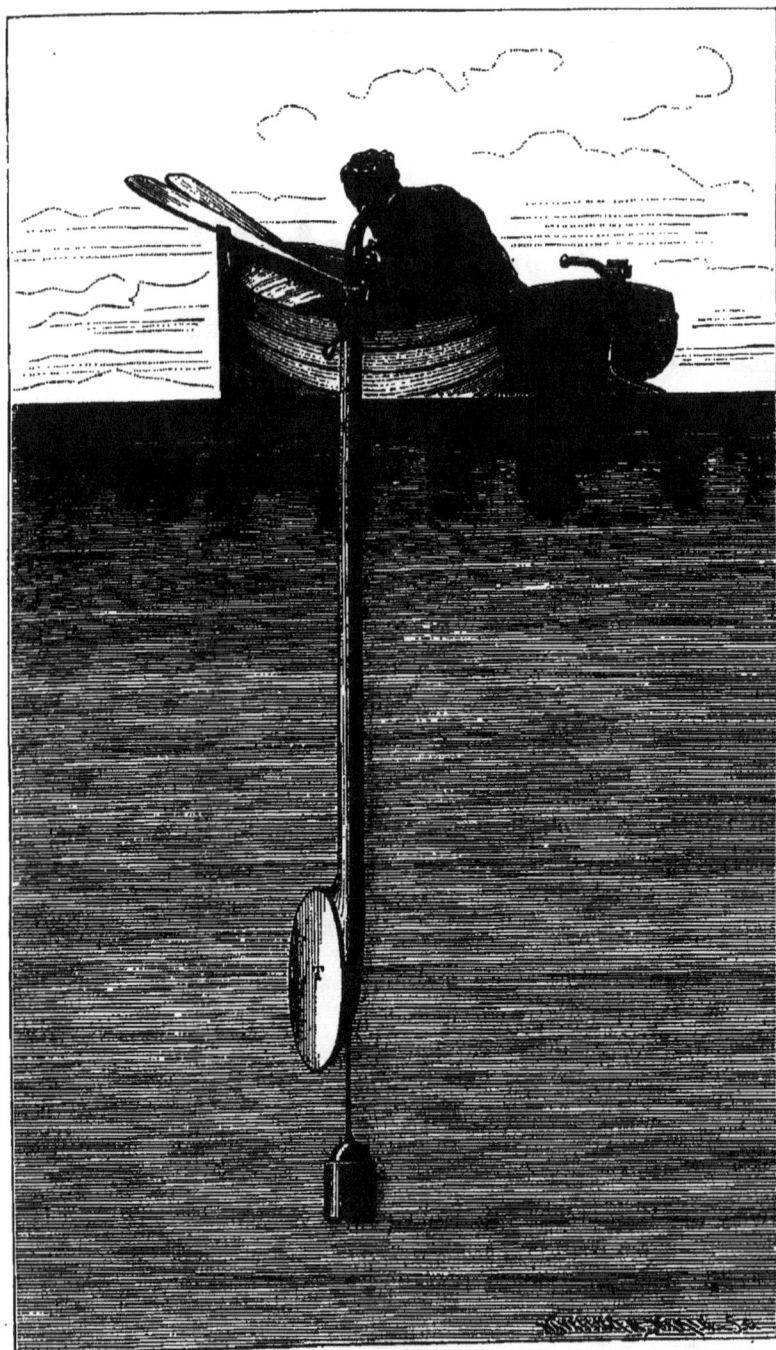

FIG. 29. — BATEAU RÉCEPTEUR DU SON

étaient distants de 13,487 mètres. A cette distance, les coups frappés s'entendaient avec une netteté remarquable, même en temps d'orage.

La moyenne de plusieurs expériences donna 9 secondes 1/10, pour le temps de propagation du son sous l'eau. Dans l'air, le son eût mis 40 secondes 14/100. La vitesse du son dans l'eau pure, à la température de + 8°, fut ainsi déterminée à 1,435 mètres par seconde, au lieu de 336 mètres dans l'air à + 8 degrés.

La merveilleuse puissance de l'appareil imaginé par M. Colladon lui permit, douze ans plus tard, de transmettre des signaux sonores à plus de dix lieues, sous l'eau du lac de Genève. A quelques kilomètres on entendait les bruits métalliques du jeu des machines des bateaux à vapeur en marche ; on comptait même les oscillations du piston. On pouvait aussi, à plus de 1000 mètres, entendre les airs de boîtes à musique que l'on avait logées sous l'eau, dans des récipients d'air. Aussi M. Colladon proposa-t-il, dès 1827, à l'amirauté anglaise, d'établir un télégraphe acoustique sous-marin entre la France et l'Angleterre, projet qui, toutefois, ne fut pas réalisé.

Admirons, en passant, la merveilleuse élasticité de l'eau. Le lac Léman contient plus de vingt-cinq mille milliards de kilogrammes d'eau. A chaque coup de cloche, ce prodigieux volume d'eau recevait une oscillation, perceptible aux sens, et le travail du bras, effectué en une demi-seconde, suffisait à un pareil effet ! Peut-on citer un fait plus saisissant d'un important principe mécanique, celui de la conservation des forces vives ?

Ce premier succès semblait de bon augure, mais les expériences de compressibilité devaient se reprendre et s'achever à Paris, et pour cela il fallait transporter depuis Genève de nombreux et volumineux appareils préparés l'année précédente, et bien des instruments d'une excessive délicatesse.

C'est ce qui fut fait, mais non sans occasionner d'assez graves détériorations aux instruments.

M. Colladon et Ch. Sturm durent déployer une grande énergie pour tout remettre en état, refaire les appareils détériorés, reprendre, tantôt de jour, tantôt de nuit, les séries d'expériences pour lesquelles il fallait éviter les changements de température. Le vénérable Dulong consentit à prêter quelques appareils d'une grande valeur, ainsi que des thermomètres fabriqués et vérifiés par lui-même pour ses célèbres expériences sur la chaleur spécifique des corps simples.

Le concours devait se fermer le 5 avril. Pendant les six dernières semaines plus de la moitié des nuits furent entièrement consacrées par M. Colladon et Ch. Sturm à ces travaux, afin d'achever à temps les expériences et la rédaction.

Enfin, au jour voulu, le mémoire put être remis au secrétariat de l'Institut. Quelques semaines plus tard, le grand prix fut adjugé à Colladon et

Sturm, et les deux jeunes lauréats reçurent ce prix, en séance publique, au palais Mazarin, le 11 juin 1827.

La construction d'un premier bateau à vapeur sur le lac de Genève, en 1824, avait attiré l'attention de M. Colladon sur la théorie et la construction des machines à vapeur. Expert en physique mathématique et en travaux d'atelier, il en comprenait tous les mécanismes et pouvait en discuter les avantages pratiques.

Son séjour à Paris facilita beaucoup ce nouveau genre d'études. Lié intimement, ainsi que nous l'avons dit, avec le baron Séguier, par une similitude de goûts et d'aptitudes, il s'occupa, avec lui, de recherches pratiques sur l'effet utile de la plupart des machines à vapeur du département de la Seine, peu nombreuses alors.

Préoccupé, en 1826 et 1827, de mesures expérimentales sur la résistance des corps flottants, il étudia, l'un des premiers, les meilleures conditions pour l'établissement des roues des bateaux à vapeur, et, pendant tout l'automne 1827, il se livra à des expériences sur le canal de l'Ourcq, au moyen d'un très petit bateau à roues mû par un ressort de barillet d'une puissance tout à fait exceptionnelle, construit essentiellement dans ce but, par le pendulier Wagner, de Paris.

La forme à donner aux palettes, et leur meilleure distance réciproque, furent vérifiées. La théorie indiquait que les roues à palettes mobiles, mues d'une manière convenable par un excentrique, donneraient une économie notable de la puissance motrice ; les expériences comparatives faites avec le bateau modèle rendirent cette économie manifeste.

Encouragé par ces résultats, Colladon présenta le résumé de cette longue série d'expériences au concours du prix de mécanique de l'Institut, dit *prix Montyon*. Son mémoire fut soumis à des experts académiciens, Arago, Navier et Molard.

Arago voulait adjuger le prix, mais Molard s'y opposa, assurant que des palettes mobiles ne résisteraient, en aucun cas, aux coups de mer. Il entraîna l'avis de Navier, et M. Colladon dut se contenter d'une mention honorable, qui fut proclamée dans la séance publique de l'Institut, juin 1828. Or, peu d'années après, les roues à palettes mobiles, à mouvements réglés par un excentrique, étaient adoptées par plusieurs des constructeurs les plus réputés de la France et de l'Angleterre, même pour de très grands navires à vapeur. Cavé et Le Normand, en France, Maudslay et Ravenhill, en Angleterre, furent les premiers à en faire usage, et il fut constaté que ces roues résistaient très bien à l'action des vagues. Le grand bateau à vapeur de 400 chevaux, *Victoria-et-Albert*, construit par Maudslay, en 1842, pour la reine d'Angleterre, fut muni de roues à palettes mobiles.

L'École centrale des arts et manufactures, cette institution qui rend aujourd'hui de si grands services à l'industrie française et étrangère, et d'où sont sortis, depuis plus d'un demi-siècle, tant d'ingénieurs civils, devenus célèbres par de grands travaux, en France et à l'étranger, a été fondée, menée à bonne fin, et dirigée, pendant plusieurs années, par un négociant et par quelques professeurs fondateurs, ou adjoints aux fondateurs. Son origine remonte à 1828.

A cette époque, on sentait la nécessité d'une institution nouvelle, analogue à l'École polytechnique, mais ouverte à un plus grand nombre, et dans laquelle la mécanique, la physique et la chimie seraient enseignées en vue des progrès de l'industrie. Les cours du Conservatoire des Arts et Métiers étaient reconnus insuffisants pour un tel but.

Cette insuffisance avait engagé quelques personnes, en particulier MM. J.-B. Dumas, alors professeur de chimie à l'Athénée, et qui venait de publier le premier volume de son *Traité de chimie appliquée aux arts et à l'industrie*, Péclet, physicien, et Olivier, élève de l'École polytechnique et géomètre de mérite, à s'occuper de la création d'une École d'arts et manufactures, qui serait entièrement indépendante du gouvernement.

M. Lavallée, riche négociant qui désirait consacrer son temps et une partie notable de sa fortune à une entreprise utile à l'industrie française, suivait les cours de M. J.-B. Dumas, à l'Athénée. Admirateur des vues élevées que le jeune chimiste exposait avec talent sur le grand avenir de la chimie industrielle, M. Lavallée accepta d'être l'un des fondateurs et le directeur actif de la future École centrale. Une année entière fut consacrée à étudier les projets, à discuter le nombre et l'organisation des cours, et surtout aux démarches très délicates auprès du gouvernement, dont l'autorisation était indispensable, et qui se faisait beaucoup prier pour l'accorder.

M. Colladon, admis dans ces conférences, avait été désigné comme futur professeur adjoint de physique et professeur d'un cours spécial sur les machines à vapeur et leurs applications.

L'École centrale des Arts et Manufactures s'ouvrit, d'une manière très brillante, en novembre 1829. Plusieurs fils de manufacturiers et même des manufacturiers d'un certain âge, vinrent se présenter, comme élèves, ainsi que de nombreux étrangers.

La révolution de 1830 fut plutôt favorable que contraire au développement de l'École centrale. En 1831, Coriolis, professeur de mécanique à cette École, ayant été nommé directeur de l'École polytechnique, dut quitter l'École centrale et M. Colladon fut appelé à le remplacer.

FIG. 30. — EXPÉRIENCE SUR LA VITESSE DU SON DANS L'EAU FAITE SUR LE LAC DE GENÈVE, PAR MM. DANIEL COLLADON ET CHARLES STURM, EN 1828

Plus jeune qu'un grand nombre de ses élèves, M. Colladon en était pourtant respecté et aimé. L'enseignement de la mécanique venait de subir une importante transformation. Aux anciennes notions habituelles de la mécanique rationnelle, c'est-à-dire les corps imaginaires, absolument durs et rigides, sans frottements, etc., Coriolis avait substitué un principe fécond, déduit du principe des vitesses virtuelles de l'immortel Lagrange : celui des travaux virtuels mouvants et résistants, dont Coriolis le premier, et Poncelet ensuite, avaient fait une application éminemment utile à la théorie des machines.

M. Colladon, partisan convaincu de ce nouvel enseignement, suivit la voie de son devancier. Ses cours offraient un grand intérêt, parce que son expérience approfondie des ateliers et des manufactures lui permettait de citer à propos une multitude d'applications et d'exemples pratiques. En outre, lié d'amitié avec les principaux constructeurs de Paris, il leur empruntait des pièces de machines, qu'il faisait figurer dans ses leçons. Il conduisait fréquemment ses élèves dans les usines et les ateliers les plus intéressants du département de la Seine.

Lui-même, à cette époque, dirigeait, à Paris, un atelier où il faisait établir des machines à vapeur à détente perfectionnée, munies de chaudières tubulaires, pour trois bateaux destinés à naviguer sur la Seine. C'étaient les bateaux, *la Seine, l'Yonne* et *la Ville-d'Elbeuf.*

M. Colladon était souvent consulté par des manufacturiers des départements industriels, pour améliorer leurs moteurs à vapeur. Une grande compagnie de navigation à Lyon le chargea, en 1834, d'établir deux puissants bateaux à vapeur remorqueurs. Ce sont les premiers bateaux qui aient porté en France le nom de *Papins.* Toutes les machines revisées ou établies par lui, réalisaient des économies de combustible, qui firent l'objet d'un grand nombre de rapports très favorables.

Les deux cours professés par M. Colladon à l'École centrale, et la construction de moteurs à vapeur, dont il s'occupait, absorbèrent pendant quelques années la plus grande partie de son temps.

En 1834, un projet avait été mis au concours, par la ville de Châlon-sur-Saône, pour une machine hydraulique destinée à alimenter d'eau filtrée cette ville. M. Colladon, occupé alors, à Lyon, à la construction des bateaux à vapeur dits *Papins*, s'entendit avec M. Duchesne, son ancien élève, ingénieur des machines à vapeur des mines de Blanzy, pour envoyer un projet.

Six mémoires avaient été présentés, dont un rédigé par M. Rolland, ingénieur en chef des eaux de Paris. Le projet de MM. Colladon et Duchesne obtint le premier prix.

M. Colladon fit, à cette époque, cette intéressante découverte, que la vapeur d'eau est éminemment propre à combattre et à arrêter les incendies. Voici dans quelle circonstance cette découverte se produisit.

En 1838, M. Colladon dirigeait, avec M. Duchesne, à Avignon, les travaux pour une vaste manufacture de poudre de garance, qui était mise en activité par un moteur à vapeur. Or, les séchoirs de racine de garance causaient souvent des incendies. M. Colladon eut l'idée de disposer ces séchoirs de manière qu'on put y amener la vapeur des chaudières, afin de se servir de cette vapeur comme moyen d'arrêter un incendie, s'il venait à se produire. Une expérience très démonstrative, sous ce rapport, fut faite, en présence de nombreux manufacturiers. On provoqua artificiellement un incendie dans un séchoir, et, grâce à une forte injection de vapeur, les flammes, qui étaient déjà très intenses, furent presque instantanément maîtrisées.

Depuis la connaissance de ce fait, dans beaucoup d'usines et de bateaux à vapeur, on dispose une prise de vapeur sur le générateur, et on tient en réserve un tuyau conducteur, afin de se servir, en cas de commencement d'incendie, d'une injection de vapeur, pour combattre le feu.

En 1841, M. Colladon, nommé professeur de mécanique théorique et appliquée à l'Université de Genève, et devenu membre des conseils politiques de ce canton, revint dans sa ville natale, et put reprendre ses anciennes expériences sur la transmission du son dans l'eau. Il fit, à cette occasion, une découverte intéressante sur la propagation de la lumière en ligne courbe, dans l'intérieur des veines fluides. Cette belle expérience, que l'on répète quelquefois, dans les cours de physique, a été exécutée en grand, à Paris, dans des représentations théâtrales et des fêtes publiques.

M. Colladon fit de nombreuses études sur les bateaux à vapeur du lac Léman. Il cherchait un procédé nouveau pour mesurer la résistance des coques de navires, ainsi que le travail comparatif utilisé par l'usage des roues à palettes fixes, ou à palettes mobiles.

Il existait, en 1842, plusieurs bateaux à vapeur sur le lac Léman, les uns à palettes fixes, et les autres à palettes mobiles. Pour ces recherches il fallait trouver une méthode indiquant exactement, en chevaux-vapeur, le pouvoir transmis aux roues par les machines à vapeur. L'emploi du frein de Prony est difficilement applicable aux moteurs de la force de 100 chevaux ou plus, et déjà, à cette époque, plusieurs navires à vapeur portaient des machines d'une force nominale de plusieurs centaines de chevaux.

Le procédé qui fut imaginé par M. Colladon, consiste à se servir des aubes elles-même pour obtenir cette mesure. Si, après avoir arrêté un navire à vapeur par un câble, on fait marcher ses machines, leur vitesse est beaucoup ralentie. La résistance de l'eau sur les aubes est, en effet, plus grande pendant l'arrêt que pendant la course du navire, mais en diminuant convenablement la hauteur immergée des aubes, on peut rendre aux machines et aux roues leur vitesse normale, comme si le navire était en marche réglementaire. Les expériences de M. Colladon lui avaient appris qu'il suffit, pour cela, de réduire des deux tiers la hauteur immergée des palettes, ce qui est toujours facile à exécuter.

En attachant alors le navire au rivage par un câble retenu par un dynamomètre, la tension de ce câble peut être mesurée en kilogrammes, et sa composante horizontale, multipliée par la vitesse de rotation du centre d'immersion des aubes, divisée par 75, donne le travail en chevaux-vapeur, à 2 ou 3 centièmes près.

Cette méthode, si pratique, a l'avantage de pouvoir s'appliquer à tous les navires à roues, quelle que soit leur puissance, et celui de pouvoir être continuée pendant un jour entier, ou même quelques jours, sans aucun danger pour les machines; en sorte qu'on peut apprécier la dépense exacte de combustible par force de cheval. Enfin, elle donne immédiatement la résistance de la coque pendant la marche normale du navire, mesure d'une haute importance pour les progrès de la navigation. La masse du navire interposée entre les moteurs et l'aiguille du dynamomètre, fait l'office d'un puissant régulateur, et l'aiguille n'oscille pas, comme dans les expériences au frein.

En 1842, une des compagnies de navigation du lac Léman consentit à prêter son plus grand bateau, *le Léman*, pour servir à des expériences de mesure, pendant une journée. Les essais faits à Ouchy démontrèrent la remarquable utilité de cette nouvelle méthode.

Le dynamomètre de M. Colladon, essayé en 1844, à Woolwich (Angleterre) par l'ordre de l'amirauté, sur une frégate, de la force de 500 chevaux-vapeur, donna les meilleurs résultats; mais, par des circonstances qu'il serait trop long de rapporter, l'application de ce moyen de mesure de la force des machines à vapeur de navigation, n'eut pas de suite.

Par les détails qui précèdent, nous avons donné une idée suffisante des travaux du physicien de Genève. Nous pouvons maintenant aborder la question du rôle précis que M. Colladon a joué dans les travaux du mont Cenis, et expliquer pourquoi son système et ses appareils furent utilisés en partie, mais sans son assentiment, et, pour ainsi dire, en dehors de lui.

La puissance mécanique de l'air comprimé était, comme nous l'avons déjà dit, connue depuis bien des années, lorsque commencèrent les études et les expériences relatives au percement du col du Fréjus. La notion des effets mécaniques que l'on peut demander à l'air soumis à la compression et ensuite détendu, était si répandue, si populaire, pour ainsi dire, que l'on s'est demandé bien des fois comment cette idée ne s'était présentée à aucun des membres de la Commission technique de Turin, ni aux ingénieurs de tous les pays qui se préoccupaient du percement des longs tunnels.

Le gouvernement sarde, en publiant et distribuant, en 1849, la collection des rapports sur les projets de percement du mont Cenis, avait mis, pour ainsi dire, en demeure tous les ingénieurs de lui adresser des observations ou des conseils. Malgré cette publicité et celle qu'avaient eue les expériences heureuses du val d'Occo, près de Turin, on peut affirmer que pendant plus de trois années, de 1848 à la fin de 1852, la commission du mont Cenis et le gouvernement sarde ne virent surgir aucune communication réellement digne d'intérêt; et que surtout, aucun ingénieur, ni en Italie ni ailleurs, ne proposa d'employer, au lieu du câble transmetteur de force proposé par M. H. Maus, une conduite contenant de l'air comprimé.

Les inconvénients de l'emploi du câble n'étaient cependant pas dissimulés dans les rapports imprimés. Les tableaux et devis rédigés par M. H. Maus montraient en perspective : des frais d'entretien considérables, une mauvaise ventilation, la nécessité d'abandonner la poudre, et surtout une déperdition considérable de puissance motrice. Tous ces défauts auraient dû stimuler les hommes de science pour la découverte d'un procédé meilleur.

Or, deux projets seulement furent présentés. Un ingénieur proposait l'emploi du vide, au moyen d'un tube continu. Mais il aurait fallu un tube d'un très grand diamètre, et il n'eût pas été facile d'amener par ce moyen, à la machine perforatrice, une force de 80 chevaux. Un autre ingénieur proposait une circulation d'eau. Le premier système ventilait mal, le second ne ventilait pas. On peut ajouter que plusieurs ingénieurs éminents regardaient l'entreprise du transport de la force, à cette distance, comme impossible.

On savait pourtant, à cette époque, que les gaz peuvent circuler dans des tubes d'une grande longueur ; mais on ne pouvait se baser sur aucune bonne expérience pour calculer leur résistance sous des pressions de quelques atmosphères, et personne ne croyait que l'on pût transmettre avec économie une puissance aussi considérable que celle de 80 ou 100 chevaux-vapeur, par l'air comprimé transporté à la distance de 6,000 mètres, dans des tubes de 20 à 25 centimètres de diamètre seulement.

Le seul ingénieur qui, de 1849 à fin 1852, ait entrepris des expériences dans le but de démontrer cette possibilité, est M. Daniel Colladon, qui s'était occupé, à diverses reprises, de recherches sur la compression des gaz et des liquides, sur la chaleur dégagée par cette compression et sur la circulation du gaz d'éclairage dans les tubes. M. Colladon était, en effet, ingénieur d'usines à gaz, à Genève, et en 1849 il s'occupait d'atténuer, par des procédés de son invention, la résistance à la circulation des gaz des tubes en fonte.

Dès les premiers mois de 1850, ayant lu les rapports publiés à Turin, M. Colladon s'était préoccupé de l'idée de moyens meilleurs pour l'aérage et la transmission de la force, et il songeait à prendre un brevet en Piémont. Au commencement d'avril, il s'adresse à un conseiller d'État, M. Théodore de Santa Rosa, ami de M. de Cavour, et le prie d'annoncer de sa part à M. de Cavour qu'il s'occupe d'expériences en vue du percement du mont Cenis ; il s'informe aussi de détails sur la législation sarde relative aux brevets.

Dans sa lettre du 2 avril, M. de Santa Rosa répond à M. Colladon :

« Je m'empresse de répondre à votre lettre du 11 ; je viens d'en parler avec Camille de Cavour, qui se trouve mon voisin à la Chambre. Nous nous empresserons de vous être utiles lorsque vous vous déciderez à présenter la demande dont vous me parlez. Les étrangers peuvent être brevetés d'invention et de perfectionnement, etc..... »

Ainsi, dès 1850, M. Colladon avait en vue de prendre un brevet pour de nouveaux procédés de percement ; mais, en sa qualité de physicien exact, il préféra courir la chance d'être devancé, et voulut d'abord s'assurer, par de nouvelles expériences et des mesures précises, de la possibilité de transmettre des forces considérables par la circulation des gaz.

Des expériences de cette nature ne sont pas faciles, et demandent beaucoup de temps, surtout quand elles ne sont pas exécutées avec les puissantes subventions d'un État. Il faut attendre les occasions, commander de bons tubes, faire des essais coûteux.

Le point principal qui restait à étudier, c'était la possibilité de réduire beaucoup la résistance des tubes en fer fondu, soit par des procédés mécaniques, soit en insistant auprès des chefs de fonderies pour améliorer les surfaces intérieures, car la différence d'un tiers que le savant ingénieur Daubuisson avait trouvée entre le fer-blanc et la fonte, devait provenir du degré de poli, et non de la matière chimique du métal.

Des expériences plus difficiles étaient celles sur la résistance de l'air à de très fortes tensions.

Ces difficultés et une mission officielle à remplir à Londres, pendant plusieurs mois, à l'Exposition universelle, firent perdre du temps à M. Colladon, et retardèrent les essais ; mais il les reprit, au commencement de 1852, et, au printemps, il communiqua à l'Administration du gaz de Genève des résultats remarquables obtenus sur des tuyaux dont les surfaces n'offraient plus qu'une résistance très peu différente de celle du fer-blanc. Les bases de cette communication ont été consignées dans les registres de la Compagnie du gaz de Genève.

En étudiant la résistance de tubes de 176, 200 et 250 millimètres de diamètre, le professeur génevois découvrit un autre fait important. On avait admis, comme générales et applicables à tous les diamètres courants, des formules de résistance dans lesquelles entraient un ou deux nombres multiplicateurs ou coefficients, qui variaient avec la nature des surfaces, mais qu'on supposait les mêmes pour les tubes de 10 centimètres, qui avaient servi à les calculer et pour ceux d'un diamètre double ou triple. M. Colladon reconnut que les coefficients se modifient quand le diamètre augmente, lors même que les surfaces sont les mêmes ; en sorte que la résistance des gros diamètres est moindre qu'on ne l'avait supposé. Dans quelques-uns de ses essais M. Colladon avait pu opérer sur des conduites longues de plusieurs centaines de mètres.

La conséquence de ces expériences était de la plus grande importance pour le but proposé. *Elles établissaient la possibilité de transmettre économiquement une force motrice considérable et à de grandes distances, dans un tube d'un diamètre restreint.*

La législation sarde relative aux demandes de brevets, exigeait le dépôt d'un mémoire explicatif, destiné à accompagner le brevet, qui devait être examiné par une commission scientifique.

Le mémoire que M. Colladon porta à Turin, avec la demande d'un brevet pour le percement et l'aération des tunnels par l'air comprimé, contenait tous les tableaux de ses expériences servant à démontrer que pour les tubes dont le diamètre approchait de 20 centimètres, la résistance effective n'était que la moitié environ de celle qu'on aurait admise en se basant sur les expériences et les formules de MM. Girard et Daubuisson.

On comprend toute la portée de cette découverte. Elle signifiait qu'à une distance donnée, dans la profondeur du tunnel, la perte de puissance à 6,000 mètres ne serait pas plus grande que celle qu'on aurait calculée pour 3,000, d'après toutes les formules admises par les ingénieurs à cette époque !

Arrivé à Turin, le 12 décembre 1852, M. Colladon s'empressa de rendre visite à deux savants professeurs de mécanique, ses collègues à l'Académie des sciences de Turin, et tous deux membres influents de la commission gouvernementale pour le tunnel du mont Cenis : l'un, le sénateur Giulio, auteur de plusieurs ouvrages de mécanique théorique et appliquée, l'autre, le colonel du génie Menabrea, professeur à l'Université, à l'école d'artillerie, etc., depuis général, et, comme nous l'avons dit, ambassadeur à Vienne, Londres et Paris.

Sollicité de leur faire part du but de son séjour à Turin, M. Colladon leur communiqua, sans arrière-pensée, ses projets, ses découvertes, et la nouvelle méthode pour laquelle il désirait prendre un brevet. La spécification portait trois innovations principales : l'emploi de l'air comprimé pour transmettre la force motrice sur les outils, tout en aérant le tunnel ; — l'emploi de cet air comme moteur d'un perforateur à action directe, analogue au marteau-pilon ; — divers appareils accessoires pour l'arrosement des trous, leur nettoyage, etc.

Les deux savants furent très frappés de la nouveauté de ces idées, et s'en déclarèrent, à l'instant même, partisans convaincus. Mais ils conseillèrent à M. H. Colladon de ne pas parler, dans son brevet, d'un perforateur à action directe, parce que M. H. Maus, appelé à diriger tous les travaux d'exécution, ayant déjà fait construire un appareil mécanique découpeur, qui avait été essayé pendant plusieurs mois près de Turin, et définitivement approuvé par les corps compétents, M. Maus serait hostile à toute idée de mécanisme différent, tandis qu'il accepterait peut-être le transport de la force par l'air comprimé.

Le colonel Menabrea proposa immédiatement à M. Colladon de l'introduire auprès de M. H. Maus. Dans la conférence qui eut lieu entre ces trois ingénieurs, M. Menabrea exposa avec détails le principe nouveau de la transmission de la force à substituer au câble de M. H. Maus, et les avantages de ce nouveau moyen d'aérer le tunnel, tout en évitant les dangers du câble. M. H. Maus se montra intraitable, il déclara que la puissance des pompes à air serait insuffisante, que ces pompes s'échaufferaient outre mesure, etc., et il termina la conférence en disant : *Qu'il ne connaissait pas les moyens de comprimer l'air et de s'en servir et ne pouvait y avoir confiance; qu'il connaissait, au contraire, les câbles transmetteurs de force, et qu'il était décidé à s'en servir.*

Sans la malheureuse obstination de M. H. Maus pour l'emploi des câbles, bien des choses auraient été changées pour lui et pour M. Colladon. Ils auraient eu probablement, l'un et l'autre, une part légitime dans la direction du percement du tunnel. Ils auraient recueilli plus de fruits de leur consciencieuses études, et le travail d'excavation du mont Cenis aurait été plus promptement achevé.

Quoi qu'il en soit, le 30 décembre 1852, M. Colladon fit le dépôt de sa demande de brevet. Conformément à la règle établie, il y joignit un mémoire explicatif, qui devait être examiné par la classe physico-mathématique de l'Académie royale des sciences de Turin et par d'autres commissions. Ce mémoire résumait les expériences faites à Genève et contenait les calculs sur la transmission de la force motrice ; il indiquait, en outre, les divers procédés à employer pour faire mouvoir, au fond du tunnel, soit la perforatrice Maus, qui paraissait adoptée, soit des perforatrices mues directement par l'action de l'air, et analogues à des marteaux-pilons, munis de puissants fleurets. Il indiquait enfin plusieurs moyens pour remédier à l'échauffement des pompes comprimantes.

Le 19 janvier 1853, la *Gazette officielle de Savoie*, journal de Chambéry, publiait une lettre, datée de Turin, 16 janvier, où M. Menabrea, député de la Maurienne et membre de la commission d'examen pour les moyens et appareils présentés par l'ingénieur suisse, montre une entière confiance dans la réussite de ces nouveaux procédés.

On y lit, entre autres, le paragraphe suivant :

« Depuis que M. Maus a inventé son ingénieuse machine, qui déjà par elle-même résout le problème avec une économie et une rapidité suffisantes, la question a été l'objet d'études de la part de plusieurs ingénieurs, entre autres de M. Colladon de Genève, savant distingué et connu par ses belles inventions mécaniques. Il a perfectionné la machine de M. Maus, ou, pour mieux dire, inventé un *nouveau mécanisme* et proposé de *nouveaux et puissants moyens* qui sont de nature à abréger considérablement l'opération et à la rendre beaucoup moins coûteuse. — M. Colladon est en voie d'obtenir un privilège du gouvernement sarde pour son invention. »

Plus tard, dans un discours prononcé au Parlement, le 26 juin 1857, discours qui décida la Chambre à voter le percement du mont Cenis, M. Menabrea disait : « L'honneur d'avoir émis le premier une idée rationnelle revient à M. Colladon, savant physicien de Genève, qui proposait de faire agir les outils de la machine Maus, non plus au moyen de cordes et de poulies, mais en employant de l'air comprimé (1). »

Il ajoutait encore : « Des expériences faites spécialement par M. Colladon, en 1852, ont également prouvé que l'air éprouve dans les tubes de conduite une résistance beaucoup moindre que celle que supposaient quelques auteurs, ce qui avait donné lieu à douter que l'air pût être conduit à de grandes distances en conservant assez de sa force élastique. »

Le mémoire et le texte du brevet avaient aussi été soumis à l'Académie des sciences de Turin, qui, en approuvant l'ensemble des procédés, demanda seulement, comme addition, les dessins du *récepteur*, demande à laquelle il fut fait droit immédiatement.

_____

(1) *Comptes rendus officiels des débats de la Chambre*, page 1362.

Le texte primitif de 1852 du brevet de M. Colladon a été publié dans le recueil officiel du premier semestre de 1855 (1). On y trouve la description, très claire, d'un ensemble de procédés basés sur l'air comprimé pour le percement des tunnels, et une série d'articles distincts concernant les points suivants, objets du brevet :

La transmission de la force motrice ;

L'emmagasinement de cette force pendant le repos des outils ;

L'aération de la mine ;

La régularisation de la température dans le tunnel ;

L'arrosement des cavités en percement et leur dessèchement rapide par l'air comprimé ;

Des moyens et procédés accessoires pour attaquer la pierre ;

La description d'un récepteur mû par l'air comprimé.

Une partie notable des idées nouvelles contenues dans la demande de brevet de M. Colladon, ont été utilisées pour l'exécution du tunnel ; mais il est regrettable que cet emprunt ait été fait sans autorisation préalable de sa part, et sans aucune compensation. La loi sarde assurait à l'inventeur, des droits de propriété qu'on aurait dû respecter, et le gouvernement sarde, plus encore qu'un particulier, aurait dû se soumettre à la loi qu'il avait établie pour protéger les inventeurs. L'article 64 de la loi *sur la violation des droits des privative* était suffisamment explicatif sur ce point.

Dès le mois de décembre 1852, M. Colladon, d'après les désirs de M. de Cavour, ministre des finances, avait réduit à 10,000 francs par kilomètre le maximum de la rétribution qu'il pouvait exiger pour l'emploi de ses procédés au mont Cenis. On a percé à la main 1,646 mètres, et par l'air comprimé 10,587 mètres ; la subvention eût été de 105,870 francs.

D'après M. H. Maus, l'entretien seul des deux câbles devait coûter 150 francs par jour (rapport, p. 28) ou pour dix ans d'exécution probable 547,500 francs. L'entretien du tube d'air comprimé, dans la même période, est insignifiant.

Là ne se bornent pas les économies que le gouvernement sarde doit à l'emploi des procédés inventés par M. Colladon.

Par suite d'une convention dont nous parlerons au dernier chapitre, chaque année gagnée pour l'achèvement du tunnel au-dessous de quinze ans, devait valoir à l'Italie une somme de 600,000 francs, allouée par la France. Les procédés décrits dans le brevet de M. Colladon ont, de l'aveu d'ingénieurs français, contribué beaucoup à accélérer le travail ; et si le tunnel

---

(1) *Descrizione delle machine e procedimenti per cui sennero accordati attestati, di privativa.* Primo semestre 1855. Torino.

n'eût été fini qu'en janvier 1872, au lieu de l'être le 15 septembre 1871, le gouvernement italien perdait, par ce seul fait, 600,000 francs. Il serait facile de démontrer que l'accélération de l'avancement dû à divers procédés qui étaient la propriété de M. Colladon, a beaucoup dépassé les indications ci-dessus.

On peut affirmer que les moyens dont la loi assurait le droit exclusif d'autorisation à M. Colladon et que le gouvernement italien a employés sans l'approbation de l'ingénieur suisse, ont fait bénéficier quelques millions à l'Italie.

IX

M. Bartlett, ingénieur anglais, entrepreneur de travaux sur la ligne de Chambéry à Culoz (ligne du chemin de fer Victor-Emmanuel), avait à percer plusieurs courts tunnels sur cette voie. Il demanda, au mois de juin 1855, un brevet en Piémont, pour une machine perforatrice, entièrement nouvelle, mue par la vapeur.

Nous allons essayer de faire comprendre cette ingénieuse machine, que représente la figure 31.

L'appareil se compose de deux petits cylindres successifs, P et Q, couchés et solidement fixés sur un même châssis, lequel peut avancer dans le sens de sa longueur, comme un châssis de scierie, au moyen d'un engrenage longitudinal et d'une roue à rochets. Il peut aussi prendre divers degrés d'inclinaison. L'un des cylindres, P, est le cylindre *moteur*: c'est une petite machine à vapeur horizontale à haute pression. Le second cylindre, Q, est plus long : c'est le cylindre de la machine perforatrice, ou *pneumatique*. Ses extrémités sont ouvertes ; il contient deux pistons A, et B, qui ne sont pas liés solidairement.

Le piston A est fixé à la tige du moteur, prolongée à cet effet, et il participe à tous ses mouvements ; le piston B porte une longue barre, ou fleuret de mineur, ST, qui peut tourner autour de son axe. Entre les pistons A et B il y a de l'air.

Si le piston A recule, cet air sera dilaté, d'où il résultera, pour le piston B, une aspiration et un recul. Si le piston A avance, il comprime l'air dans le cylindre et chasse en avant le piston B.

De ces deux effets contraires résulte le jeu d'attaque du fleuret de mineur, alternativement attiré contre la roche, ensuite refoulé. Le coussin d'air empêche les chocs de se transmettre au moteur.

Deux orifices pour l'échappement et la rentrée de l'air, rendent cet appareil singulièrement puissant et sûr. Quand le piston A a comprimé l'air et refoulé le piston B en avant, celui-ci découvre une soupape latérale de sortie, *b*, pour

donner issue au dehors à l'air comprimé; puis, lorsque le piston A recule, en faisant l'aspiration, il découvre à son tour un orifice latéral, *b*, pour la rentrée d'air, et le piston B s'arrête.

Le porte-fleuret, S, fixé au piston B, est une tige carrée qui traverse librement une petite roue d'engrenage, J, à laquelle le moteur donne un mouvement rotatif, par un autre engrenage conique. La roue dentée, J, transmet, à son tour, au porte-fleuret, S, qui glisse dans le trou carré de cette roue, son mouvement rotatif, et par conséquent, à la barre de mine, T.

L'appareil est accompagné d'une pompe foulante à eau, comme celle que portait la perforatrice Maus, pour arroser les trous pendant le forage.

Cette machine travaillait, en 1855, près de Chambéry. Ses effets étaient merveilleux : elle frappait 250 à 300 coups par minute, et perçait, en dix minutes, des trous profonds de 33 centimètres dans le granit, et de 50 centimètres dans le calcaire.

Les préoccupations de M. Bartlett l'empêchèrent de donner suite à ces idées nouvelles.

Il aurait été, du reste, bien difficile de faire manœuvrer une machine à vapeur à l'intérieur d'un tunnel qui était sans communication avec l'extérieur par un ciel ouvert : la vapeur rejetée par le cylindre de la machine aurait bientôt rempli la galerie, et rendu impossible le travail des ouvriers. Excellente pour les travaux à ciel ouvert, la machine perforatrice de M. Bartlett ne pouvait donc s'appliquer, telle quelle, à ceux du tunnel des Alpes.

Deux ans avant les essais de M. Bartlett, c'est-à-dire dans le second semestre de 1853, trois ingénieurs sardes, MM. Sommeiller, Grandis et Grattoni, élèves de l'Université de Turin, avaient déposé une demande de brevet pour une machine qu'ils avaient imaginée, et qui était destinée à appliquer la force des chutes d'eau à la compression de l'air. Ils donnaient à cet appareil hydraulique le nom de *bélier compresseur*.

C'est pour la première fois que les noms des trois ingénieurs sardes à qui l'on doit l'exécution du percement du mont Cenis, apparaissent dans notre récit. C'est donc ici le lieu d'esquisser leur biographie. Et comme Sommeiller, Grandis et Grattoni vont toujours de compagnie; comme ils sont inséparables dans leur œuvre, ainsi qu'ils le furent dans leur affection et dans leurs rapports de travailleurs, nous réunirons ces trois physionomies, qui paraissent n'en faire qu'une seule, tant on a l'habitude de les trouver ensemble. Dans l'histoire du tunnel des Alpes, et dans la pensée publique, ils vont toujours trois par trois, comme Oreste et Pylade allaient deux par deux, et les fils d'Aymon quatre par quatre.

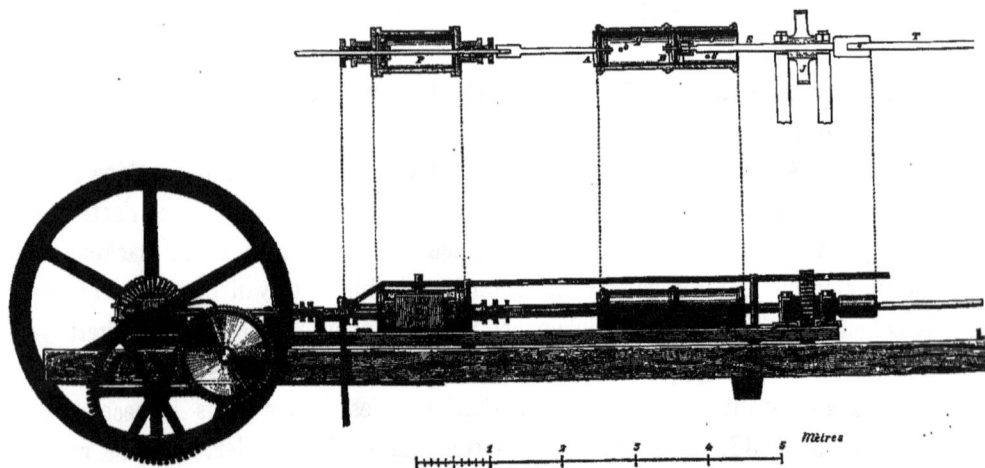

FIG. 31. — LA MACHINE PERFORATRICE BARTLETT, A VAPEUR ET A AIR COMPRIMÉ

P, cylindre moteur à vapeur; A, piston comprimant l'air dans l'arrière Q du cylindre O; b, ouverture pour la rentrée d'air dans l'espace Q; B, piston alternativement chassé en avant et réaspiré en arrière par le piston A; S, tige attachée au piston B et à laquelle est fixé le ciseau percuteur T, lequel reçoit un mouvement rotatif autour de son axe, par une roue dentée J.

Germain Sommeiller naquit, en 1815, aux environs de Bonneville, petite ville que l'on traverse en allant de Genève à Chamonix.

Inconnue jusqu'à la fin du dernier siècle, la vallée de Chamonix n'était qu'une belle et tranquille solitude, jusqu'au moment où elle fut signalée à la curiosité et à l'attention des savants par les célèbres *Voyages dans les Alpes* d'Horace Bénédict de Saussure. Bientôt, les curieux affluèrent, pour visiter cette longue et majestueuse vallée, que domine le colosse du mont Blanc, ainsi que les superbes glaciers qui l'accompagnent. Aujourd'hui, la vallée de Chamonix est le rendez-vous des touristes du monde entier.

Il est sans doute peu de nos lecteurs qui n'aient fait le voyage de Genève à Chamonix. Ce n'est donc que pour rappeler leurs propres impressions que nous allons décrire ce que le touriste rencontre lorsqu'il se rend de Genève à la vallée de Chamonix.

On part de Genève, par une belle matinée d'été, et la modeste diligence ou l'aristocratique calèche, vous emporte hors des faubourgs de cette ville savante, hospitalière et souriante. On jette un dernier regard de regret et d'adieu sur les eaux bleues et calmes du lac Léman, et l'on gravit une pente douce qui conduit à un plateau peu élevé au-dessus de Chêne-Thonex. On a déjà sous les yeux, estompé à l'horizon, le tableau de la chaîne du mont Blanc, et sur un plan plus rapproché, la montagne du Môle. A l'extrémité du village de Chêne-Thonex on franchit les limites du canton de Genève, et on se trouve en Savoie. La vue s'étend à chaque tour de roue. La montagne des Voirons, les monts Salèves, changent d'aspect, de distance en distance. Plus loin, derrière les monts Salèves, une chaîne de plateaux élevés, les *Bornes*, se relient aux montagnes du Faucigny.

Une demi-heure après, on est à Contamines, village qui se prolonge, sur près d'une demi-lieue, entre la rivière de l'Arve et la montagne du Môle. En face du Môle s'élève le mont Brezon ; et sur un plan plus éloigné on aperçoit les monts Vergis, qui présentent une longue suite de sommités inaccessibles.

Au delà de Perrine, on admire les belles ruines du château de Faucigny, qui couronne le sommet d'un rocher escarpé, et qui a donné son nom à la province de Savoie dont Bonneville était autrefois la capitale. Longeant alors la rive droite de l'Arve, qui descend du mont Blanc, on arrive à Bonneville, bâtie à la base méridionale du Môle, sur la rivière de l'Arve.

C'est à Bonneville que l'on commence à bien apercevoir le profil de la chaîne du mont Blanc, qui se dessine mieux encore quand on est arrivé à Sallanches. Je n'oublierai jamais le spectacle splendide que m'offrit la vallée de Sallanches, lorsque j'arrivai, pour la première fois, à ce point de la route de Chamonix. Sallanches est, assurément, le lieu le plus favo-

FIG. 32. — LE MONT BLANC VU DE SALLANCHES

rable pour contempler, à une distance convenable, le panorama de la chaîne
du mont Blanc, et surtout pour jouir de l'effet de son illumination au coucher
du soleil. A Bonneville la vue est moins distincte, par l'interposition de collines qui dérobent une partie du panorama. Mais si, à Bonneville même, on
gravit quelques pentes du Môle, et que l'on domine ainsi le pays, la chaîne
du mont Blanc se dégage avec la plus grande netteté.

Au sortir de Bonneville, quand on se dirige vers Sallanches, pour continuer sa route vers le mont Blanc, on entre dans une longue vallée, qui est
l'une des plus belles de toute la région des Alpes, car les pâturages s'y mêlent à des cultures variées, et les sapins dessinent leur verdure, comme une
lisière animée et vivante, autour de ces séduisantes perspectives qu'enca-
drent les monts Brezon et Saxonnez.

C'est dans un coin de cette heureuse vallée, dans le village de Saint-Jeoire
en Faucigny, que naquit Germain Sommeiller, qui devait s'illustrer par la
direction et l'exécution pratique du tunnel du Fréjus. Ses parents étaient de
pauvres cultivateurs, qui vivaient sur leur petit domaine ; de sorte que
l'enfant grandit et se développa dans cette pure atmosphère des champs, qui
fortifie le corps et repose l'esprit.

Ayant atteint l'âge des études, le jeune Savoisien fut confié aux soins de
l'abbé Ducrey, qui dirigeait le collège de Mélan. Le jeune homme était d'un
caractère ardent et quelque peu rebelle à la discipline scolaire ; mais l'abbé
Ducrey était un bon prêtre et un homme intelligent, qui, sans faire violence au
caractère de son élève, sut lui inspirer l'amour du bien et le goût du travail.

Germain Sommeiller quitta le collège de Mélan, pour aller, au collège
d'Annecy, se préparer aux études techniques qu'il voulait faire à l'Université
de Turin. Il paraît que les frais de collège furent payés par sa sœur, qui dut
sacrifier sa petite dot, dans ce but généreux.

Après un séjour assez court au collège d'Annecy, Germain Sommeiller
se rendit à Turin, en 1835, léger d'argent, mais confiant dans l'avenir,
grâce à sa ferme volonté de parvenir.

Il avait perdu, à quinze ans, son père et sa mère, et il avait de jeunes
frères, dont il était le seul soutien. Sa sœur, demeurée sans fortune, habitait
à Saint-Jeoire.

Malgré sa pauvreté, il songea un moment à entrer au barreau, car il avait
pour l'art de la parole de grandes dispositions. Heureusement, ses idées
prirent une autre direction, à la suite d'une sorte de comparaison et de balance qu'il établit entre la valeur relative des sciences et des lettres. Le
procédé est assez curieux pour être cité.

Notre étudiant cultivait les sciences, et la géométrie en particulier, en même temps que les lettres. Après avoir travaillé pendant trois jours un chapitre de géométrie, il récapitula mentalement ce qu'il avait appris. Puis il lut et relut, pendant le même intervalle, quelques chants de l'*Énéide*. Alors, comparant les notions qu'il avait acquises, par ces trois jours de mathématiques, à ce qui avait pu lui rester de la lecture du poème latin, il trouva que l'avantage était incontestablement du côté de la géométrie. Ce résultat lui inspira une détermination énergique : il renonça aux classiques, à la littérature, au barreau, et il s'adonna exclusivement aux sciences.

Bientôt il posséda le diplôme d'ingénieur.

A vingt-neuf ans, Germain Sommeiller vivait du produit de leçons de mathématiques qu'il donnait aux étudiants de Turin, pour les préparer aux examens des armes savantes.

La fréquentation de ces futurs héros lui inspira le goût du métier militaire. Il demanda à subir les examens nécessaires pour être admis, comme sous-lieutenant, dans l'armée piémontaise. Mais un an s'écoula sans que sa demande eût été même examinée.

Fatigué d'attendre, il accepta la proposition qui lui fut faite par un chef de service du ministère de l'Intérieur, d'entrer, comme employé, dans ce ministère, où l'on était occupé, en ce moment, à créer un corps nouveau dans l'administration : celui du génie civil. Il devint donc employé du ministère de l'Intérieur, à trente sous par jour.

Bientôt distingué par ses supérieurs, il fut attaché au bureau de la direction des postes, au même ministère, aux appointements de mille francs par an.

Il y avait alors, à l'Université de Turin, un professeur de physique et de mécanique, d'un réel mérite, le professeur Ignazio Giulio. Le gouvernement sarde avait chargé Giulio d'envoyer quelques jeunes ingénieurs du pays à l'usine de Seraing, en Belgique, pour s'y mettre au courant des nouvelles acquisitions de la science, concernant l'emploi de l'air comprimé comme force motrice. Giulio, qui avait remarqué le jeune Sommeiller, pendant ses études à l'Université de Turin, songea à lui, pour le voyage de Belgique. Il le fit venir, l'interrogea, et, trois jours après, Germain Sommeiller partait pour l'usine de Seraing. Il était accompagné de deux autres jeunes ingénieurs, Grandis et Genesio.

On sait que l'usine de Seraing est pour la Belgique ce qu'est pour la France le Creuzot, c'est-à-dire un établissement modèle, par son étendue, la perfection de ses procédés et la parfaite organisation de tous ses services. Une fois à Seraing, Sommeiller s'appliqua avec ardeur à profiter des nombreux enseignements pratiques qu'il avait sous les yeux. Il fit des

progrès assez rapides pour que le gouvernement sarde le rappelât, et
le fit entrer dans le corps d'ingénieurs secondaires et de conducteurs de

GERMAIN SOMMEILLER

travaux, que l'on recrutait, en vue de la création du chemin de fer de Gênes
à Turin, la première voie ferrée que l'Italie ait possédée, celle dont nous

avons parlé plus haut, comme ayant exercé une grande influence sur l'exécution du tunnel du Fréjus.

Voilà donc Germain Sommeiller placé dans un milieu de travaux d'une
importance de premier ordre. Nous le retrouverons dans la suite de ce récit,
et nous passons à son collègue et ami, Grattoni.

Severino Grattoni était fort différent, sous le rapport physique, de Germain Sommeiller. Ce dernier était d'une nature douce, communicative et
sensible. Grattoni, au contraire, avec ses cheveux noirs et son profil sévère,
ressemblait à un tribun romain, ou à un évêque guerrier, du temps des
anciennes guerres de la Lombardie. Il y avait, dans son regard, une sorte
de nuit.

Sous ce rapport, il ressemblait, disons-le en passant, à sa ville natale. Il
était né à Voghera, en Piémont. Or, Voghera est une ville qu'on n'a jamais
vue que de nuit. Quand on y arrivait, par la diligence, en venant d'A-
lexandrie, pour se rendre à Plaisance, il faisait nuit. Et si l'on revenait de
Plaisance à Alexandrie, on y entrait encore de nuit. Pendant qu'on changeait les chevaux, si le voyageur descendait, pour donner un coup d'œil à
la ville, il n'y trouvait rien qu'un réverbère. Aujourd'hui, en dépit du progrès, on ne voit guère autre chose en passant à Voghera que des réverbères,
bien que cette petite ville soit digne d'être vue au grand jour.

Severino Grattoni, issu d'une excellente famille, fit de très bonnes études
à l'université de Turin. Il fut désigné, en 1837, par l'astronome Plana,
pour diriger l'Institut des arts et métiers de Biella, et passa quatre ans
dans cet établissement.

Les soins de l'enseignement ne suffisaient pas à la fébrile activité du
jeune Piémontais. Il écrivait dans *la Concordia*, journal d'un radicalisme
très coloré, et il entrait souvent en campagne contre le *Risorgimento*, feuille
plus modérée, qui comptait M. de Cavour au nombre de ses collaborateurs.

Sans s'arrêter à leurs divergences politiques, M. de Cavour se lia avec le
jeune ingénieur. Il lui confia même un de ses neveux, pour le préparer aux
examens militaires.

Le fougueux Voghérien n'était pas en bonne odeur politique au ministère
des travaux publics; mais, en 1850, M. de Cavour étant arrivé au pouvoir,
lui fit souvent demander son avis sur des projets de travaux publics, et surtout sur la question du mont Cenis. Grattoni ne tarda pas à être élu député
de sa province, et il se dévoua entièrement à la politique de M. de Cavour,
sans abandonner les nombreuses entreprises industrielles auxquelles il
se consacrait, et qui, toujours conduites avec bon sens et activité, tournè-

rent au profit du pays, tout en augmentant la fortune de l'ingénieur.

Sébastien Grandis était né, le 5 avril 1817, à Borgo-San-Dolmazio, près de Coni (Piémont). Tout enfant, on l'appelait « le *taciturne* », tant il était réservé et économe de paroles. Comme Sommeiller et Grattoni, il fit ses études à l'université de Turin, et se distingua dans l'étude des mathématiques. Ainsi que nous l'avons dit, il fut envoyé à l'usine de Seraing, en Belgique, avec Sommeiller, et il s'y familiarisa avec la mécanique pratique, particulièrement avec l'usage de l'air comprimé. A son retour, il remplit à Turin diverses fonctions administratives.

En 1859, lorsque l'armée française, commandée par Napoléon III, vint apporter à l'Italie l'indépendance et l'unité, Grandis fut chargé d'organiser les transports militaires. Le double sentiment du devoir et de la responsabilité qu'il encourait, lui firent éprouver tant de fatigues qu'elles compromirent sérieusement sa santé. Pendant un mois entier, il n'avait abandonné, ni de jour ni de nuit, le bureau du télégraphe.

Après sa mission militaire et par suite des grandes fatigues qu'il avait éprouvées, Grandis demeura longtemps malade. Les travaux du mont Cenis, dont il obtint bientôt la direction, de concert avec ses amis Grattoni et Sommeiller, lui rendirent l'activité et la santé.

En résumé, les trois ingénieurs sardes se complétaient l'un l'autre, et leurs qualités spéciales s'accordaient merveilleusement pour le succès de l'œuvre commune. Germano Sommeiller était le génie mécanique de l'association; mais son esprit, demeuré, malgré tout, attaché aux lettres, manquait de l'activité qui est nécessaire pour diriger un travail aussi important que celui du percement des Alpes. Il résolvait sans peine les problèmes mécaniques qui se rattachaient à cette question, mais il avait besoin, pour mener à bien une œuvre aussi compliquée, du concours de ses amis. L'administrateur par excellence de cette belle entreprise, fut Grandis, que ses aptitudes spéciales semblaient appeler à la direction d'un travail hérissé de difficultés sans nombre. En même temps, ses connaissances en mathématiques apportaient un précieux concours au succès de l'œuvre commune. Par ses talents administratifs et ses connaissances techniques, Grandis se rendit indispensable à ses collègues et amis. Il tint sans cesse leur esprit en haleine, et ne leur laissa de trêve qu'une fois l'œuvre terminée.

Maintenant que nous connaissons bien le triumvirat des ingénieurs sardes auquel devait être bientôt confiée la direction des travaux du tunnel du mont Cenis, nous reviendrons à Germain Sommeiller, que nous avons laissé dirigeant, à titre d'ingénieur secondaire, de concert avec Grandis et Grattoni, les travaux du chemin de fer de Gênes à Turin.

Pour faire bien comprendre les circonstances, vraiment bizarres, qui ont précédé la mise en œuvre du premier souterrain des Alpes : l'évincement de l'éminent ingénieur belge, Henri Maus, auteur du projet, qui, de 1845 à 1849, avait été officiellement chargé par le gouvernement sarde et le roi Charles-Albert, d'étudier, comme ingénieur en chef, non seulement le tracé le plus avantageux pour ce tunnel, mais encore les machines et procédés à employer pour ce percement ; tandis que, d'un autre côté, il achevait l'exécution, aussi comme ingénieur en chef, du travail remarquable du premier chemin de fer italien, celui de Gênes à Turin — la mise à l'écart du professeur Génevois, Daniel Colladon, qui, pourtant, dès l'année 1852, avait présenté de nouveaux procédés de percement dans lesquels l'air comprimé était le principe essentiel pour transmettre la force, pour actionner les outils perforateurs, aérer et rafraîchir le tunnel, et qui avait donné la mesure essentielle, celle de la perte de force ; — enfin, l'intervention des trois jeunes ingénieurs sardes, venus longtemps après les deux précédents — nous avons emprunté au *Traité des chemins de fer* de Perdonnet l'histoire et la description du chemin de fer de Gênes à Turin. Nous pouvons maintenant reprendre le récit descriptif des travaux des trois ingénieurs sardes, au point où nous l'avons laissé, c'est-à-dire au moment où Sommeiller, alors inspecteur de la ligne du chemin de fer de Gênes à Turin, et chargé, ainsi que ses deux amis, de surveiller la remorque des trains sur le plan incliné du Giovi, invente, avec eux, le *bélier compresseur*, cet appareil volumineux et encombrant, qui fit tant de bruit dans les chambres piémontaises, et si peu de besogne aux deux entrées du tunnel.

A cette époque, on ne se servait pas encore en Italie de locomotives capables de remorquer des trains sur des pentes de $0^m,030$ environ, comme il en existait, à ciel ouvert et en tunnel, sur la ligne du chemin de fer de Gênes à Turin. On en était réduit à alléger les trains trop chargés, et à maintenir, à poste fixe, des locomotives de renfort, pour pousser les convois. M. H. Maus s'était décidé à placer sur le plan incliné du Giovi, une traction par câble, analogue à celle qu'il avait établie, cinq années auparavant, sur les deux plans inclinés consécutifs existant près de Liège, sur le chemin de Liège à Anvers. C'est alors, c'est-à-dire dans le 2ᵉ semestre de 1853, que Sommeiller, Grandis et Grattoni imaginèrent leur *bélier compresseur*, destiné à comprimer l'air. Cet air comprimé devait servir ensuite, comme force motrice, pour pousser un piston dans un long tube fixé entre les deux rails, et qui hissait les convois.

Le *bélier compresseur* de Sommeiller, Grandis et Grattoni, que l'on a

également appelé *bélier compresseur à colonne*, avait une certaine analogie avec le bélier de Mongolfier, tel que l'illustre inventeur l'avait primiti-

SEVERINO GRATTONI

vement construit (1). Mais il ressemblait davantage encore au bélier qu'avait

(1) *Traité des machines*, par Hachette, p. 118 (1819).

proposé le savant ingénieur français, de Caligny, dans divers mémoires lus, en 1837, à l'Académie des sciences de Paris, et qui lui avaient valu, en 1844, une médaille d'or de l'Académie royale des sciences de Turin.

Le *bélier compresseur à colonne* de Sommeiller, Grandis et Grattoni était destiné, dans l'esprit des inventeurs, à faciliter sur les rampes la remonte des trains. Loin d'avoir songé à l'appliquer à perforer les tunnels, leur préoccupation était, au contraire, de s'élever, par de fortes rampes, afin d'éviter les longs souterrains. Jusqu'en l'année 1856 ils n'avaient indiqué dans aucun mémoire, dans aucune communication officielle, l'idée de tirer parti de ce système mécanique pour comprimer l'air destiné à mettre en action les outils servant au percement de longs tunnels.

Ils avaient été nommés, ainsi qu'on l'a vu, ingénieurs secondaires pour la traction sur le chemin de Gênes à Turin. M. H. Maus avait quitté le Piémont, fort mécontent de voir ses services à ce point méconnus, et l'idée du câble pour le plan incliné du Giovi sur l'Apennin, avait été mise de côté, après son départ : on y suppléait par des locomotives de renfort. Malgré ce secours, il fallait réduire le poids des trains, et, bien que le trafic fût considérable, on n'arrivait qu'à une exploitation onéreuse.

Le savant ingénieur prussien, Crelle, avait publié, dès 1846, de volumineux calculs pour démontrer les avantages de chemins pneumatiques, dans lesquels, au lieu du vide, on utiliserait l'air comprimé. Un Italien, M. Piatti, avait aussi fait, en 1848, à Londres, quelques rares essais sur ce même système, et il avait publié, en 1853, un mémoire à ce sujet. Mais son manque de connaissances exactes pratiques et théoriques l'avait empêché d'en tirer parti, et ses données, beaucoup trop vagues, n'avaient convaincu personne.

Sommeiller, Grandis et Grattoni s'étaient persuadé qu'en plaçant à la montée du Giovi leur *bélier* à air comprimé, l'État, possesseur de la ligne, réaliserait, par ce fait, une économie de 150,000 francs par an. Ils garantissaient même ce résultat, et demandaient, pour leur droit de brevetés, la moitié de l'économie qui serait réalisée pendant quinze ans.

Cette conviction entraîna celle de MM. de Cavour et Paleocapa, tous deux ministres très influents. Les trois ingénieurs réclamaient un prêt de 90,000 francs, pour construire un *bélier compresseur* d'air, et un tube propulseur, long de 200 mètres, pour faire les premiers essais.

Les deux ministres signèrent, sur ces bases, le 28 mars 1854, un traité provisoire, qu'ils présentèrent à la Chambre des députés, dans la séance du 19 juin suivant.

L'opposition fut violente, à la Chambre, pour la ratification de ce traité provisoire, car aucune expérience n'avait encore été faite. Mais les deux ministres se portant forts du succès et mettant en avant l'économie considérable promise par les ingénieurs, demandaient avec insistance l'approbation de l'avance de 90,000 francs faite aux trois ingénieurs, et la promesse, en cas de réussite, d'une allocation de 2,200,000 francs pour appliquer le même système aux dix kilomètres de la rampe totale.

M. de Cavour était un très habile ministre et un fin diplomate. Il était exaspéré de l'opposition que lui faisaient, à la Chambre des représentants, les députés de la Savoie. En 1854, Germain Sommeiller avait été élu député de la Savoie, et le nouveau député s'était montré très brillant à la tribune. M. de Cavour entrevit le moyen de conquérir le jeune ingénieur: c'était de lui accorder son haut patronnage, pour le prêt de 90,000 francs qu'il demandait, pour la construction et l'essai de son *bélier compresseur* sur le plan incliné du Giovi. M. de Cavour fit donc, en quelque sorte, son affaire de la réalisation de ce prêt. Il adopta, sans aucun contrôle, les espérances fantastiques de Sommeiller et de ses deux amis, sur l'énorme puissance et les résultats économiques qu'on pouvait attendre de l'exécution de grands *béliers à colonnes compresseurs d'air*, et il s'aventura même jusqu'à déclarer au parlement que, s'étant fait expliquer le système des trois ingénieurs, *il ne craignait pas d'en garantir le prochain succès pour la remorque des trains sur le plan incliné du Giovi et l'économie considérable qui en résulterait.*

C'est cette affirmation de M. de Cavour qui détermina la Chambre à accorder le prêt des 90,000 francs, remboursables au bout de deux ans, en cas d'insuccès.

Cette décision de la Chambre des députés de Turin, obtenue sur les pressantes prières de M. de Cavour, a été *la cause essentielle*:

1° De la résolution, prise deux ans plus tard, par le parlement du Piémont, de commencer immédiatement, aux frais du gouvernement, le percement du mont Cenis, en appliquant l'air comprimé;

2° De l'abandon provisoire des essais de remorque sur le plan incliné du Giovi, lesquels n'ont jamais été repris;

3° De la nomination, comme directeurs des travaux du percement du tunnel, de Sommeiller, Grandis et Grattoni;

4° De l'emploi du *bélier compresseur*, pour obtenir l'air comprimé destiné au percement, à l'exclusion des pompes ou autres appareils compresseurs d'air.

Toutes ces décisions furent votées sous l'impression d'un discours de Germain Sommeiller, qui affirma de nouveau, en plein parlement, qu'il n'y avait qu'une seule et unique machine avec laquelle on pût obtenir économiquement de grandes masses d'air comprimé, et que cette machine était son *bélier compresseur à colonne !*

Telle est donc la véritable origine et la cause réelle du choix des personnes qui devaient diriger le percement du mont Fréjus. C'est parce que Sommeiller, Grandis et Grattoni avaient été placés par l'État, comme ingénieurs secondaires, sur la ligne de Gênes à Turin, et chargés spécialement de la surveillance du passage des Apennins, et de la remorque des trains le long de la pente du Giovi, qu'ils eurent l'idée de substituer aux câbles de remorque, que M. H. Maus voulait établir, en s'aidant de force hydraulique, un autre système, préconisé quelques années auparavant, par le professeur Crelle, de Berlin, à savoir l'impulsion de l'air comprimé agissant sur un tube placé entre les rails et ayant la même longueur que celle du plan incliné. C'est pour réaliser ces idées de propulsion qu'ils firent breveter, à Turin, dans l'automne de 1853, leur *bélier à colonne*, destiné à comprimer l'air, machine qu'ils se figuraient comme étant la seule qui pût comprimer de grands volumes d'air économiquement. Ils se représentaient déjà les montagnes du Piémont pourvues partout de béliers hydrauliques faisant mouvoir des milliers de manufactures, et servant à donner l'impulsion à des convois, pour leur faire franchir les cols élevés des Alpes (1).

Surexcités par ces espérances, ils surent les faire partager à M. de Cavour, qui, préoccupé, d'autre part, du désir de se faire appuyer dans la Chambre par le député Sommeiller, ne craignit pas de se compromettre en affirmant à la Chambre que l'État réaliserait une économie considérable par l'application d'un tube propulseur servant à gravir la pente des Apennins au moyen de l'air comprimé.

M. de Cavour avait donc obtenu de la Chambre des députés, pour les trois ingénieurs sardes, le prêt de 90,000 francs qu'ils demandaient pour un essai, sur 200 mètres de longueur, à entreprendre sur la pente de l'Apennin, prêt remboursable par les trois ingénieurs, si, au bout de deux ans, les avantages et les économies résultant de leur procédé n'avaient pas été constatés.

Il avait été convenu qu'une commission, nommée par les ministres, suivrait les essais, et en rendrait compte à la Chambre, avant deux ans.

Or, deux ans après, ces essais n'étaient pas faits, le crédit était épuisé, et, d'après les conventions, le prêt devait être restitué.

Un premier *bélier* que l'on avait fait manœuvrer à quelques lieues de Turin, avait consommé toute la somme disponible !

C'était un terrible soufflet sur la joue de M. de Cavour, qui avait affirmé le

---

(1) Discours de Sommeiller à la Chambre, 1er mai 1856.

succès. Pour s'en garantir, ce fut lui-même qui suggéra aux trois ingénieurs l'idée d'offrir leur *bélier compresseur* pour comprimer l'air et desservir les outils employés au percement du mont Cenis, en renonçant momentanément à ceux, moins importants, de la remorque, au plan incliné du Giovi.

Le gouvernement et les ministres ratifièrent la proposition du comte de Cavour, et c'est ainsi que les trois ingénieurs sardes furent mis à la tête de la direction des travaux du tunnel.

Mais diplomatie et mécanique font deux. M. de Cavour avait cru pouvoir décréter qu'un appareil destiné à comprimer de l'air, dans le but de hisser des trains sur une pente, pourrait s'appliquer à produire de l'air comprimé applicable à faire agir, au fond d'un tunnel, des fleurets de mineur, creusant des trous dans le roc. L'expérience ne tarda pas à démontrer l'erreur de cette anormale substitution.

C'est dans la séance du parlement de Turin du 19 mai 1856, que M. de Cavour avait fait voter l'abandon du plan incliné du Giovi, et la reprise immédiate de tentatives de percement, en vue du grand tunnel, par le *bélier compresseur*, déjà construit. Ce bélier, trop petit, ne put servir. De nouveaux crédits furent alloués, pour en commander un autre, capable de comprimer l'air à six atmosphères.

Un grave défaut du bélier des trois ingénieurs, outre son coût excessif, ainsi que d'autres effets vicieux, reconnus trop tard, c'est qu'il faut lui donner une hauteur verticale de 5 mètres par chaque atmosphère effective. Un *bélier compresseur* pour 6 atmosphères doit avoir 25 mètres de chute d'eau, ni plus ni moins! Pour 7 atmosphères effectives, il faut qu'il ait une hauteur de 35 mètres, etc.

Ces appareils utilisent donc imparfaitement les puissances hydrauliques, à moins que l'on ne dispose, par hasard, d'une chute exactement de la hauteur voulue. Pour trouver une cascade d'une hauteur assez grande pour pouvoir comprimer l'air à 6 atmosphères, il fallut aller à la Coscia, près de Gênes, lieu tout à fait désert. Un *bélier compresseur* y avait été installé, au mois de mars 1855.

C'est là qu'une commission scientifique devait essayer, à la fois, le bélier à colonne et l'appareil Bartlett, mû d'après le système de M. Colladon.

Cette commission, composée de cinq membres, tous savants distingués, choisit le professeur Ignazio Giulio pour son rapporteur. Sa mission était, non pas de comparer, mais seulement d'*examiner le bélier inventé par les trois ingénieurs*.

Or, l'effet utile, ou le travail du *bélier à colonne* de Sommeiller, employé à la compression de l'air, fut trouvé moitié seulement de celui de la chute (1):

---

(1) Dans leur brevet, les trois ingénieurs annonçaient un rendement de plus des neuf dixièmes du travail de la chute.

Germain Sommeiller était entré à la direction des travaux du tunnel par la petite porte. Mais quand il eut pénétré dans le souterrain des Alpes, il se redressa de toute sa taille. C'est alors que, combinant les appareils de Bartlett et de Colladon, il construisit sa *machine perforatrice des roches* marchant par l'air comprimé, dans laquelle tout est à louer, tout est à approuver, et qui, une fois installée dans le souterrain du Fréjus, accéléra singulièrement le travail de l'excavation.

Sommeiller avait souvent assisté, depuis le mois de juin 1855, aux expériences de la perforatrice de Bartlett marchant par la vapeur et l'air comprimé, machine que nous avons représentée page 99, figure 31. Il en avait parlé à la Chambre, en mai 1856. Il songea à la modifier, en supprimant la vapeur. Il y travaillait encore quand on expérimenta à la Coscia. Il demanda un délai pour achever sa machine, qui fut essayée le 1er mai 1857, et produisit des effets de percement égaux et même un peu supérieurs à ceux obtenus avec le perforateur Bartlett, en consommant moins d'air que l'appareil anglais.

C'était un modèle en grande partie nouveau, pour lequel Germain Sommeiller prit un brevet en son seul nom; l'idée lui appartient donc essentiellement.

Quelques détails de cette machine rappelaient la machine de Bartlett, mais elle lui était supérieure à plusieurs égards. Elle avait surtout moins de poids et moins de volume, ce qui a de l'importance dans les tunnels; elle réglait mieux aussi l'avancement automatique d'après celui du fleuret.

Dans les années qui suivirent, cette machine fut deux fois transformée par l'inventeur, mais elle portait déjà le germe des idées essentielles, qui peuvent se résumer ainsi :

Le fleuret destiné à percer la roche est renfermé dans un cylindre, dans lequel on fait arriver à volonté l'air comprimé. Le piston est, en même temps, porte-outil et piston moteur, et c'est à sa tige que se fixe le fleuret. Cette tige a une surface de section peu différente de celle du piston; en d'autres termes, les deux surfaces d'action du fluide sur le piston sont très inégales. L'impulsion de l'outil en avant est plus forte que la répulsion en arrière. L'air comprimé pousse toujours le piston en arrière avec une même force; l'impulsion, plus puissante en avant, est alternative et réglée par le tiroir. De là les deux mouvements d'avance et recul.

Une très minime machine motrice, jointe au système, commande le jeu des organes pour le jeu du tiroir, l'avancement graduel du piston vers le front de taille et la rotation du fleuret. Ces deux mouvements rappellent par leur principe la machine du brevet Bartlett.

Nous représentons dans la figure 35 la machine perforatrice de Sommeiller, dans ses principes essentiels.

Cette machine perforatrice fait grand honneur à son ingénieux inventeur. Plus tard, Sommeiller modifia la rotation du fleuret, en ce sens qu'au lieu d'être un mouvement continu rotatif obtenu par une roue dentée, le mouvement est intermittent et commandé par un excentrique. Aujourd'hui, un grand nombre d'autres machines perforatrices ont été imaginées, et chaque année on en invente une ou deux. Quelques-unes sont plus légères

Fig. 35. — PREMIÈRE MACHINE PERFORATRICE DE GERMAIN SOMMEILLER

et occupent un moindre volume que celle de Sommeiller, et leur construction plus simple les rend préférables et moins coûteuses. Mais à l'époque où Sommeiller fut breveté, son appareil était le meilleur pour les travaux de tunnel. Le mérite de son invention est donc incontestable et la perforatrice Sommeiller subsistera comme un titre de gloire pour la Savoie et pour l'Italie.

Plus tard encore, Sommeiller imagina une disposition de char ou d'affût, muni de colonnes, sur lesquelles se fixent plusieurs perfo- ratrices, qui toutes peuvent fonctionner à la fois, et dont les dispositions sont habilement combinées pour le but à atteindre : celui de placer plusieurs perforatrices et de les faire travailler dans un espace fort restreint.

On voit cette disposition nouvelle représentée sur la figure 36.

Pour l'arrosement des trous et leur desséchement, on se servit de jets d'eau lancés d'un réservoir, par l'action de l'air comprimé, ainsi qu'on le voit sur la même figure 36. C'était s'emparer, sans autorisation, des idées du professeur Colladon, qui faisaient partie de son brevet, aussi bien que l'emploi de l'air comprimé. Cette irruption dans le domaine d'autrui est peu excusable chez un ingénieur qui, ayant pris pour son compte de très nombreux brevets en Piémont et ailleurs, aurait dû respecter ceux de ses collègues.

Tel est l'appareil de perforation qui, joint au *bélier compresseur* avec lequel Sommeiller commença le percement, permit d'attaquer résolument l'excavation du mont Fréjus. L'air comprimé était l'agent moteur des fleurets dont étaient armées les perforatrices. La compression de l'air s'exécutait dans les *béliers compresseurs*, d'où, au moyen de tuyaux de faible diamètre, l'air comprimé était envoyé à l'outil perforateur. Après avoir servi à lancer les fleurets contre le roc, et à y pratiquer les trous de mine, que l'on chargeait ensuite de poudre, pour faire sauter le roc, l'air comprimé se déversait dans les galeries, et servait à aérer, à rafraîchir le tunnel, à lui rendre l'oxygène enlevé par la respiration des ouvriers et la combustion de la poudre.

La force motrice qui servait à comprimer l'air dans d'immenses réservoirs, était empruntée à deux chutes d'eau, d'un volume considérable, qui existaient aux deux extrémités du futur tunnel, et qui furent aménagées de manière à fournir une force régulière et constante, au moins pour celle du côté de la France.

Les moyens d'action étant ainsi prêts, ou perfectionnés, l'ouverture des travaux du tunnel destiné à ouvrir la route la plus courte entre Londres, Paris, Genève, Turin, Milan, Gênes et l'Italie, eut lieu le 1er septembre 1857. Elle se fit avec solennité. Le roi du Piémont, Victor-Emmanuel, et son gendre, le prince Napoléon, le comte de Cavour, Paleocapa, Negri, et d'autres personnages de la plus haute distinction, étaient présents. Un appareil électrique placé à Modane, au pied du mont Cenis, étant mis en communication, par deux fils de 800 mètres, avec les mines qui devaient faire sauter la première pierre du gigantesque tunnel, le roi Victor-Emmanuel et le prince Napoléon mirent chacun le feu aux mèches, au moyen des deux fils électriques, et la première brèche fut ouverte par l'explosion de ces mines.

Inaugurés avec cet éclat royal, les travaux commencèrent peu de jours après.

Disons, pour terminer ce chapitre, que le tracé de tunnel qu'avait étudié M. H. Maus fut un peu modifié. Le point culminant se trouve au milieu du tunnel, à 1294 mètres au-dessus de la mer. De là on descend vers Modane, par une rampe de 23 millièmes, et vers Bardonnèche par une pente de 1 à 1/2 millièmes. Pour la section, la largeur maxima est restée de 8 mètres et la hauteur sous clef au-dessus des rails de 6 mètres, conformément à l'ancien projet de l'ingénieur belge.

MM. Borelli, Copello et Mella ont dirigé avec habileté les travaux géodésiques du tracé et d'autres travaux d'excavation.

FIG. 36. — LA MACHINE PERFORATRICE DE GERMAIN SOMMEILLER ET LES RÉSERVOIRS D'EAU ET D'AIR COMPRIMÉ, SERVANT A NETTOYER LES TROUS CREUSÉS PAR LES FLEURETS.

X

Quatrième période (1860 à 1871). MM. Sommeiller, Grandis et Grattoni. — Description des *béliers compresseurs* de Sommeiller, Grandis et Grattoni, et de
pompes à piston liquide, qui remplacèrent les *béliers*, pour la compression de l'air.

La période qui va nous occuper est essentiellement la période d'exécution
par les moyens mécaniques et celle de l'achèvement du tunnel.

Pendant les premières années des travaux, l'excavation du souterrain que
l'on avait commencée par le travail à la main, c'est-à-dire à la barre de mine,
fut abandonnée, et effectuée par les perforatrices de Sommeiller, et malheureusement aussi, avec son *bélier compresseur*, employé pour comprimer l'air
dans des réservoirs métalliques.

Dés l'automne de 1857, on installa près de Bardonnèche et près de Modane
de grands ateliers et des bâtiments pour loger les ouvriers, les appareils,
les provisions ; on déblaya les abords. En même temps, on commença à creuser le tunnel par la barre de mine manœuvrée à la main, et on continua
quelques années par le même procédé.

Nous représentons dans la figure 37 l'installation des travaux du côté de
l'Italie, c'est-à-dire à Bardonnèche.

Pendant ces travaux d'excavation on dérivait les eaux de la rivière de l'Arc
au nord, et celles du torrent du Mélézet au sud, pour élever le volume d'eau
nécessaire au jeu des béliers de Germain Sommeiller.

Ces énormes appareils, de 26 mètres de hauteur et de $0^m,63$ de diamètre,
munis de valves à couronne et de régulateurs hydrauliques, furent comman-
dés en Belgique, au nombre de vingt : dix pour Modane et dix pour Bardonnèche. Ils coûtèrent, mis en place, 120,000 francs pièce, sans tenir
compte des bâtiments.

C'est ici le lieu d'en donner une description générale. L'explication précise du mécanisme sera donnée plus loin, par des dessins spéciaux.

Représentez-vous un énorme siphon renversé, élevant en l'air ses deux
branches inégales, dont la plus grande n'a pas moins de 26 mètres de hauteur,
et qui reçoit la chute d'eau. Au mouvement d'une machine à air comprimé

qui commande le système, une soupape est soulevée, l'eau tombe de la hauteur ci-dessus indiquée, se précipite dans la grande branche du siphon,

FIG. 37. — INSTALLATION DES ATELIERS POUR LE PERCEMENT DU MONT CENIS A BARDONNÈCHE (ITALIE)

A, Habitation des ingénieurs; — B, Bâtiment des dix béliers, établis en 1861, remplacés en 1863 par six bâtiments neufs contenant six roues à augets et douze pompes à piston liquide; — T, Entrée du tunnel

remplit la partie horizontale du siphon, et, en vertu de sa vitesse acquise, s'élève dans la petite branche. La colonne d'eau lance alors contre la masse d'air chassée devant elle, un coup violent et subit, semblable à celui de la machine connue en mécanique sous le nom de *bélier hydraulique*, et dont l'invention immortalisa les frères Montgolfier, au siècle dernier. Ainsi comprimé violemment, l'air est réduit au sixième de son volume, et le même choc l'envoie, sous cette pression, dans un récipient, grâce à une soupape ménagée à l'extrémité de la petite branche du siphon. Dès que la colonne d'eau a donné sa pulsation, la porte d'entrée par laquelle l'air comprimé s'est engouffré, se referme, sous la pression de l'air déjà contenu dans le récipient, et la colonne se retire, rappelée en arrière par une soupape de vidange pratiquée au bas de l'appareil. Le siphon étant vidé d'eau, se remplit de nouveau d'air atmosphérique, et la pulsation recommence.

Tous ces mouvements s'accomplissaient en un clin d'œil. Le jeu des soupapes d'admission et de vidange était assez bien réglé pour que la colonne d'eau tombant de 26 mètres de hauteur, avec un volume de 63 centimètres de diamètre, et un poids de 15,000 kilogrammes, produisit son évolution dans le tube fort tranquillement, sans provoquer aucun de ces dégâts que pourrait faire redouter la chute d'un pareil poids. De la tourmente terrible qui parcourait le tube, l'observateur entendait seulement le mouvement précipité de l'eau et le bruit de l'air aspiré et respiré violemment; puis le son métallique de la soupape de sortie de l'air, qui, semblable à un coup de cloche, annonçait la fin de l'évolution de la colonne de compression. Ce n'était pas un choc qu'il entendait, mais une énergique pulsation contre un corps élastique, qui résiste en cédant la place. Le *bélier hydraulique* de Montgolfier ne donne pas une idée exacte de la marche de la colonne d'eau des trois ingénieurs sardes. En effet, dans l'appareil de Montgolfier, l'eau produit un véritable choc contre un matelas d'air captif et immobile, tandis qu'ici l'air cède, se comprime graduellement, et fuit devant l'eau, tout en éteignant peu à peu sa vitesse acquise, sa force vive, et ne se retire dans le compartiment qui lui est réservé, qu'après avoir annulé la fureur et les effets destructeurs de la colonne comprimante.

Hâtons-nous de dire pourtant que l'appareil ne se montra pas toujours aussi pacifique. On vit souvent se produire des chocs violents, et des ruptures effrayantes, qui auraient déconcerté un ingénieeur d'une autre trempe que Sommeiller.

Un jour, la colonne d'eau brisa son enveloppe de fer, et fit tout à coup irruption au dehors, lançant des jets terribles, qui noyèrent l'édifice et épouvantèrent les ouvriers, encore peu habitués au gouvernement de ce formidable engin. Un autre jour, pendant que cinq compresseurs travaillaient ensemble, les deux grands tubes de cuivre qui conduisent l'air comprimé dans les récipients, se rompirent, avec le bruit d'une pièce de canon.

Fig. 38. — LES BÉLIERS COMPRESSEURS, A BARDONNÈCHE

A, réservoir d'eau, d'où partent les dix béliers t, t, t, t, t, t, t, t, t, t ; — B, Bâtiment contenant les dix mécanismes des béliers et leurs réservoirs d'air comprimé à 5 atmosphères.

La figure 38 représente les béliers compresseurs établis à Bardonnèche, du côté de l'Italie ; A est le réservoir d'eau, t,t les tubes des béliers compresseurs ; B, le bâtiment où se trouve établi le mécanisme des compresseurs de l'air.

La figure 39 réprésente l'intérieur du bâtiment figuré par la lettre A dans le dessin qui précède. Dans ce bâtiment sont les deux béliers qui compriment l'air au moyen de chutes d'eau tombant de l'extérieur.

Arrêtons-nous un moment pour étudier un peu de près l'appareil compresseur des trois ingénieurs sardes, et rechercher les raisons qui leur firent adopter le choc de l'eau, ou le *bélier hydraulique*, comme le meilleur moyen de comprimer de l'air. Le sujet est assez curieux et assez peu connu pour être approfondi.

Deux membres de l'Académie des sciences de Paris, Hachette, et plu tard, de Caligny, avaient indiqué, à diverses reprises, que le *bélier hydraulique* des frères Montgolfier, qui sert à élever l'eau, pourrait également servir à comprimer l'air.

C'est de cette idée que partirent les trois ingénieurs sardes, Sommeiller, Grandis et Grattoni, pour faire servir les chutes d'eau des Apennins ou des Alpes à comprimer l'air destiné à servir, d'abord à la remorque des convois sur le plan incliné du Giovi, ensuite à comprimer l'air, pour les besoins mécaniques des travaux du tunnel du mont Cenis.

M. Daniel Colladon, dans la spécification de sa demande de brevet remise en 1852 au gouvernement sarde, pour de nouveaux procédés d'excavation des tunnels par l'air comprimé, avait indiqué les *pompes* à piston, mues par des turbines, comme le meilleur moyen de compression d'air, et dans le mémoire qui accompagnait sa demande de brevet et que l'Académie des sciences de Turin avait fait examiner par une commission spéciale, il avait expliqué comment on pourrait éviter leur échauffement exagéré, soit par une injection d'eau, soit même en se servant de pompes à piston liquide, analogues à celles dont faisait usage la Compagnie parisienne du gaz d'éclairage comprimé, en 1826.

Mais les préjugés qui existaient à cette époque chez la plupart des ingénieurs, et que M. H. Maus avait invoqués, en décembre 1852, lors de son entrevue avec MM. Menabrea et Colladon, c'est-à-dire la prétendue impossibilité d'empêcher une élévation redoutable de la température, étaient tellement ancrés dans l'imagination des trois jeunes ingénieurs sardes, que toute leur faculté d'invention s'était concentrée sur les moyens d'utiliser une chute d'eau pour comprimer l'air par sa force vive, et le refroidi en même temps par son contact. L'emploi du *bélier hydraulique* s'était présenté à leur esprit comme le *nec plus ultra* du procédé économique de la compression industrielle de l'air.

Mais en mécanique pratique, comme dans la plupart des choses de la vie, quand on s'écarte des vrais principes, les conséquences nuisibles arrivent nécessairement.

Or l'un des grands principes de la mécanique des machines, c'est que tout choc est une cause nécessaire de perte de travail utile. C'est en évitant les chocs que Burdin, Poncelet, Fourneyron et les meilleurs constructeurs des roues à eau, avaient pu obtenir 60 à 80 pour 100 d'effet utile d'une chute, au lieu de 25 à 30 pour 100 que ces mêmes chutes donnaient auparavant quand ces roues recevaient par un choc l'action de l'eau en mouvement.

Dans la pratique courante si on se sert de haches et de marteaux, c'est à cause de leur extrême simplicité, et de leur facilité de transport; mais les scies travaillent bien plus économiquement que les haches, et personne n'aurait l'idée de faire avancer une voiture à coups de masses, ou par des chocs répétés.

Il en a été de même pour les *béliers compresseurs* agissant par chocs, au tunnel du mont Cenis. Après trois années perdues en essais de construction des vingt béliers, qui, mis en place, coûtaient, tout compris, *deux millions quatre cent mille francs*, l'expérience a démontré que c'étaient de très mauvais compresseurs pour de grands buts industriels ; qu'ils marchaient avec tant de lenteur, sous peine de très graves accidents, qu'ils ne fournissaient qu'une quantité d'air comprimé très minime, et que, de plus, ils ne réalisaient qu'une faible partie, la moitié au plus, de la puissance contenue dans l'eau dépensée. On reconnut que ces appareils, d'un énorme volume et d'un coût excessif, n'avaient aucune élasticité de puissance, c'est-à-dire qu'un *bélier* établi pour comprimer l'air à 5 atmosphères, ne pouvait servir lorsqu'on voulait une compression un peu supérieure, et que le plus court était alors de modifier notablement sa construction, ou d'en construire un autre.

Depuis vingt ans on a entrepris de percer bien des tunnels par le procédé Colladon, c'est-à-dire par l'emploi de l'air fortement comprimé, mais nulle part les entrepreneurs de ces tunnels n'ont eu l'idée de recourir à l'emploi des *béliers compresseurs* de Sommeiller, Grandis et Grattoni, pour obtenir l'air comprimé nécessaire à leurs travaux.

Les *béliers compresseurs* avaient des inconvénients multiples, comme il est facile de le deviner. Nous avons dit que ces appareils exigent une chute d'eau d'au moins 26 mètres. Elle existait à Bardonnèche, du côté de l'Italie.

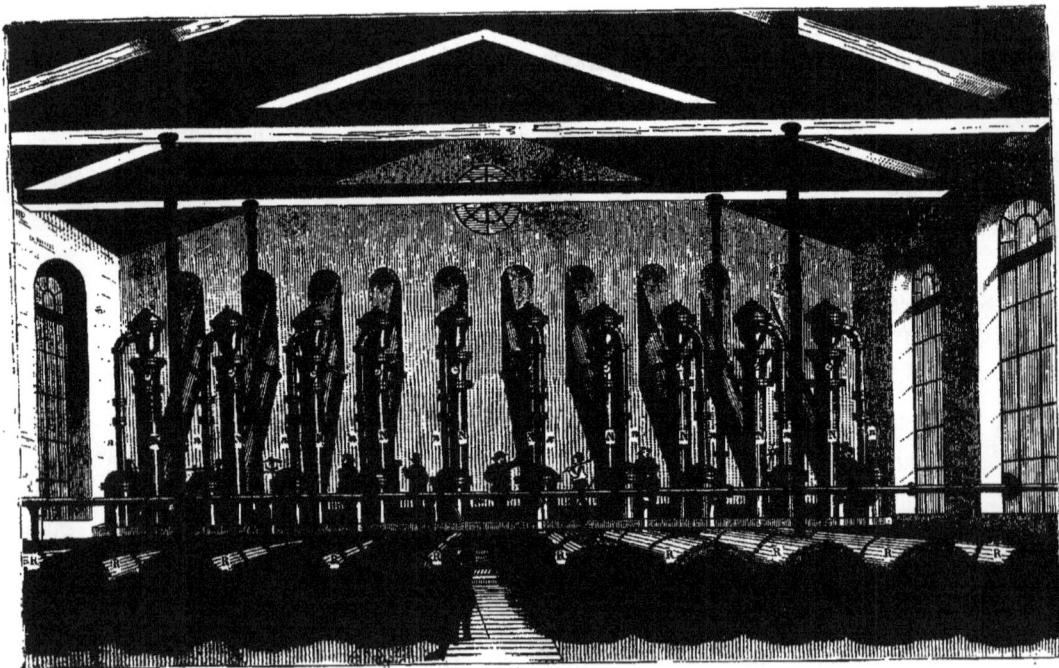

Fig. 39. — ATELIER CONTENANT LES DIX BÉLIERS COMPRESSEURS

N, Les dix colonnes de compression des dix béliers ; — R, Réservoirs pour l'air comprimé ; — n, Conduite amenant l'air comprimé des béliers aux réservoirs.

où le canal dérivé des torrents du Melezet, n'a pas moins de 46 mètres de chute. Mais on perdit 20 mètres de chute, les compresseurs n'étant calculés que pour une chute d'eau de 26 mètres. Ce fut bien pis à Modane, du côté de la France. La rivière d'Arc ne donnait que 6 mètres de hauteur de chute. Tout autre que l'inventeur aurait reculé devant l'impossibilité d'appliquer son système dans de telles conditions. Sommeiller persista, et l'on vit se réaliser cette contradiction bizarre de la création d'une surélévation artificielle d'eau, pour placer l'appareil dans ses conditions normales. On établit donc des roues hydrauliques et des pompes élévatoires, d'une puissance effective supérieure à 200 chevaux. Ces pompes élevaient l'eau dans un vaste bassin en fonte, soutenu à 26 mètres d'élévation, et de là elle retombait dans les béliers.

On voit sur la figure 40, exécutée d'après une photographie, la reproduction exacte des *béliers compresseurs* établis à Modane avec une surélévation d'eau artificielle.

Les critiques de visiteurs ayant une grande autorité scientifique, ne manquèrent pas à cet étrange et colossal appareil ; mais la position des inventeurs était singulière : ils avaient affirmé maintes fois que les béliers étaient les seuls engins capables de comprimer l'air industriellement à 6 atmosphères (1). Les proposititions de M. Colladon pour la compression par des pompes à piston avaient été, par suite, repoussées.

La loi relative au nouveau traité avec la Compagnie Victor-Emmanuel et à l'entreprise par l'État de la percée des Alpes, décidait : *que les travaux seraient faits conformément au projet de MM. Ranco, Grattoni, Sommeiller et Grandis* (2), c'est-à-dire en faisant usage de béliers pour obtenir l'air comprimé. L'emploi de ces appareils pour les travaux de percement devenait, en quelque sorte, par cette prévision de la loi, *le seul procédé légal* pour faire mouvoir les perforatrices !

Cependant, les nombreux accidents occasionnés par le jeu de ces appareils ; leur très faible rendement, surtout à Modane, en comparaison de la puissance hydraulique disponible ; l'insuffisance de la pression, qui ralentissait et quelquefois suspendait le travail ; l'impossibilité de hausser la pression selon la profondeur du souterrain ; enfin divers conseils et avis pressants d'hommes experts, décidèrent les ingénieurs associés à abandonner en partie, dès l'année 1861, leur gigantesque machinerie et à faire usage de pompes à *piston liquide* concurremment avec les béliers.

(1) Séance de la Chambre des députés, 25 juin 1857. *Comptes rendus officiels*, page 1343.
(2) *Compte rendu officiel des débats de la Chambre des députés* de Turin, 1857, page 1404.

Ces pompes à *piston liquide* sont de l'invention du professeur Daniel Colladon.

Pour comprendre ce système, fort simple d'ailleurs, de comprimer de l'air, il faut se figurer un tube horizontal de 57 centimètres seulement de diamètre, se relevant aux deux extrémités, et formant aussi, comme le *bélier compresseur* de Sommeiller, un siphon renversé, dont les deux branches sont égales entre elles. Un piston actionné par une roue hydraulique, se meut à frottement, dans la partie horizontale, et fait osciller une colonne d'eau, qui remplit, quand le piston est au milieu de sa course, les deux branches de siphon jusqu'à la moitié de leur hauteur. A chaque mouvement du va-et-vient du piston, la colonne d'eau s'abaisse dans une branche, en aspirant l'air extérieur, et s'élève dans l'autre, en refoulant et comprimant cet air. Le même effet se reproduit dans les deux branches. La colonne d'eau, sollicitée par le piston au mouvement oscillatoire, appelle successivement l'air atmosphérique et le rejette, comprimé, par les soupapes ménagées aux deux têtes de l'appareil. Les soupapes agissent d'elles-mêmes. Celles qui admettent l'air dans le corps de pompe s'ouvrent par l'effet du vide qui s'y fait à la retraite de l'eau, et se ferment à son retour. Celles qui donnent entrée à l'air comprimé dans son récipient, s'ouvrent sous la pression de l'air poussé par l'eau, et se ferment brusquement quand l'eau se retire, par suite de la pression de l'air déjà captif dans son magasin.

M. Colladon a fait faire un autre progrès important à l'emploi de l'air comprimé pour la perforation des tunnels.

Les énormes pompes à piston liquide que les trois ingénieurs installèrent à Bardonnèche et à Modane, pour remplacer leurs *béliers compresseurs* furent elles-mêmes reconnues très supérieures aux *béliers*, mais elles présentaient bien des inconvénients. Leur prix, moindre que celui des *béliers*, était encore élevé ; elles occupaient beaucoup de place, elles ne pouvaient donner plus de seize coups utiles par minute.

Le lecteur se demandera sans doute pourquoi l'on n'adoptait pas de simples pompes à piston métallique, comme les pompes à eau, pour opérer la compression de l'air ? En voici la raison.

L'air, quand on le comprime, dégage une quantité considérable de chaleur. La plupart de nos lecteurs ont probablement vu l'expérience du *briquet à compression d'air*, qui est, d'ailleurs, décrit et figuré dans tous les Traités de physique. On attache un morceau d'amadou sous le piston d'une petite pompe jouant dans un cylindre de verre, on comprime rapidement, et l'amadou est allumé par la chaleur qui résulte de cette brusque compression.

C'est cette élévation de température que redoutaient les inventeurs

FIG. 49. — INSTALLATION DES BÉLIERS COMPRESSEURS A MODANE (FRANCE) AVEC UNE SURÉLÉVATION ARTIFICIELLE DE L'EAU

A. Réservoir d'eau dans lequel des pompes, logées dans ce même réservoir, élèvent l'eau, pour les dix béliers compresseurs ; — B, Bâtiment contenant le mécanisme des béliers ; — tt, Tubes des béliers compresseurs ;
— R, route de Modane ; — M, Tuyau amenant l'air comprimé dans le tunnel.

et qui avait fait dire à M. Maus : « *que les pompes à piston métallique des-*
tinées à la compression de l'air serviraient à allumer les cigares des
ouvriers ! »

C'est la crainte du même inconvénient qui avait conduit les trois ingénieurs sardes à proposer d'abord leur *bélier compresseur*, où l'eau, par sa
chute alternative, refroidissait périodiquement les parois métalliques.

C'est ce qui plus tard leur fit remplacer les béliers par les pompes à
piston d'eau dont on se servait en 1824, à Paris, pour comprimer le gaz
d'éclairage. L'eau, sans cesse renouvelée, rafraîchissait le cylindre.

Dans le mémoire remis en 1852 au ministère sarde, M. Colladon conseillait
ce genre de pompes, que l'on rafraîchirait en dehors et à l'intérieur par une
injection d'eau. Mais, à cette époque, on s'exagérait tellement la quantité de
chaleur qui serait dégagée par la compression de l'air, que dans un long discours prononcé à la Chambre, par Sommeiller, le 25 juin 1857, ce député
affirma que les pompes à piston métallique seraient d'un usage impossible
pour comprimer de grandes masses d'air. Il disait, en effet : « *que tous ceux*
« *qui s'étaient occupés d'air comprimé avaient fait fausse route ! Il fallait*
« *avoir l'air comprimé, ils ne l'avaient pas. Aujourd'hui l'air comprimé*
« *est trouvé, — il n'est pas trouvé depuis longtemps, — il l'est depuis que*
« *notre machine (le bélier à colonne) marche à la Coscia; ce qui vous*
« *prouve qu'avec de semblables moyens on se rendra promptement maître*
« *du mont Cenis.* »

On sait à quels tristes résultats aboutirent ces promesses concernant les
merveilleux effets qu'espéraient les trois ingénieurs, les ministres, ainsi que
la Chambre, des béliers compresseurs d'air !

M. Colladon, disons-nous, a inventé une disposition d'une inestimable
énergie pour maintenir froid de l'air atmosphérique comprimé à toute vitesse.
Ce moyen, bien simple en apparence, mais dont M. Colladon a eu l'idée et a
fait usage le premier, consiste à injecter continuellement, à l'intérieur des
corps de pompe où s'opère la compression de l'air, *une minime quantité*
d'eau à l'état pulvérulent. L'effet est saisissant. Au moment où cette
poussière d'eau pénètre dans le cylindre, l'air que la compression à 6 ou 10
atmosphères allait élever à la température de + 200 ou + 300 degrés, se
maintient à 10 ou 15 degrés au-dessus de la température de l'atmosphère.

Très peu de mois après l'ouverture du tunnel du mont Cenis, M. Colladon
était nommé Ingénieur Conseil de l'entreprise Louis Favre, pour le percement
du grand tunnel du mont Saint-Gothard. Chargé, par Louis Favre, de faire
établir de puissants compresseurs d'air aux deux extrémités du tunnel, il
appliqua aux compresseurs à construire, une injection d'eau pulvérisée, et

au lieu de 16 oscillations qu'avaient données, au maximum, les pompes à piston d'eau du mont Cenis, il put faire marcher celles des chantiers du mont Saint-Gothard à 150 oscillations utiles, en moyenne, par minute. L'élévation de température de l'air, pendant la compression à 8 atmosphères, n'atteignait pas même celle observée dans les pompes à *piston liquide* utilisées au mont Cenis.

Le volume de l'eau injectée à l'état pulvérulent pour obtenir cet effet refroidissant, n'était que la millième partie du volume de l'air comprimé à chaque coup.

Le refroidissement dans le cylindre même et à l'instant où se fait la compression, a une importance considérable, non pas seulement pour empêcher l'attération des garnitures des pompes et des huiles, mais surtout pour ne pas perdre beaucoup de travail pendant la compression ; car l'air qui s'échauffe devient plus élastique et résiste davantage à la compression. Si cet air était chauffé à + 273 degrés, sa résistance serait doublée et une force motrice de 200 chevaux-vapeur ne produirait pas plus d'air comprimé que 100 chevaux-vapeur, dans les pompes du nouveau système Colladon.

L'eau fraîche pulvérulente est le seul moyen efficace de maintenir une température très limitée dans les pompes comprimant à grande vitesse. Ainsi, du côté sud du tunnel du mont Saint-Gothard, les pistons donnaient jusqu'à deux et trois coups utiles dans une seconde. Il fallait donc qu'un volume d'air de 100 litres environ fût réduit à 12 litres en moins d'une demi-seconde, et qu'il fût refroidi dans le même espace de temps ; l'eau en poussière peut seule réaliser cette rapidité d'effet.

Avec les compresseurs à grande vitesse le coût primitif et le volume occupé par les appareils, sont considérablement réduits.

À même puissance, les compresseurs Colladon, au mont Saint-Gothard, occupaient seize fois moins de place que les pompes à piston liquide établies à Bardonnèche en 1863, et qui y furent conservées, pour servir au renouvellement de l'air dans le tunnel.

Revenons au mont Cenis.

La supériorité des pompes à *piston liquide* sur le système à *bélier*, sautait aux yeux. En premier lieu, les pompes peuvent être mises en action par une chute d'eau de peu de hauteur, qu'on peut trouver partout, et, au besoin, par une machine à vapeur. Ensuite, elles peuvent porter la pression jusqu'au degré que l'on désire ; tandis que le *bélier-compresseur* du mont Cenis ne pouvait la porter qu'à 5 atmosphères. La pompe ne comprime pas, il est vrai, autant d'air par oscillation que le système à colonne en comprime par pulsation ; mais sa marche est plus rapide, les oscillations dans cet appareil étant de 8 par minute, tandis que le nombre des pulsations du *bélier Sommeiller* n'est que de 2 1/2. Le compresseur à pompe est donc notablement supérieur à celui des trois ingénieurs sardes.

Sommeiller fut, d'ailleurs, bientôt obligé de reconnaître les avantages de ce système de compression de l'air, et il se décida à l'établir à Modane. Les pompes *à piston liquide* remplacèrent donc les coûteux appareils que l'on avait installés pour comprimer l'air par une surélévation mécanique de l'eau. Sommeiller finit même par installer ce système à Bardonnèche, malgré la hauteur des chutes d'eau dont on disposait de ce côté.

Le bénéfice de ce changement fut considérable. La direction technique du tunnel, dans son rapport publié en 1863, reconnaît que le volume d'air que l'on pouvait comprimer avec la même puissance hydraulique, était devenu triple, et que, d'autre part, le coût des appareils était d'un tiers moindre (1).

On obtint d'autres avantages essentiels : la marche du travail fut plus régulière, et on ne fut plus limité à une pression de 6 atmosphères, qui était devenue insuffisante. La pression de l'air fut alors portée à 7 atmosphères, au grand bénéfice de la santé des ouvriers et de l'avancement des travaux.

Nous n'avons donné jusqu'ici qu'une idée générale du *bélier compresseur* de MM. Sommeiller, Grandis et Grattoni, ainsi que des pompes *à piston liquide*, qui remplacèrent cet appareil, au tunnel du mont Fréjus. Nous allons maintenant faire connaître d'une manière précise les détails de ces mêmes appareils. Nous mettrons leur résultats utiles en parallèle avec ceux qu'ont donnés les pompes *à piston liquide*, et l'on sera vraiment étonné de la profonde infériorité de ces énormes mécanismes, qui figuraient très bien peut être, au point de vue décoratif et pittoresque, au pied des Alpes, dans la solitude de ces montagnes, mais qui ne produisirent que des dépenses excessives, et n'occasionnèrent que des retards dans l'achèvement du tunnel.

Rien n'est plus propre à fixer les idées que les comparaisons. Nos lecteurs nous sauront gré de leur offrir, dans ce sujet si nouveau et si peu connu, un dessin (fig. 41, p. 137) qui représente à la fois, vus à une même échelle de grandeur, les trois systèmes de compressions d'air qui se sont succédé, en moins de douze années, pour le percement du mont Cenis et celui du mont Saint-Gothard, à savoir : *les béliers; les pompes à piston liquide, et les pompes à piston métallique, avec injection d'eau pulvérisée.* Ils jugeront mieux ainsi des grands progrès qui ont été accomplis et de la supériorité de ce

(1) *Relazione della direzione tecnica*, p. 92, rédigée par Sommeiller, signée par lui et ses deux collègues.

troisième système, comme puissance, économie de coût et de place, et rapidité d'action.

Le dessin n° I (fig. 41) représente un des vingt béliers que MM. Sommeiller, Grandis et Grattoni avaient établis, en 1860 et 1861, à Bardonnèche et à Modane.

R, est un vaste réservoir supérieur, placé à 26 mètres au-dessus du sol, soutenu, à cette élévation, par douze colonnes creuses en fonte, dix servant aux béliers et deux à l'arrivée de l'eau motrice et au départ du trop-plein.

M, est la colonne descendante du bélier ; NN', sa partie horizontale. L, une sortie pour l'eau après la compression ; P, la chambre où l'eau du bélier comprime l'air. L'action du bélier doit être alternative et régularisée en trois temps successifs par le jeu des trois grandes soupapes, A, B, C. Quand la soupape A ouvre, ou ferme le passage de l'eau entre M et N, la soupape B ferme, ou ouvre un passage de sortie pour la vidange de l'eau après qu'elle a produit son action. C, est une troisième soupape qui s'ouvre au moment où l'air contenu dans la partie P est arrivé au degré de compression voulu.

Ces trois temps doivent se succéder lentement, avec une extrême régularité ; sans cela il arriverait des désordres et des ruptures. C'est ce qui complique beaucoup la construction du bélier.

MM. Sommeiller, Grandis et Grattoni, se sont servis de la construction suivante pour arriver à cette régularisation : S est un petit cylindre à piston moteur, actionné par l'air comprimé. Ce moteur fait tourner le volant D et la poulie E, reliée à la poulie E' par une courroie de transmission, ZZ'. Cette poulie, E', a un pignon denté F, qui engrène avec elle.

C'est cette roue E qui commande le jeu alternatif des deux soupapes A et B, en faisant monter ou descendre, par des cames, les extrémités des leviers K, K' et I, I', qui ouvrent et ferment les soupapes A et B. Quand K' descend, la soupape B de vidange est fermée, et quand I' descend, la soupape A ouvre le passage à l'eau du bélier de la colonne M.

Cette eau se précipite par son poids, chasse en avant l'eau de la partie horizontale N, qui remonte dans la partie verticale P, et y comprime l'air. Quand la compression est suffisante, elle soulève la valve, ou soupape C, et l'air comprimé est chassé dans les tubes, ou réservoirs d'air X.

Bien des fois avant que tous les détails d'exécution eussent été convenablement arrangés, de graves accidents sont survenus, brisant les énormes colonnes de fer et lançant dans l'air de véritables trombes d'eau.

Ces béliers comprimèrent beaucoup moins d'air que les inventeurs ne l'avaient admis en théorie, parce qu'il fut impossible de les faire marcher plus vite que deux à deux coups et demi utiles par minute. La sécurité des ouvriers et des appareils ne permettait pas une allure plus rapide.

En outre, la compression ne pouvait dépasser 5 atmosphères ; ce qui n'était pas suffisant à une certaine profondeur dans le tunnel. Les machines perforatrices marchaient mal et l'aération était insuffisante.

Les trois ingénieurs sardes, comme nous l'avons dit, durent forcément renoncer à ces béliers, qui d'après le texte de la loi du 29 juin 1857, devaient servir, exclusivement à toute autre machine comprimante, à l'excavation du tunnel.

Encore préoccupés de lutter contre le dégagement de chaleur que produit la compression de l'air, ils adoptèrent un système de pompes *à piston liquide*, analogue à l'engin employé à Paris en 1824, par la Compagnie du gaz comprimé portatif. Ils firent construire, sur chaque versant de la montagne, sept roues à augets, et à chacune de ces roues ils associèrent quatre pompes *à piston liquide*, les deux d'un même côté de la roue formant un groupe compresseur à deux corps de pompe.

Le dessin n° II de la même figure 41, représente un de ces groupes. K est la roue hydraulique à augets, en fonte, transmettant un mouvement de va-et-vient à deux pistons métalliques, M et N, contenus dans les deux corps de pompes cylindriques horizontaux, AA' et BB'. Chacun de ces cylindres communique, par l'une de ses extrémités, avec un appendice vertical, ou colonne, GG'', HH'', de même diamètre que les cylindres, et qui était haute de 5 mètres à Modane et de 4 à Bardonnèche.

Ces colonnes sont remplies d'eau dans les trois quarts de leur hauteur, lorsque les pompes sont au repos. La partie supérieure, G' G'' et H' H'', de ces colonnes, contient une soupape, R ou R', pour l'aspiration de l'air et une soupape, S ou S', pour sa sortie après la compression.

L'eau qui remplit en partie ces colonnes verticales, monte ou descend alternativement quand les pistons M et N sont mis en jeu, et elle fait fonction d'un *piston liquide*, qui tantôt aspire l'air atmosphérique et tantôt le comprime et le refoule, en soulevant la soupape S, dans une chambre d'air supérieure X et X', d'où il se rend, par X'', dans les conduites du tunnel.

L'ensemble d'une roue à augets avec ses quatre corps de pompe, coûtait un tiers de moins qu'un seul bélier, et d'après l'aveu que les trois ingénieurs ont dû publier dans leur rapport officiel d'avril 1863 (*Relazione della direzione tecnica*), cet ensemble fournissait trois fois plus d'air comprimé que le bélier, auquel on ne pouvait demander plus de deux coups et demi utiles par minute, tandis qu'on en obtenait huit de chaque pompe, ou seize d'un des couples.

FIGURE 44

TABLEAU COMPARATIF

DES DIMENSIONS ET DES RÉSULTATS PRATIQUES ET EFFECTIFS

DES APPAREILS DE COMPRESSION D'AIR

EMPLOYÉS AU TUNNEL DU MONT CENIS

ET AU TUNNEL DU MONT SAINT-GOTHARD

Dessin Nº I

BÉLIER COMPRESSEUR

DE MM. SOMMEILLER, GRANDIS ET GRATTONI

(1861)

RÉSULTATS PRATIQUES OBTENUS :

Un bélier compresseur donne :
270 litres d'air par minute, sous la pression de 5 atmosphères effectives.
Vitesse maxima 2 à 2 1/2 révolutions par minute.

Dessin Nº II

POMPE DE COMPRESSION A PISTON LIQUIDE EMPLOYÉE AU MONT CENIS

(1863)

RÉSULTATS PRATIQUES OBTENUS :

Deux cylindres compresseurs donnent :
680 litres d'air par minute, à la pression finale de 6 atmosphères effectives.
Vitesse maxima : 8 révolutions par minute (16 coups) pour la course moyenne.

Dessin Nº III

POMPES DE COMPRESSION COLLADON DU MONT SAINT-GOTHARD

(1873)

RÉSULTATS PRATIQUES OBTENUS :

Trois cylindres compresseurs *à injection d'eau pulvérisée*, donnent :
4000 litres d'air par minute sous la pression de 7 atmosphères effectives, à la température
de +15 à +30 degrés centigrades.
Vitesse maxima : 80 tours de l'arbre moteur, ou 160 coups par minute.

NOTA. — Les dessins nºˢ I. II et III sont à l'échelle de 0 mètre,010,

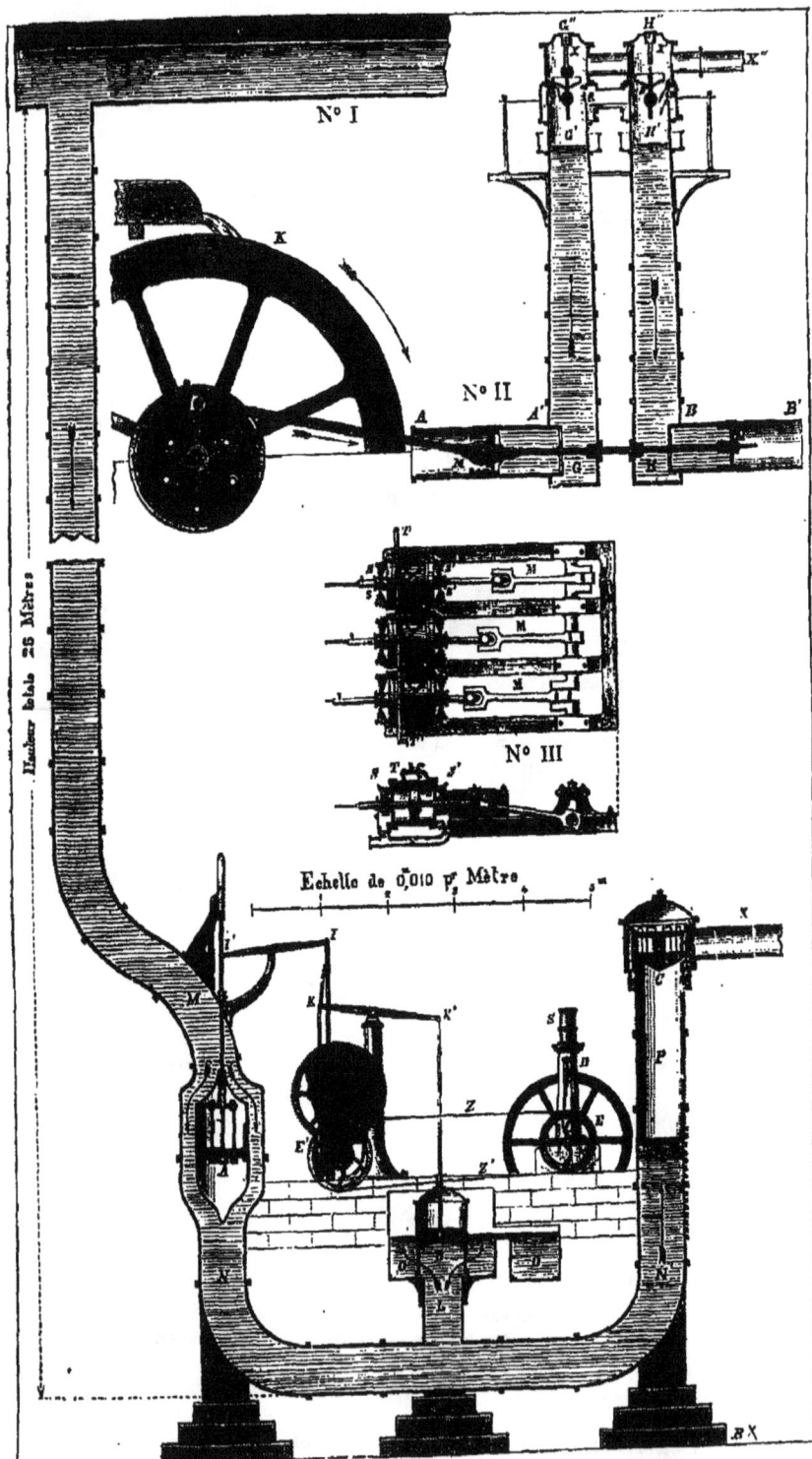

FIG. 41. — LES DEUX SYSTÈMES DE COMPRESSION DE L'AIR EMPLOYÉS AU MONT CENIS (DESSINS Nº I ET II)
COMPARÉS AU SYSTÈME DE COMPRESSION EMPLOYÉ AU MONT SAINT-GOTHARD (DESSIN Nº III)

C'est le maximum de vitesse que l'on ait pu obtenir de ce second système, adopté en 1863, par les trois ingénieurs.

Le pourquoi de cette limite de vitesse peut se comprendre par le seul aspect du dessin n° II (fig. 41.) En effet, à chaque oscillation il fallait faire mouvoir toute la masse d'eau intérieure, pesant environ 1500 kilogrammes. Or, en mécanique, plus un corps est massif ou pesant, plus il faut de temps pour le faire mouvoir.

Pour l'instruction de nos lecteurs sur cette partie si intéressante de l'art des constructions des longs tunnels, nous faisons figurer à côté des dessins n° I et n°° II, un autre dessin, n° III (fig. 41) qui représente, à la même échelle de grandeur, un groupe des nouveaux compresseurs du système Colladon qui ont été adoptés au mont Saint-Gothard, ainsi qu'aux travaux français du tunnel commencé sous la Manche.

Ce groupe contient trois petits cylindres, dont les pistons métalliques donnent chacun 160 coups utiles par minute, comprimant l'air à 7 atmosphères effectives, et cet air comprimé est échauffé à peine à + 25 degrés, grâce à l'idée de M. Colladon de lancer continuellement dans le cylindre une petite quantité d'eau à l'état de poussière (1).

Aujourd'hui ce système tend à être adopté partout.

Le dessin n° III représente les trois petits cylindres horizontaux accouplés sur un même cadre, ou bâti, solidement fixé au sol. Les trois pistons métalliques logés dans ces cylindres, sont mus par une triple manivelle, M M, à laquelle une turbine fait faire 80 révolutions par minute. Chaque piston parcourt 160 fois la longueur d'un cylindre et produit 160 coups utiles pour comprimer l'air, qui entre, aspiré par les soupapes SS', fixées contre chacun des fonds qui ferment les cylindres.

Une autre soupape de refoulement, K, fixée à la partie inférieure de chaque fond des cylindres, laisse sortir l'air comprimé dans le conduit X. Un tube, T, contenant de l'eau froide sous forte pression, porte des ramifications munies de robinets RR. Ces ramifications se terminent à de petits trous, percés dans l'épaisseur du cylindre et munis chacun d'un petit appareil qui pulvérise l'eau à son entrée dans le cylindre. Les robinets, RR, servent à régler à la main la quantité d'eau pulvérisée qui limite l'échauffement de l'air pendant sa compression.

La seule inspection de ces trois dessins, avec les légendes qui les accompagnent, fait comprendre le travail effectif obtenu de chacun des deux systèmes de compression de l'air qui ont été mis en usage successivement, au tunnel du mont Cenis, comparativement à celui du mont Saint-Gothard.

(1) Ce petit volume permet de filtrer l'eau d'injection, pour prévenir l'usure des pistons.

XI

Les travaux du tunnel. — Longueurs percées de 1861 jusqu'à la fin de l'excavation.

On avait commencé, en octobre et en novembre 1857, le percement à la main aux deux extrémités du tunnel projeté. Ces procédés furent supprimés à Bardonnèche, au commencement de janvier 1861. En 38 mois on n'avait avancé que de 725 mètres, soit 63 centimètres, en moyenne, par vingt-quatre heures !

En janvier 1861, on installa les machines perforatrices dans ce chantier : d'abord une, puis deux, un peu plus tard quatre. Toutefois, d'innombrables incidents, diverses défectuosités du système et de la construction des premières perforatrices, et surtout l'inexpérience des ouvriers, rendirent les progrès si lents, qu'à la fin de l'année on n'avait avancé que de 170 mètres, ou 45 centimètres par vingt-quatre heures. C'était encore moins que le travail à la main !

La figure 42 (hors texte) qui donne le plan et la coupe longitudinale du tunnel, avec la hauteur des terrains qui la surmontent, ainsi que l'inclinaison de chacune des deux rampes opposées, met également en évidence l'avancement des travaux pendant les premières années de l'excavation.

En 1862, ainsi que l'indique cette coupe du tunnel, on avança d'un peu plus d'un mètre par jour ; en 1863, de $1^m,16$; en 1865, de 1,70. Enfin en 1870, l'année du plus grand avancement, on progressa, du côté sud, de $1^m,42$ en moyenne par jour, et on atteignit même, pendant quelques jours, un avancement maximum de 3 mètres en vingt-quatre heures.

Du côté nord, le travail manuel a duré deux ans de plus, avec un avancement moyen de 50 centimètres par vingt-quatre heures.

Le travail par les machines perforatrices, commencé vers Modane, en janvier 1863, subit moins de péripéties ; mais la roche, plus résistante, retarda l'achèvement.

Dès le mois de juillet 1863, on eut à percer 381 mètres de quartzites (1). Dans ce terrain, si dur, l'usure rapide des fleurets ralentit beaucoup le travail, et réduisit l'avancement quotidien à 60 centimètres, et même, par moments, à 30, c'est-à-dire au dixième du maximum obtenu du côté sud.

Le quartz franchi, on put progresser plus vite dans la galerie de Modane ; on atteignit, en 1870, un avancement maximum un peu supérieur à 2 mètres par jour.

L'avancement du côté de Bardonnèche, fut :

En 1865, de.	765 mètres.
En 1866, de.	813 —
En 1867, de.	825 —
En 1868, de.	639 —
En 1870, de.	889 —

Du côté de Modane, l'avancement fut :

En 1865, de.	458 mètres.
En 1866, de.	212 —
En 1867, de.	688 —
En 1868, de.	681 —
En 1869, de.	604 —
En 1870, de.	746 —
Total, à Bardonnèche de.	7,080
— à Modane de.	5,153
Ensemble, longueur totale du tunnel. . . .	12,233

Il est résulté de cette différence de vitesse que les deux souterrains excavés ne se sont pas rencontrés au milieu du tunnel, mais à 1000 mètres plus près de l'entrée nord que de l'entrée sud.

La rencontre eut lieu, avec une déviation insignifiante d'un tiers de mètre, le 25 décembre 1870.

L'avancement mécanique s'était accéléré par suite de causes multiples, qu'on peut résumer ainsi: *ouvriers plus nombreux et plus experts; perfectionnements apportés aux machines perforatrices et à l'affût; pression et aérage*

---

(1) M. de Sismonda avait annoncé ce banc à peu près à cette distance. Ses prévisions sur la nature et la série des roches qu'on devait rencontrer se sont parfaitement réalisées. Voir un très beau mémoire de M. de Sismonda, intitulé *Nuove osservazione geologiche sulle rocce anthracitefere delle Alpi*, et l'intéressant rapport d'Élie de Beaumont sur *les roches rencontrées entre Modane et Bardonnèche* dans les *Comptes rendus de l'Académie des sciences*, séances des 4 juillet et 18 septembre 1871.

meilleurs par le jeu des pompes à piston liquide ; améliorations apportées aux fleurets et réduction des dimensions de la galerie d'avancement.

Les affûts qui, la première année, ne pouvaient recevoir que quatre perforatrices, purent en avoir jusqu'à huit. On en installa d'autres en arrière, pour élargir le petit souterrain ; mais le nombre moyen de celles en activité, de chaque côté du tunnel, n'a pas dépassé quinze.

Les réparations étaient si fréquentes dans un travail actif, qu'il fallait un stock de soixante perforatrices, pour en tenir habituellement douze en fonctionnement (1), et que, pour ce même nombre, il fallait une provision de trois à quatre mille fleurets de diverses formes, longueurs et diamètres.

La dimension de la tête de ces fleurets a varié de 35 à 45 millimètres ; en outre, on en employait pour des trous centraux du diamètre de 120 millimètres.

Les machines perforatrices, lorsque la pression devint convenable, frappaient environ 200 à 250 coups par minute.

Dans les quartzites et les roches dures, on employait, pour commencer les trous, des fleurets de 4 centimètres à la tête ; on continuait ensuite avec des fleurets ayant seulement 3 1/2 et 3 centimètres à la tête.

La dépense d'air était, en moyenne, de 1 litre par coup, sous une tension un peu inférieure à 6 atmosphères effectives.

A 250 coups, le travail aurait pût se restreindre à 4 chevaux (40 hommes) si on eût utilisé la détente ; mais, en réalité, le travail dépensé par une perforatrice Sommeiller était d'environ 8 chevaux, et pour quatorze perforatrices en activité, de 100 à 112 chevaux.

Huit perforatrices montées sur un affût percent, en moyenne, par attaque, dans le calcaire schisteux, 60 à 70 trous d'une profondeur qui varie d'environ 0,75 centimètres à 1 mètre. L'avancement de chaque outil pendant sa marche normale est, dans le calcaire, de 3 à 4 centimètres par minute, mais il y a de très nombreuses causes d'arrêt.

La carrière active d'une perforatrice se limite, en moyenne, à 15 ou 16 attaques et à 125 trous percés à 0m,80 de profondeur moyenne ; après quoi il faut qu'elle passe à l'atelier, pour une réparation complète de plusieurs organes.

Quant à l'usure des fleurets, elle dépend de la qualité plus ou moins dure et plus ou moins accidentée de la roche. Quand celle-ci a des veines plus résistantes, le fleuret se dévie souvent ; quelquefois il s'engage et refuse de

---

(1) Les incidents les plus fréquents viennent des déviations des fleurets ou d'un obstacle à leur rotation qui, entravant le jeu des autres pièces mobiles, produit des ruptures aux engrenages, aux roues à rochet, ou autres petits organes.

revenir en arrière. Dans les divers cas difficiles qui peuvent se présenter,
l'intelligence, l'adresse et l'expérience acquise par l'ouvrier, ont une
influence considérable pour la bonne marche du ciseau et la conservation
de l'appareil perforateur. Les ouvriers intelligents prévoient les incidents, et
empêchent qu'ils n'amènent la détérioration de l'appareil. Lorsqu'un affût
porte 7 ou 8 perforatrices, les postes ou équipes sont, en général, de 36 à
40 hommes.

La dépense d'eau était de 40 à 50 litres par trou.

La petite galerie d'avancement excavée par les machines perforatrices, avait
2^m,40 de hauteur et la même largeur ; le front de taille 5 3/4 mètres carrés.
Cette surface était criblée d'environ 60 à 80 trous, profonds de 0^m,80 à
1 mètre, dont quelques-uns, réunis autour du centre, avaient un plus gros
diamètre.

Le diamètre des trous variait de 3 à 4 centimètres, la charge de poudre
était de trois quarts de kilogramme, mais cette poudre était préalablement
comprimée d'un tiers de son volume.

Pendant le déblai, un revêtement en barres de fer protégeait les ouvriers
contre les éboulements. En arrière, d'autres perforatrices agrandissaient la
galerie d'avancement, et donnaient 3^m,60 de hauteur et autant de largeur.
On boisait alors solidement le plafond, avec des madriers.

De cette galerie élargie partaient quelques larges cheminées verticales,
qui permettaient de s'élever jusqu'à la hauteur de voûte de la grande section. On excavait cette voûte et on la revêtait de maçonneries en pierres
taillées, prises en dehors du tunnel. On élevait les pieds-droits ; en même
temps, au centre du radier on préparait un canal en maçonnerie de 1 mètre
carré de section intérieure. C'est là que se logeaient des tubes pour l'eau.
l'air comprimé et le gaz d'éclairage.

M. Borelli s'en est aussi servi, conformément au conseil donné en 1863
par le professeur Devillez, pour accroître l'aérage du côté de Modane,
d'un aspirateur à cloches, fourni par l'usine de Séraing, et installé à côté de l'entrée nord du tunnel. L'autre souterrain, celui de Bardonnèche, avait été muni, par M. Copello, d'un aspirateur à force centrifuge.
pour dégager la fumée de la partie élevée de la voûte, dans la grande section.
où s'achevait le revêtement de maçonnerie.

L'air comprimé qui actionnait les fleurets, était envoyé par une conduite
de fonte posée le long de la galerie, au plafond de la voûte. Les tubes flexibles
qui amenaient l'air comprimé aux fleurets des ouvriers, se raccordaient à ces
tuyaux.

Quant aux appareils qui comprimaient l'air, on a vu par l'historique qui précède, qu'ils furent de deux sortes. Depuis l'ouverture des travaux mécaniques à Bardonnèche, en 1861, jusqu'en 1863, les *béliers compresseurs* de Sommeiller, Grandis et Grattoni, furent les appareils servant à emmagasiner l'air comprimé. Les mauvais résultats qu'ils donnèrent amenèrent leur suppression, d'abord à Modane dès 1861, ensuite à Bardonnèche en 1863. On les remplaça, comme il a été dit, par des pompes de compression *à piston liquide*.

Seulement, à Bardonnèche, on conserva pendant un certain temps les *béliers compresseurs* pour le seul objet de l'aération du tunnel.

Nous représenterons, dans la figure 43, les *béliers compresseurs* de Sommeiller, Grandis et Grattoni employés à Bardonnèche pour comprimer l'air dans des réservoirs de tôle. Les longues colonnes descendantes des béliers sont à l'extérieur. On ne voit à l'intérieur que les plus courtes branches des béliers. Dix gros cylindres de tôle, renforcée par des cercles de fer, emmagasinent l'air comprimé. Les tuyaux qui vont porter l'air comprimé à l'intérieur du tunnel, pour la purification de son atmosphère, s'ajustent sur ces cylindres.

Fig. 42. — COUPE ET PLAN DU TUNNEL DU MONT CENIS

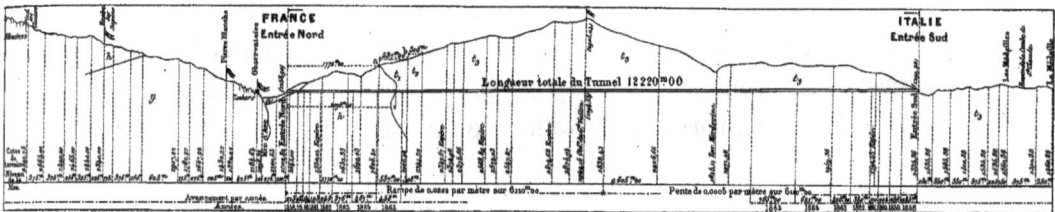

COUPE EN LONG DU TUNNEL ET DE LA MONTAGNE QU'IL TRAVERSE

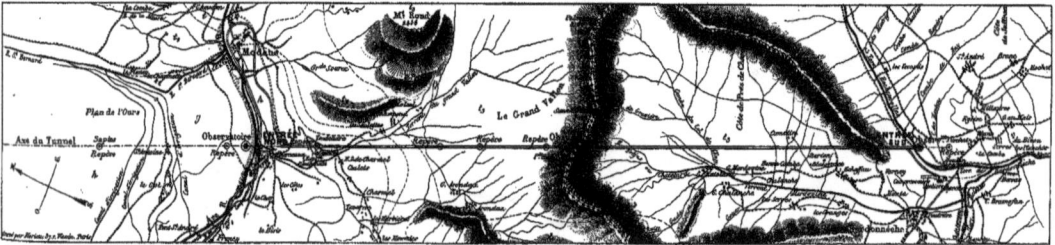

PLAN DU TUNNEL ET DE SES APPROCHES

Fig. 43. — VUE INTÉRIEURE DU BATIMENT CONTENANT, A BARDONNÈCHE, LA PARTIE INFÉRIEURE DES BÉLIERS, ET LES RÉSERVOIRS D'AIR COMPRIMÉ, AVANT LEUR SUPPRESSION EN 1863

t, t, t, Longues colonnes extérieures et descendantes des béliers compresseurs. — P, P, P, Branche la plus courte de ces béliers, dans laquelle l'air est comprimé. — Q, Q, Q, Tuyau de sortie de l'air comprimé qui le conduit dans les grands réservoirs Z, Z. — M, M, M, Tuyau par lequel l'air comprimé sort des réservoirs, Z, pour se rendre dans le tunnel.

XII

Description de l'ensemble du travail d'excavation du tunnel. — Les machines perforatrices. — L'explosion des mines. — L'air comprimé servant à l'aération de la galerie. — Le déblayement des débris. — Le revêtement de la galerie en maçonnerie. — La pose des rails.

Nous donnerons maintenant une description méthodique des différentes opérations dont se composait l'œuvre générale de l'excavation des roches et de l'achèvement du tunnel du mont Fréjus. La série des opérations comprenait :

1° Le percement des trous de mine ;

2° La charge de poudre ;

3° L'explosion ;

4° L'enlèvement des débris ;

5° L'élargissement de l'excavation et son revêtement en maçonnerie ;

6° La pose des rails.

Beaucoup de personnes supposent que le travail d'excavation était opéré, au mont Cenis, par de puissants outils, qui défonçaient la roche, et pratiquaient eux-mêmes la percée. Il n'en est rien ; c'est la poudre seule qui a ouvert ce couloir gigantesque à travers les profondeurs de la montagne, et la poudre de guerre, qui donne moins de fumée que la poudre de mine.

La mine a donc été employée ici, comme partout, avec cette différence capitale, qui, à elle seule, constitue, il est vrai, une révolution complète dans l'art du mineur, qu'au lieu de forer les trous à la main, procédé trop lent, on les a creusés avec des perforatrices mécaniques. La machine de Germain Sommeiller fore un trou dix fois plus vite que le mineur le plus exercé.

Si la poudre a été le marteau puissant qui a broyé la roche et ouvert le passage, la machine perforatrice à air comprimé a été l'âme du percement des Alpes. Cette machine, dérivée, ainsi que nous l'avons dit, du perforateur de l'Anglais Bartlett, modifié par Germain Sommeiller, consiste en un fleuret résistant emmanché à un piston que l'air comprimé fait fonctionner. L'outil, entraîné par un mécanisme très ingénieux, et qui fut, d'ailleurs, perfectionné chaque année, par les soins de M. Carbillet, ingénieur-mécanicien du tunnel, était rendu docile au point d'avancer au fur et à mesure des besoins, et de tourner sur lui-même de petites quantités, comme dans la machine Bartlett, pour ne pas s'engager dans le trou de mine et faciliter le départ des morceaux broyés. On créa

Fig. 44. — ENTRÉE DU TUNNEL, DU COTÉ DE MODANE (FRANCE)

ainsi un mineur mécanique infatigable, d'une activité et d'une habileté prodigieuses.

Les mouvements divers des organes de l'outil perforateur sont assez compliqués. Il a fallu combiner trois mouvements automatiques, pour imiter le travail de l'homme : la percussion, — la rotation du burin, — l'avancement, à mesure que le trou s'approfondit. Voici comment ces divers effets sont réalisés dans la perforatrice de Germain Sommeiller.

Le coup est donné par un piston qui porte la barre à mine, et se meut dans un corps de pompe, à peu de chose près comme dans la perforatrice de Bartlett, dont nous avons donné le dessin (fig. 31, p. 99).

FIG. 45. — ENTRÉE DU TUNNEL, DU COTÉ DE BARDONNÈCHE (ITALIE)

Par les deux mouvements en avant et en arrière, le piston ouvre et ferme tour à tour des orifices qui admettent et laissent échapper l'air comprimé. La section postérieure du piston étant plus grande que la section antérieure, et la pression de l'air étant en raison directe de la surface sur laquelle pèse cet air, il résulte de cette disposition que le mouvement en avant, c'est-à-dire le coup de la barre à mine, est plus puissant que son mouvement de retour. Pour prévenir les chocs trop violents du piston contre les parois de sa prison cylindrique, l'inventeur a eu l'idée de le faire heurter, en avant et en arrière, contre un matelas d'air. Une enveloppe de caoutchouc protège la partie intérieure de cette dernière chambre, ce qui fait que le piston peut accomplir sa course sans ébranler son corps de pompe.

Outre le mouvement rectiligne de va-et-vient, le piston doit tourner sur lui-même à chaque coup, pour imiter le travail du mineur. Ce mouvement, est obtenu par un mécanisme assez compliqué ; il est imprimé par une tige carrée qui plonge à frottement dans le corps du piston, dégaine quand il court en avant et rengaine quand il revient en arrière, semblable à une épée à moitié tirée du fourreau. La tige, l'épée, pour continuer la comparaison, porte une roue pleine, qui en forme la garde. Cette roue est rayée de seize dents sur sa circonférence, et un doigt de fer qui obéit au mouvement d'une autre tige, compte une dent à chaque coup, et fait, par conséquent, tourner le piston perporateur d'un seizième de tour à chaque coup. Cette nouvelle tige reçoit le mouvement d'une seconde machine à air comprimé, mais d'une machine en miniature, qui produit exactement le jeu que la machine à vapeur produisait dans la perforatrice primitive de M. Bartlett. Le bout de la tige, reçoit de l'air comprimé un mouvement rectiligne, que l'on transforme aisément en mouvement circulaire, au moyen d'un excentrique, d'une roue à rochet et de ce doigt de fer.

Telle est la machine perforatrice de Sommeiller qui utilise l'air comprimé pour la perforation, et qui fut considérablement simplifiée par ses successeurs. C'était, nous le répétons, l'outil créé par Thomas Bartlett, mais modifié très heureusement et très avantageusement.

Un détail essentiel, dont l'idée est due à M. Colladon, c'est le mode d'arrosage des trous de mine sans emploi de pompes. On n'aurait pu se servir de l'instrument sans l'intermédiaire de l'eau, qui empêche le fer de s'échauffer, et qui expulse la poussière de la roche, à mesure qu'elle se produit.

L'eau destinée à l'arrosage des trous est contenue dans un *tender*, c'est-à-dire un réservoir métallique posé sur des roues. Le *tender* renfermant l'eau, est mis en communication avec l'air comprimé, et cette eau, violemment projetée, est dirigée, à l'aide de tuyaux, dans chaque trou de mine; pour rafraîchir l'outil et chasser les morceaux broyés.

La figure 46 représente la machine perforatrice en action, avec son équipe d'ouvriers. Huit fleurets opèrent, portés sur leurs affûts. L'air comprimé

FIG. 46. — MACHINE PERFORATRICE EN ACTION AU TUNNEL DU MONT CENIS

est conduit dans des tubes, qui courent le long de la voie, jusqu'au fond de la galerie. Là, ils sont continués par un tuyau en caoutchouc, qui se plie, se replie, et s'allonge à volonté, suivant l'état d'avancement des travaux. Des tubes, de petit diamètre, indépendants les uns des autres, s'échappent du grand conduit générateur, et portent l'air dans diverses parties du tunnel. Bien que le poids du chariot qui supporte les machines soit de 12,000 kilogrammes, ces énormes affûts se meuvent avec facilité.

A Bardonnèche, chaque compresseur, donnant deux coups et demi par minute, produit 270 litres d'air, c'est-à-dire 162,000 litres, dans l'espace d'une heure. En vingt heures, les 10 béliers mis en action arrivent à un total de 3 millions 240,000 litres d'air frais et pur, qui, se déversant dans toutes les parties du tunnel, renouvellent l'air vicié par les lampes, ainsi que par l'explosion des mines, et place les ouvriers dans une atmosphère salubre.

Une seule machine perforatrice peut faire, avons-nous dit, le travail de dix ouvriers mineurs. On la range facilement contre un front d'attaque où pourraient travailler à peine quatre ouvriers. On peut placer quatre de ces machines, portées par un affût commun, contre le fond de la galerie. Un affût supportant huit ou neuf perforatrices, doit être desservi par trente-neuf ouvriers et manœuvres.

En six heures le front de la roche est criblé de 90 à 100 trous, de 80 centimètres de profondeur, de 4 centimètres de diamètre, et d'un trou de dégagement, que l'on pratique au milieu, et qui a 9 centimètres de diamètre. Ce trou n'est pas destiné à recevoir de la poudre, mais seulement à faciliter l'explosion des autres.

Les petits trous sont donc destinés seuls à recevoir la poudre. Le grand trou agit simplement par son vide, qui diminue la résistance de la roche. Quand la mine a joué, ces trous déterminent une excavation, de 70 centimètres de profondeur, de 1 mètre de largeur, et de 40 centimètres, en moyenne, de hauteur.

Six autres machines perforatrices percent, à distance et fort en arrière, des trous vers le plafond, en certains points convenablement choisis. En général, de 5 à 7 heures, suivant la dureté de la roche, on crible la paroi de 70 trous, de 90 centimètres de profondeur.

Le travail terminé, l'affût est retiré, avec tout son cortège d'ouvriers, à 100 mètres de distance, derrière une porte à deux battants mobiles, qui se referme sur eux.

Alors les mineurs proprement dits, les *fuchesti*, comme on les appelle, prennent possession du fond de la galerie. Ils chargent les trous avec des cartouches de poudre préparées d'avance. L'explosion commence par le centre, pour produire une brèche de dégagement, puis elle va du centre à la circonférence, par pelotons de huit trous à la fois.

Un tapage infernal se fait entendre. On croirait que mille marteaux, retombent sur leurs enclumes. Un nuage noir et épais se répand dans la galerie, par suite de l'inflammation de la poudre. Mais bientôt ce nuage de fumée oscille, se déchire peu à peu, et s'évanouit comme un décor de théâtre, pour laisser voir l'extrémité du tunnel.

L'excavation apparaît alors dentelée, toute hachée.

A chaque explosion, les ouvriers mineurs, comme l'ont fait les ouvriers foreurs, se replient derrière une porte, pendant que la tempête de feu et de débris de roche éclate, avec un fracas qui ébranle l'air sur une grande longueur du tunnel.

Un kilogramme de poudre dégage, par sa combustion, d'après la commission sarde, 49 centigrammes de gaz acide carbonique, 10 d'azote et 4 de sulfure de potassium en vapeur ; et il faut, pour rendre inoffensifs ces gaz délétères, 250 mètres cubes d'air pur. Aussi fait-on succéder immédiatement à la tempête de feu une forte émission d'air comprimé. Les trous étant nettoyés et desséchés à l'air comprimé, on lâche les détentes de l'air comprimé, et les robinets étant ouverts, l'air s'échappe du réservoir, chasse les gaz nuisibles et rend à l'atmosphère les conditions de pureté indispensables aux travailleurs.

Le déblayement doit succéder à l'explosion. La mine, en éclatant, a laissé heureusement peu d'ouvrage à faire aux déblayeurs. Elle a broyé la roche en menus blocs, qu'il est facile de charger sur des wagonnets, lesquels les emportent rapidement au dehors.

Le déblayement accompli, on fait avancer de nouveau les machines perforatrices contre le fond de la galerie, et le travail que nous venons de décrire recommence.

La percée se pratique toujours au niveau du sol du tunnel. Cette disposition a été fort critiquée, parce qu'elle condamne les ouvriers à travailler de bas en haut quand il s'agit d'agrandir la voûte ; mais la machine perforatrice peut, de cette manière, avancer toujours sur son chemin de fer, que l'on prolonge contre le fond, après chaque explosion des mines. La galerie d'avancement est l'œuvre capitale, l'agrandissement est la question secondaire. L'essentiel est que la machine poursuive sa trouée et creuse son sillon ; le travail ultérieur l'agrandira toujours à la mesure voulue.

Un vigoureux et constant arrosement des trous forés, est indispensable, avons-nous dit. Il a ces deux précieux avantages : avancer plus vite et conserver les outils. Cet arrosement s'est fait, au mont Cenis, par un procédé faisant partie du brevet de 1852 de M. Colladon. Il consiste à se servir d'un réservoir en forme de chaudière, contenant de l'eau et mis en communication avec l'air comprimé. De ce réservoir, situé à proximité des perforateurs, l'eau arrive jusqu'aux fleurets par des tubes flexibles, et elle est projetée avec force dans les trous en percement. L'air est ensuite projeté seul quand le trou est percé, et il en expulse l'eau et la boue (1).

Telle est, dans son ensemble et ses détails, la méthode de percement qui fut mise en œuvre au mont Cenis.

Le spectacle de ce travail, dans un souterrain à une seule issue lointaine, avait quelque chose de vraiment saisissant. On éprouvait une impression étrange, en voyant s'avancer sur les rails le mécanisme destiné à attaquer la roche, c'est-à-dire le grand chariot portant, à l'arrière, le tender plein d'eau, sous la pression de 5 atmosphères, et à l'avant, le squelette de fer des machines perforatrices, — en entendant le signal du chef de poste des ouvriers, après lequel huit ou dix perforatrices entraient en action — en voyant la barre d'acier mordre la roche avec acharnement, frappant en une minute de 180 à 200 coups — enfin à chaque coup de fleuret, l'air du tender se répandre dans les galeries, en vous fouettant le visage. Dans cette cavité, qui n'avait que $2^m,70$ de large et $2^m,60$ de haut, sous une voûte de 1000 mètres d'épaisseur et à 5 kilomètres de l'entrée du tunnel, on respirait librement. La lumière ne manquait pas, et un sentiment indéfinissable envahissait votre âme, en présence du mouvement, du bruit et de la puissance des machines qui pulvérisaient la roche. On ne pensait plus ni à la voûte surbaissée qui pouvait se refermer sur vous, ni à la masse énorme de la montagne qui pesait sur votre tête. La grandeur du spectacle que l'on avait sous les yeux, écartait l'idée du danger.

Cette assurance semblait, d'ailleurs, peinte sur la figure des ouvriers, qui travaillaient avec une aisance remarquable. Ils jouaient, pour ainsi

---

(1) Extrait du brevet de M. Colladon : *Attestati di privativa*. 1er *septembre* 1855 (p. 9), *troisième partie du procédé :* « Ce tube principal et l'air qu'il contient servent, en troisième lieu, au nettoiement énergique des trous que les fleurets doivent creuser dans la pierre. Dans mon procédé, le nettoiement des débris contenus au fond des trous s'opère à volonté par une injection d'eau ou d'air sec, sans l'emploi d'aucun moteur spécial, ou pompes, au moyen du tube principal qui contient l'air fortement comprimé. »
Et page 11 : « Pour l'injection d'eau, la figure 1 indique l'appareil à employer......... Quand le réservoir K est plein d'eau, on ferme le robinet r' et on ouvre celui R', et la pression de l'air comprimé se transmet à la surface de l'eau. Quand on ouvrira le robinet R'', l'eau du réservoir K s'élancera dans le tube L et sera projetée avec force dans les trous qu'on voudra percer ou nettoyer au moyen de petits tubes d'injection. Lorsque les trous seront percés assez profondément pour permettre l'emploi de la poudre, on pourra les sécher rapidement en fermant le robinet R'' et en insufflant, au moyen du tube a'a, de l'air sec dans ces cavités. »

dire, avec les machines perforatrices. La barre d'acier qui frappait la roche, pour faire tomber la barrière des Alpes, passait entre leurs doigts, comme un jouet d'enfant. Ils se glissaient, légers comme des écureuils, entre les pointes d'acier dirigées contre le front d'attaque. Ils se perchaient sur ce squelette de fer, se renversaient le long de ses bras, et accomplissaient, dans cet espace restreint, d'étonnantes évolutions.

Ce n'est pas que l'on n'ait eu à déplorer aucun accident pendant le cours

FIG. 47. — COUPE VERTICALE D'UNE PARTIE ACHEVÉE DU TUNNEL, AVEC SES DEUX VOIES FERRÉES

de ces longs travaux. Au mois de juin 1871, la voûte du tunnel s'écroula, sur une assez grande longueur, ensevelissant sous les décombres un certain nombre d'ouvriers. Les travaux de déblayement furent entrepris avec autant de promptitude que d'habileté et de dévoûment; mais on retira plusieurs blessés de dessous les débris amoncelés.

La maçonnerie qui recouvre tous les parois du tunnel étant achevée, un dernier travail reste à accomplir : c'est la pose des rails du chemin de fer

Fig. 48. — POSE DE LA VOIE FERRÉE DANS LE TUNNEL

qui doit transporter les trains de voyageurs et de marchandises, quand la ligne sera livrée au trafic, et qui, en attendant cette époque, devra faciliter la suite des travaux.

Nous représentons dans la figure 47 la coupe verticale de la voie ferrée de la galerie, avec celle du tunnel lui-même. On voit en coupe le ballast et la disposition relative des rails.

La voie étant préparée et le ballast établi d'après les us accoutumés, on procède à la pose des rails. (fig. 48).

XIII

Les drames du tunnel. — La *Fiancée de l'Autrichien*. — La vengeance d'un mineur (1).

Dans ce ténébreux séjour de l'activité et du travail, où, pendant dix ans, 1500 à 1800 hommes ont vécu, avec leurs passions, leurs intérêts, leurs fatigues physiques et morales, plus d'un drame a dû se passer, et l'impression doit en rester vivante encore dans les souvenirs de ceux qui en furent les témoins. L'âme humaine est la même en tous lieux. Que le soleil nous éclaire ou que la nuit nous environne, que nous soyons puissants ou misérables, nous sommes tous soumis à l'empire inévitable de la destinée, et du concours d'événements que nous ne sommes les maîtres d'empêcher ni de prévoir.

Telles sont les réflexions philosophiques et morales que je faisais *in petto*, pendant la soirée du jour que j'avais consacré à visiter les travaux du tunnel des Alpes. En compagnie d'un contre-maître, qui avait montré, le matin, beaucoup d'obligeance pour me guider dans ma visite aux chantiers, j'étais entré, après le dîner, dans une sorte de guinguette en plein air, qui existait à Monta, village situé à 2 kilomètres de l'entrée du tunnel, du côté de l'Italie. C'est là que les ouvriers se réunissaient pour prendre leur repas du soir. Quand les wagons de service les avaient amenés hors du tunnel après leur journée de travail, ils se répandaient dans les guinguettes des environs, et particulièrement à Monta.

Nous nous étions assis, le contre-maître et moi, à une petite table, sous une tonnelle enjolivée de chèvrefeuille et de vigne-vierge, lorsque nous vîmes arriver une jeune fille misérablement vêtue, mais dont l'aspect me frappa. Elle parcourait les tables des ouvriers, et s'arrêtait, sans rien dire, devant quelques-unes. Il était rare qu'on ne lui donnât pas un morceau de pain, un fruit, ou quelque vieille baïoque du pape, le seul numéraire que connût alors le bas peuple piémontais. Elle prenait le tout, sans dire un mot, sans remercier, sans que sa physionomie trahît le moindre sentiment ; puis, machinalement, le regard fixe et comme perdu, elle passait à la table suivante. On semblait si bien habitué à la voir, que c'est à peine si on s'apercevait de sa présence, et elle

(1) Le dernier de ces récits a été publié, pour la première fois, par un auteur italien, M. Enea Bignami, dans un volume intitulé *La percée des Alpes*, dont la traduction française, faite par l'auteur lui-même, à paru en 1872. (In-12, Librairie Hachette, pages 261-263).

FIG. 49. — LA SORTIE DES OUVRIERS, APRÈS LA JOURNÉE DE TRAVAIL.

se retira comme elle était venue, du même air inconscient et impassible.

Ce spectacle m'avait assez vivement impressionné, et je ne pus m'empêcher de demander à mon compagnon quelle était cette jeune fille.

« C'est une folle, me répondit Coscoline, — c'est le nom du contre-maître. — On la laisse aller, parce qu'elle ne fait de mal à personne et n'inspire que de la pitié. Elle est de Bardonnèche, on l'appelle Margarita ; mais nous, nous la nommons ordinairement la *Fiancée de l'Autrichien.* »

Ces derniers mots ne firent que redoubler ma curiosité.

« Pourriez-vous, dis-je à Coscoline, m'expliquer comment cette pauvre fille a perdu la raison ?

— Tout le monde ici, répliqua le contre-maître, vous dirait son histoire, car elle a fait assez de bruit dans le pays. Mais, puisque vous le désirez, je suis prêt à vous la raconter. »

Je fis venir une forte tranche de *polenta*, escortée d'un litre de vin de Coni et d'une bouteille de petite bière de Turin, et Coscoline alluma sa pipe, une belle pipe allemande, achetée d'un marchand forain, qui l'avait apportée de Stuttgart.

Je ne fume pas, mas j'ai ma manière de fumer : c'est de regarder fumer les autres. Cela leur fait plaisir et cela ne me donne pas mal au cœur, comme si j'étais partie prenante. Donc, je contemplai avec recueillement la fumée bleuâtre qui s'échappait, en tournoyant, de la pipe de mon interlocuteur, pendant qu'il me racontait la tragique histoire de la *Fiancée de l'Autrichien.*

« Margarita, me dit le contre-maître, n'a pas toujours été la misérable folle que vous venez de voir. C'était une des plus jolies contadines (1), des environs de Bardonnèche, et la plus accorte, la plus gaie des danseuses du petit bal qui se tient ici, l'après-midi de chaque dimanche. C'est même ce qui amena tous ses malheurs.

« Vous avez vu ce matin que chaque lance d'une machine perfora-trice est desservie par deux hommes, dont l'un dirige les coups des fleurets d'acier, pour creuser les trous dans le roc, et l'autre fait jaillir l'eau qui déblaye les trous de mine. A l'une des perforatrices, nous avions deux excellents ouvriers, un Piémontais et un Allemand. Le Piémontais s'appelait Pietro Bamba. C'était un jeune homme vigoureux et infatigable, mais qui se laissait, comme beaucoup de ses compatriotes, emporter par la fougue de sa nature passionnée ; ce qui ne l'empêchait pas, du reste, d'être, à l'occasion, sournois, dissimulé, et comme on dit, en dessous. Quant à l'Al-lemand, il était fort appliqué à son ouvrage, mais il fuyait la société de ses

(1) Paysannes.

camarades, et il n'aimait pas à dire son nom. On avait eu assez de peine à obtenir ses papiers, pour l'inscrire sur les registres du bureau et du contrôle.

« Attachés à la même lance, nos deux mineurs ne se quittaient pas de la journée, et ils ne se séparaient pas davantage le soir, ou le dimanche au bal. C'est ainsi qu'ils connurent tous les deux la petite Margarita, et qu'ils en devinrent amoureux, l'un et l'autre.

« La jeune fille hésitait entre le Piémontais et l'Allemand, qui lui avaient tous les deux demandé sa main ; mais cette situation, n'est-ce pas ? ne pouvait pas durer. Un dimanche, après la danse, le Piémontais, prenant à part la petite contadine, lui dit, avec une certaine brutalité d'accent :

« Il faut, Margarita, que tu te décides enfin entre nous. On m'a dit que tu te disposais à épouser l'Autrichien. Si cela arrive, je te préviens que je tuerai l'Autrichien avant que vous ayez mis les pieds à l'église.

« — Et moi, je te déclare, répondit Margarita, que si tu tuais Wilhelm, je me tuerais sur son corps. »

« La jeune Piémontaise était d'un caractère fier et décidé. La menace de Pietro Bamba, au lieu de changer sa résolution, ne fit que la hâter davantage. De sorte que huit jours après, les noms de Margarita Franchi et de Wilhem Brünner étaient réunis derrière le tableau treillagé de la maison de ville de Bardonnèche, avec le parafe de l'honorable syndic de ce chef-lieu.

« Je ne sais combien de temps, en France, les noms des deux fiancés doivent rester affichés à la mairie, avant la célébration du mariage, mais, en Piémont, il faut trois semaines. Les trois semaines étaient donc écoulées, et tout se préparait pour la noce de notre heureux camarade avec la jolie Piémontaise, lorsque, un matin, il se fit, parmi nous, un grand remue-ménage. Nous vîmes descendre de la station du chemin de fer, qui passe près du tunnel, quatre bersagliers et deux gendarmes royaux. Les quatre bersagliers se placèrent à l'entrée du tunnel, et les deux gendarmes royaux s'engagèrent dans la galerie, en se faisant précéder d'une immense torche de résine. Au bout d'une demi-heure, ils arrivèrent, dans cet équipage, à la machine perforatrice où travaillaient les deux amis, et, s'adressant à celui dont ils avaient le signalement, ils lui demandèrent s'il était bien Wilhem Brünner.

« Sur sa réponse affirmative, ils exhibèrent un mandat d'arrêt émané de l'autorité militaire de Vienne.

« Wilhelm Brünner était un déserteur de l'armée autrichienne. Il était venu se cacher parmi les travailleurs du mont Cenis, espérant, mais à tort, qu'on n'irait pas le chercher dans les entrailles de la terre. C'était en 1859 ; l'Autriche était alors en guerre avec l'Italie, et, d'après les codes militaires de tous les pays, la désertion à l'ennemi est punie de la peine capitale. Le mandat d'arrêt contre le malheureux Allemand, était donc un arrêt de mort.

« Le pauvre jeune homme se laissa emmener sans résistance. Seulement, il jeta, en partant, sur son compagnon de travail, Pietro Bamba, un tel regard de désespoir et de secret reproche, que l'âme du Piémontais dut en être toute remuée. Du reste, son trouble, sa pâleur, l'agitation convulsive de ses traits,

FIG. 50. — MONTA, PRÈS DE BARDONNÈCHE

disaient assez à quel point cette scène remplissait le Piémontais d'anxiété.

« Que vous dirai-je, Monsieur? Deux mois se passèrent, et l'on n'entendait parler de rien. Margarita ne paraissait plus au bal du dimanche, et le Piémontais avait l'air comme fou de désespoir.

« A la fin, il n'y tint plus, et, rongé par les remords, il se rendit à Bardonnèche, où se trouvait la jeune fille, pour obtenir quelques renseignements.

« Margarita habitait, avec sa vieille mère, une pauvre maison des champs, où les deux femmes cultivaient quelques plantes potagères, qu'elles allaient vendre à la ville. Quand Pietro Bamba entra dans la maison, ce qui le frappa d'abord, ce fut la vue de la jeune fille vêtue de noir. Son regard était fixe, et elle paraissait étrangère à tout ce qui se passait autour d'elle. Il lui parla, elle ne répondit pas. Alors, la vieille mère, tirant une lettre d'un vieux bahut de noyer, la remit au jeune homme.

« C'était la lettre d'un mourant. Le pauvre Wilhem l'avait écrite au moment d'aller tomber sous les balles de ses camarades. Il faisait ses adieux à sa fiancée, en lui envoyant une mèche de ses cheveux. Comme la lettre avait été retirée de son uniforme, quand on l'avait relevé sur le champ d'exécution, elle était tachée de sang, et la mèche de cheveux était fixée au papier par ce ciment lugubre. Le pauvre Wilhem avait scellé avec le sang de ses veines, avec son âme et sa vie, ses suprêmes adieux à celle qu'il aimait.

« Pietro Bamba, désespéré, regarda Margarita, qui, retrouvant un éclair de raison, lui jeta à la face ces mots : *Assassin! assassin!*

« Le Piémontais sortit, la tête perdue. C'était bien lui, en effet, qui, ayant lu sur les bans du mariage, le nom et le pays de son rival, avait écrit en Autriche, pour le dénoncer, et l'arracher ainsi à sa fiancée. Savait-il qu'il entraînait, par cette trahison, la mort de son ami? C'est un secret entre Dieu et lui.

« Quoi qu'il en soit, le Piémontais erra toute la nuit, dans la campagne. Des ouvriers de notre chantier qui faisaient un travail extraordinaire, le virent aller et venir jusqu'au jour, comme un être abandonné de Dieu.

« Le matin, pourtant, il rentra au tunnel. Mais il était pâle comme une des vierges de marbre du *Campo Santo* de Pise, et il ne paraissait se rendre compte de rien. Nous le laissâmes passer, avec un sentiment de terreur et de pitié.

« C'est alors, Monsieur, qu'il se passa quelque chose que je n'oublierai jamais, vivrais-je cent ans. L'ouvrier qui avait remplacé à la perforatrice, le pauvre Wilhem, était novice encore. Il ne put s'opposer à l'acte de désespoir qui mit fin aux souffrances du malheureux Pietro. Celui-ci s'approcha de la perforatrice, écarta l'affût d'un coup d'épaule, et se plaça entre les fleurets de la machine et le mur du fond du tunnel, au point même que devaient battre les pointes de l'appareil, pour entamer la roche; puis il donna à son compagnon l'ordre de faire jouer la machine. Aussitôt les fleurets firent leur office. Seulement, au lieu de trouer le roc de leurs coups redoublés, ils trouaient une poitrine d'homme ; au lieu des débris et de la poussière du granit, c'était du sang qui rejaillissait autour des forets d'acier. Et les forets frappaient toujours ! Ils battaient sans cesse le corps du malheureux ouvrier. Ils ne s'arrêtèrent que quand Pietro s'affaissa, dans les dernières convulsions de l'agonie.

« Je vous laisse à penser l'effroi, l'émotion de tous nos camarades, à ce spectacle affreux.

« Voilà, Monsieur, dit le contre-maître, puisque vous teniez à la savoir, l'histoire de la *Fiancée de l'Autrichien.* »

Sa pipe s'était éteinte et il ne songeait pas à la rallumer.

Ce fut moi qui appelai son attention sur ce regrettable incident.

Pendant qu'il remplissait de nouveau sa bienheureuse pipe, je crus le moment propice pour obtenir un nouveau récit. Je procédai, toutefois, par insinuation, et en faisant un appel tacite à l'amour-propre du conteur.

« On m'a fait connaître, lui dis-je, un événement terrible, dont la cause n'a jamais été bien expliquée, et sur laquelle vous seriez peut-être en mesure de me bien renseigner.

— Vous voulez parler de l'explosion de la poudrière. En effet, on est resté quelque temps sans en avoir l'explication, mais, aujourd'hui, je puis vous conter cela de fil en aiguille, comme on dit, car j'ai vu de près l'événement et ce qui l'a occasionné. »

Sur ces paroles Coscoline s'affermit sur sa chaise, et croisant les jambes l'une sur l'autre, il prit à deux mains son pied droit, ce qui est, à ce qu'il paraît, sa manière d'affirmer fortement une proposition.

« Voyez-vous, Monsieur, me dit-il, avec importance, il faut toujours se méfier des femmes qui ont de longs cheveux blonds, avec des yeux très noirs et des sourcils qui se rejoignent.

« — Et pourquoi cela, monsieur Coscoline ?

« — Parce que les femmes qui ont de longs cheveux blonds, des yeux très noirs et des sourcils qui se rejoignent, sont vicieuses, effrontées, et ne causent que des malheurs à ceux qui les fréquentent. C'est parce que Toinetta était faite ainsi que le malheur de la poudrière est arrivé.

« — Et qu'était-ce que Toinetta ?

« — Une très belle fille de 25 ans, une Savoisienne de la vallée de la Maurienne. Mais on la voyait plus souvent au bal ou à la promenade qu'à son atelier, chez la maîtresse blanchisseuse. Curieuse et effrontée, elle avait une assez mauvaise renommée dans la vallée de Modane, comme au val de Suse. Elle avait ensorcelé un de nos camarades, Giovanni, qu'on appelait le

Biellais, parce qu'il était de Biella, en Piémont, et qui travaillait, dans la poudrière, à confectionner des cartouches pour les mineurs. Nous avions beau le chapitrer sur l'inconvenance et le danger d'un pareil attachement, Giovanni n'entendait à rien. Vous savez, Monsieur, que quand l'amour nous tient, tout ce qu'on peut nous opposer pour nous en détourner, ne sert qu'à nous enfoncer un peu plus notre passion dans le cœur. Nous perdîmes donc nos paroles à essayer de combattre la résolution du *Biellais*. Son meilleur ami, le capucin Saint-Ambroise, qui habitait un couvent perché là-bas, sur un mamelon du val de Suse, et qui venait souvent au milieu de nous, quêter pour sa confrérie, ne manquait pas une occasion de déblatérer contre la Savoisienne.

« Le frère Saint-Ambroise aimait à prêcher, et, bien que nous ayons une chapelle et plusieurs desservants au tunnel, quand il venait quêter, il aimait à nous faire quelque pieuse homélie. C'était tantôt pour la fête de saint Marc, patron de Venise, pour celle de saint Janvier, protecteur de Naples, pour l'anniversaire de saint François d'Assises, l'honneur de Bologne, ou pour les dévotions à saint Charles Borromée, qui veille sur le lac Majeur. Il réunissait les ouvriers en plein air, autour de lui, et, monté sur quelque vieil affût de perforatrice, ou sur un wagon de rebut, il nous faisait une édifiante instruction, qui se terminait toujours par quelque sortie furibonde contre les filles de Baal qui perdent les pauvres mineurs. Et, ce disant, il regardait fixément Toinetta.

« Que croyez-vous, Monsieur, que faisait Toinetta, pendant la péroraison du révérend ? Elle se moquait de lui. Elle tournait en dérision ses paroles, ses gestes et son accent piémontais. Vous pensez bien, Monsieur, qu'une fille qui se moque ostensiblement d'un capucin, ne peut pas prétendre à l'estime d'un chacun.

« — Non certes, répliquai-je, avec conviction.

« L'événement le prouva, reprit Coscoline. Sans s'arrêter aux remontrances de ses camarades, sourd aux prières du frère Saint-Ambroise, le *Biellais* offrit à Toinetta une grosse bague d'argent, qui avait été l'anneau de mariage de sa mère, et il épousa la Savoisienne. Mais, à peine mariée, Toinetta reprit sa vie de dissipation, et sa conduite alla de mal en pis. Elle passait du commis des douanes à l'employé de nos bureaux, de celui-ci au menuisier en wagons, et du menuisier en wagons au simple mineur. Bref, sa conduite était un scandale. Le pauvre Giovanni s'en aperçut bien vite, et il en conçut un violent chagrin. Il retira à sa femme la bague d'argent qu'il lui avait donnée le jour des fiançailles. Il remit l'anneau à son doigt et tâcha d'oublier l'infidèle.

FIG. 51. — LE SUICIDE DE PIETRO BAMBA.

« Mais, malgré lui, il y pensait toujours, et ne pouvait s'empêcher de l'aimer encore.

« Le frère Saint-Ambroise lui conseillait d'entrer dans son couvent, pour demander à Dieu la force d'oublier. Malheureusement, il y avait en face de la poudrière où travaillait Giovanni, un petit cabaret, et le cabaretier, Bartolomeo, affirmait à notre ami qu'il n'est rien de tel pour se consoler des amours trahies, que la dive bouteille. Au lieu de suivre le pieux conseil du capucin, le *Biellais* écouta le cabaretier ; de sorte qu'il ne quitta plus la guinguette. On l'y voyait du matin au soir. Quand il avait bu, il était heureux. Il revoyait sa Toinetta séduisante et fidèle ; il faisait des rêves du paradis. Mais, à jeun, il était en proie à des crises affreuses ; il nous effrayait par son exaltation et sa fureur. Vous comprenez bien, Monsieur, que tout cela devait mal finir.

« — Oui, et j'entrevois le dénouement.

« Il fut terrible, Monsieur. Voici comment la chose arriva. Un jour, c'était le 6 novembre 1865, le capucin Saint-Ambroise, qui était sorti pour une quête, passait devant notre poudrière, en se rendant au tunnel. Le petit cabaret de Bartolomeo était, comme je vous l'ai dit, en face de la poudrière. Ce que le frère Saint-Ambroise vit, en passant, le transporta d'une telle fureur, qu'il alla frapper avec violence à la porte de la poudrière. Giovanni, qui était occupé à remplir des cartouches, sortit aussitôt. Le capucin le prit par le bras, et le menant dehors, lui dit seulement : « Regarde ! »

« Et savez-vous ce que vit Giovanni ? Sa femme, sa Toinetta, qu'il aimait toujours, attablée avec un nouvel amant, un jeune ouvrier du val de Suse. Ils avaient même eu l'indignité d'apporter leur petite table près de la poudrière, et là ils buvaient et riaient ensemble, l'un contrefaisant les gestes et imitant l'accent du révérend Saint-Ambroise, l'autre tournant en ridicule la tournure et les traits de Giovanni.

« Et pourtant des tourbillons de neige passaient dans la vallée, et l'ouragan mugissait au loin.

« Giovanni, à ce spectacle, devint pourpre de fureur. Il poussa devant lui le capucin, en lui disant :

« Pars tout de suite, car il va se passer ici quelque chose d'épouvantable. »

« Le capucin ne se le fit pas dire deux fois. Il s'enfuit à toutes jambes.

« Pendant ce temps, Giovanni courait au cabaret de Bartolomeo, y prenait une poignée d'allumettes chimiques — car vous savez qu'il n'y a jamais d'allumettes chimiques, ou autres, dans un magasin à poudre — et rentrait, comme un fou, dans la poudrière.

« Quelques minutes après, on entendait une effroyable explosion : la poudrière sautait. Le malheureux Giovanni avait oublié que d'autres ouvriers travaillaient, en même temps que lui, dans la poudrière, et que, pour tuer son infidèle, il allait faire périr des camarades, bien innocents du mal qu'on lui avait fait. Mais je vous ai dit qu'il était souvent comme fou et que le vin avait fini par lui ôter presque tout sentiment.

« Quoi qu'il en soit, le désastre fut affreux. Dans l'enceinte qui contenait 13,000 kilogrammes de poudre, se trouvaient, en même temps que le *Biellais*, une quinzaine d'ouvriers mineurs. Trois périrent sur le coup. Un autre, affolé de terreur, courut se jeter sur les rails, et fut mis en pièces par un wagon de déblai, qui, en ce moment, sortait du tunnel.

« La destinée, qui est si cruelle quelquefois pour les bons, est souvent bien clémente pour les méchants et les pervers. Pendant que les quatre ouvriers mineurs étaient victimes de la catastrophe, Toinetta et le jeune ouvrier du val de Suse restaient sains et saufs, et s'efforçaient de fuir, à travers la fumée et les décombres. La force de l'explosion avait lancé les cadavres jusqu'à 300 mètres; de sorte que Toinetta, en se retirant, aperçut sortant de dessous la neige, un doigt, et à ce doigt une grosse bague d'argent. Elle s'approcha et reconnut l'anneau que Giovanni lui avait repris. Elle écarta rapidement la neige. C'était bien Giovanni, c'était bien son mari, et du doigt le cadavre semblait désigner et menacer la femme adultère !

« A cette vue, Toinetta, éperdue, s'enfuit à demi folle.

« — Et qu'est devenue, demandai-je, la malheureuse?

« On n'a plus entendu parler d'elle. Le frère Saint-Ambroise affirme l'avoir vue, depuis l'événement, errer plusieurs fois dans la campagne, à l'entrée de la nuit, pâle comme un spectre et les cheveux épars. Elle montait sur la pointe d'un rocher, et regardait les lieux qui furent le théâtre du désastre. D'autres prétendent avoir entendu, la nuit, des cris et des gémissements partir de la maisonnette qu'elle habitait dans la vallée de la Maurienne. Le fait est qu'elle n'a plus reparu.

« Vous voyez donc, Monsieur, ajouta Coscoline, en forme de conclusion, que je n'avais pas tort de vous engager à vous méfier des femmes qui ont de longs cheveux blonds, avec des yeux très noirs et des sourcils qui se rejoignent. »

Pendant que Coscoline achevait son récit, les clients du cabaret s'étaient peu à peu retirés, et nous étions restés seuls, sous notre tonnelle feuillue. Il était une heure du matin, et les étoiles brillaient dans un ciel d'une sérénité admirable. Je me hâtai de regagner ma pauvre auberge de Monta, et sur un de ces mauvais lits dont les hôtelleries italiennes ont le fâcheux monopole, je fus assez longtemps à trouver un sommeil, que troublèrent quelque peu les souvenirs des drames du tunnel.

FIG. 52. — L'EXPLOSION DE LA POUDRIÈRE, LE 6 NOVEMBRE 1865.

XIII

La géologie du tunnel des Alpes.

Le travail de perforation du mont Fréjus donna une occasion brillante aux géologues de montrer la sûreté de leurs vues et d'affirmer la certitude de leurs connaissances. La géologie sut prédire, avec une merveilleuse précision, la nature et l'épaisseur des couches et des roches qu'aurait à traverser le percement projeté.

C'est à Angelo de Sismonda, célèbre professeur de géologie à l'université de Turin, que l'on doit d'avoir parfaitement connu, par avance, les couches que le mineur allait rencontrer, et d'avoir si bien prévu la consistance, la dureté, et l'épaisseur des terrains que l'instrument perforateur devrait entamer, que les ouvriers disaient, entre eux: *Pour les savants les montagnes sont transparentes.*

Pendant toute la durée des travaux, on a tenu un registre exact des roches traversées et de tous les incidents minéralogiques.

Ce travail, suivi jour par jour, sous la haute direction de Sismonda, est trop intéressant, au point de vue géologique, pour que nous passions sous silence ses résultats principaux.

Le massif du mont Fréjus, que traverse le tunnel, est entièrement formé de couches superposées continues, relevées au sud-sud-ouest, d'un angle de 50 degrés avec l'horizon.

Le plan perpendiculaire à ces couches, qui passe par leur ligne d'inclinaison maxima, fait un angle de 49 degrés avec la direction générale de l'axe du tunnel. On déduit de là que l'épaisseur réelle des couches traversées est les 6 dixièmes environ de la longueur d'avancement dans le souterrain.

La perforation aujourd'hui accomplie est l'équivalent d'un vaste trou de sonde qui aurait percé les couches de la montagne, selon une ligne perpendiculaire, longue de 7,000 mètres. On comprendra l'intérêt géologique de ce travail, si on se rappelle que les sondages les plus profonds que l'on ait exécutés en Europe avec des outils rapportant au jour des échantillons des couches traversées, n'atteignent pas 1000 mètres.

La coupe géologique qui résulte de ces observations, équivaut à celle que donnerait une énorme faille, visible, qui aurait une élévation double de celle du mont Blanc au-dessus des vallées environnantes.

Les résultats mis au jour jusqu'en 1871 ont confirmé dans ses principaux détails la coupe *théorique* que M. Sismonda avait tracée pour le gouvernement sarde, vingt-cinq années auparavant.

Il n'y a dans le massif traversé ni plissements ni variations notables d'inclinaison ; les couches inférieures relevées jusqu'au jour disparaissent à Bardonnèche. Les couches supérieures sont donc les premières traversées à Modane.

L'épaisseur totale, comptée perpendiculairement aux plans des couches, et donnant la somme de 7,000 mètres, présente trois zones principales successives, de nature distincte, à savoir :

1° Le terrain anthracifère supérieur ;

2° La grande masse calcaire et gypseuse ,

3° Le calcaire schisteux inférieur.

La première zone se subdivise en deux : le terrain anthracifère proprement dit (1,137 mètres) et les quartzites (220 mètres).

La seconde zone, dite masse calcaire et gypseuse, est épaisse de 500 mètres. Ses couches, liées au quartz, montrent des alternatives de calcaires cristallins, d'anhydrites et de schistes talqueux, mélangés de quartz.

La troisième zone, l'inférieure et la plus épaisse, contient des calcaires schisteux, peu variés, enfermant dans leur pâte une quantité très notable de sable quartzeux, mélangé, et en quelque sorte combiné avec le calcaire. On y rencontre fréquemment des schistes argileux, gris et noirs, et des éléments talqueux analogues aux silicates de magnésie.

L'épaisseur totale de cette dernière zone est de 5,136 mètres.

On n'a rencontré dans la durée du percement ni vide, ni faille, ni même de source véritable. Il fallait puiser à l'intérieur et transporter jusqu'au fond de la mine, l'eau nécessaire pour le service des ouvriers, et des perforatrices et pour l'aiguisage des outils.

FIG. 53. — LES ABORDS DU TUNNEL DANS LA VALLÉE DE BARDONNÈCHE

XIV

Fin des travaux. — Rencontre des deux galeries. — Les fêtes d'inauguration, en septembre 1871.

La loi du 17 août 1857, par laquelle le gouvernement sarde était autorisé à prendre à sa charge les travaux, estimait la dépense à 41,400,000 de francs, dont 14,600,000 pour 36 kilomètres de voie extérieure. La compagnie du chemin de fer Victor-Emmanuel devait y concourir pour 20 millions.

Après la cession à la France de Nice et de la Savoie, la dépense totale fut estimée à 58 millions, le coût du tunnel à 3,000 francs par mètre. La France s'engagea à contribuer pour 19 millions, à dater du 1er janvier 1862. En outre, elle accordait 500,000 francs de prime à l'Italie, pour chaque année entière gagnée sur vingt-cinq ans qu'elle concédait pour l'achèvement, et 600,000 francs, au lieu de 500,000, pour les années économisées au-dessous de quinze.

M. Sommeiller et ses associés, en publiant, en 1863, la *Relazione tecnica*, disaient (p. 80) : « Le chiffre total auquel pourra s'élever le coût final de la galerie, peut maintenant être calculé avec exactitude, et ne surpassera pas 4,000 francs par mètre courant. Ce prix servira de base à la convention française. »

De 1857 à fin 1867, les travaux avaient été poursuivis en régie par l'État. En décembre 1867, le gouvernement italien, par une convention avec MM. Sommeiller et Grattoni, chargea ces deux ingénieurs d'achever le tunnel à forfait. Il restait alors 4,373 mètres à percer, dans une roche de bonne nature, selon les prévisions.

Le gouvernement prêta, sans rétribution, tout le matériel d'exploitation et de construction, à charge d'entretien. Il consentit, de plus, à accorder 4,617 francs par mètre courant, payables selon l'avancement, et à très courts termes. Ce prix laissait, on le voit, un très fort bénéfice.

Les deux ingénieurs devaient livrer le tunnel achevé avant le 1er janvier 1872, sous peine de 1000 francs d'amende par jour de retard. Par contre, ils recevraient 1000 francs de gratification pour chaque jour économisé, et la moitié de la prime de 600,000 francs due par la France pour l'année 1871, si l'exécution était achevée.

C'est le 25 décembre 1870 que les deux galeries, creusées du côté de la France et du côté de l'Italie, se rencontrèrent, après treize années de travail.

Un matin, l'ingénieur français entend un bruit à peine perceptible, mais régulier. Plus de doutes, les mineurs se rapprochent ! Les détonations deviennent distinctes ; on surprend le frottement des perforatrices, puis le grondement de voix confuses.

Enfin, le 25 décembre 1870, la dernière mine ébranle le pan de muraille qui sépare encore les travailleurs, et fait communiquer les deux galeries, dont l'écart atteint à peine 40 *centimètres!*

Mais un événement qui a marqué une date si mémorable dans l'histoire des progrès de l'industrie des chemins de fer, ne doit pas être mentionné en quelques lignes. Nous devons, en conséquence, raconter avec détails les circonstances qui ont accompagné et suivi l'heureuse rencontre des deux galeries d'avancement.

Dans toutes les villes du nord de l'Italie, il fait très froid en hiver ; mais pour la rigueur de la température, aucune ville ne saurait disputer la palme à Turin. J'ai traversé cinq à six fois l'ancienne capitale du Piémont, et toujours je me suis cru transporté dans une petite Sibérie. Donc, le 25 décembre 1870, l'hiver faisait convenablement son office à Turin. Il était cinq heures de l'après-midi, et une neige épaisse et drue ne cessait de tomber, depuis la matinée. La place du Château était recouverte d'un pied de neige, et les statues d'Emmanuel-Philibert et de Charles-Albert, qui ornent cette place, portaient chacune un manteau blanc, d'une respectable épaisseur. Bien que tout en bronze, Emmanuel-Philibert était glacé, et il paraissait éprouver quelque envie de descendre de son palefroi, pour aller se chauffer les pieds au feu de quelque boutique du passage voisin. Mais quand on est statue, la tenue est obligatoire. Emmanuel-Philibert se contentait donc de lancer à son frère de marbre, le roi Charles-Albert, un coup d'œil d'intelligence, qui semblait dire : «Hein, quelle température ! » Et Charles-Albert, paraissait lui répondre : « Ne m'en parlez pas ! On gèle sur ce piédestal. Je « puis à peine tenir mon épée, tant j'ai les doigts raidis. »

Il faisait donc grand froid à Turin, le 25 décembre 1870, lorsqu'une dépêche, ainsi conçue, fut remise à Germain Sommeiller, qui se trouvait en ce moment dans la ville :

« Du fond du tunnel, à l'ingénieur Sommeiller, Turin.
« Il est quatre heures vingt-cinq minutes, et la sonde passe au milieu du dernier

FIG. 54. — ENVIRONS DE BARDONNÈCHE

diaphragme de quatre mètres. Nos voix se répondent de chaque côté. Chacun crie : Vive l'Italie !

     « Venez demain.   GRATTONI. »

Aussitôt, toute l'administration de l'entreprise du percement du tunnel, qui résidait à Turin, est sur pied. Les ordres sont donnés rapidement et tout est disposé pour le départ général, fixé au lendemain, avant le jour.

Le 26, à 4 heures du matin, un train spécial du chemin de fer de Turin à Suse emportait un cortège de voyageurs appartenant à l'administration des travaux, ainsi que diverses notabilités turinoises.

On arriva à dix heures à Suse, où des voitures attendaient les voyageurs, pour les mener à Bardonnèche.

La file des véhicules se mit aussitôt en marche, laissant la vieille Suse endormie sous la neige, et on remonta la vallée de la Doire. A Ouls, on déjeuna, et on arrivait à une heure de l'après-midi, à Bardonnèche, à l'entrée du tunnel.

Grattoni attendait les invités. Sommeiller lui serra la main, ainsi qu'à l'ingénieur Borelli, qui depuis quatorze ans dirigeait les travaux sur le versant italien. Pendant cet intervalle, plusieurs habitants de Bardonnèche, bourgeois ou notables, avaient grossi le cortège.

A deux heures, on se mit en mesure de pénétrer dans le tunnel. Chacun mit par-dessus ses habits le costume réglementaire du mineur : casque en cuir bouilli et blouse de toile ; de sorte qu'il n'y avait plus, dans le cortège, aucun signe apparent de hiérarchie sociale, ni de fonctions. Le directeur général ne se distinguait pas de l'employé, ni l'ingénieur en chef du graisseur de roues. C'était l'égalité des coopérateurs à l'œuvre commune, réunis dans un même sentiment de reconnaissance et de joie.

Dans un premier wagon pavoisé on avait installé des musiciens, avec leurs instruments. Un second wagon avait été envahi par la plèbe ; tandis qu'un wagon plus petit était réservé aux savants et aux notabilités de Turin.

Ces wagons qui s'avançaient triomphalement aux sons d'un joyeux orchestre, étaient traînés par de modestes mules, d'un pas lent et mesuré, à travers le grand tunnel, déjà large de 8 mètres, et pourvu d'une double voie ferrée.

En avançant dans l'intérieur, on sentait s'accroître la chaleur. On ne concevait, toutefois, aucune crainte pour la respiration, car des jets d'air pur étaient lancés, à chaque instant, du tuyau général de distribution d'air comprimé.

On arriva, dans cet équipage, au point où la tranchée n'avait plus que deux mètres de largeur. C'était la partie récemment excavée, voisine du fond de la galerie. Là, il fallut descendre des wagons. Escortés par les mineurs, éclairés par la seule et pâle lueur de leurs lampes, on se dirigea, au milieu de cette étuve obscure, jusqu'à la cloison qui fermait encore la galerie. Cette cloison était seulement percée de l'ouverture d'un mètre carré faite la veille, et qui avait montré l'heureuse et mutuelle rencontre des deux sections italienne et française du souterrain.

C'était un curieux spectacle que celui des ouvriers mineurs, nus jusqu'à la ceinture, tenant chacun à la main sa petite lampe, le visage noir de poudre et les mains terreuses. On croyait voir les gnômes des légendes allemandes du moyen âge, les fantastiques habitants des régions souterraines, éternellement confinés, par un ordre divin, dans ce ténébreux séjour, image des enfers.

A travers l'orifice percé la veille, Italiens et Français échangèrent des poignées de mains et de joyeuses paroles.

On avait voulu donner aux invités et au personnel de l'entreprise le spectacle de la démolition du dernier diaphragme de roches qui séparait encore les deux parties du tunnel. Les trous de mines étaient déjà chargés de poudre, à cette intention ; il ne s'agissait plus que d'y mettre le feu, pour faire tomber le dernier rideau de séparation.

Ce fut un moment solennel que celui où l'on donna le signal d'enflammer les fourneaux. La troupe des invités s'était préalablement enfuie, à tire-d'aile. En d'autres termes, elle s'était repliée, en désordre, à la distance de 400 mètres, et s'était convenablement garée dans les refuges où se retiraient les ouvriers, au moment des explosions.

On attendit là, près d'une demi-heure, intervalle qui parut un siècle à bien des personnes. Enfin l'explosion si attendue retentit. Le bruit en était aussi fort que celui d'une pièce de canon. L'air de la galerie en fut violemment secoué, et toutes les lampes s'éteignirent, pendant qu'un épais nuage de vapeurs sulfureuses et carboniques se répandait partout, rendant l'air peu respirable. Mais les machines perforatrices déversaient des torrents d'air frais ; de sorte que l'atmosphère environnante reprit vite sa pureté.

Il était cinq heures vingt minutes, lorsque, le 26 décembre 1870, tomba cette dernière barrière.

Les ouvriers déblayèrent la brèche, et chacun se hâta de franchir cet espace. Un vent frais, qui venait du côté de la France, envoyait des bouffées de sable à la figure ; car le tunnel, par son degré d'inclinaison, représente, nous l'avons dit, une sorte de cheminée, montant de la France vers l'Italie. Mais on était indifférent à cet accident ; on ne s'occupait que de chercher des amis, qui attendaient également la chute de la dernière barrière. Beaucoup d'habitants de Modane étaient là, et fraternisaient avec ceux de Bardonnèche. On fêtait particulièrement M. Capello, le directeur des travaux sur le versant français.

M. Capello est le premier être vivant qui ait franchi la distance de Modane à Bardonnèche à travers le tunnel.

Un ouvrier italien, porteur d'un bouquet, en fit hommage, au nom de tous,

Fig. 55. — OUVERTURE DU TUNNEL

à l'éminent ingénieur, tandis qu'un ouvrier français offrait également un bouquet à M. Borelli, directeur des travaux sur le versant italien.

Cependant, comme disait le bon roi Henri, en jetant son chien à la rivière, il n'est pas de si bonne compagnie, qui, à la fin, ne se quitte. Il fallut se séparer. Les habitants de Modane reprirent le chemin de la France, et les invités de Turin regagnèrent leurs wagons pavoisés, pour sortir du tunnel.

Revenus à Bardonnèche, les invités retrouvèrent avec bonheur le ciel, l'air et la fraîcheur. Sous ce dernier rapport ils eurent même de quoi se contenter largement, car le thermomètre marquait — 9°.

La nuit était venue. Un banquet de 120 couverts fut offert par le directeur des travaux, à son personnel et à ses invités.

La table était dressée dans une immense salle, dont la décoration était toute industrielle, car les trophées et panoplies se composaient de la réunion, pittoresquement agencée, des outils des ouvriers, dominés par une superbe machine perforatrice, qui brillait, dans son armure de cuivre et d'acier, au-dessous de l'effigie du roi Victor-Emmanuel.

Suivant la tradition italienne, le châtelain du tunnel récita au dessert, un sonnet de sa composition. Puis vinrent les toasts et les discours. M. Amilhau, directeur des chemins de fer de la Haute-Italie, M. Dina, directeur du journal *l'Opinione*, et Grattoni, directeur des travaux du tunnel, prononcèrent chacun une allocution. Ce fut ensuite le tour de Sommeiller, dont les paroles furent pleines de verve et de sentiment.

Il s'adressa d'abord à son collègue, Grattoni :

« Mon ami, lui dit-il, pour l'accomplissement de cette grande œuvre, nos deux individualités associées se sont complétées l'une par l'autre. Voici ma main ; je te demande la tienne. »

On comprend l'émotion qu'éprouvèrent les auditeurs devant ces deux hommes de talent et de cœur se donnant un témoignage public d'affection, après tant de labeurs et de fatigues supportés en commun.

Mais Sommeiller ne put achever son discours. Fléchissant sous le poids de l'émotion qu'il éprouvait, ses forces l'abandonnèrent, et il se laissa aller dans les bras de M. Amilhau.

Sommeiller ne devait pas jouir longtemps de sa gloire. Six mois après, il mourait presque subitement.

Le tunnel ne fut pourtant définitivement achevé qu'en septembre 1871, et livré à l'État le 15 du même mois. La première locomotive franchit le tunnel en août 1871, et, à la suite de cette épreuve, la nouvelle voie souterraine fut acceptée par l'État.

L'inauguration solennelle du tunnel du Fréjus eut lieu le dimanche, 17 septembre 1871.

Peu d'invitations avaient été adressées aux savants étrangers. On avait voulu que la fête fût tout italienne ; sans doute pour faire mieux pénétrer dans les esprits cette idée que le travail du percement des Alpes est une œuvre exclusivement nationale. Mais rien ne prévaut contre les faits. Sans un ingénieur savoisien (Sommeiller), sans un ingénieur belge (H. Maus), un ingénieur suisse (M. Colladon), un ingénieur anglais (M. Bartlett), le tunnel des Alpes appartiendrait encore au pays des projets et des rêves.

Nous donnerons quelques détails sur les fêtes qui eurent lieu à Turin, à l'occasion de l'inauguration du premier tunnel des Alpes.

C'est, avons-nous dit, le 17 septembre 1871 qu'eut lieu l'inaugu-

Fig. 56. — LE PREMIER TRAIN FRANCHISSANT LE TUNNEL (AOUT 1871)

ration du souterrain, bien que la ligne de raccordement de Saint-Michel à Modane ne fût pas encore terminée.

Le ministre italien, avec les ingénieurs et les invités, partait de Turin, à 6 heures du matin. A 9 heures 40 minutes, le train officiel, après avoir parcouru le nouveau tronçon de Bussoleno à Bardonnèche, pénétrait dans le tunnel. Vingt-cinq minutes après, il sortait par l'autre extrémité, et descendait la rampe de Modane, pour s'arrêter sur le territoire français, et prendre là les invités. A la station se trouvaient M. Victor Lefranc, ministre du commerce et de l'agriculture, les autorités du département, quelques ingénieurs français, avec un grand nombre de représentants de la presse et de l'industrie de l'Italie.

On monta dans le train à midi précis, la locomotive s'ébranla, et il fallut gravir ce long lacet courbe qui enserre Modane, avec une pente de deux centimètres par mètre, et contourne ensuite la montagne jusqu'à l'embouchure du tunnel.

Le train pénètre sous la voûte, et au coup de sifflet réglementaire, les wagons s'enfoncent dans la montagne. L'obscurité se fait ; on ne voit déjà plus l'ouverture, car la fumée et la vapeur de la locomotive la cachent aux yeux.

La première impression que l'on ressent, est une sensation de fraîcheur, jointe à une espèce d'odeur de catacombes. On ferme les fenêtres, pour s'en préserver. Au bout de quelques minutes, on aperçoit comme une lueur rougeâtre : c'est un des becs de gaz qui jouent le rôle de bornes kilométriques. A mi-chemin, la chaleur devient telle que l'on éprouve quelque peine à respirer : on ouvre alors les fenêtres, et grâce au courant d'air qui règne au dehors, l'atmosphère devient tolérable. Bientôt, la marche du train s'accélère, les becs de gaz, servant de bornes kilométriques, se succèdent avec plus de rapidité. Après le douzième, ils sont remplacés par la lumière du jour, qui inonde le convoi de ses blanches clartés. L'orifice apparaît : on est à Bardonnèche ! Chacun tire sa montre, et constate que la traversée a duré quarante-deux minutes, soit le double à peu près du temps qu'a mis le train à venir en sens inverse ; c'est la conséquence de la différence de niveau qui existe entre les deux entrées nord et sud du souterrain.

Il faut avoir présente à l'esprit cette différence de niveau, pour s'expliquer que l'aération du tunnel soit constamment assurée dans les meilleures conditions hygiéniques.

Cette question de l'aération du tunnel préoccupait singulièrement, il faut le dire, les ingénieurs, au début de l'exploitation ; et pendant l'inauguration, elle était l'objet particulier des craintes de beaucoup d'invités. Si l'on allait étouffer sous terre, à plus de 1000 mètres de profondeur ! On avait tant de fois répété que la ventilation ne se ferait pas, et que la fumée rendrait l'air irrespirable ! Aujourd'hui, on est pleinement rassuré. Il n'y a plus guère

Fig. 56. — ARRIVÉE A MODANE DE LA LOCOMOTIVE AMENANT LES INVITÉS DU GOUVERNEMENT ITALIEN, (17 SEPTEMBRE 1871.)

que les pessimistes et les hypocondriaques qui redoutent que l'atmosphère du tunnel ne soit pas respirable. Ils s'évertuent à chercher toutes les combinaisons possibles de ventilation, quand le problème est résolu d'une manière absolument suffisante.

Il faut considérer, en effet, qu'il ne s'agit plus ici d'un tunnel ordinaire, où les deux extrémités sont sensiblement de niveau. Le tunnel du mont Fréjus constitue une vaste et longue cheminée, s'élevant de France en Italie, dans laquelle s'effectue un tirage naturel, très appréciable. Les gaz et la vapeur d'eau de la locomotive montent dans cette sorte de cheminée, et chaque train qui passe, faisant piston, chasse encore la vapeur, tout en renouvelant l'air. Le courant s'établirait nettement de France en Italie, si des circonstances particulières n'y mettaient quelquefois obstacle ; mais, de même qu'en été, nos cheminées d'appartement tirent souvent de haut en bas, au lieu de tirer de bas en haut, parce que l'air est plus chaud au dehors que dans la pièce, de même le tunnel tire aussi exceptionnellement d'Italie en France, quand la température s'élève notablement plus sur le versant français que sur le versant italien. Alors la fumée et la vapeur sortent en France, au lieu de s'écouler par l'ouverture italienne, comme à l'ordinaire.

En somme, le tirage naturel est suffisant pour expulser de la galerie les produits de la combustion. Si le trafic devenait trop chargé, et si la vapeur gênait trop le service des ouvriers, à l'intérieur de la galerie, il suffirait, sans avoir recours à une injection d'air par un procédé mécanique, d'installer le long du souterrain quelques portes d'appel, comme on l'a déjà fait ailleurs avec plein succès.

Quand le train officiel s'arrêta à Bardonnèche, le canon retentissait, et les fanfares des musiques militaires italiennes s'étaient jointes aux salves d'artillerie, pour fêter le grand événement de la percée des Alpes. Une affluence énorme de population ondulait sur les collines qui longent la voie. Les vivats remplissaient l'air ; les bras s'agitaient ; les drapeaux français et italiens s'enroulaient et se déroulaient ensemble, sous les caresses de la brise. La montagne qui domine ce site, désormais historique, se dressait, superbe, au-dessus de cette vague humaine. Le spectacle était splendide !

A quelques centaines de mètres de l'entrée de la galerie, les déblais de roches arrachés par la poudre, et accumulés depuis treize ans hors du souterrain, avaient fini par composer un énorme plateau, de plus de 25 mètres de hauteur. C'est sur cette colline artificielle qu'on eut la bonne idée d'installer la tente du banquet.

L'effet était, d'ailleurs, des plus curieux. Au-dessus de la colline factice, résultant de l'accumulation des pierres extraites du tunnel, s'élevait une vaste tente, large, aérée, où étaient installées deux tables, disposées pour recevoir douze cents convives. Les ornements consistaient dans des faisceaux de drapeaux aux couleurs des deux pays, et dans des attributs de corps de métiers, qui tenaient lieu d'écussons. Notons encore, pour être exact, un portrait du roi Victor-Emmanuel et deux figures allégoriques représentant la France et l'Italie, qui eurent le privilège d'égayer les convives, comme l'eût fait un tableau de feu Manet. Mais, en revanche, quel décor imposant que celui du fond de la salle ! Ce décor, c'étaient les Alpes mêmes, qui se déroulaient à travers une large ouverture, les Alpes telles qu'elles sont sorties de la main de ce Maître-peintre qui en sait un peu plus que nos barbouilleurs réalistes.

Il n'y a pas de bonne inauguration sans discours. Sous ce rapport, le banquet de Bardonnèche ne laissa rien à désirer. Discours de M. Visconti-Venosta, de M. Victor Lefranc, de M. Cérésole, du ministre Sella ; puis de MM. Amilhau et marquis de Rosa : le premier, président, le second, directeur de la Compagnie des chemins de fer de la Haute-Italie ; discours de M. de Lesseps, enfin discours de M. Grattoni, le collaborateur et le successeur de Sommeiller dans la direction des travaux du tunnel.

L'allocution de M. Victor Lefranc fut particulièrement remarquée.

C'est que notre ministre avait eu le bon goût et l'équité de relever l'omission, commise dans les discours que nous venons de rappeler, des noms des ingénieurs étrangers à l'Italie qui ont si puissamment contribué au succès de l'entreprise du premier tunnel des Alpes. M. Victor Lefranc revendiqua pour le Savoisien Joseph Médail, l'honneur d'avoir le premier étudié et résolu le problème du lieu précis où les Alpes étaient accessibles à une galerie souterraine. Il parla de M. Maus, l'ingénieur belge qui a consacré tant d'années à l'étude pratique du tunnel projeté ; de M. Daniel Colladon, qui a proposé le premier d'employer l'air comprimé comme force motrice et comme moyen d'aération des galeries ; de M. Bartlett, qui a créé la machine perforatrice sur laquelle ont été calquées toutes celles qui ont suivi. Le ministre français fut bien inspiré en rappelant à la reconnaissance de l'Italie les noms de tous ces savants (1).

(1) En ce qui concerne M. Colladon, le gouvernement sarde lui à rendu une justice tardive, mais que nous sommes heureux de constater.

En 1871, un ministre sarde, bien informé, M. Sella, président du conseil, voulant réparer une grande injustice, écrivit la lettre suivante, à M. Colladon :

A Monsieur Daniel Colladon, à Genvèe.

Rome, 30 novembre 1871.

Très honoré Monsieur,

« Le percement du Fréjus est maintenant un fait heureusement accompli. Le gouvernement « italien ne peut faire moins que de s'empresser de montrer sa reconnaissance a ceux qui ont « facilité cette entreprise colossale, par leur génie et leurs études.

FIG. 58. — ARRIVÉE A BARDONNÈCHE DU TRAIN DES INVITÉS

M. Grattoni remercia tous les Italiens et les étrangers d'être venus assister à la cérémonie.

Le banquet terminé, on part, au bruit des pétards et des boîtes d'artifice, pour tomber à Turin en pleine illumination. La gare, le cours des Platanes, la rue du Pô, la rue Neuve, les places Saint-Charles et du Château, resplendissent de feux. Une foule immense se promène au milieu de ce spectacle féerique, dernier épisode de cette belle journée.

Toute la ville ruisselait de lumière. Les édifices et les statues se profilaient sur le fond éclatant et harmonieux des flammes de Bengale. La place Saint-Charles offrait un coup d'œil éblouissant ; les bâtiments de la gare rayonnaient de la base au faîte ; la façade de la gare était resplendissante d'éclat. Sur le fronton se détachait un immense transparent, représentant la France et l'Italie se donnant la main, par-dessus la nouvelle voie.

Le cours des Platanes (*Via del Re*), avait été transformé en *tunnel des Alpes*, et cent mille feux retraçaient l'étincelante silhouette de l'entrée du souterrain du mont Fréjus. Partout des gerbes de lumière, des lustres, des lampions, des verres et des lanternes, aux trois couleurs.

Le lendemain, à deux heures, ouverture du musée industriel. A six heures, dîner de gala, offert par la ville de Turin, dans le magnifique salon de marbre du nouveau palais Carignan, un des chefs-d'œuvre de l'architecture moderne. Dans ce magnifique palais, une galerie circulaire, en marbre blanc, régnant à 40 mètres au-dessus du sol, contenait, appuyée à ses balcons, la seconde série d'invités et d'invitées.

Le soir, à neuf heures, il y eut réception à la préfecture, sur la place du Château. Une immense estrade réunissait tous les corps de musique des garnisons voisines et les sociétés chorales, trois cents exécutants environ.

Le lendemain, le roi donnait un grand dîner au palais Royal.

« Pour atteindre ce but, il ne pouvait oublier les mérites que vous vous êtes acquis par vos « publications scientifiques, et spécialement par celles relatives à l'emploi de l'air comprimé pour « l'excavation des galeries.

« Par ces motifs, je me suis hâté de me mettre d'accord avec mes collègues du ministère, « pour vous signaler à la considération royale comme un des hommes illustres dignes d'une « marque honorifique pour le concours que vous avez prêté à l'œuvre grandiose du Fréjus.

« Cette proposition fut aussitôt accueillie avec la faveur qu'elle méritait par Sa Majesté, qui, « dans l'audience du 17 du mois courant, vous a conféré le grade équestre de Commandeur de « l'Ordre des Saints Maurice et Lazare.

« Ayant rempli le devoir agréable de vous transmettre les décisions royales, je me trouve « honoré de vous envoyer le diplôme et les insignes du grade, en souhaitant que cette distinc- « tion honorifique soit considérée par vous comme un juste hommage que le gouvernement « italien rend au génie et aux hautes connaissances qui vous distinguent.

« Je profite bien volontiers de cette circonstance favorable pour vous exprimer l'assurance « de ma considération distinguée.

                                                     « *Le ministre*
                                                   « *Signé* : Q. SELLA. »

Quatre médailles d'or furent attribuées à MM. Victor Lefranc, Visconti-Venosta, Grattoni, qui avait conduit les travaux pendant treize années consécutives; et à un représentant de la famille Sommeiller. Des médailles de bronze furent données à MM. Sadoine, Kraft, et à quelques coopérateurs, plus modestes, de la *société Cockerill*.

Un côté de cette médaille porte un sujet allégorique à peu près semblable au transparent qui décorait la façade illuminée de la gare de Turin; de l'autre côté sont inscrites les dates de l'ouverture des travaux du percement du tunnel (31 août 1857), et de l'inauguration (17 septembre 1871), auxquelles sont ajoutés les noms et qualités du titulaire de la médaille.

Le même jour la statue de Michel Paleocapa fut inaugurée, sur la place San-Quintini, sous la présidence du prince de Carignan.

Paleocapa est l'illustre ingénieur qui concourut avec tant de succès aux études relatives au canal de Suez et à qui le Piémont doit le bienfait des irrigations qui ont enrichi ce pays.

Le chevalier Pietro Paleocapa naquit, en 1789, à Bergame, où son père exerçait de hautes fonctions pour la république de Venise. Il fit ses études à l'École de génie et d'artillerie de Modène, et dirigea bientôt les travaux de la citadelle d'Osopo, et plus tard celle de Mandella. A la chute de Napoléon Ier, il quitta le service militaire, pour entrer dans le corps des ponts et chaussées de Venise.

Appelé à faire partie du *Collège des ingénieurs* du nouveau royaume Lombard-Vénitien, il fut chargé de diverses missions, qui lui valurent successivement les titres d'ingénieur en chef, d'inspecteur du service des eaux, et enfin, en 1840, le poste de directeur général des constructions publiques.

Paleocapa fit adopter, à cette époque, de grandes et utiles mesures pour la navigation de l'Adige, l'organisation de canaux et l'assainissement des marais.

Nommé membre du gouvernement provisoire, en 1848, il prit le ministère des travaux publics, puis celui de l'intérieur, et se retira à la suite de mouvements politiques.

Il passe alors en Piémont, et devient aussitôt inspecteur du génie civil et membre du conseil supérieur des chemins de fer. Dès 1849, il recevait de Gioberti le portefeuille des travaux publics, qu'il garda jusqu'en 1859.

Nous avons connu à Paris le célèbre ingénieur italien. Il vint en France, en 1855, appelé par M. de Lesseps pour la réunion d'ingénieurs qui devaient étudier la question du canal de Suez. C'était un beau vieillard, plein de feu dans l'expression de ses idées et qui était d'une science univer-

Fig. 59. — ILLUMINATION DE LA GARE, A L'OCCASION DE L'INAUGURATION DU TUNNEL DES ALPES

selle. Mais dès l'année suivante, il perdit la vue, et il continua, quoique entièrement aveugle, à gérer le ministère des travaux publics.

FIG. 60. — L'ALLÉE DES PLATANES « VIA DEL RE », A TURIN, TRANSFORMÉE EN TUNNEL DES ALPES,

Paleocapa mourut à Turin, le 13 février 1867, avant d'avoir vu réaliser l'œuvre gigantesque de M. de Lesseps.

Tels furent les principaux épisodes des fêtes que l'Italie donna, les 17 et 18 septembre 1871, pour célébrer l'heureuse issue de l'une des entreprises qui ont fait le plus d'honneur à l'art de l'ingénieur au XIXᵉ siècle. Il faut considérer, en effet, que c'est au mont Cenis que l'on a, pour la première fois, abordé et résolu le problème de l'excavation des très longs tunnels sans communication avec l'extérieur, sans aucun ciel ouvert. Les méthodes de creusement des roches, dans ce long boyau fermé, les procédés d'aération, les instruments et outils employés pour pratiquer les trous de mines, la manière de se procurer l'air respirable, malgré la viciation de l'atmosphère résultant de la respiration des hommes, de la combustion des lampes et de l'explosion de la poudre, tout cela a été trouvé au mont Cenis, pendant la campagne technique de 1850 à 1870. Ces moyens, ces procédés, ces instruments, ces outils, une fois connus et ayant fait leur œuvre, il a suffi de les reproduire, pour ouvrir d'autres galeries souterraines dans l'épaisseur des plus hautes montagnes. Nous verrons bientôt que le mont Saint-Gothard et l'Arlberg ont été percés grâce aux mêmes procédés et errements que ceux dont nous venons de tracer le tableau historique et descriptif.

Dans cette lutte gigantesque de la science et du génie mécanique contre la matière, de grands hommes d'État, des savants distingués, des ingénieurs habiles et persévérants, appartenant à différentes nations de l'Europe, ont réuni leurs études, leurs inventions et leurs efforts, pour supprimer le rempart des Alpes et rapprocher des peuples amis. Victoire glorieuse et pacifique qui n'engendre point de haines, où personne n'est vaincu, où le succès et l'argent dépensé profitent à tous les peuples.

Les arts, le commerce, l'industrie et les bonnes relations internationales ont, en effet, profité largement de cette œuvre admirable. Comme le disait, au banquet de Bardonnèche, le représentant de la France, M. Victor Lefranc, « Quand le génie dompte et soumet la nature, il crée presque toujours la concorde et la paix. »

XV

Résumé chronologique.

Pour résumer la partie historique de cette Notice, nous donnerons un tableau chronologique de l'entreprise du premier tunnel des Alpes et de ses diverses phases.

1841. — Projet de Joseph Médail, de Bardonnèche, pour le percement du mont Fréjus.

1843. — L'Anglais Brunel rédige le projet du chemin de fer de Turin à Gênes.

1844. — Le roi Charles-Albert donne des lettres patentes pour les études du chemin de fer de Turin à Gênes. Henri Maus ingénieur belge, est chargé de son exécution.

1845. — Lettres patentes de Charles-Albert ordonnant l'exécution, aux frais de l'État, du chemin de fer de Turin à Gênes, Alexandrie et Arona.

1845. — Henri Maus, est chargé, par le roi Charles-Albert, d'étudier le projet de traversée des Alpes par une voie ferrée se raccordant au chemin de fer de Gênes à Turin.

Reprise du projet Joseph Médail. H. Maus invente sa machine perforatrice, qui est essayée au val d'Occo, près de Turin.

1846. — Sommeiller, Grandis et Grattoni sont envoyés en Belgique, à l'usine de Seraing, pour étudier tout ce qui se rapporte à la construction des chemins de fer et de leur matériel.

1847. — Le gouvernement adjuge 500,000 francs pour des expériences avec la machine perforatrice de H. Maus.

1848. — Guerre entre le Piémont et l'Autriche. Défaite des Piémontais. Abdication de Charles-Albert. Temps d'arrêt dans les études sur le percement des Alpes.

1849. — H. Maus rédige un projet définitif pour le percement des Alpes et le raccord des voies ferrées avec la ligne souterraine du mont Cenis.

1850. — Le parlement de Turin rejette le projet de H. Maus.

1852. — M. Daniel Colladon fait breveter son projet de perforation du tunnel du mont Cenis, au moyen de l'air comprimé, servant, en même temps, à aérer les ouvriers. Le projet de M. Daniel Colladon est repoussé par H. Maus; mais il est approuvé par une commission officielle de l'Académie des sciences de Turin, consultée par le Ministre.

1854. — Ouverture de la ligne ferrée de Turin à Gênes. MM. Sommeiller, Grandis et Grattoni sont nommés ingénieurs secondaires du chemin de fer de Turin à Gênes, et chargés de surveiller le passage des trains sur les pentes du Giovi. Les trois ingénieurs sardes font breveter leur *bélier compresseur*, destiné à utiliser la force des chutes d'eau des Apennins pour comprimer de l'air dans un tube placé entre les rails, et pousser ainsi les convois sur le plan incliné du Giovi. Le parlement italien accorde un prêt de 90,000 francs aux trois ingénieurs sardes, pour faire l'essai de leur système de propulsion par le *bélier compresseur*, avec un délai de deux ans pour cet essai.

1856. — Cet essai n'ayant pu s'exécuter, M. de Cavour a l'idée d'appliquer le *bélier compresseur* de MM. Sommeiller, Grandis et Grattoni à comprimer l'air, pour le faire servir au forage des trous de mines, dans le tunnel du mont Fréjus.

1857. — On expérimente le *bélier compresseur* à la Coscia, près de Gênes.

Sommeiller, Grandis et Grattoni sont nommés directeurs des travaux du percement du mont Fréjus, et une loi du parlement de Turin, votée à l'instigation de M. de Cavour, porte que les travaux mécaniques seront opérés exclusivement par les *béliers compresseurs*.

31 août. — Inauguration des travaux du côté de Modane. Première mine, tirée en présence du roi Victor-Emmanuel et du prince Napoléon.

14 novembre. — Première mine du côté de Bardonnèche.

1858. — Fin des travaux géodésiques et des études géologiques de M. de Sismonda.

1859. — Guerre entre la France et l'Autriche. Nice et la Savoie sont concédées à la France, à la suite de sa victoire.

1860. — Travaux d'installation des *béliers compresseurs* aux deux extrémités du tunnel. Établissement des dérivations d'eau et des réservoirs, essai des *béliers compresseurs*, etc. L'excavation du tunnel continue à se faire à la barre de mine.

1861. — Essai des *béliers compresseurs* pour l'excavation du tunnel à Bardonnèche (Italie).

6 juin. Mort de M. de Cavour.

1862. — Emploi des *béliers compresseurs* pour l'excavation du tunnel, du côté de Modane (France). Les *béliers* sont bientôt abandonnés, à Modane.

1863. — Les *béliers compresseurs*, abandonnés du côté de Modane et de Bardonnèche, sont remplacés par des pompes à compression à piston liquide.

1866. Travaux pour l'installation d'une voie ferrée à rail central, sur le mont Cenis, par le système Fell.

1868. — Ouverture du chemin de fer à rail central posé sur le mont Cenis, de Suse à Saint-Michel (système Fell).

1869. — Grande activité des travaux du percement du mont Fréjus.

1870. — Le 25 décembre, la sonde traverse le dernier diaphragme de terre séparant les deux galeries.

1871. — Achèvement des travaux dans la galerie et à ses abords. La première locomotive traverse entièrement le tunnel.

17 septembre. — Inauguration solennelle du tunnel.

30 novembre. — Lettre du président du conseil des ministres d'Italie à M. Daniel Colladon, le remerciant, au nom de son gouvernement, *pour le concours qu'il a prêté à l'œuvre grandiose du Fréjus.*

XVII

Mort de Sommeiller. — Le monument élevé à Turin, en l'honneur des trois ingénieurs sardes, créateurs du tunnel du mont Cenis. — Coup d'œil sur la ville
de Turin.

Dans l'énumération des discours qui furent prononcés au banquet
d'inauguration du tunnel du Fréjus, le 17 septembre 1871, nous avons omis
le toast qui fut porté par le ministre italien, Sella, aux *mânes de Sommeiller*.

En effet, l'illustre ingénieur qui avait vu se rejoindre, le 25 décembre 1870,
les deux galeries de France et d'Italie, ne put assister à la glorification
solennelle qui fut faite de son œuvre, dans les fêtes d'inauguration des
17 et 18 septembre 1871. Il était mort, deux mois auparavant, le 11 juillet,
dans son pays natal, à Saint-Jeoire en Faucigny.

En venant à Saint-Jeoire, pour revoir sa sœur et l'humble maisonnette
de son père, d'où il était parti si jeune et si pauvre, il traversa le tunnel,
pour la première et pour la dernière fois.

A la nouvelle de sa maladie, MM. Grattoni et Borelli accoururent à
Saint-Jeoire; mais ils n'eurent point la consolation de revoir leur ami.
Souffrant d'un refroidissement, qu'il avait contracté en voyage, il s'était
rendu à Genève, pour s'y rétablir; mais le séjour à Genève n'avait apporté
aucune amélioration à son état. Il revint à Saint-Jeoire, où son mal ne
fit que s'aggraver, et, après s'être alité pendant quelques jours, il expira.

Atteint d'une maladie de cœur, suite des fatigues excessives qu'il
avait endurées dans la dernière période des travaux du tunnel, il avait
parfois des étouffements, qui lui faisaient rechercher le grand air. Le jour
de sa mort, il se fit transporter dans un fauteuil, sous un arbre de
son jardin. Il demanda un baromètre, pour vérifier la pesanteur de
l'atmosphère. Son neveu, qui l'assistait, alla le chercher dans la maison:
quand il revint, son oncle avait cessé de vivre.

Un de ses derniers mots aux médecins qui espéraient le guérir fut celui-ci:
« Je suis perdu, je le sens, car rien ne passe plus. »

Et l'un des médecins lui ayant dit, avec un sourire mélancolique:

FIG. 61. — LE MONUMENT ÉLEVÉ EN L'HONNEUR DES TROIS INGÉNIEURS SARDES, SUR LA PLACE DU STATUT, A TURIN

« N'en croyez rien ; vous qui avez percé la grande montagne qui est là-haut, vous percerez bien, un petit organe qui est ici chez vous ! »

Il répondit, en patois savoyard : *No, è ferma* (non, c'est fermé).

Il faudrait bien peu connaître l'Italie et la sollicitude admirable avec laquelle elle veille au culte de ses gloires nationales, pour croire qu'elle ait négligé d'honorer, comme il convient, la mémoire des trois ingénieurs sardes auxquels est due la création du premier tunnel des Alpes. Huit années après la mise en exploitation de la voie qui embrasse la galerie souterraine du mont Fréjus, la ville de Turin inaugurait solennellement, sur la place du Statut, un monument qui fera vivre dans l'histoire les noms de Sommeiller, Grandis et Grattoni.

C'est le 26 octobre 1879, que fut solennellement inauguré ce monument, un peu bizarre, dont voici la disposition.

Sur un amas de rochers qui, — détail intéressant — ont tous été tirés du mont Cenis, sont groupés des géants, qui semblent lutter contre des ennemis invisibles. S'accrochant à chaque bloc, ils résistent à cette force inconnue qui les précipite hors de leur gîte séculaire. Ils s'épuisent en vains efforts, et tombent, en jetant un regard terrifié vers le génie de la science, qui plane au-dessus de la masse de granit. Celui-ci les écarte de sa route, d'un simple mouvement de sa main, qui tient encore la plume avec laquelle il vient d'inscrire, sur une plaque de roche, les noms de Sommeiller, Grattoni et Grandis. Le génie est en bronze, et les géants, en pierre blanche de Vidion, se détachent fortement sur le gris des rochers.

Au pied est une vasque énorme, ovale, ayant 25 mètres dans sa plus grande largeur, qui reçoit l'eau tombant par toutes les fentes des rochers.

Sur un des rochers du bas du piédestal sont gravés les mots suivants : *A Sommeiller, Grattoni e Grandis, che unirono due popoli latini col traforo del Frejus.*

Les dessins de ce monument sont du comte Panissera, préfet du palais du roi ; les statues ont été exécutées par les élèves de l'Académie des arts, sous la direction de M. Tabacchi.

On s'accorde à trouver l'idée de ce monument compliquée, obscure, et d'un caractère métaphysique, qui n'est pas du domaine de la sculpture. Il est, du reste, assez peu logique de glorifier des perceurs de montagnes en les montrant perchés sur des sommets, c'est-à-dire accomplissant l'action même qu'ils s'étaient donnés pour mission d'empêcher. Au lieu de taupes, on nous fait voir des aigles.

Boileau a dit :

Il faut, même en chanson, du bon sens et de l'art.

En sculpture aussi.

Quoi qu'il en soit, l'inauguration de ce monument sur la place du Statut, donna lieu à une fête nationale dans la ville de Turin.

A dix heures les musiques des régiments attaquent la *marche d'Humbert*. Le roi, arrivé en voiture découverte, portant l'uniforme de général de division, est reçu au bas de l'escalier, par le syndic de Turin. Il monte sur l'estrade, où prennent place, derrière lui : le duc d'Aoste, le prince de Carignan, les présidents de la Chambre et du Sénat, M. Cairoli, président du conseil des ministres, M. Villa, ministre de l'intérieur, le ministre des travaux publics, M. Baccarini, le comte Panissera, préfet du palais et directeur de l'Académie des beaux-arts, et les maisons civiles et militaires du roi et des princes. La France n'était représentée que par son consul, et par les délégués du chemin de fer de Paris-Lyon-Méditerranée.

Sur un signe du syndic, les voiles qui cachent le monument, tombent, aux applaudissements de la foule.

Alors commence la série des discours, condiment obligé des fêtes de ce genre. Le syndic de Turin, et le président de la chambre de commerce, font place à M. Vezerni, du comité promoteur des fêtes, et au ministre des travaux publics. Le roi reçoit ensuite sur l'estrade les artistes, les organisateurs de la fête, etc., et regagne sa voiture, après avoir fait le tour du monument, que la foule envahit jusqu'à la fin du jour.

Le monument élevé sur la place du Statut, en souvenir de l'œuvre glorieuse du premier tunnel subalpin, est venu ajouter une note de plus au concert sculptural et décoratif de la ville de Turin, déjà si riche et si harmonieux. A une époque de son histoire, on appelait l'ancienne Rome « *la ville des statues* », Turin mériterait un peu ce nom, tant les monuments et les œuvres de la statuaire moderne consacrés à honorer les grands hommes de l'Italie, se pressent sur ses vastes places.

Du reste, le nom de la ville de Turin est revenu si souvent sous notre plume, dans le cours de ce récit; cette ville a joué un rôle si important dans la préparation, l'exécution et l'achèvement du tunnel, sous les rois Charles-Albert et Victor-Emmanuel, que nous terminerons cette Notice par un rapide coup d'œil descriptif sur l'ancienne capitale des États sardes.

Chaque cité italienne, depuis la première jusqu'à la dernière, a son carac-

FIG. 52. — TURIN

tère propre et original. Turin est également marqué d'un type spécial, et ce type, c'est sa physionomie, particulièrement froide, régulière et monotone. Elle a un certain air administratif, qui la fait ressembler à un immense casier. Tout y est composé, étiqueté, surveillé, balayé, compté, aligné avec soin. Les rues, immensément larges et longues, sont toutes droites et tirées au cordeau. Les places sont symétriques, le pavé est formé de dalles blanches et régulières. Comme le froid et le vent ne rencontrent point d'obstacle dans cette ville, découpée en damier, ils la traversent, la cinglent et la perforent cruellement. On se croirait dans une ville militaire ; car par la rectitude de ses alignements, par la propreté et l'ordre méticuleux qui président à son édilité et à l'uniformité de ses façades, Turin ressemble moins à un centre de population, qu'à un plan dessiné par un stratégiste.

Il ne faut pas s'attendre à trouver à Turin, comme dans tant de villes italiennes, des fresques, des édifices ornés et mystérieux, des vestiges d'anciennes splendeurs ou des vieilles coutumes et traditions du passé. Turin est une cité essentiellement moderne, ou, du moins, qui a été mise au ton contemporain. Ses remparts même ont été détruits, et à leur place s'élève une belle allée d'arbres, majestueuse promenade, d'où l'œil s'étend sur la campagne.

N'étant plus défendue contre aucune invasion, Turin a reçu et a gardé l'impression de chaque idée nouvelle. Ouverte à tout progrès, à toute découverte, à tout élan du siècle, elle est devenue une ville banale, où chacun semble chez soi, l'étranger aussi bien que l'habitant. Rien n'y arrête le regard, rien n'y attire l'attention, rien n'y pique la curiosité. Il semble qu'on se trouve là en pays de connaissance. Un coup d'œil suffit pour embrasser la ville entière, pour la comprendre, et s'y guider. Pas plus que le vent qui balaye ses larges rues, en toute liberté, la pensée ne rencontre d'obstacle dans ce spacieux et libre séjour.

Turin n'est pas encore la France, mais ce n'est pas tout à fait l'Italie. C'est un pays neutre, une hôtellerie. C'est la patrie des voyageurs. On y passe, on n'y séjourne pas. Il est donc naturel que les hôtels y soient excellents. Après toutes les *albergi*, plus ou moins misérables, que le voyageur rencontre sur sa route, au cœur de l'Italie, les hôtels de Turin, bien éclairés, bien servis, bien chauffés, avec des lits à sommiers et à traversins, avec des sonnettes électriques et de bonnes cheminées, offrent la quintessence de la civilisation.

Turin est la ville des antithèses. Son origine remonte aussi loin que celle de beaucoup d'autres villes italiennes, et pourtant, comme nous l'avons dit, son aspect est celui d'une ville moderne. Elle a été dépossédée de tout ce qui donne l'éclat, la prospérité et le mouvement. Du rôle de capitale des

États sardes, elle est descendue à celui de simple chef-lieu du royaume d'Italie ; mais elle est restée toujours digne, active et superbe. Rien n'y trahit le regret du régime passé.

On peut enlever son roi à une capitale ; on peut y supprimer l'apparat, l'animation et le luxe qui entourent un trône et une cour, et transporter ailleurs le siège du gouvernement. Mais on ne peut brusquement la sevrer des idées qui l'ont nourrie dès le berceau, et Turin, bien que déchue aujourd'hui de tout rôle important, est encore la ville italienne où se rencontrent le plus d'activité et de passion politiques.

Elle a bravement accepté sa disgrâce. Sa fierté et son patriotisme ont étouffé, chez elle, tout murmure ; et c'est avec un reste d'orgueil qu'elle montre les salles vides de ses palais, où siégèrent les premiers députés et les premiers sénateurs de l'unité italienne.

Grâce au chemin de fer qui les relie, Milan et Turin sont devenues deux villes voisines, que trois heures séparent à peine. Mais elles ne sont point sœurs, car elles diffèrent entièrement de caractère et d'aspect. Il existe, en outre, une certaine rivalité entre les Lombards et les Piémontais, rivalité qui s'explique par la valeur respective des deux peuples, mais qui diminue un peu leurs sentiments de confraternité. Ce sont deux races énergiques, obstinées, remplies de décision, et dans lesquelles les forces vitales et morales de l'Italie semblent s'être concentrées.

Turin, en fille complaisante, prête volontiers l'oreille à la voix du progrès que lui souffle la France. Elle sert d'intermédiaire entre les deux pays qui l'entourent. Écho de nos modes, de nos mœurs et de nos coutumes, c'est elle qui les répand et les propage au delà des Apennins.

L'Italie, généralement grave, n'est guère faite pour la polémique, et son esprit bienveillant goûte peu le sel de la caricature. Mais Turin, qui reçoit tous les journaux français, a fini par adopter notre genre de littérature satirique et mordante. Tous nos journaux, tous nos croquis, spirituels ou non, y sont traduits, imités, contrefaits, et envoyés aux quatre coins de la Péninsule.

Turin est, nous l'avons dit, la ville d'Italie où l'hiver exerce le plus ses rigueurs ; c'est pourtant celle où l'on souffre le moins du froid. Les églises, les palais, les maisons, sont admirablement chauffés ; les volets des fenêtres sont rembourrés, les portes capitonnées, les tapis et les fourrures fort en honneur. Bien que placée à l'extrémité de l'Italie, elle n'a rien qui sente le faubourg. C'est une ville respectable, bien élevée, et dont l'esprit subtil n'est jamais en retard avec le progrès, cette horloge qui mesure, sur la terre, le passage des siècles.

Fig. 63. — LE PALAIS MADAME, A TURIN.

Ce que Turin a de plus agréable, ce sont ses environs. La ville est assise au sein d'une vallée charmante, arrosée par le Pô et la Doire, et entourée de vertes montagnes. C'est un tableau vraiment bizarre que cette cité, aux lignes géométriques, posée comme un échiquier au milieu d'une nature riante et pittoresque. De blanches villas s'élèvent, comme autant de nids joyeux, sur les collines voisines, et nulle autre part peut-être la villégiature n'est plus en faveur ni plus séduisante qu'en cette partie du Piémont. On·a mille jolis buts de promenade ; on en crée chaque jour, et les jardins du *Valentin*, situés au bord du Pô, rivalisent avec les *Jardins publics*, qui se dessinent sur les hauteurs des anciennes fortifications. Les boulevards plantés d'arbres, qui entourent la ville, offrent de magnifiques points de vue sur la campagne et sur les montagnes qui se découpent à l'horizon ; mais ces allées superbes restent désertes, tandis que la *fashion* se promène et se presse sous les arcades qui bordent la rue du Pô, et le *Corso* est encore le point le plus fréquenté de Turin.

Comme toute grande ville, celle-ci possède des académies de tout genre, des établissements de bienfaisance, des bibliothèques, des théâtres magnifiques. Mais tous ces édifices n'ont rien de particulier. Deux monuments rompent seuls l'uniformité de la ville : l'un est le *Palais Royal*,.l'autre, le *Palais Madame*, ou *Château*. Ce dernier palais se dresse majestueusement au centre de la place du *Château*, à laquelle il a donné son nom.

La rue du Pô aboutit à cette place, la plus belle de Turin. Le *Palais Royal*, qui en décore le fond, est un immense bâtiment, sans style ni élégance. Depuis qu'il ne renferme plus le siège du gouvernement, et ne donne plus asile aux grandes administrations et aux dignitaires de l'État, le *Palais Royal* n'offre rien de bien remarquable, si ce n'est son *Musée d'armes*, qui est magnifique.

Dans notre visite au *Musée d'armes* de Turin, nous remarquâmes un mannequin qui représentait un brigand, avec ses pittoresques habits : le brigand avait pris rang à côté des armures des anciens preux et des trophées de l'armée italienne. Mettre ainsi publiquement en montre des bandits, c'est avouer un peu trop franchement le rôle étrange qu'ils jouent en Italie, et encourager une tolérance et une sympathie que le peuple n'est déjà que trop disposé à leur accorder.

La chapelle du Saint-Suaire, bijou d'architecture, est attenante au *Palais Royal*. Un escalier à double rampe conduit à cette chapelle aérienne, dont la coupole, découpée à jour, laisse apercevoir une resplendissante image du Saint-Esprit. L'autel, qui renferme un morceau du linceul dans lequel, dit-on, fut enseveli Jésus-Christ, est entouré de colonnes de marbre noir. La tristesse de cette décoration convient à cette église sépulcrale ; car c'est dans son sein que reposent les princes de la maison de Savoie qui ne sont pas ensevelis au bord du lac du Bourget, à l'abbaye de Haute-Combe. Le plus beau mausolée du Saint-Suaire est celui de Marie-Adélaïde, femme de Victor-Emmanuel. C'est un tombeau de marbre blanc, très simple, mais dont l'effet est vraiment saisissant.

Le *Palais Madame*, ainsi nommé parce que, au dix-huitième siècle, la veuve de Charles-Emmanuel l'habita quelque temps, est un monument étrange, qui, flanqué de tours massives, ressemble à une forteresse. Mais son aspect seul est rébarbatif ; car ses murs abritent des chefs-d'œuvre. C'est, en effet, dans le *Palais Madame*, qu'a été placé le musée de peinture.

Turin n'a donné naissance à aucun de ces grands maîtres qui, comme Raphaël, Michel-Ange, Véronèse, le Titien ou le Corrège, ont illustré à jamais leur patrie ; mais sa galerie de tableaux, qui renferme des chefs-d'œuvre de toutes les écoles, est une des plus belles de l'Europe.

Cette galerie de tableaux n'est point, comme celles des autres villes italiennes, consacrée à une école spéciale ; c'est la réunion des œuvres remarquables dues à tous les peintres de l'Europe. On dirait que le musée de Turin a été créé pour convertir les amateurs qui obéissent, en fait de peinture, à des partis pris d'avance. On y trouve, en effet, des spécimens de toutes les écoles, de tous les temps, de tous les maîtres et de tous les pays. C'est la macédoine de l'art. N'est-il pas admirable entre tous, ce musée cosmopolite, qui renferme des toiles peintes par Alber Dürer, Breughel, Ruysdaël, Jordaens, Terbürg, Téniers, Vouwermans, Van der Faes, Vanloo, Mytens, Holbein, Van Ostade, Bramer, Rotheinboummer, Gérard Dow, Van Dyck, Le Poussin, Rembrandt, Rubens, Mignard, Ribéra, Jules Romain, le Guerchin, Titien, le Guide, Carlo Dolci, Fra Bartolomeo, Carrache, Véronèse et Raphaël ?

Turin possède un très petit nombre de palais, particuliers ou publics. Aucun ne se signale par son architecture, ni ses beautés extérieures, mais bien par la magnificence hors ligne des collections de tout genre qu'ils contiennent. En dehors du *Palais de l'Université*, dont la bibliothèque est une des plus complètes du monde, il y a le *Palais de l'Académie des sciences*, où sont réunis d'admirables cabinets de minéralogie, de numismatique, ainsi qu'un *Musée Égyptien*, d'un intérêt incomparable. Dans ce dernier musée, les mœurs d'un peuple antique et mystérieux nous sont révélées d'une façon palpable, par mille objets singuliers, qui ont eu le privilège d'arriver jusqu'à nous, sans être altérés ni amoindris par la poussière des siècles.

Turin n'est pas riche en sculptures antiques ; mais on y voit deux des plus touchantes images que le ciseau moderne ait taillées dans le marbre. Ce sont celles de deux reines mortes la même année : l'une est Marie-Thérèse, femme de Charles-Albert, l'autre Marie-Adélaïde, mère de la princesse Clotilde. Toutes deux sont agenouillées dans l'église de la *Consolation*, devant un prie-Dieu. Une vive lueur, venue d'en haut, comme un rayon divin, éclaire

FIG. 64. — VIADUC DE COMBASCURA, SUR LA ROUTE DU MONT CENIS

leur front pensif. La vérité, le sentiment et la grâce de ces blanches figures, en font deux chefs-d'œuvre.

On redoutait pour la prospérité de Turin le transport du siège du gouvernement, d'abord à Florence, ensuite à Rome. C'est le contraire qui est arrivé. Depuis l'unité italienne, la population de la ville a augmenté d'un tiers, le commerce y a pris une extension remarquable, et l'industrie locale s'est considérablement accrue.

C'est à l'ouverture de la galerie souterraine des Alpes, à la libre communication qu'elle a établie entre l'Italie et l'Europe centrale, qu'est dû ce prodigieux accroissement. Ce que Turin a perdu en cessant d'être le siège du gouvernement, elle l'a reconquis, grâce au tunnel des Alpes, et si l'ancienne capitale du Piémont a puissamment concouru à la création du tunnel subalpin, le tunnel subalpin lui a largement payé sa dette.

FIN DU TUNNEL DU MONT CENIS

FIG. 65 — ENTRÉE DU TUNNEL DU MONT CENIS, DU COTÉ DE L'ITALIE

LE TUNNEL DU MONT SAINT-GOTHARD

I

Une course sur l'ancienne route du mont Saint-Gothard.

Les Alpes Helvétiques sont traversées par plusieurs routes à voitures, qui font communiquer les deux versants nord et sud de cette longue et haute chaîne de montagnes. La plus directe de ces routes est celle qui franchit le mont Saint-Gothard. La route du Simplon et celle du grand Saint-Bernard, ainsi que celles du Saint-Bernardin et du Splügen, font de longs détours, pour tourner les escarpements des chaînes qui dominent Berne et Glaris ; tandis que la route du mont Saint-Gothard suit une ligne presque droite, qui coupe le massif des Alpes au point même où viennent se réunir ses chaînes principales. Entre l'Allemagne et l'Italie, aucun chemin n'a été mieux tracé par la nature. Aussi, dans toute l'étendue des Alpes, il n'est pas de col qui ait été plus souvent franchi par les voyageurs, par les messageries ou le roulage, et qui soit, dès lors, plus généralement connu.

Aujourd'hui, trois voies ferrées franchissent la barrière des Alpes. La plus ancienne, puisqu'elle date de 1864, est celle du Brenner, qui passe par les Alpes Tyroliennes, et relie la vallée de l'Inn à celle de l'Adige, Insbrück à Vérone.

Le chemin de fer du Brenner a pu être établi sans grands travaux d'art ni dépenses, car le col qu'il franchit, en raison de la faible inclinaison et de la régularité de ses longues pentes, a pu recevoir les rails de la voie ferrée presque toujours à ciel ouvert, sans long ni coûteux tunnel. Une suite de rampes et de paliers, interrompue seulement par quelques galeries souterraines, de peu d'importance, a suffi, au col du Brenner, pour relier les deux versants des Alpes.

La seconde voie ferrée qui perce le massif alpestre est le tunnel dit du mont Cenis, qui a gardé ce nom par simple convention, car il ne traverse pas, comme nous l'avons dit, le mont Cenis, lequel en est distant de plusieurs kilomètres, mais bien le mont Fréjus, situé entre le mont Cenis et le mont Tabor. Nous avons consacré la première Notice de ce volume à l'exposé historique et technique de la construction de cette galerie souterraine, qui a servi de modèle à tous les travaux du même genre entrepris de nos jours.

La troisième voie ferrée qui traverse les Alpes est celle du mont Saint-Gothard, qui va du lac des Quatre-Cantons, ou de Fluelen, en Suisse, au lac Majeur, en Lombardie. C'est du mont Saint-Gothard que partent les plus grands fleuves venant de chaque versant. Le Rhône, le Rhin, la Reuss et le Tessin, et par eux tout un immense bassin hydrographique, coulent des flancs du Saint-Gothard vers les deux mers.

Le tunnel du mont Saint-Gothard soude les deux tronçons de la grande voie ferrée internationale qui, partant de Lucerne, rejoint les lignes italiennes, en traversant les cantons suisses de Lucerne, de Zug, de Schwytz, d'Uri et du Tessin. Les produits de l'Allemagne n'ont pas de route plus directe ni plus courte, pour pénétrer en Italie, et pour servir de débouché rapide à tous les pays limitrophes. C'est ce que l'Allemagne a bien compris, puisque, dès le lendemain de nos désastres, elle votait la subvention nécessaire pour le percement du mont Saint-Gothard. L'Allemagne qui venait de nous faire la guerre avec ses armées, continuait les hostilités avec les procédés de la science et de l'industrie.

Nous consacrerons cette seconde Notice à l'exposé historique et technique du percement du mont Saint-Gothard.

Avant, toutefois, d'entrer au cœur de cette question, nous jetterons un coup d'œil rapide sur l'ancienne route du mont Saint-Gothard, dont la galerie souterraine, que nous avons à étudier, a supprimé le parcours pour les voyageurs et les marchandises, mais non pour le touriste, auquel il présente toujours un attrait tellement vif qu'il nous paraît impossible de ne pas décrire brièvement ici cette route classique, où les sites pittoresques et sauvages se présentent à chaque pas.

Personne n'ignore que la route du mont Saint-Gothard fut, pendant plusieurs siècles, le seul chemin direct entre la Suisse et l'Italie. Ce passage était le plus fréquenté des Alpes, parce qu'il établissait la communication la plus commode entre Bâle, Zurich, la Suisse septentrionale et les villes de Gênes et Milan. Seize mille voyageurs et neuf mille chevaux le traversaient encore en 1810, et pendant les années suivantes.

La route du Saint-Gothard n'était, pourtant, accessible, alors, qu'aux piétons et aux cavaliers. La construction des grandes routes à voitures du mont Cenis, du Simplon et du Splügen, lui fit perdre de son importance, jusqu'au moment où les cantons d'Uri et du Tessin, comprenant leurs véritables intérêts, convertirent le chemin à piétons en route carrossable, capable de lutter avec les routes nouvelles des montagnes voisines.

Ce fut un ingénieur suisse, Müller, d'Altorf, qui construisit, de 1820 à

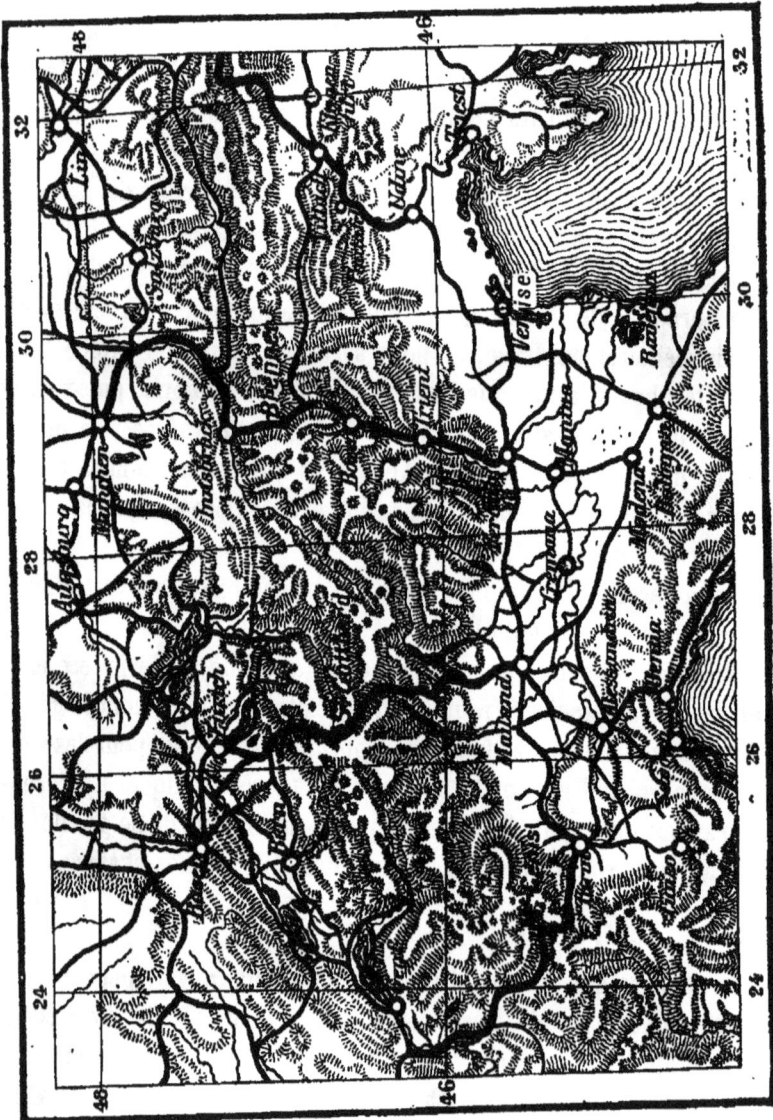

FIG. 66. — CARTE DES TROIS VOIES FERRÉES DES ALPES HELVÉTIQUES

1832, la longue et belle route du Saint-Gothard. Sa largeur moyenne est de 6 mètres. La circulation ne s'y trouve interrompue que pendant les plus mauvais jours de l'année. C'est au printemps surtout que sa traversée est dangereuse, alors que les neiges, amoncelées sur les pentes, commencent à fondre, et se précipitent sur la voie, en formant quelquefois des avalanches redoutables. Aussi, dans les gorges resserrées, a-t-on construit des galeries couvertes, pour protéger les voyageurs. Mais, en été, la traversée de la montagne n'offre aucun danger, et le voyageur peut contempler, sans courir aucun risque, les spectacles variés qui se déroulent à ses yeux.

C'est de la pittoresque vallée de Gœschenen, dans le canton d'Uri, que nous partirons, pour faire connaître au lecteur les sites curieux de l'ancienne route du mont Saint-Gothard.

Des rochers escarpés formant une gorge profonde, aux abords du village de Gœschenen, entourent le vallon au fond duquel coule la Reuss. D'énormes glaciers qui descendent des montagnes, dominent, de loin, cette rustique vallée, et lui font un superbe décor de fond.

La situation du village de Gœschenen est des plus remarquables, puisqu'il est suspendu au-dessus du confluent de la Reuss, qui vient du Saint-Gothard, et de la Gœschenen-Reuss. Cette dernière rivière est alimentée uniquement par des glaciers. Au moment où elle se réunit avec la Reuss du Saint-Gothard, elle-même fort encaissée, elle traverse un dernier défilé ; de sorte que deux gorges débouchent l'une dans l'autre. Gœschenen est précisément bâti sur la terrasse de chacune de ces deux gorges. Les maisons qui sont du côté du bord semblent continuer la paroi du précipice, ce qui leur donne un aspect vraiment effrayant. Les deux moitiés du village sont réunies par deux ponts, dont la voûte, en maçonnerie, s'ouvre par-dessus un immense abîme.

Deux gorges, deux torrents, deux ponts, un cirque de précipices, et, au fond, un superbe décor de glaciers, on conviendra qu'il y à Gœschenen assez d'éléments pittoresques réunis.

Après Gœschenen, on est en plein désert. La végétation, à mesure que l'on a quitté la vallée, n'a cessé de s'amoindrir, et le sol de se dénuder. La gorge de Schœllenen, où l'on pénètre à quelque distance du village de Gœschenen, n'est autre chose qu'une sorte d'entonnoir allongé, où la vallée se termine. Ici plus de forêts ni de prairies ; à peine quelques maigres gazons et des buissons perçant le sol, au milieu des rochers amoncelés. A mesure que l'on avance, la gorge resserre de plus en plus ses longs talus, qui descendent jusqu'à la Reuss, et, quand on remonte le cours de l'eau, les parois de la montagne se rapprochent jusqu'au point de se toucher presque. Au fond de ce défilé, la Reuss coule avec un tel fracas à travers les rochers, que l'on a appelé cette partie de la vallée *Krakenthal* (vallée bruyante).

La gorge de Schallenen est fort exposée aux avalanches, au printemps et en hiver. Aussi les rouliers qui la traversent, à ces époques de l'année, ont-ils le soin de remplir de foin les sonnettes de leurs mules. Il est interdit de prononcer un mot, tant que dure ce défilé ; car le seul ébranlement de l'air, résultant de l'émission de la voix, pourrait provoquer une chute des neiges, qui dégénérerait en avalanche.

C'est en considération de ce danger que l'on a construit sur ce trajet une galerie couverte, longue de 80 pas.

En hiver, par un temps froid et sec et quand l'air est calme, un silence de mort règne dans la gorge de Schallenen. On n'entend rien, pas même le bruit de la rivière, qui est alors obstruée par les glaçons. Tout est immobile et mort sous ce blanc linceul. Mais quand le printemps arrive et que l'air attiédi vient ramollir les neiges, des chutes continuelles d'eau demi-liquide s'observent le long des talus. Dans certains points elles coulent continuellement, comme un ruisseau, et de véritables avalanches tombent souvent sur la route. Combien de malheureux voyageurs ont péri entre ces murailles ! Il n'est pas de métier plus dangereux que celui de cantonnier, sur cette partie de la route du Saint-Gothard. Les galeries couvertes que l'on a construites pour préserver les voyageurs, ne sont pas assez nombreuses.

Au bout d'une demi-heure de marche, et quand on a traversé, par de nombreux zigzags, une suite de terrasses, et franchi de nouveau la Reuss, sur un beau pont de granit, on arrive à une nouvelle gorge, sur laquelle s'élance le pont célèbre dont la photographie et la gravure ont tant multiplié les types. Nous voulons parler du *Pont du diable*.

Entièrement en granit, ce pont se compose d'une seule arche, n'ayant pas moins de 18 mètres d'ouverture, hardiment posée à 31 mètres au-dessus de la Reuss. Au-dessous de cette arche, la rivière, bondissant de rochers en rochers, fait jaillir au loin la poussière écumante et argentée de ses eaux.

Ce pont a été construit pour en remplacer un autre, d'une date fort ancienne, et qui, d'ailleurs, subsiste encore ; de sorte que le vieux pont et le nouveau forment, dans ce site sauvage, un décor plein d'originalité.

C'est au douzième siècle que ce dernier pont fut construit, par les soins d'une ecclésiastique suisse, Gerald, abbé d'Einsiedeln. Sa construction parut si miraculeuse que le vulgaire crut que le diable s'en était mêlé. De là le nom de *Pont du diable*, donné à cette vieille arche de granit, et le nouveau pont a hérité, par droit naturel de succession, du nom de son vénérable ancêtre.

Le vieux pont, d'une légèreté inouïe, car il ne consistait qu'en une sorte d'arc de cercle, suspendu à 23 mètres au-dessus de la Reuss, était plus pittoresque que le nouveau ; mais on n'y trouvait aucun parapet, et il ne pouvait donner passage à plus de deux personnes de front. Le touriste amateur d'émotions, se risque encore sur sa courbe, en évitant, toutefois, de jeter

les yeux vers l'abîme qu'il franchit, et sur les flocons d'écume qui bouil-
lonnent à ses pieds.

FIG. 67. — LE VILAGE DE GŒSCHENEN, SUR LA REUSS

Des combats sanglants eurent lieu, au *Pont du diable*, les 14 août et
25 septembre 1799, entre les Français et les Russes.

Quand on a franchi le *Pont du diable*, la seule issue qui se présente,
pour continuer sa route, c'est le lit même du torrent. Si l'on contourne un

angle de la montagne, on se trouve en face d'une paroi de rochers, qui semble encore vous fermer tout passage. Au quatorzième siècle, on avait jeté là un pont, suspendu par des chaînes de fer ; mais l'écume des eaux montait

FIG. 68. — LA GORGE DE SCHŒLLENEN

jusqu'à cette frêle passerelle, ce qui l'avait fait surnommer le *pont d'é-cume*. Les nombreux accidents qui s'y produisaient décidèrent les chefs du gouvernement suisse à chercher un moyen de percer en ce point la montagne.

Ce fut un ingénieur suisse, Pierre Martini, qui fit percer, en 1707, dans

29

l'épaisseur de la roche, une galerie, longue de 64 mètres et large de 3 mètres seulement, qui fut appelée le *Trou d'Uri*. Lors de la création de la grande route du Saint-Gothard, elle fut élargie, et portée à 5 mètres, pour le passage des voitures.

Le *Trou d'Uri* (fig. 70) mérite bien son nom, car ce n'est qu'un défilé obscur, à peine éclairé par une sorte de fenêtre donnant sur la Reuss, qui n'y laisse pénétrer qu'un filet de lumière.

Au sortir du *Trou d'Uri*, changement à vue. Le désert, les rochers nus, le site sauvage que l'on vient de quitter, font place à un vaste et riant paysage : la vallée d'Unterseren. On a beau être habitué, dans les Alpes, aux métamorphoses subites des points de vue, celle-ci a toujours le privilège d'étonner.

La plupart des montagnes qui entourent la vallée d'Unterseren sont couvertes de neiges perpétuelles, et plusieurs glaciers descendent de leurs sommets : les glaciers de la Furka, de Biell, Matt, Crupallt, Sainte-Anna, Weiswasser, Lucendo et Pisciora.

Pour les géologues, qui ont tant approfondi, de nos jours, l'étude des glaciers, la vallée d'Unterseren est fertile en enseignements. Il est peu de chaînes, dans les Alpes, où l'on puisse mieux constater les limites des anciens glaciers. Les lignes de roches *striées* et *moutonnées*, qui servent à reconnaître les niveaux des anciens glaciers, peuvent être facilement suivies à l'œil ; au-dessus de cette ligne, les rochers sont, au contraire, anguleux, raboteux, hérissés d'arêtes vives. C'est une des plus curieuses démonstrations de l'existence de glaciers remontant aux époques géologiques.

Rien de plus rigoureux que le climat de la vallée d'Unterseren, tant que dure l'hiver. Pendant les mois de janvier et de février, les maisons sont presque ensevelies sous la neige. Mais, au printemps, le souffle du vent du sud vient réveiller la végétation, la rendre fraîche et brillante.

Une seule forêt se voit dans cette vallée. C'est une forêt de sapins située au-dessus du village d'Andermatt, qu'elle protège contre les avalanches. Aussi est-elle soigneusement entretenue. Il est défendu d'y couper un seul arbre. Le fond de la vallée est parcouru par la Reuss, sur le bord de laquelle croissent, en abondance, des aunes et des saules, qui donnent au paysage un aspect riant.

Il y a trois villages dans la vallée d'Unterseren. Le plus considérable est Andermatt (fig. 71). Ce n'est qu'un village de rouliers et de voituriers, qui a perdu tous ses revenus par l'abandon de la route de la montagne, depuis l'ouverture du tunnel.

A Andermatt la route tourne, pour se diriger sur Hospenthal, qui s'annonce de loin par sa haute tour et le clocher de son église.

A gauche de la route, on remarque deux vieux poteaux de bois, grossière-
ment taillés : c'est l'ancienne potence d'Andermatt, qui date de l'époque où

Fig. 69. — LE TROU D'URI

la vallée d'Unterseren formait, à elle seule, une petite république, indépendante de la Suisse.

Les murs de la route sont soutenus, du côté de la montagne, par des talus
en terre, pour que les avalanches ne les renversent pas.

Hospenthal, ainsi nommé d'un ancien hospice qui n'existe plus aujourd'hui, est situé, à l'entrée de la vallée du mont Saint-Gothard, à 1,484 mètres d'altitude au-dessus du niveau de la mer. On y passe la Reuss, non loin de sa source, sur un pont très pittoresque, et l'on commence à gravir le Saint-Gothard proprement dit. On remonte la Reuss, dans une gorge solitaire, par de nombreux zigzags. La végétation devient pauvre, les terrains sont vagues et dénudés; et, en continuant de s'élever, on passe du canton d'Uri dans celui du Tessin.

On arrive ainsi au point le plus élevé du Saint-Gothard, à 2,114 mètres

Fig. 70. — ANDERMATT

d'altitude, où s'étend le plateau culminant, avec ses lacs, toujours ridés par la brise, qui bordent la route à droite et à gauche.

Faisons quelques pas, nous arriverons au célèbre hospice du Saint-Gothard, auquel fait face l'*auberge du mont Prosa* (fig. 72).

Rien de plus aride, de plus nu, ni de plus désolé que le sommet du mont Saint-Gothard. L'hiver y dure neuf mois, et le thermomètre ne remonte jamais au-dessus de zéro. En revanche, il peut s'abaisser jusqu'à — 25°. La neige y tombe presque constamment, à moins que le vent du sud ne s'y fasse sentir. Et alors, c'est la pluie, même en janvier, qui remplace la neige.

L'hospice du mont Saint-Gothard est une œuvre admirable de la charité chrétienne. Dès le quatorzième siècle, un établissement destiné

FIG. 71. — LE PONT DU DIABLE

à recueillir les voyageurs et à leur donner un asile gratuit, existait sur ce
sommet. Il avait été créé, en 1330, par le duc de Milan, Azzo Visconti. Mais
ce fut un archevêque de Milan, le cardinal Frédéric Visconti, qui, avec le
concours du canton d'Uri, fonda, au seizième siècle, un établissement considérable et répondant aux besoins d'une assistance universelle. C'était
un immense hospice, desservi par des capucins, et pouvant recevoir une
vingtaine de lits pour les voyageurs pauvres, ainsi qu'un vaste réfectoire,
où tout était gratuit.

Pour subvenir aux frais du couvent des Capucins du mont Saint-Gothard,
les dons affluaient des vallées voisines. Les administrations postales des villes

FIG. 72. — L'HOSPICE DU MONT SAINT-GOTHARD, ET L'HOTEL DU MONT PROSA

suisses contribuaient également à son entretien, et les habitants d'Airolo
envoyaient, de l'une de leurs forêts, le bois nécessaire au chauffage.

L'hospice rendait donc de précieux services aux malheureux et aux voyageurs de toute classe. Chacun y était bien accueilli, et recevait les mêmes
soins, quels que fussent son rang et sa qualité. Malheureusement, en 1775,
une avalanche renversa les bâtiments et la chapelle. Il fallut les recons-
truire.

En 1799, une avalanche d'une autre espèce détruisit de nouveau l'édifice.
Dans les combats entre les Français et les troupes de Souvaroff, l'hospice fut
pillé; le mobilier, les portes, la toiture, etc., furent détruits, de manière que

le bâtiment n'offrait plus que l'aspect d'une ruine. La commune d'Airolo, à laquelle appartenait alors le plateau du Saint-Gothard, le rebâtit, et la confrérie des Capucins se chargea de son entretien. Mais comme le nombre des voyageurs augmentait sans cesse, les frais devinrent si forts que la commune d'Airolo dut invoquer le secours du canton du Tessin.

Le canton du Tessin avait commencé par installer dans l'hospice une nouvelle confrérie de Capucins. Mais les bons moines ne surent pas faire prospérer l'établissement, et l'on se décida à confier sa direction à un simple particulier d'Airolo, Félix Lombardi, universellement connu, dans le pays, par sa bonté, son honnêteté et son courage.

Le gouvernement du Tessin avait eu la main heureuse en mettant Félix Lombardi à la tête du charitable asile. « Il a bien mérité d'être appelé le *père des pauvres* », est-il dit dans un rapport sur l'administration de l'ancien couvent. La charité fut, en effet, la constante inspiratrice des actions de Félix Lombardi. Il soignait les malades et donnait des vêtements aux indigents. Il fournissait gratuitement le logement, le chauffage et la lumière; et ne recevait de rétribution que pour les rations alimentaires qu'il distribuait à ses hôtes. Des collectes faites en Suisse, et un léger secours du canton du Tessin, couvraient les frais de cette pieuse institution.

A la mort de ce digne homme, son fils lui succéda, et la manière dont ce dernier remplit les devoirs de l'hospitalité, prouve qu'il a hérité des qualités paternelles. Il tient à la fois l'hospice et un hôtel fort apprécié des touristes en été, qui porte le nom d'*hôtel du mont Prosa*, du nom d'une montagne voisine.

Pour juger de l'importance au passage du mont Saint-Gothard, avant la création du tunnel, il suffira de dire qu'avant cette époque, 60,000 personnes le traversaient annuellement. Du 1er octobre 1879 au 31 septembre 1880, c'est-à-dire avant l'ouverture du tunnel, plus de 18,000 personnes avaient trouvé à l'hospice un asile gratuit, et plusieurs qui y étaient entrées malades, y avaient été soignées. On avait recueilli dans l'hospice 5,890 voyageurs, dont 98 avaient reçu de Lombardie des secours en argent. 56 pauvres avaient reçu des vêtements, et 158 malades avaient été soignés par lui. On vante avec raison la charité des religieux du mont Saint-Bernard, mais le nom de la famille Lombardi doit être honoré au même titre.

Du plateau du Saint-Gothard on ne jouit pas d'une vue aussi étendue que du sommet du mont Cenis. On est entouré de sommités, qui masquent en partie la vue : la Prosa, la Fibbia, le Pozzo Lucendro et le Sasso del Gotardo. On a seulement une échappée de vue sur les Alpes d'Uri, au nord, et au sud, sur une petite partie des montagnes qui dominent Airolo.

FIG. 73. — DESCENTE DU MONT SAINT-GOTHARD

Mais ce que le Saint-Gothard offre de particulier, c'est la descente du côté de l'Italie. Après avoir cheminé quelques minutes sur le terrain plat du sommet, tout à coup, le sol paraît se dérober, et on se trouve, comme au mont Cenis, au bord de pentes formidables. De nombreuses terrasses en zigzags, et une suite de trente lacets, tracés au bord de l'abîme, conduisent dans la gorge sauvage nommée la *vallée de la Trémola*, dans laquelle le Tessin forme une série de magnifiques cascades.

Les nombreux tournants de la route adoucissent la descente, qui paraît impossible quand, pour la première fois, on jette un coup d'œil sur la vertigineuse hauteur où l'on se voit suspendu. Mais les chevaux, qui hennissent de plaisir, vous entraînent, en secouant au vent leur crinière, et se rejettent, comme pour vous rassurer, vers le côté opposé au précipice. Aucun faux pas n'est à redouter. Les seuls êtres effrayés sont les troupeaux que l'on rencontre en chemin, descendant vers les plaines de l'Italie, et qui se rangent, avec crainte, pour laisser passer le tourbillon de la voiture.

Il existe sur cette descente, plusieurs refuges, comme sur la route du mont Cenis ; ce qui fait évoquer involontairement le souvenir des avalanches auxquelles la vallée de la Tremola est particulièrement exposée, pendant l'hiver. Un des passages les plus dangereux est le *Bucco dei Calanchetti* (vitriers), ainsi nommé parce qu'une troupe de pauvres vitriers du bourg de Calancha, qui descendaient en Italie, y fut ensevelie sous la neige.

Dans ce même passage, une avalanche, en 1478, emporta et fit périr un détachement de soixante soldats suisses ; et, en 1624, une autre avalanche y engloutit trois cents personnes à la fois.

Après avoir passé le troisième pont jeté sur le Tessin, la gorge de la Tremola est franchie, et, au bout de vingt minutes, on arrive à Airolo, village italien, dont le vieux clocher se dessine de fort loin.

Airolo est situé au fond d'une fraîche vallée. Les yeux se délectent à l'aspect de la verdure et des hameaux qui la décorent. A l'ouest, les perspectives de la vallée d'Airolo se prolongent sans fin, formant pendant plusieurs heures une montée douce, qui aboutit au pied de hautes montagnes. Les points de vue et les oppositions de lumière et d'ombre que recherchent les amateurs des scènes du monde alpestre, abondent dans ce fond de verdure qu'arrose le Tessin.

Au village d'Airolo, nous sommes en Italie. Là se termine l'ancienne route du mont Saint-Gothard, dont nous avons tenu à retracer ici les principaux aspects et les effets pittoresques, avant d'aborder l'histoire et la description de la galerie souterraine, qui est venue le rendre inutile, mais non la faire oublier.

II

Le tunnel du mont Saint-Gothard. — Préliminaires de l'entreprise.

Le tunnel du mont Saint-Gothard est un des plus beaux travaux de l'art de l'ingénieur, dans les temps modernes. Entrepris dans des conditions de terrain beaucoup plus difficiles que celles que l'on avait trouvées en perçant le mont Cenis, il dépasse de deux kilomètres et demi la longueur de cette dernière galerie. Il a près de 15 kilomètres de long. La plus longue galerie souterraine du Sömmering a dix fois moins de longueur. Il passe à 300 mètres au-dessous du fond de la vallée d'Andermatt, et à près de 2,000 mètres au-dessous du sommet de la montagne dans laquelle il est percé. Son entrée, du côté de la Suisse, à Gœschenen, est à 1,109 mètres, et sa sortie, à Airolo, en est à 1145 mètres.

La voie, dans le tunnel, monte du côté nord, de 5 m. 82 pour 1000 ; elle atteint le maximum de hauteur (1154 m.), puis elle redescend du côté sud, avec une pente moyenne un peu supérieure à 1 pour 1000.

Nous consacrerons ce chapitre à l'histoire des préliminaires de l'entreprise, et à l'exposé des conditions qu'il y avait à remplir, pour percer le deuxième tunnel subalpin.

Dès l'année 1846, le gouvernement du Piémont, quoique préoccupé du percement des Alpes Pennines par un tunnel dans le groupe du mont Cenis, paraissait disposé à faciliter la traversée des Alpes suisses par un chemin de fer.

Après l'unification de l'Italie, les provinces du centre et du nord du nouveau royaume réclamèrent énergiquement l'exécution de ce dernier projet, devenu indispensable à leur prospérité commerciale et industrielle. Des négociations ayant été ouvertes avec le Conseil fédéral de la Suisse, divers tracés de chemin de fer furent proposés par les cantons directement intéressés.

Les cantons de l'est patronnaient le passage du Splügen, ou du Lukmanier, reliant le lac de Constance et le Rhin supérieur à la vallée du Tessin et aux plaines lombardes ; les cantons du centre demandaient la ligne du Saint-Gothard, par la rive du lac de Lucerne, la vallée de la Reuss et celle du Tessin ; et les cantons de l'ouest préconisaient le passage du Simplon, par la vallée du Rhône et celle de la Tosse (1).

Ces trois projets aboutissaient au lac Majeur, dont l'extrémité sud est à 50 kilomètres de Milan.

Des études détaillées furent entreprises par d'habiles ingénieurs, pour ces divers passages ; mais, en mars 1869, le gouvernement italien avisa le Conseil fédéral helvétique qu'il préférait la ligne centrale, c'est-à-dire celle du Saint-Gothard, et qu'il lui serait impossible d'assurer aux autres passages la forte subvention qu'il comptait offrir pour l'exécution du tunnel du mont Saint-Gothard.

Une convention entre la Suisse et l'Italie fut conclue à Berne, le 15 octobre 1869. Elle stipula les bases suivantes :

1° Le chemin de fer du mont Saint-Gothard partira simultanément de Lucerne et de Zug, pour aboutir à la frontière italienne sur Luino, au bord du lac Majeur, et sur Chiasso, près de Côme, la longueur totale du réseau étant à peu près 263 kilomètres.

2° Depuis le lac de Lucerne jusqu'à Biasca (à 30 kilomètres du lac Majeur), le chemin sera à double voie.

3° Le maximum des pentes sera de 0,025 et le minimum des courbes de 300 mètres.

4° Le grand tunnel sera percé en ligne droite, et son maximum d'élévation ne dépassera pas 1162 mètres au-dessus du niveau de la mer.

5° La subvention nécessaire pour rendre possible l'exécution de cette ligne est fixée à 85 millions : la Suisse y participera pour 20 millions et l'Italie pour 45 millions.

6° La Confédération suisse fera exécuter les prescriptions pour l'exécution de la ligne, et le Conseil fédéral prononcera sur toutes les questions relatives à la construction du grand tunnel.

7° La Suisse se réserve de prendre toutes les mesures nécessaires pour garantir sa neutralité et sa défense.

Les clauses de cette convention restèrent pendant deux ans sans effet, parce que la Confédération de la Suisse du Nord ne voulait contribuer que pour 10 millions, au lieu des 20 millions qui lui étaient demandés. Enfin, au mois d'octobre 1871, l'Empire allemand consentit à se joindre à la Suisse, et offrit une subvention de 20 millions.

Voici quelles étaient les dimensions et le tracé du tunnel.

Sur les 263 kilomètres de ce réseau, une moitié environ devait néces-

---

1. Ce dernier projet avait le grand avantage de placer le tunnel à un niveau bien inférieur à celui des souterrains du mont Cenis et des autres passages nommés ci-dessus.

siter de grands travaux d'art, principalement dans la vallée de la Reuss et la partie supérieure de celle du Tessin.

L'œuvre capitale de cette ligne, c'était la percée du massif du mont Saint-Gothard par un tunnel à double voie, de même section que celui du mont Cenis, mais qui le dépasserait de 2,700 mètres en longueur, et qui devrait s'exécuter dans des roches plus dures et plus exposées à de fortes infiltrations. C'était le plus grand tunnel à double voie que l'on eût entrepris jusqu'à ce jour, sans puits auxiliaires entre les extrémités.

Le temps accordé à l'entrepreneur n'était que les 2/3 environ de celui qui avait été nécessaire pour l'achèvement du souterrain du mont Cenis : ce percement présentait donc un immense intérêt, en vue de tous les travaux analogues qui pourraient être entrepris ultérieurement.

Ce tunnel devait réunir la vallée de la Reuss avec celle du Tessin ; sa direction faisait un angle de 5° environ avec celle du méridien. L'entrée du côté nord du tunnel, placée très près du petit village de Gœschenen, avait son seuil à 1,109 mètres au-dessus de la mer, ou à 672 mètres au-dessus du lac de Lucerne. La sortie sud, voisine du village d'Airolo, devait avoir son seuil élevé de 1,145 mètres au-dessus de la mer, ou à 948 mètres au-dessus du lac Majeur, que traverse le Tessin.

Ce tunnel était à double pente, comme celui du mont Cenis. Du côté de Gœschenen, la voie devait monter d'un peu moins de 6 pour 1000, pour redescendre, du côté d'Airolo, par une pente de 1 à 2 pour 1000. Au centre du tunnel, c'est-à-dire au sommet de la ligne, une partie en palier aurait ses rails élevés de 1152 mètres au-dessus du niveau de la mer.

Les dimensions du souterrain étaient les mêmes qu'au mont Cenis, à savoir : 6 mètres de hauteur sous clef, 7^m,60 de largeur au niveau des traverses, et 8 mètres de largeur à 2 mètres au-dessus des traverses.

Du côté d'Airolo, le tunnel devait se terminer par une courbe de 300 mètres de rayon ; mais le tunnel devait être prolongé de 165 mètres en ligne droite, afin de faciliter à la Compagnie les mesures pour la vérification de la ligne de direction. En tenant compte de ce prolongement, la longueur totale en ligne droite devait être de 14,920 mètres.

Du côté de Gœschenen, le tunnel traversait un massif d'environ 2,600 mètres de roches granitiques. Il rencontrait ensuite un repli de calcaire siliceux, correspondant à la vallée d'Unterseren. Le reste du massif, jusqu'à 1 kilomètre environ d'Airolo, se compose essentiellement de gneiss micacés ou amphiboliques ; enfin, près d'Airolo, on retrouve quelques couches calcaires, plusieurs failles et une abondance d'eau tout fait extraordinaire.

La position géographique des deux extrémités du tunnel avait été déter-

minée par une double opération : la première avait été exécutée par
M. O. Gelpke, et la seconde par MM. Plantamour et Hirsch, directeurs des
observatoires de Genève et de Neufchatel.

L'exactitude remarquable de ces deux opérations ne saurait être mise en
doute, puisque, avec un personnel et des instruments différents, ces habiles
observateurs étaient arrivés à des résultats identiques, à quelques centimètres près (1).

Le 5 avril 1872, la Compagnie du chemin de fer du mont Saint-Gothard

FIG. 74. — CARTE DU TUNNEL DU MONT SAINT-GOTHARD

avait ouvert un concours général pour l'exécution de ce grand tunnel des
Alpes. Sept entreprises se présentèrent, dont trois seulement parurent
sérieuses. Parmi ces trois, l'entreprise Louis Favre, de Genève, obtint la
préférence. Ses offres étaient d'environ 15 millions au-dessous du prix
demandé par ses concurrents, et elle offrait de terminer le tunnel dans
un temps plus court d'une année. Louis Favre était, d'ailleurs, très honorablement connu comme ayant entrepris d'importants travaux de chemins
de fer, parmi lesquels de grands tunnels, en France et en Suisse. De plus,

1. On se servit, pour ces opérations, d'une base mesurée dans la plaine d'Andermatt; sa
longueur était de 1450m,44. La différence de longueur entre les deux bornes fixées près des
extrémités du tunnel, n'a été que de *cinquante-trois millimètres*, et la différence de hauteur absolue de *quatre-vingt-dix-huit millimètres !*

il s'était assuré la coopération du professeur Daniel Colladon, de Genève, à titre d'ingénieur-conseil de l'entreprise.

Les conditions souscrites par Louis Favre étaient les suivantes :

1° M. Favre a déposé aux mains de la Compagnie du Gothard un cautionnement de 8 millions.

2° Il assume l'exécution complète du tunnel, à ses périls et risques, ainsi que de toutes les installations qu'il jugera nécessaires pour l'achèvement du tunnel, comprenant la force motrice, les compresseurs, les perforateurs et autres machines, les cintres et échafaudages, les voies de service, le matériel de transport, les ate-

Fig. 75. — COMMENCEMENT DES TRAVAUX A AIROLO (1872)

liers, magasins, habitations d'ouvriers, hôpitaux, chantiers, pour le prix de 2,800 francs le mètre courant, non compris les maçonneries et la voie définitive.

3° Ces prix comprennent également toutes les chances auxquelles est exposé l'entrepreneur, par suite de difficultés imprévues qui pourraient se présenter durant l'exécution.

4° M. Favre s'engage à achever complètement le tunnel dans l'espace de huit ans, ou au maximum dans l'espace de neuf ans. Si le tunnel n'est pas achevé au bout de huit ans, il subira, pendant le premier semestre de la neuvième année, une retenue de 5,000 francs par jour, et pendant le second semestre une retenue de 10,000 francs par vingt-quatre heures, jusqu'au jour de l'achèvement.

Au bout de la neuvième année, les 8 millions de cautionnement pouvaient être confisqués par la Compagnie du Gothard.

A ces conditions s'ajouta, par la faute de la Compagnie du Gothard, une difficulté de plus pour l'habile entrepreneur. Les travaux d'abord du tunnel, dont la Compagnie était restée responsable, auraient dû être complètement terminés au 27 août, date pour laquelle les engagements de Louis Favre avaient été ratifiés. Dans ces conditions, il lui serait resté deux mois et demi environ pour installer ses premiers appareils, dévier une partie de la force motrice, et exécuter les bâtiments d'ateliers, de magasins et d'habitation les plus indispensables. Il aurait pu, en outre, pousser rapidement les premiers travaux de percement de la galerie, et mettre ses ouvriers à

FIG. 76. — COMMENCEMENT DES TRAVAUX A GŒSCHENEN (1872).

l'abri, pendant les mois les plus rigoureux et avant la chute des neiges, qui, dans ces hautes stations, se déposent souvent en couches si épaisses qu'elles entravent les travaux extérieurs et rendent les transports difficiles et fort coûteux.

Du côté d'Airolo, les abords du tunnel furent achevés avant la fin de septembre, (fig. 75); mais, du côté de Gœschenen, ils ne l'étaient pas à la fin de décembre, et l'entrepreneur dut construire, à ses frais, une voûte provisoire, pour abriter ses premiers travaux de percement (fig. 76).

Le Conseil fédéral helvétique, auquel est réservé le droit de décider en cas de contestation, avait fixé le 1ᵉʳ octobre 1872 comme premier terme des engagements souscrits par Louis Favre.

II.   31

Si l'on compare les conditions imposées au mont Saint-Gothard avec celles de l'entreprise du tunnel du mont Cenis, long de 12,233 mètres, ou de celui du mont Hoosac, le plus grand qui ait été percé aux États-Unis, mais dont la longueur totale n'est que de 7,634 mètres, on trouve que, d'après les conditions imposées à l'entrepreneur, les travaux du Gothard devaient progresser deux fois plus vite que ceux du mont Cenis, et que, d'autre part, le prix payé par mètre d'avancement au Gothard, ne devait être qu'à peu près les 2/3 de celui qu'avait exigé le percement du mont Cenis, et la moitié de la dépense par mètre courant au tunnel de Hoosac (1).

En 1872, la presque universalité des ingénieurs considéraient les engagements pris par Louis Favre, relativement au temps, comme impossibles à réaliser. Cette opinion ne tarda pas à se modifier considérablement. L'énergique activité avec laquelle furent poussées les canaux de dérivation pour la force motrice, l'établissement des pompes pour la compression de l'air et des moyens de perforation, l'installation des ateliers et autres bâtiments, firent prévoir que les conditions imposées à Louis Favre seraient exactement remplies.

1. Le tunnel de Hoosac a coûté plus de 6,100 francs par mètre courant.

III

L'exécution des travaux. — Difficultés exceptionnelles qui se présentèrent dans le percement du mont Saint-Gothard.

La Compagnie organisée à la fin de l'année 1871, pour réunir, par une voie ferrée continue, les lacs de Lucerne et de Zug avec le lac Majeur et celui de Lugano, en suivant les vallées de la Reuss et du Tessin et en perçant le mont Saint-Gothard, avait donc décidé de confier à forfait et à un seul entrepreneur, l'exécution du grand tunnel à double voie, et l'on vient de voir les conditions rigoureuses qui lui étaient imposées.

C'est en août 1872 que la Compagnie avait choisi Louis Favre, comme entrepreneur de la totalité des travaux du grand tunnel. A la fin du même mois, le Conseil fédéral suisse approuvait la convention faite avec Louis Favre.

La Compagnie devait déterminer seule l'emplacement, la longueur, les dimensions et les pentes du tunnel, les endroits à revêtir et l'épaisseur des maçonneries, d'après un certain nombre de types convenus, dépendants de la nature de la roche.

La longueur de ce tunnel était, en ligne droite, de 14,920 mètres, plus, du côté d'Airolo, un tunnel de raccordement en courbe, long de 145 mètres.

La pente du côté nord était fixée à 5,82 %/oo, et du côté sud à 1%/oo.

La vérification des axes était réservée à la compagnie.

Les travaux de percement sur la longueur ci-dessus concernaient uniquement Louis Favre, qui (art. 5 du traité) « prend comme il l'entend toutes les mesures qu'il juge utiles pour l'exécution du tunnel. »

Ainsi, l'entrepreneur dut faire exécuter à ses frais, et comme il l'entendait, les dérivations des torrents, tous les appareils hydrauliques, les pompes pour la compression de l'air et les conduites d'air, les voies de fer provisoires, tous les engins de perforation, ceux de transport, d'aération ; tous les bâtiments nécessaires à son entreprise : ateliers, magasins, logéments et réfectoires d'ouvriers, hôpitaux, saintes-barbes, etc. ; tout l'outillage des ateliers et des chantiers de l'intérieur du tunnel.

Les travaux pour rendre les abords dégagés de tout obstacle sérieux, jusqu'aux portes du tunnel, devaient être entièrement l'œuvre de la compagnie.

Louis Favre, à qui incombait presque subitement une charge énorme de formalités à remplir, d'études à faire ou à compléter, d'une organisation

FIG. 77. — ENTRÉE DU TUNNEL A GŒSCHENEN

A, réservoir d'air comprimé; X, conduite en zinc, d'un mètre de diamètre, pour évacuer la fumée et l'air vicié, au moyen d'un aspirateur à cloches, placé au-dehors du tunnel.

immense, aurait dû trouver, immédiatement après la ratification du traité, les abords de la montagne complètement libres et déblayés par les soins de la compagnie. Il en fut autrement, comme on va le voir.

Du côté nord, celui de Gœschenen, le portail du tunnel était complètement inabordable. Il était entièrement masqué par un massif granitique, surmonté de terres éboulantes et d'énormes blocs erratiques. L'ingénieur en chef de la compagnie, M. Gerwig, au lieu de s'occuper de leur déblayement, se contenta de faire percer à la main une galerie de très petite section, à niveau du sol

FIG. 78. — ENTRÉE DU TUNNEL A AIROLO

du tunnel, et, au commencement d'octobre, il annonça à Louis Favre que, le portail du tunnel ayant été atteint à l'extrémité de cette galerie, il pouvait commencer ses travaux.

Cette conclusion était d'autant plus dérisoire, d'autant moins justifiable, qu'un énorme amas de blocs et de terrains éboulants continuait à masquer le portail du tunnel, et que Louis Favre avait annoncé, dès l'origine du traité, qu'il attaquerait le tunnel en plaçant sa galerie d'avancement près du sommet de la voûte.

M. Gerwig prétendait obliger Louis Favre à percer sa galerie d'avancement par le bas ; l'entrepreneur, plus expérimenté que lui, persista dans son plan. Mais, poussé à bout par les retards et les exigences de l'ingénieur en chef, il dut, bien malgré lui, prendre en mains l'achèvement des abords, déblayer la tranchée d'accès jusqu'au portail, et construire, en avant de ce portail, une voûte en granit, pour préserver son personnel contre les éboulements.

Ce fut seulement le 16 novembre 1872 qu'il put attaquer la galerie d'avancement à la limite où commençaient en réalité ses obligations, c'est-à-dire trois mois après la signature du traité.

A la hauteur de 1,109 mètres, au pied des hautes Alpes, la campagne d'hiver commence dès les premiers jours de novembre. Dès cette époque, l'abondance des neiges et les froids intenses rendent difficiles ou impossibles les travaux extérieurs. Ce retard équivalait donc, à divers égards, à un semestre perdu.

Du côté sud, celui d'Airolo, les travaux purent commencer plus tôt, c'est-à-dire le 13 septembre ; mais, dès le mois de novembre suivant, des infiltrations menaçantes vinrent compliquer l'excavation. Le premier rapport publié par la direction de la Compagnie, en parlant des travaux du tunnel en 1872, avoue (p. 44) : « Que, dès le mois d'octobre, l'affluence des eaux avait pris des proportions extraordinaires. Le 24 novembre, on rencontra une couche désagrégée, de laquelle s'échappait un petit torrent. Ses eaux charriaient une telle quantité de débris que, dans les premiers jours, il ne put être question de continuer. Tous les efforts durent se reporter sur le déblayement des débris et sur l'écoulement des eaux, dont le débit atteignait jusqu'à 15 et 30 litres par seconde. »

Si l'on réfléchit à la faible pente assignée au tunnel (*un millième du côté sud*), et à la section restreinte de la galerie d'avancement (*six à sept mètres carrés*), on comprendra les difficultés qui naissaient de ces fortes infiltrations.

Mais ce n'était là qu'un prélude.

Les rapports trimestriels officiels du Conseil fédéral constatent que les infiltrations plus ou moins violentes dans la galerie d'Airolo ont atteint les proportions suivantes : en mars 1873, 75 litres par seconde ; en septembre 1873, 195 litres par seconde. En 1874, les infiltrations ont varié de 200 à 271 litres par seconde (1).

Ces rapports constatent que les infiltrations se sont présentées le plus souvent sous forme de jets d'une extrême violence. Ainsi, le neuvième rapport parle de jets de 15 litres par seconde à 1,225 mètres de l'embouchure, et, à 13 mètres plus loin, d'une cascade sortant d'une fissure, etc. La galerie d'avancement du côté sud était changée en un aqueduc, avec 30 à 40 centimètres de hauteur d'eau boueuse, sous laquelle il fallait percer et charger les trous du bas, dits *de relevage*, mariner les débris, poser la voie, etc. (1).

Dans ces mêmes années, on fit la rencontre de très nombreuses failles, ordinairement accompagnées de boues et de graviers, qui se versaient dans la galerie.

Malgré leur excessive gravité et les excès de dépenses de temps et d'argent occasionnés par ces difficultés, ni ces failles ni ces énormes infiltrations n'ont été le principal obstacle opposé à la rapidité de l'excavation du côté sud du tunnel. Un troisième incident a causé plus de dommages à l'entreprise Favre que ceux déjà énumérés. C'est le déficit inattendu dans la quantité d'eau motrice disponible annoncée par la compagnie à l'entrepreneur dans les deux seuls torrents utilisables à l'extrémité sud, près du tunnel : la Tremola, qui descend du lac Sella, près de l'hospice du Saint-Gothard, avec une forte pente, et le Tessin, beaucoup moins rapide, dans le voisinage du tunnel.

Dans les hautes vallées des Alpes, l'époque des très basses eaux des torrents coïncide toujours avec les grands froids. Ni Louis Favre, ni M. Colladon, son ingénieur-conseil, ne pouvaient attendre l'hiver pour établir des moyens de jaugeage et pour décider du choix des moteurs, de l'emplacement des dérivations et des hauteurs des chutes d'eau. En présence du peu de temps accordé pour le percement, et des énormes amendes à encourir, il fallait arrêter toutes ces données avant la fin de l'automne, et commander le plus tôt possible les puissants appareils hydrauliques et les pompes pour la compression de l'air, indispensables pour la perforation.

L'ingénieur en chef, M. Gerwig, pendant qu'il avait longuement étudié, avec M. Beckh, en 1864 et 1865, les projets du chemin de fer du Gothard, avec tunnel de Gœschenen à Airolo, aurait pu s'assurer, par des jaugeages nombreux, des volumes exacts d'eau disponibles en hiver dans la Tremola et le Tessin, ou insister auprès du gouvernement du Tessin pour faire exécuter ces jaugeages avec suite, avant d'affirmer des volumes exagérés

(1) Au mont Cenis, les infiltrations n'ont guère dépassé deux ou trois litres par seconde, d'un même côté. Au tunnel du mont Hoosac (États-Unis), d'après les rapports officiels, on considéra comme un grave obstacle, qui a notablement nui à la rapidité d'exécution et augmenté la dépense, un volume d'infiltration de 18 litres par seconde.

pour les minima de ces torrents. En effet, leur rapport technique, publié en
1865, dit, page 45 : « On ne manquera pas de puissantes chutes d'eau sur
les deux versants du Gothard. La Reuss et le Tessin *en donnent plus qu'il
n'en faudra. Sur le versant méridional, on pourra en outre utiliser les
eaux de la Tremola.* »

Les résultats d'expériences de jaugeage, exécutées pendant les années
1871 et 1872, sur le Tessin et la Tremola, par l'ingénieur du canton du

FIG. 79. — LA VALLÉE DE LA REUSS, PRÈS DE GOESCHENEN

Tessin, M. Fraschina, furent transmis à l'entrepreneur par les bureaux de la
compagnie. Ils donnaient les chiffres suivants :

Expériences en novembre 1871 :

Tessin 6,890 litres par seconde ;   Tremola 897 litres.

Expériences en janvier 1872 :

Tessin 5,170 litres par seconde ;   Tremola 710 litres.

Dans le premier rapport officiel de la Compagnie sur les travaux de 1872,

FIG. 80. — LA VALLÉE DU TESSIN, PRÈS D'AIROLO

il est dit, page 45 : « Pour la perforation mécanique du côté d'Airolo, on utilisera les eaux de la Tremola. Pour obtenir une force de 600 chevaux, il faudra une chute de 165 mètres. »

C'est, en effet, cette hauteur de chute que conseillait d'adopter M. Gerwig, dans une visite faite, sur place, au commencement de septembre 1872, entre · lui et MM. Favre, Turrettini et Colladon.

Les chiffres ci-dessus, ne pouvant s'appliquer qu'à une force effective à réaliser sur les compresseurs, supposaient un volume d'eau minimum supérieur à 400 litres par seconde.

Dès le commencement de septembre 1872, M. Colladon avait insisté auprès de l'ingénieur, M. Maury, chef de section de l'entreprise à Airolo, pour qu'il fît établir un déversoir pour jauger la Tremola. Les difficultés étaient grandes, par suite de l'encombrement des roches dans le lit très accidenté du torrent. Néanmoins, M. Maury put prendre une mesure approximative, et il annonça, le 19 septembre, qu'il avait trouvé un peu plus de 340 litres d'eau par seconde. A la suite de cet avis, on fit changer la hauteur de chute, qui fut portée à 180 mètres, maximum qu'on ne saurait dépasser lorsqu'il s'agit de turbines de la force de 200 chevaux-vapeur, ou plus.

Malgré cette surélévation, on reconnut, par la suite, que l'eau de la Tremola ne pouvait fournir en hiver la puissance nécessaire. En 1873 et 1874 son volume d'eau fut souvent inférieur à 100 litres par seconde (1).

Louis Favre dut se résoudre à entreprendre une autre dérivation, en barrant le Tessin, à environ 3 kilomètres en amont du bâtiment des compresseurs d'Airolo, pour obtenir une chute utile de 90 mètres près des ateliers.

Les difficultés de ce travail ne peuvent être bien comprises qu'après un examen sur place. Il suffira de dire que le Tessin, sur cette longueur, est encaissé entre des rives à pic, formant le pied de la Fibbia, haute de 2,740 mètres, sommité d'où descendent chaque hiver de nombreuses avalanches de neige, de terres et de rochers ; et de plus que ces parois, contre lesquelles il fallait suspendre le canal, ne présentent que des roches en décomposition.

Pendant les quatre années qui ont suivi l'établissement de cet aqueduc, il y a eu 19 fortes avalanches, qui toutes ont anéanti une certaine longueur de la conduite, occasionné une suspension de la force motrice et exigé de coûteuses réparations.

A ces causes de retard on doit ajouter la rencontre, sous les plaines d'An-

(1) Pendant l'hiver 1880, de la fin d'octobre à la fin de mars, le volume d'eau de la Tremola a varié entre 50 et 80 litres par seconde.

dermatt, à 2,800 mètres de l'entrée nord du tunnel et sur près de 70 mètres de longueur, d'un terrain friable, composé de feldspath décomposé, avec mélange d'alumine et de plâtre, absorbant l'eau atmosphérique, et qui, cédant à la pression supérieure d'une couche de 300 mètres, s'effritait et se gonflait, avec une puissance telle, que les plus forts boisages étaient insuffisants ; si bien que les premiers revêtements en granit calculés et ordonnés par l'ingénieur en chef de la compagnie, furent écrasés à deux reprises.

A côté de cette série d'obstacles, dont la plupart sont dus à des cas de force majeure, l'entrepreneur eut à subir maints arrêts, ou difficultés, provenant de la position pécuniaire difficile dans laquelle la Compagnie avec laquelle il avait traité se trouva enveloppée, par suite de l'inexactitude des devis de M. Gerwig, son ingénieur en chef.

IV

L'exécution des travaux. — Chutes d'eau et moteurs utilisant les chutes. — Les turbines à Airolo et à Gœschenen. — Les pompes à compression d'air, à Airolo et à Gœschenen. — Les ateliers d'Airolo et de Gœschenen. — Quantités d'air nécessaires pour l'aération du tunnel. — Les machines perforatrices.

Le progrès dans le percement de très longs tunnels repose sur l'emploi des machines et d'une force motrice considérable.

Cette force se transmet par l'air comprimé, qui actionne les machines perforatrices, et aère, en même temps, les profondeurs du tunnel.

Pour obtenir cette puissance, il faut des chutes d'eau, des moteurs et des appareils de compression d'air. C'est donc des dérivations d'eau et des moteurs que nous parlerons d'abord. Nous examinerons ensuite les *cylindres compresseurs d'air*, enfin les machines perforatrices que met en mouvement l'air comprimé, fourni par les *cylindres compresseurs*.

CHUTES D'EAU ET MOTEURS.

Dans les hautes montagnes, quand on a besoin de forces motrices considérables, il est naturel de les demander aux cours d'eau que l'on y rencontre généralement. Ces cours d'eau n'ont pas un gros débit, mais on peut aller les chercher assez haut pour avoir une chute qui compense la faiblesse de leur volume. Au contraire, à cause de la difficulté des transports dans les montagnes, le charbon atteint un prix tel qu'il devient impossible de l'employer. La houille coûtait, à Airolo, 100 francs la tonne. Dès les premiers temps de l'entreprise du percement du mont Saint-Gothard, on chercha donc à se procurer des forces motrices hydrauliques. A Gœschenen, le problème était facile à résoudre ; on avait la Reuss, dont la pente est très forte dans toute la vallée de Schœlennen, et qui, en outre, donne un volume d'eau notable. A Airolo, au contraire, le Tessin, qui paraît avoir un débit suffisant, n'a que fort peu de pente, et on recula tout d'abord devant la longueur de la conduite à établir. La force motrice fut empruntée à un cours d'eau secondaire, affluent du Tessin, dont il est une des branches : la Tremola.

Deux rivières torrentielles ont donc été utilisées au mont Saint-Gothard, du côté d'Airolo : le Tessin et la Tremola.

La Tremola prend sa source au lac Sella, à quelques kilomètres de l'hospice du mont Saint-Gothard. Son eau est rarement trouble ; sa pente moyenne est considérable : environ 20 pour 100. Ces deux avantages devaient la faire préférer. Mais son volume est assez restreint, et pour obtenir une force notable, on dut recourir à un maximum de hauteur de chute, qui s'éleva à 180 mètres, ou 18 atmosphères.

La dérivation de l'eau de la Trémola présentait de grandes difficultés.

La plus grande partie du lit de cette rivière torrentielle est encaissée dans une espèce de gorge, où d'énormes avalanches encombrent son lit, à peu près chaque hiver. Il fallait absolument placer le barrage, le canal de prise d'eau et le réservoir dans des endroits accessibles pendant l'hiver.

Pour obtenir ce résultat, Louis Favre eut l'heureuse idée de transporter la prise d'eau en un point très élevé, où la Tremola est accessible toute l'année ; de là, par une canalisation de 1000 mètres, il versa cette eau dans le lit d'un torrent secondaire, le Chiasso, plus éloigné des chutes d'avalanches.

Comme tout ce versant de montagnes est sillonné d'avalanches, en hiver il fallait abriter le réservoir et l'enterrer sous le sol, en rétablissant par-dessus la pente naturelle ; sans quoi il aurait été infailliblement enlevé au premier hiver. Il devait, en outre, être placé latéralement au lit du torrent, pour ne pas être emporté par une crue subite. On l'adossa à un mamelon et on l'encastra solidement dans la roche, bien mise à nu. Ce réservoir avait 11 mètres de long et 2 mètres de large, et il était divisé en trois chambres, de 2 mètres de longueur, par des cloisons maçonnées qui servaient à retenir les dépôts lourds. Les corps flottants étaient arrêtés par des cloisons en planches placées au milieu des chambres. On profitait des rares moments d'arrêt pour vider le réservoir et le nettoyer.

De ce réservoir, placé à 180 mètres plus haut que les moteurs hydrauliques, l'eau épurée descendait, par une conduite, de $0^m,62$ de diamètre, et 844 mètres de longueur, formée de tubes en fer très résistants, jusqu'au bâtiment des moteurs et des *cylindres compresseurs*, situé à côté des ateliers.

Une chute de 180 mètres est, il faut le remarquer, un maximum pour les roues hydrauliques d'une force notable. Les exemples en sont fort rares, et elle nécessite une véritable perfection dans les détails d'exécution.

Les turbines qui furent construites pour les travaux du Gothard, étaient dites *roues tangentielles*, à axe vertical ; elles avaient $1^m,20$ de diamètre, 100 aubes et faisaient 350 tours environ par minute.

Elles furent fondues d'une seule pièce avec leurs aubes, et coulées, non en fonte, mais en bronze. En effet, sous des pressions excessivesle fer, la fonte ou l'acier, s'usent très rapidement par le choc de l'eau, tandis que le bronze peut durer intact pendant quelques années.

Chaque arbre de ces quatre turbines est muni, à sa partie supérieure, d'un pignon conique, qui commande une grande roue d'angle et son arbre moteur horizontal. Ces arbres horizontaux, placés sur une seule et même ligne, commandent directement les compresseurs d'air.

L'ensemble de cette canalisation et le jeu des appareils furent très satisfaisants ; mais, dans les deux dernières années, le volume d'eau de la Tremola se réduisit, pendant les jours de froid excessif, et à courts intervalles, à environ 100 litres par seconde.

Comme la ventilation et l'action des machines perforatrices devaient marcher jour et nuit, sans aucune interruption, Louis Favre se décida, en 1874, à créer une seconde canalisation, et à recourir à l'eau du Tessin, comme supplément de force motrice.

Ce torrent, qui n'a que 5 pour 100 de pente, près d'Airolo, semblait défier toute dérivation durable; car il coule entre des bords escarpés, formés de roches éboulantes, le long desquelles, pour surcroît de danger, glissent, chaque hiver, des avalanches de neiges et de rochers.

On entreprit pourtant ce périlleux travail, et il réussit.

Le canal de dérivation pouvait débiter 1 mètre cube par seconde. Il était en très grande partie suspendu aux flancs de rochers presque à pic.

La dérivation du Tessin est formée, sur 3,400 mètres, d'une conduite en bois de 5 millimètres de pente, calculée pour débiter 1 mètre cube d'eau. Elle suit le flanc de la montagne, enterrée dans le sol là où cela a été possible, et dans une grande partie de son parcours, entaillée dans les parois à pic du lit du fleuve. Elle traverse deux gorges profondes et abruptes, qu'elle franchit sur des ponts en bois, d'une seule portée, l'un de 42 mètres et l'autre de 35 mètres de longeur, à des hauteurs de 25 et 30 mètres au-dessus du fond. On arriva à faire des ponts très légers et qui se sont bien comportés pendant toute la durée des travaux. Nous représentons dans la figure 81 le pont-aqueduc du torrent de l'Albanisca.

A l'extrémité de la conduite en bois, un dépotoir, analogue à celui de la conduite de la Tremola, recevait les eaux, les épurait et les amenait dans une canalisation en tôle, de 0^m,75 de diamètre sur 600 mètres de longueur, qui les distribuait aux turbines.

Le projet d'élever l'eau du Tessin, par une canalisation longue de sept kilomètres, jusqu'au réservoir de la Tremola, présentait des difficultés insurmontables. En conséquence, on se borna à créer un canal de 3 kilomètres et un second réservoir, placé à 90 mètres seulement au-dessus des turbines.

Il y avait donc, à Airolo, deux dérivations et deux *réservoirs-dépotoirs*, situés à deux hauteurs de chute, dont l'une était double de l'autre.

Pour deux chutes aussi différentes, correspondant à des vitesses dans le rapport, de 2 à 3, il était convenable de recourir à deux variétés de turbines. Cette importante addition fut réalisée, d'une manière rationnelle et remarquablement heureuse, en plaçant, sur chaque arbre des turbines, ou

FIG. 81. — PONT-AQUEDUC SUR LE TORRENT ALBANISCA

roues tangentielles, une seconde turbine, de dimension différente, calculée pour cette chute de l'eau du Tessin.

Ces quatre nouvelles turbines, du système Girard, avaient chacune leur prise d'eau et leur vanne spéciales ; elles avaient été construites, comme les précédentes, par MM. Escher et Wyss, de Zurich.

Cette addition réalisait un ensemble très facile à régler, et qui assurait une marche régulière, pendant toute l'année.

L'eau de la Tremola, moins chargée de débris et de graviers, était toujours préférée ; mais, dès que son débit était au-dessous du volume nécessaire, on ne la faisait agir que sur un nombre restreint de turbines, et l'eau du Tessin actionnait les moteurs complémentaires. En outre, si la conduite de 18 atmosphères avait une rupture ou une interruption de service quelconque, la conduite du Tessin y suppléait.

Ce second travail de canalisation, si eminemment remarquable par sa hardiesse et sa judicieuse exécution, atteignit pleinement son but. Son résultat essentiel fut de régulariser et d'accroître en même temps la force motrice à l'embouchure sud du tunnel ; de sorte que l'on put disposer, aux ateliers d'Airolo, de l'énorme puissance de plus de 1000 chevaux-vapeur.

Tel fut l'établissement hydraulique du côté d'Airolo, c'est-à-dire à l'entrée sud du tunnel. A l'entrée nord, à Gœschenen, on put tirer parti, d'une façon plus simple et moins dispendieuse, des chutes d'eau de la montagne.

La vallée de la Reuss, du côté de Gœschenen, est aussi exposée que celle d'Airolo aux avalanches de pierres et de neiges ; mais celles-ci, moins fréquentes et moins fortes, durent peu, et n'ont d'autre inconvénient sérieux que d'empâter l'eau de la Reuss, et de la transformer, pour un ou deux jours, en une boue neigeuse, qui, obstruant les grillages et les conduites, occasionne des arrêts, que rien ne peut empêcher.

Le débit de la Reuss, en dessous d'Andermatt, ne s'abaisse presque jamais à moins d'un mètre cube par seconde. Sa pente, d'environ 10 pour 100, permit de préparer une chute utile de 85 mètres, en plaçant le barrage à 926 mètres environ en amont de la bouche du tunnel.

Ce barrage et sa prise d'eau purent s'effectuer d'une manière remarquablement heureuse, par suite de l'habileté de Louis Favre à tirer parti des circonstances locales du lit du torrent.

La hauteur de chute à obtenir était, avons-nous dit, de 85 mètres. On profita d'un emplacement où plusieurs blocs de rocher, dont quelques-uns de près de 100 mètres cubes, séparent le torrent en deux bras. L'un de ces bras étant dévié du courant principal, servit à la prise d'eau, l'autre à laisser passer le trop-plein, ainsi que toutes les matières charriées, c'est-à-dire, en été, les blocs entraînés par le courant, et en hiver, les neiges et les glaces.

Un canal maçonné de 130 mètres de longueur conduisit l'eau dans un dépotoir analogue à celui d'Airolo, mais de plus grandes dimensions, à cause du plus grand volume d'eau qui le traversait et, aussi de sa situation à l'abri des avalanches.

La dernière chambre donnait issue à l'eau, par une conduite en tôle, ayant 0^m,85 de diamètre, longue de 800 mètres, qui descendait jusqu'au bâtiment

FIG. 82. — CANAL DE DÉRIVATION DE LA REUSS, A GOESCHENEN

des quatre turbines, et leur fournissait un volume total d'environ douze cents litres par seconde.

Ces quatre turbines étaient du système Girard, à axe horizontal. Leur diamètre est de 2^m,40 ; leur vitesse normale de 160 tours.

L'eau dérivée de la Reuss, à plus de 900 mètres de l'embouchure du tunnel, était amenée au bâtiment contenant les turbines par un tuyau de tôle, qui suivait les détours de la montagne.

Nous représentons dans la figure 82 le trajet de cette conduite hydraulique, jusqu'à son entrée dans le bâtiment des turbines, c'est-à-dire l'ensemble du canal de dérivation de la Reuss, à Gœschenen.

APPAREILS POUR LA COMPRESSION DE L'AIR.

La force mécanique considérable dont on disposait à Airolo et à Gœschenen dans la saison favorable, était employée à comprimer l'air, pour les besoins des divers travaux mécaniques. Nous étudierons particulièrement les appareils qui ont servi à la compression de l'air, parce qu'ils constituent une des innovations les plus intéressantes des travaux du percement du mont Saint-Gothard.

Nous avons décrit, dans la Notice précédente, les moyens qui ont été successivement mis en œuvre pour le percement du tunnel du Fréjus. On a vu que l'idée émise par M. le professeur Daniel Colladon, de remplacer, au tunnel du Fréjus, le simple câble proposé par M. H. Maus, par une circulation d'air à très haute tension, en faisant servir cet air à diverses fonctions utiles, ainsi qu'à l'aération du tunnel, est celle qui a le plus contribué au succès de l'entreprise, et qui est devenue, pour ainsi dire, l'âme du percement du premier tunnel des Alpes.

Nous avons décrit les *béliers hydrauliques* dont Sommeiller, Grandis et Grattoni se servirent pour comprimer l'air, dans les chantiers de Bardonnèche et de Modane ; et l'on a vu que ces énormes appareils ne purent être employés à Modane, et ne servirent que peu d'années à Bardonnèche. On leur substitua des pompes dites *à piston liquide*, dans lesquelles de nombreux pistons, mis en mouvement par sept moteurs hydrauliques, faisaient osciller, chacun, deux colonnes d'eau, renfermées dans autant de cylindres à simple effet, munis de soupapes.

Nous ajouterons, en passant, que ces *pompes à piston liquide*, que M. Colladon rappelait dans son mémoire remis, en 1852, au gouvernement sarde, ont été construites, pour la première fois, en 1824, par l'ingénieur anglais Taylor, qui s'en servait, à Paris, pour comprimer le gaz de l'éclairage.

Ces pompes étaient fort supérieures aux *béliers compresseurs*, mais elles avaient aussi bien des inconvénients. Le poids de l'eau à mouvoir, à Modane, à chaque cylindrée, dépassait 2,600 kilogrammes, et 2000, à Bardonnèche. On comprend, *à priori*, que des pompes à mouvement alternatif, dont les pistons représentent des masses aussi considérables, ne soient pas susceptibles d'oscillations rapides.

L'expérience a confirmé ce grave inconvénient des pompes à piston d'eau. L'application de l'indicateur de Watt démontra qu'au delà d'un petit nombre d'oscillations par minute, les effets devenaient irréguliers et défavorables au rendement en travail utile. A Bardonnèche et à Modane, on avait dû limiter à huit le nombre des révolutions des manivelles auxquelles les bielles des pistons étaient attachées.

Au mont Saint-Gothard, comme dans les pays de montagnes, les moteurs hydrauliques les plus convenables à utiliser étaient les turbines à révolutions rapides, associées à de hautes chutes. S'il avait fallu appliquer à Gœschenen et à Airolo, pour la compression de l'air, les *pompes à piston liquide* qui ont fonctionné au mont Cenis, on aurait dû interposer entre les turbines et les pompes, de nombreux et puissants engrenages, pour réduire convenablement la vitesse. Il en serait résulté, tout à la fois, une perte de travail, des chances d'accidents, de volumineux appareils de transmission, et surtout un grand excès de dépense.

L'emploi des turbines nécessitait donc celui de pompes de compression à mouvements rapides. Seulement, il importait de prévenir l'échauffement de l'air, qui aurait entraîné une perte très notable de l'effet utile.

Le professeur Colladon s'était fait breveter, en 1871, pour un système nouveau de pompes de compression d'air, lequel permet de comprimer même à sec, par une action très rapide, l'air ou les gaz, et d'annuler, en même temps, les effets nuisibles de l'échauffement. Une pompe de ce système avait été établie, en 1871, pour le compte du chemin de fer de la Haute-Italie. Cette pompe, destinée à la compression du gaz d'éclairage, sous de hautes pressions, pour l'éclairage des trains de nuit, avait marché sans arrêt pendant près d'une année, à la vitesse moyenne d'environ 200 coups utiles par minute.

Ce résultat s'obtient par une double combinaison qui refroidit simultanément l'enveloppe de la pompe et ses pièces mobiles.

Ce mode de refroidissement suffit pour les gaz que l'on veut comprimer à sec. Pour les pompes d'un grand volume, au contraire, le refroidissement est complété par de petits injecteurs, qui mélangent à l'air de l'eau pulvérulente.

Des pompes de ce système, mises à l'essai dans les ateliers de la *Société genevoise de construction*, en présence de l'entrepreneur, Louis Favre, lui firent reconnaître la possibilité d'obtenir, avec leur emploi, de grands volumes d'air, sous des pressions de 8 ou 9 atmosphères, sans échauffement nuisible.

Nous représentons dans la figure 83 un système de deux *cylindres compresseurs d'air* de M. Colladon. Une bielle, mise en action par le jeu de la turbine, vient, par son mouvement d'avance et de recul, aspirer de l'air et rejeter cet air dans un tuyau, après sa compression par le retour du piston. B, est la bielle, actionnée par le mouvement de la turbine ; V, le volant,

Fig. 83. — CYLINDRE COMPRESSEUR D'AIR

qui régularise la vitesse ; c, c', les deux cylindres dans lesquels l'air est aspiré, puis refoulé.

Nous donnons dans une figure spéciale (fig. 84) l'explication du mécanisme qui sert à comprimer et à refouler l'air. Ce mécanisme se compose de deux groupes de soupapes s'ouvrant en sens inverse, et dont l'une laisse pénétrer dans le cylindre l'air, quand le piston, en se déplaçant, a fait un vide ; tandis que l'autre se referme sur l'air une fois introduit, par la pression du piston, à l'intérieur du tuyau communiquant avec le réservoir d'air comprimé.

Le cylindre étant fermé, à ses deux bouts, par deux couvercles symétriques, l'effet d'aspiration et de refoulement se produit alternativement dans l'une et l'autre de deux demi-capacités de ce même cylindre. Considérons donc une moitié seulement du cylindre.

Dans la partie antérieure, C, du cylindre il y a trois soupapes, ou *clapets*, dont deux à la partie supérieure, S, et une à la partie inférieure, S'. Les deux premières soupapes, S, servent à aspirer l'air. Elles s'ouvrent, sous la pression extérieure, quand le piston, en se déplaçant, a fait le vide à l'intérieur. Quand le piston revient à son point de départ, il comprime nécessairement l'air contenu dans la capacité qu'il parcourt, et sous la pression ainsi exercée, la soupape inférieure S', s'ouvre, et refoule l'air dans le canal d'écoulement, et de là, dans le réservoir d'air comprimé.

Ces deux périodes s'effectuent simultanément sur les deux faces opposées du piston; chaque période donnant lieu sur la face opposée du piston, au jeu contraire des soupapes.

Trois cylindres fixés, côte à côte, sur un même bâti, fonctionnent d'une manière identique, et forment un *groupe de compresseurs*.

Pour combattre l'élévation de température qui résulte de la compression de l'air, M. Colladon, avons-nous dit, fait usage de deux moyens, qui concourent au même résultat. Il fait d'abord circuler de l'eau à l'intérieur du piston et de sa tige, qui sont creux. En outre, une injection d'eau froide pulvérulente, est dirigée à l'intérieur du cylindre. Pour cela, un tube de très petit diamètre vient amener dans le cylindre, par une ouverture bien mastiquée, une petite quantité d'eau, lancée et rendue pulvérulente par l'effet de la hauteur de l'eau motrice, sous la pression de laquelle elle s'élance dans le cylindre, pendant les circulations du piston.

Le refroidissement instantané est donc produit par deux causes distinctes. D'abord le cylindre, la tige du piston et le piston lui-même, sont maintenus parfaitement froids, par la circulation d'eau à leur intérieur. La tige du piston étant creuse, ainsi que le piston lui-même, le mouvement de va-et-vient de ces deux organes entretient dans ces cavités la circulation continue d'un filet d'eau, qui entre et sort par les extrémités de la tige, prolongée à l'arrière du cylindre. Une faible quantité d'eau injectée à l'état pulvérulent, complète le refroidissement.

Ce mécanisme est représenté, sur la figure 84, par le tube d'arrivée de l'eau E, et les petits tubes, *e,e*, qui conduisent l'eau aux injecteurs pulvérisateurs, *i,i*.

Par ces deux moyens combinés, on obtient, avec des pompes qui marchent à près de cent révolutions par minute, de l'air comprimé à plusieurs atmosphères, dont la température ne s'élève que de 12 à 15 degrés, en injectant dans les cylindres un volume d'eau qui est, au plus, la douze-centième partie de celui de l'air aspiré.

Les pompes du système Colladon, qui ont fonctionné au tunnel du mont

FIG. 84. — COMPRESSEUR D'AIR (SYSTÈME COLLADON) POUR 14 ATMOSPHÈRES, AVEC INJECTION D'EAU PULVÉRISÉE A L'INTÉRIEUR DU CYLINDRE (166 COUPS UTILES PAR MINUTE, RÉCHAUFFEMENT DE L'AIR PENDANT LA COMPRESSION : 20 A 30 DEGRÉS).

A, Arbres à trois manivelles; B, Bielle transmettant le mouvement de va-et-vient au piston qui comprime l'air; C, Cylindre compresseur, entouré d'une enveloppe; P, Piston; T, Tige du piston; S, Soupapes d'aspiration d'air; S', Soupapes de refoulement d'air comprimé; t, Tuyau pour la sortie de l'air comprimé; V, Vanne pouvant fermer la communication avec X; X, Conduite générale de l'air comprimé fourni par les divers groupes; Y, Sortie de l'eau froide qui a circulé autour du cylindre; H, H, Socle, ou bâti, sur lesquel sont fixés les trois cylindres d'un groupe et son arbre à trois manivelle; E, Arrivée de l'eau froide pour les injecteurs qui la lancent en poussière dans le cylindre; e, e, e, e, Tubes conduisant l'eau froide aux pulvérisateurs; r, r, Robinets pour régulariser le volume d'eau injectée; i, Trou de l'injecteur pulvérisateur.

Saint-Gothard, pendant huit ans, ont démontré, d'une manière irrécusable, la possibilité de comprimer l'air, sans piston d'eau et avec une grande vitesse, jusqu'à des tensions de huit atmosphères et au delà, d'anéantir en même temps dans les cylindres compresseurs, et au moment même de la compression, l'échauffement considérable que tend à produire cette réduction de volume.

Les turbines de l'usine hydraulique d'Airolo, fortes chacune de 200 chevaux-vapeur, devaient faire 350 révolutions par minute. M. Colladon proposa d'établir des pompes faisant 80 révolutions dans le même temps, et pouvant être actionnées avec l'interposition d'un seul engrenage conique.

Afin d'égaliser la résistance et de supprimer l'emploi des volants, il conseilla d'accoupler ces pompes par groupe de trois, placées parallèlement sur un même bâti, et de les actionner par un arbre à trois manivelles.

Ce plan fut adopté par l'Entreprise. MM. Escher-Wyss, de Zurich, furent chargés des transmissions et la *Société genevoise de construction* de la fourniture de cinq groupes, de trois compresseurs chacun, pour le côté d'Airolo.

Ces cinq groupes furent placés, avec les turbines motrices, dans une chambre qui n'avait que 35 mètres de longueur sur 8m,50 de largeur. Chaque turbine pouvait aussi commander indifféremment l'un ou l'autre des groupes voisins, ou les faire marcher simultanément.

Quatre de ces groupes, marchant ensemble, pouvaient refouler, par heure, dans le tunnel, près de 1,000 mètres cubes d'air, à la tension de 7 ou 8 atmosphères, lesquels, en se répandant dans le souterrain, pouvaient transmettre dans les parties où se faisait l'excavation mécanique, la puissance de quelques centaines de chevaux. Ce volume, en se détendant, fournissait pour l'aération du tunnel, environ 8,000 mètres cubes, sous la pression de l'atmosphère.

La figure 85 donne une coupe de l'ensemble de l'appareil de compression hydraulique d'Airolo (*turbines et cylindres compresseurs d'air*).

On voit, à la partie inférieure de ce dessin, l'eau de la Tremola arriver, par le tuyau, A, avec une hauteur de chute de plus de 180 mètres, et le tuyau B amener cette eau aux turbines motrices, C, C. Le mouvement de ces turbines est transmis par des bielles, E, E, aux tiges des *cylindres compresseurs* M, M, M. Trois *cylindres compresseurs*, à double effet, sont fixés horizontalement sur un même bâti, Y.

Comprimé à 8 atmosphères, l'air s'échappe par les tuyaux, N, N, pour se rendre dans la conduite P, qui l'amène à un réservoir général, et de là au tunnel, par un tube de fonte de 0m,20 de diamètre.

A l'intérieur et au fond du tunnel, l'air comprimé est dirigé dans des tubes en

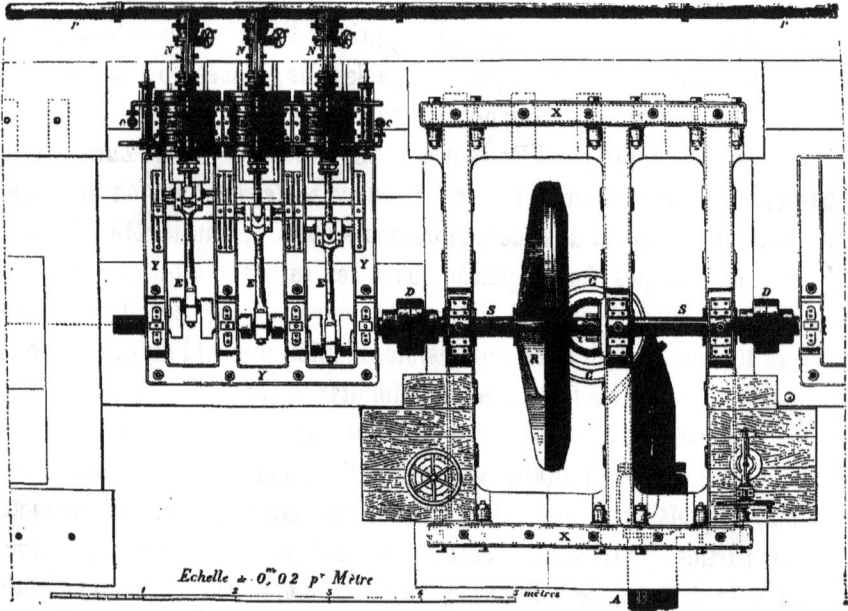

FIG. 85. — COUPE DES CYLINDRES COMPRESSEURS D'AIR ET DES TURBINES, A AIROLO

A, conduite d'eau motrice pour les turbines qui reçoivent la pression d'une chute d'eau de 180 mètres de hauteur verticale; B, Tuyau de distribution de l'eau motrice aux turbines; C. Turbines d'une seule pièce en bronze, de 220 chevaux de force, faisant 350 tours par minutes, imprimant le mouvement par les engrenages coniques r et R, à l'arbre de transmission, S; D, Manchon d'accouplement, pour unir ou séparer à volonté chaque groupe avec le suivant; X, Bâti pour supporter l'arbre de transmission S, ainsi que le bout supérieur de l'arbre vertical des turbines et du pignon d'engrenage R; E, Bielles recevant le mouvement des manivelles et le transmettant aux tiges de pistons des cylindres M.; M, Groupe de trois cylindres compresseurs à double effet, fixés horizontalement sur un même bâti; N, Tuyau d'échappement de l'air comprimé à 8 atmosphères dans la conduite P, avec des vannes de fermeture pour les cas de réparation; P, Conduite d'air comprimé à 8 atmosphères, amenant l'air comprimé à un réservoir extérieur, et de la au tunnel.

tôle, ayant d'abord 0ᵐ,12, puis 0ᵐ,10 de diamètre. C'est sur ces conduites que l'on établit des prises d'air pour le jeu des perforatrices, au moyen de tubes en caoutchouc, de 0ᵐ,06 et 0ᵐ,05 de diamètre. Outre ces prises d'air, il existe en plusieurs points de ces conduites, des *robinets d'aérage*, pour renouveler l'air près des chantiers de travail, à l'intérieur du souterrain.

La figure 86, dessinée d'après une photographie, donne l'aspect exact de l'*atelier des cylindres compresseurs d'air*, tel qu'il existait à Airolo. La légende qui accompagne cette planche, donne l'explication du rôle de chacun des engins mécaniques de cette belle installation.

Au premier plan, sont deux grandes turbines, mues par une chute de 90 mètres, de l'eau du Tessin.

Chaque turbine conduit un groupe de deux cylindres compresseurs, de 0ᵐ,46 de diamètre et de 0ᵐ,46 de course, ce qui correspond, sur l'arbre des compresseurs, à une vitesse de piston de 1ᵐ,35 par seconde. Ces vitesses sont celles prévues, mais, dans la pratique, on n'a pas dépassé 65 tours dans la marche normale de ces grands compresseurs.

L'échauffement produit par la compression est détruit, ainsi qu'on l'a dit plus haut, par un double système de refroidissement. Toutes les parties en contact avec l'air comprimé, le cylindre, le piston et sa tige, sont parcourues par un courant constant d'eau froide, qui les maintient à une basse température, et leur permet d'absorber la chaleur produite par la compression. Le refroidissement est complété par une injection d'eau froide à l'intérieur du cylindre. Cette injection se fait au moyen d'une buzette, formée d'une petite plaque en bronze, percée de deux trous convergents. L'eau est projetée en deux filets liquides, qui se rencontrent et produisent une pulvérisation complète, et un brouillard qui remplit le cylindre ; toutes les parties de l'air qui s'y trouve sont ainsi uniformément refroidies.

Chaque groupe représente une force motrice d'environ 200 chevaux-vapeur. Il y a cinq groupes, mais seulement quatre turbines. Chacune de celles-ci, ayant un groupe à droite et un à gauche, peut commander l'un ou l'autre, au moyen d'un système d'embrayage ; on a donc toujours un groupe de rechange, ce qui permet la visite des appareils et leur réparation, s'il y a lieu.

Un établissement mécanique tout semblable quant aux turbines et aux cylindres compresseurs, se voyait à l'autre extrémité du tunnel, à Gœschenen.

La disposition adoptée pour les compresseurs d'air à Gœschenen, ne différait que dans quelques détails secondaires de celle d'Airolo. Les

FIG. 96. — ATELIERS DES CYLINDRES COMPRESSEURS, A AIROLO (SYSTÈME COLLADON)

T, T, Deux grandes turbines conduisant chacune deux grands cylindres compresseurs; C, C, Cylindres compresseurs d'air; S, S, Soupapes d'aspiration ; S', Soupape de refoulement, laissant échapper l'air comprimé dans le tube a ; V, Valve pour régulariser l'échappement de l'air comprimé ; AA, Conduite générale de l'air comprimé se dirigeant vers le tunnel ; t, t, t, t, Quatre turbines commandant chacune un groupe de trois compresseurs à grande vitesse ; R, Réservoir destiné à séparer l'air de l'eau entraînée ; I, I, Tubes contenant de l'eau fraîche sous pression ; i, i, i, Tubes pourvus chacun d'un robinet servant à l'injection de l'eau pulvérisée dans l'intérieur du cylindre, C; g, Réservoir d'huile, destinée à graisser le piston.

pompes y étaient disposées d'une manière analogue ; elles formaient aussi cinq groupes, dont chacun était composé de trois compresseurs. Les arbres moteurs à trois manivelles, qui commandaient ces groupes, avaient une vitesse moyenne de 60 tours par minute. Cette différence de vitesse comparativement à celle des appareils d'Airolo, était compensée par une augmentation du volume des pompes.

Les compresseurs de Gœschenen avaient été fournis par MM. Roy et Cⁱᵉ, de Vevey ; ils avaient été construits d'après le système Colladon, et ne différaient que par quelques détails dans le mode d'injection, des compresseurs que la *Société genevoise* avait fournis pour Airolo.

La figure 87, dessinée, comme la précédente, d'après une photographie, donne l'aspect exact de l'*atelier des cylindres compresseurs* à Gœschenen. La légende qui accompagne ce dessin, donne l'explication du rôle des différents agents de ce bel ensemble mécanique.

Nous ajouterons que les appareils représentés sur cette planche, ne tardèrent pas à être en nombre insuffisant. Dès l'année 1875, alors que, des deux côtés, la largeur de la galerie devenait plus grande et la consommation d'air comprimé plus considérable, on fut conduit à augmenter, dans les deux sections, le nombre des appareils compresseurs. En conséquence, on commanda à la *Société générale de construction* quatre nouveaux groupes de compresseurs, identiques : deux pour chaque embouchure du tunnel.

On adopta le groupement par deux cylindres, au lieu de trois, qui rend la visite et l'entretien des appareils plus faciles, et l'on supprima toute circulation d'eau autour des cylindres, dans les tiges et les pistons. L'expérience avait, en effet, démontré que cette circulation d'eau n'était pas indispensable pour les pressions de 6 ou 7 atmosphères que l'on ne dépassait jamais. On eut ainsi des machines d'une grande simplicité.

Les cylindres ont $0^m,62$ de diamètre et $0^m,90$ de course ; ils portent, sur chacun de leurs fonds, deux soupapes d'aspiration et une de compression. Ces soupapes sont en acier et très légères ; elles sont ramenées sur leur siège en bronze par des ressorts à boudin en fil d'acier, tous extérieurs, constamment visibles, faciles à remplacer et dont le fonctionnement indique, à chaque instant, la marche de l'appareil.

Chaque groupe de deux cylindres est conduit directement par une turbine à axe horizontal, de 5 mètres de diamètre, du système Girard, montée entre les deux cylindres. Ces turbines, construites pour fonctionner sous une chute de 80 mètres et dépenser 480 litres d'eau, avec une vitesse de 70 tours, produisent alors une force nette de 325 chevaux-vapeur. Mais, dans la pratique, on ne leur a jamais fait dépasser une vitesse normale de 50 tours.

Cette disposition, pour l'étude de laquelle on avait profité des expériences faites sur les premiers appareils, donna d'excellents résultats, sous le double rapport de la régularité de la marche et du rendement. Elle a été reproduite aux installations du tunnel sous-marin de la Manche, avec cette différence que le moteur est une machine à vapeur et non des turbines.

AÉRATION DU TUNNEL.

Les trois causes principales qui tendaient à vicier l'air dans les travaux intérieurs du Gothard, étaient la présence des ouvriers, la combustion des lampes et les explosions.

Des brigades d'ouvriers se relevaient successivement, à différentes heures du jour ou de la nuit. Le nombre moyen de ceux qui stationnaient en même temps dans un des côtés du tunnel, était de 400. Il fallait donc un système d'aération qui introduisît, à chaque instant, la quantité d'air frais que consommaient ces 400 ouvriers et 400 lampes, soit, par heure, 2,200 mètres cubes.

Il fallait, de plus, renouveler, à chaque explosion, une quantité d'air, estimée à 100 mètres cubes pour chaque kilogramme de dynamite consommé; et comme la consommation correspond à une moyenne de 12 kilogrammes et demi de dynamite par heure, il fallait, pour y parer, 1,250 mètres cubes, soit en totalité 6,450 *mètres cubes d'air frais* par heure.

Les quatre turbines qui travaillaient sans interruption à chaque extrémité du tunnel, pouvaient (quand l'eau ne manquait pas), en actionnant quatre groupes de pompes Colladon, aspirer, comprimer et refouler dans les profondeurs du souterrain, 8,000 *mètres cubes d'air par heure*. Cette quantité, qui dépassait d'un tiers le volume reconnu nécessaire à l'aération, était répandue à l'intérieur par le jeu de vingt à vingt-quatre machines perforatrices, et par des robinets d'aérage espacés sur la conduite d'air principale.

Dans le fond du tunnel, c'est-à-dire dans la galerie de direction et aux abatages, l'air vicié était refoulé à l'arrière par l'arrivée de l'air frais, qui se versait en abondance aux fronts de taille, et l'aérage ne laissait rien à désirer; mais là où le tunnel, élargi, offrait de nombreuses cavités et une grande variété dans les travaux d'élargissement ou de maçonnerie, il se produisait des remous, et il devenait impossible d'empêcher le mélange de l'air frais avec l'air vicié.

L'entreprise du tunnel du mont Saint-Gothard, voulant mettre ses ouvriers dans les meilleures conditions d'aérage et de salubrité, à Airolo et à Gœschenen, fit établir, dans chacune de ces localités, très près des entrées, un puissant appareil d'aspiration, destiné à soutirer l'air vicié accumulé sous la voûte,

Fig. 87. — ATELIER DES CYLINDRES COMPRESSEURS, A GŒSCHENEN

C, C, C, Groupes de trois cylindres; T, Turbine pour un des groupes de cylindres compresseurs; I, I, Tube d'eau sous pression pour l'injection, *i*, de l'eau pulvérulente; R, Réservoir pour séparer l'air de l'eau entraînée; A, Tuyau qui emporte l'air comprimé dans le tunnel; B, B, Arrivée de l'eau motrice qui met les turbines en mouvement V, Valve pour régulariser l'arrivée de l'eau motrice dans les turbines M, Manomètre.

au moyen d'un large tube de 1m,20 de diamètre, suspendu sous l'intrados, dans toute la longueur des parties voûtées. Pour comprendre cette disposition, le lecteur est prié de se reporter à la figure 77 (page 244) qui représente l'*entrée du tunnel du côté d'Airolo*.

On voit, au plafond du tunnel, le conduit métallique, X, qui, aboutissant, dans l'intérieur de la galerie, aux parties supérieures de la voûte, là où travaillaient les ouvriers maçons, venait déboucher au dehors et emporter l'air vicié.

Au bas de la même figure, on voit le réservoir d'air comprimé, A, qui servait à envoyer l'air dans toute la longueur du tube suspendu à la voûte.

Le mécanisme d'aspiration se composait de deux cloches en tôle, qui plongaient dans des cuves annulaires dont le cylindre central était fermé par le bas au moyen d'un diaphragme muni de soupapes. Une machine à colonne d'eau faisait monter et descendre les deux cloches, qui étaient liées aux extrémités d'un grand balancier. Le fond supérieur de ces cloches est muni de soupapes servant à expulser, pendant leur descente, l'air aspiré pendant leur élévation.

A chaque double oscillation du balancier, ces cloches aspiraient et expulsaient dans l'atmosphère 50 mètres cubes d'air, et elles pouvaient atteindre une aspiration de 30,000 mètres cubes par heure.

Ce mode d'aspiration, inventé en 1825, par Pauwels et Du Bochet, pour l'extraction du gaz des cornues, a été, comme on le sait, adopté dans quelques usines à gaz.

Nous dirons, toutefois, que les *cloches d'aspiration* furent promptement supprimées au tunnel du Saint-Gothard. On y suppléa, avec avantage, par une augmentation dans le volume d'air pur envoyé dans le tunnel. Les *cloches d'aspiration* avaient pour effet d'aspirer 30,000 mètres cubes d'air par heure, et la bouche d'aspiration était, comme nous l'avons dit, placée en haut de la voûte, là où travaillaient les ouvriers. Cet appareil devint inutile parce que les innombrables supports nécessités par les failles qui s'étaient produites du côté sud, et les terrains éboulants rencontrés sous Andermatt, interceptaient tout le dessous de la voûte. On y suppléa par l'effet des *cylindres compresseurs*, qui pouvaient introduire jusqu'au fond du souterrain, 8,000 mètres cubes d'air pur, ainsi qu'un complément qui pénétrait du dehors par la section entière déjà achevée du tunnel.

La quantité d'air introduite jusqu'aux chantiers en activité, était ainsi quadruple de celle qui aurait été suffisante, sans le mélange inévitable de l'air pur avec l'air plus ou moins vicié. Les conditions hygiéniques étaient donc aussi favorables qu'il fût possible de le désirer, et bien supérieures, en tout cas, à celles de la plupart des travaux qui s'exécutent dans les mines.

LES MACHINES PERFORATRICES.

Les travaux du mont Saint-Gothard ont donné naissance à des machines perforatrices nouvelles et à des améliorations importantes dans la construction et l'emploi de ces utiles appareils.

La première perforatrice rationnelle destinée à percer des trous dans la roche dure, par l'emploi de l'air comprimé, fut construite, dès 1855, par l'ingénieur anglais, Th. Bartlett, qui était le représentant de M. Brassey, entrepreneur du chemin de fer Victor-Emmanuel.

Cette machine, très remarquable, fut essayée, en mars 1857, à la Coscia, en présence de la commission nommée en vue des futurs travaux du tunnel du Fréjus.

Sommeiller assistait à ces expériences, et la rapide action de cette machine le mit sur la voie d'une perforatrice nouvelle, pour laquelle il se fit breveter, et qui fut employée, exclusivement à toute autre, ainsi que nous l'avons dit, au percement du tunnel du mont Cenis.

Lors du traité international pour le chemin de fer du mont Saint-Gothard, le gouvernement italien avait mis, comme condition de sa subvention, le rachat par le gouvernement suisse, ou par la Compagnie exécutrice, de tout l'ancien matériel qui avait servi au percement du Fréjus. Ce rachat fut une des charges imposées à l'entrepreneur, Louis Favre, à l'époque de la signature de son traité. Il se vit contraint d'acheter, pour l'entreprise, une centaine de machines perforatrices du système Sommeiller, dont on ne se servit d'ailleurs, jamais, et qu'il fallut dépecer, pour en utiliser le vieux bronze.

Le système Sommeiller n'est plus usité aujourd'hui. Des inventions nouvelles ont amené de nombreuses transformations dans la construction des appareils perforateurs, dont on distingue actuellement plus de vingt variétés.

Tous ces appareils ont des pièces essentielles analogues, et se composent généralement :

1° D'un *cylindre principal*, pour la percussion par l'air comprimé ;

2° D'un *piston percuteur*, dont la tige se prolonge, et sert de *porte-outil*, parce qu'on fixe à son extrémité le *ciseau*, *burin*, ou *fleuret*, destiné à percer les trous dans le roc ;

3° D'un *tiroir*, ou *robinet distributeur*, dont le mouvement de va-et-vient introduit l'air comprimé alternativement à l'avant ou à l'arrière du piston, comme dans le cylindre d'une machine à vapeur ;

4° D'organes destinés, soit à faire tourner le piston, sa tige porte-outil, et le ciseau perceur, soit à faire avancer le cylindre et ses annexes vers le front de taille, pendant les progrès de l'outil ;

5° D'un *support*, *châssis*, ou *cadre*, rigide, formé ordinairement de deux barres, ou *longerons*, le long desquelles le cylindre et ses annexes peuvent glisser, pour se rapprocher du trou en percement. Ce cadre, ou support, destiné à être placé sur un *affût*, doit pouvoir s'incliner en différents sens, selon la direction des trous que l'on veut percer.

Le ciseau-perceur doit avoir un mouvement rapide et puissant de va-et-vient. Il doit aussi tourner autour de son axe, pour ne pas s'engager, *se coïncer*, pendant le percement, et pour faire un trou droit et cylindrique. Le piston et la tige porte-outil doivent évidemment participer aux mêmes mouvements. Enfin, le cylindre et ses principales annexes, doivent avancer soit automatiquement, soit à la main, vers le front de taille, pendant le percement.

La main du mineur qui travaille avec une barre à mine, réalise d'une manière admirablement simple, ces trois mouvements ; mais la force musculaire d'un homme devient insuffisante quand le percement doit être rapide. Il faut alors recourir à des machines et à l'air comprimé, dans le cas surtout où on veut agir dans la profondeur d'un souterrain.

Outre la réalisation des trois mouvements exposés ci-dessus, il existe d'autres éléments de comparaison, qui déterminent l'entrepreneur dans le choix d'une perforatrice, tels que : la dépense d'air comprimé pour un certain effet produit ; — la bonne exécution de l'appareil et le choix des métaux employés à sa construction ; — le capital d'achat ; les frais d'entretien ; — la manutention, plus ou moins facile, pour les ouvriers mineurs ; — le poids de l'appareil, ses dimensions en longueur et largeur ; — enfin la profondeur des trous que l'on peut obtenir en une opération, sans changer l'outil perceur.

L'entreprise du mont Saint-Gothard essaya, soit à Genève, soit aux abords du tunnel, plusieurs modèles de machines perforatrices. A la suite de ces essais, elle se limita à l'emploi de trois ou quatre modèles, qui avaient, chacun, ses avantages spéciaux. La variété de ces systèmes ne nuit en aucune manière à la rapidité d'exécution du travail ; car l'entreprise exige des constructeurs que chaque machine perforatrice puisse s'adapter immédiatement à l'affût, sur lequel on en place un certain nombre, pour les faire travailler en commun. Elle exige, de plus, que le mode d'emploi de ces machines soit assez facile et assez simple pour que tout mineur puisse les faire agir, après un très court apprentissage.

Louis Favre avait ainsi maintenu le champ libre pour des perfectionnements utiles, tout en évitant les difficultés qui pouvaient provenir de la variété des appareils. L'expérience montra que ce mode de faire est préférable à celui qui avait prévalu dans les travaux du mont Cenis, c'est-à-dire à l'usage exclusif d'une seule perforatrice.

Aussitôt après la signature du contrat, l'entrepreneur, Louis Favre, s'était décidé à faire l'achat, en Belgique, de deux compresseurs d'air à vapeur, provisoires, qui furent placés aux extrémités nord et sud du tunnel. Il traita, en même temps, avec les constructeurs Dubois et François, pour la livraison d'un nombre restreint de machines perforatrices de leur système.

La perforatrice Dubois et François a des points de ressemblance avec celles du mont Cenis, mais elle en diffère par plusieurs organes essentiels.

La machine inventée par Sommeiller est composée, à l'imitation de celle de Bartlett, de deux appareils distincts : un très petit moteur à air comprimé, avec volant à rotation continue, et une perforatrice proprement dite. C'est par l'intermédiaire de ce petit moteur que Sommeiller faisait mouvoir le tiroir distributeur, et qu'il obtenait la rotation du piston percuteur aéritique et la progression du cylindre du côté du rocher.

L'appareil de MM. Dubois et François (fig. 88) est plus simple que celui de Sommeiller, et dépense moins d'air comprimé, à égalité d'effet. Ces constructeurs ont supprimé le petit moteur à air comprimé, modifié le mouvement du tiroir, et obtenu la rotation du piston percuteur par l'action alternative de l'air comprimé sur un levier qui commande la rotation d'un engregage à rochet, lié au porte-outil.

L'avancement du cylindre percuteur vers le front de taille, s'opère à la main, par la rotation d'une vis parallèle au cylindre.

Peu de temps après la mise en action des machines perforatrices Dubois et François, le succès obtenu en Angleterre par une machine américaine, inventée par M. Mac Kean, engagea Louis Favre à faire des essais avec cet appareil, moins volumineux et plus puissant que le précédent.

La perforatrice anglo-américaine diffère totalement de la machine Dubois et François. La rotation du piston, de sa tige et de l'outil-perceur s'obtiennent par le va-et-vient du piston, au moyen de deux roues à dents hélicoïdales, très inclinées. L'une de ces roues est fixée sur la tige du piston ; l'autre, qui engrène avec la première, est fixée sur un petit arbre spécial ; ce second arbre porte, en outre, une roue à rochet.

La grande roue participe au va-et-vient du piston ; la pression de sa denture hélicoïdale contre celle de la petite roue, tendrait à imprimer à celle-ci et à son arbre un mouvement rotatif oscillatoire et alternatif, en deux sens opposés ; mais la roue à rochet et son cliquet ne permettent la rotation de la roue que dans une seule direction. Il en résulte qu'à chaque retour du piston percuteur, la réaction des dents hélicoïdales de la petite roue contre celles de la grande, oblige cette dernière à tourner d'un certain angle sur son axe; ce qui entraîne la rotation du piston percuteur et celle du ciseau.

Le tiroir de la machine Mac Kean est cylindrique, et le mécanisme qui le fait mouvoir est plus simple que celui des appareils Sommeiller et Dubois.

M. Mac Kean a conservé, pour l'avancement du cylindre et de ses accessoires, l'emploi d'une vis parallèle au cylindre moteur. Il a, de plus, utilisé le mouvement rotatif alternatif de l'arbre du tiroir, pour obtenir un avancement automatique, au moyen de la vis, à laquelle est adaptée une roue à rochet, qu'un cliquet fait tourner d'une ou deux dents, à chaque mouvement rotatif du tiroir.

On a construit deux modèles de cet appareil : l'un a un piston de 10 centi-

FIG. 88. — LA MACHINE PERFORATRICE DUBOIS ET FRANÇOIS

mètres de diamètre ; la course du fleuret est de 1^m,210, sa dépense d'air comprimé est de 1 litre 500 par évolution complète, et son poids de 170 kilogrammes.

Le second modèle a la même course de 1^m,210, mais le diamètre du piston est de 13 centimètres ; il dépense 2 litres 500 par évolution complète, et pèse 200 kilogrammes.

La vitesse de perforation obtenue avec l'appareil Mac Kean dépasse d'une manière notable celle que donne la machine Dubois et François. Dans les expériences faites en Suisse, on put obtenir, avec une pression de 4 à 5 atmosphères, un avancement normal de 0^m,10 à 0^m,12 par minute, dans un bloc de granit, d'une grande dureté.

L'appareil entier a moins de longueur et occupe moins de volume que la perforatrice Sommeiller, ou celle de Dubois et François. Son poids est moindre ; ce qui rend son transport et sa mise en place faciles. Des machines de ce système, fixées sur de petits affûts spéciaux, ont rendu d'utiles services pour les travaux d'élargissement du tunnel au Saint-Gothard.

Les premiers appareils Mac Kean reçus au Saint Gothard, s'adaptaient mal aux grands affûts dont on se servait. En 1875, l'inventeur surmonta ces difficultés, et l'entrepreneur du tunnel se décida à lui faire une nouvelle commande de 68 de ces appareils, pour les installer du côté d'Airolo.

M. A. Seguin, chef des ateliers à Airolo, a considérablement simplifié les appareils Mac Kean. Il a supprimé les engrenages et la vis d'avancement. Depuis 1875 toutes les perforatrices employées du côté d'Airolo ont été du système simplifié Mac Kean-Seguin.

Le tunnel du Monte Cenere a été entièrement percé par ces machines.

Un troisième système a donné de meilleurs résultats au mont Saint-Gothard. Il a été imaginé, en 1874, par M. Ferroux, ancien chef d'atelier des travaux du mont Cenis, à Modane, qui fut ensuite mécanicien en chef des ateliers de Gœschenen, au mont Saint-Gothard.

M. Ferroux avait d'abord repris, pour sa perforatrice, l'emploi d'une petite machine distincte ; mais, abandonnant le mécanisme compliqué qui met en jeu le tiroir distributeur de Sommeiller, il le remplaça par un excentrique, auquel le petit moteur transmet un mouvement direct de rotation.

Le mécanisme pour la rotation de l'outil sur son axe, est à peu près le même que dans l'appareil Sommeiller.

Le mode d'avancement progressif de l'appareil percuteur, à mesure que le trou de mine devient plus profond, constitue la partie essentiellement ingénieuse et nouvelle de la perforatrice de M. Ferroux.

Le cylindre percuteur se prolonge à l'arrière par une tige creuse. Cette tige creuse a deux fonctions : 1° elle sert de conduit à l'air comprimé, pour l'introduire dans la chambre du tiroir distributeur ; 2° elle pousse constamment vers le front de taille le cylindre percuteur, par l'action de l'air comprimé, qui presse sur un second piston, fixé à l'extrémité de la tige creuse. Ce second piston est renfermé dans un second cylindre, placé à l'arrière du cylindre percuteur.

L'appareil percuteur tend donc sans cesse à avancer vers le front de taille ; mais il est retenu par un cliquet, qui engrène sur une crémaillère que portent les longerons ; le porte-outil est muni d'un bourrelet qui dégage ce cliquet et permet l'avancement, chaque fois que le ciseau a besoin d'avancer. Pour éviter le recul du cylindre percuteur par l'effet du choc, M. Ferroux a placé, dans la tige creuse, deux petits pistons perpendiculaires aux parois de cette tige, et qui, par la pression de l'air comprimé, font arrêt contre les longerons.

C'est en 1873 que M. Ferroux créa cette première machine. Depuis cette époque, il a apporté successivement à son appareil de nombreuses modifications, tendant à simplifier et à réduire le plus possible les organes extérieurs de la distribution d'air et de la rotation du fleuret. Il a définitivement renoncé au petit moteur distinct. Le dernier type établi, dont nous allons donner la description et le dessin, est presque moitié moins lourd et moins coûteux que l'appareil primitif, et il est facile à entretenir et à réparer.

La figure 89 représente, en coupe, la perforatrice de M. Ferroux.

Cet appareil comprend deux cylindres : l'un, L, à grande course, est le cylindre propulseur ; la tige N de son piston, est creuse et reliée solidement à l'arrière du cylindre percuteur T, dont la tige porte le fleuret.

Cet ensemble est fixé sur deux longerons à crémaillère, par des dispositions analogues à celles qui sont employées dans la perforatrice Mac Kean et Seguin, c'est-à-dire au moyen d'ergots,

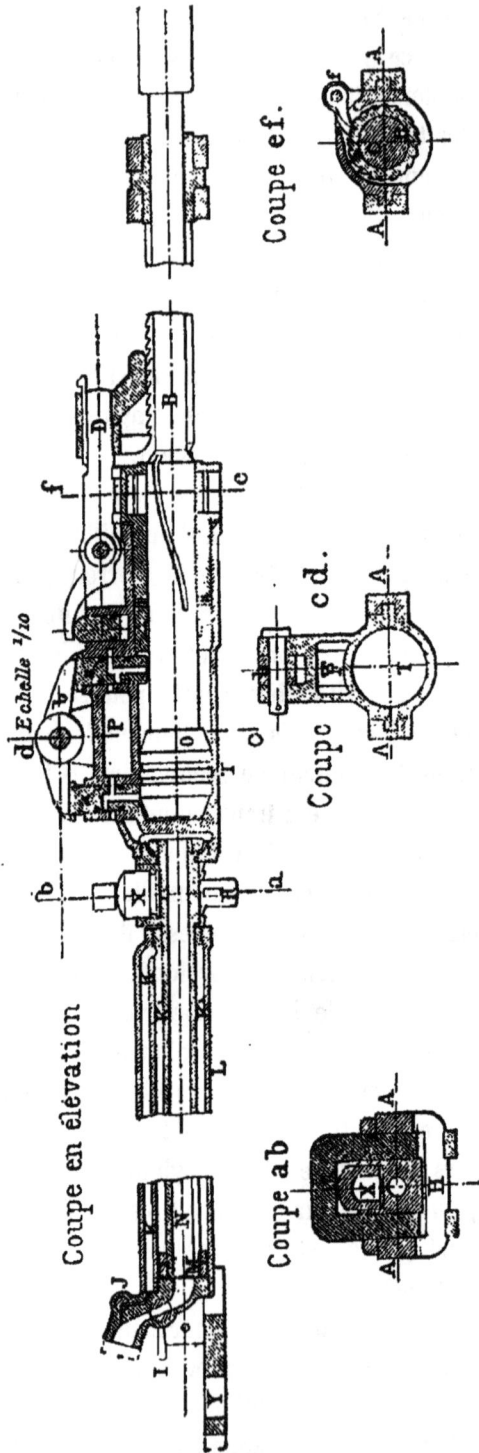

Coupe ef.

Coupe cd.

Échelle 1/10

Coupe en élévation

Coupe ab

FIG. 89. — PERFORATRICE DU SYSTÈME FERROUX, GALERIE NORD DU GRAND TUNNEL DE SAINT-GOTHARD

maintenus en prise par de petits cylindres à air comprimé et leur piston.

Le mouvement de percussion est produit comme il suit. L'air comprimé est conduit, par la tige creuse, X, dans la boîte de distribution, P, du cylindre percuteur ; le piston O, conique à ses deux extrémités, effectue lui-même la distribution, en soulevant alternativement les deux petits pistons a, a, rendus solidaires l'un de l'autre par le levier b. En arrivant à l'une de ses extrémités, le piston O soulève l'un des tiroirs a, qui ouvre l'admission et abaisse le tiroir opposé lequel découvre l'orifice d'échappement. En raison de la simplicité de ces organes de distribution, le piston percuteur peut atteindre une très grande vitesse.

La rotation du fleuret est produite, comme dans l'appareil Mac Kean, par un mécanisme inventé par l'Américain Burleig. C'est une rainure hélicoïdale pratiquée dans la tige du piston percuteur. Dans cette rainure est engagé l'ergot, c, d'une roue à rochet, d. Lorsque le fleuret frappe la roche, la roue tourne sur elle-même, mais, au retour, le cliquet s'oppose à la rotation contraire ; et c'est le porte-outil lui-même qui tourne, ainsi que le piston moteur.

Quant au mouvement d'avancement, voici comment il est réalisé. Lorsque le fleuret a pénétré dans la roche d'une longueur égale à la distance des dents de la crémaillère, l'embase conique, O, de la tige du piston, vient soulever la fourchette, D, et l'action de l'air comprimé sur le piston propulseur, M, fait avancer le cylindre d'un cran.

Pour obtenir le mouvement de recul, on ramène brusquement la perforatrice en arrière en fermant le robinet, I, et ouvrant le robinet, J. L'air qui poussait la machine en avant, s'échappe ; tandis que celui introduit par le tuyau, K, vient agir sur l'autre face du piston, M, et le ramène à fond de course en arrière.

Le diamètre du piston percuteur est de 105 millimètres, le volume d'air dépensé pour une évolution complète, est de 1 litre 400, et le poids de la perforatrice complète de 180 kilogrammes.

Cette machine est bien préférable à celle de Dubois et François, pour la facilité de la manœuvre et la vitesse d'avancement. Nous la représentons, dans son ensemble, dans la figure 90.

M. Turrettini, directeur des ateliers de la *Société genevoise de construction*, a inventé, en commun avec M. Colladon, une perforatrice entièrement nouvelle par la disposition de ses organes et par leur mode d'action.

Cet appareil a son piston composé de deux parties qui se séparent un peu avant le choc du ciseau, et donnent au coup plus d'élasticité. C'est le choc même du burin qui détermine le changement de distribution et le retour du porte-outil. On évite ainsi le grave inconvénient qui se présente souvent dans

la plupart des machines perfo-ratrices, d'un choc imparfait, résultant d'un changement anticipé de la distribution de l'air comprimé.

La rotation du piston et de l'outil perceur, ainsi que le jeu du tiroir, sont obtenus par des combinaisons dont l'expérience a démontré l'efficacité, et l'économie, au point de vue des frais d'entretien.

Enfin, l'avancement progressif automatique du cylindre percuteur, le long des longerons, et au besoin son recul, s'obtiennent par un procédé entièrement nouveau, C'est en utilisant le principe de la réaction

FIG. 90. — LA MACHINE PERFORATRICE FERROUX

de l'air comprimé, que les inventeurs obtiennent, à volonté, l'un ou l'autre de ces effets, par le seul jeu d'un robinet. Un levier actionné par cet air comprimé, donne à l'appareil, dans chaque position, la stabilité voulue pour résister au choc.

Les mécanismes pour l'avancement automatique du cylindre percuteur sur les longerons, ont été l'écueil de la plupart des appareils inventés depuis le percement du mont Cenis. Les uns donnent un avancement qui n'est pas proportionnel aux progrès de l'outil perceur ; les autres usent de pièces délicates, qui sont ainsi exposées à demander de fréquentes réparations. Le mouvement automatique imaginé par M. Turrettini laisse bien peu à désirer. Il suit exactement les progrès du ciseau : et le mécanisme qui le produit, opérant sans choc, présente une remarquable simplicité.

Si l'appareil, muni de son burin, est reculé sur ses longerons jusqu'à une distance quelconque du front de taille, au moment où on ouvre le robinet de l'air comprimé, le cylindre percuteur avance rapidement, de lui-même, jusqu'à ce que le ciseau atteigne le rocher. A partir de ce moment, il continue à cheminer en avant, d'une quantité exactement égale aux progrès de l'outil perceur.

Cette machine, de peu de volume, a moins de longueur et pèse moins que les perforatrices Dubois et François ou Ferroux. Sa consommation d'air est moindre, pour un même travail d'approfondissement. Elle est sans doute destinée à un succès d'avenir, puisqu'elle a pu lutter, dès les premiers essais, avec les meilleurs modèles.

Des perforatrices de ce nouveau système, mises en action au tunnel du Gothard, pendant l'été de 1875, travaillèrent concurremment avec les trois systèmes précédemment décrits, et le bon résultat de ces essais décida l'entrepreneur à commander à la *Société genevoise de construction* trente-deux autres perforatrices du système Turrettini et Colladon.

Telles sont les machines perforatrices dont on fit usage pour le percement du mont Saint-Gothard. D'autres machines du même genre ont été construites, depuis cette époque. Nous les passerons sous silence, puisqu'elles n'ont pas été utilisées dans le travail mécanique du Saint-Gothard. D'ailleurs, on peut dire, en général, que toutes ces machines se valent ; leurs avantages relatifs dépendent de l'habileté et de l'attention du contre-maître et de l'ouvrier.

En parlant, dans la Notice suivante, du percement du mont Arlberg, nous ferons connaître des machines perforatrices d'un système qui diffère du précédent : l'usure de la roche est obtenue, non par la percussion ou le choc d'un fleuret, mais par la rotation sur son axe, d'un corps très dur, comme le diamant ou l'acier fondu et trempé.

LES LOCOMOTIVES A AIR COMPRIMÉ.

Les travaux mécaniques s'effectuaient tous, au tunnel du mont Saint-Gothard, par la force de l'air comprimé. La traction des wagonnets de déblais, comme le transport des matériaux, outils, etc., s'obtenait uniquement par ce moyen.

FIG. 91. — RÉSERVOIR D'AIR COMPRIMÉ

On se contenta d'abord d'employer l'air comprimé des machines perforatrices; mais, à mesure que la distance augmenta et que le cube des déblais s'accrut, ce moyen devint insuffisant : il aurait fallu traîner des réservoirs énormes. On se décida à faire une installation spéciale, pour fournir aux locomotives de l'air à 14 atmosphères. Pour atteindre plus facilement cette pression élevée, on aspirait l'air qui était déjà comprimé à 6 atmosphères, en moyenne, pour servir aux machines perforatrices.

Les travaux de transports occupaient, à chaque extrémité du tunnel, deux locomotives à air comprimé. L'une, plus ancienne, de la force de 12 chevaux-

vapeur, était alimentée d'air comprimé par un réservoir cylindrique, du volume
de 16 mètres cubes, porté sur deux trucs attelés à la locomotive. Ce réservoir
s'alimentait par une prise d'air sur la conduite principale d'air comprimé. La seconde locomotive, d'un emploi plus récent, avait été
fabriquée au Creusot. Elle n'avait pas de tender, et se composait simplement d'un réservoir de 7 mètres cubes, pouvant résister à 14 atmosphères. A ce réservoir étaient fixés deux cylindres, qui mettaient en mouvement les roues du véhicule, au moyen de bielles articulées. Le piston
marchait à une pression moyenne de 5 atmosphères. La distribution d'air
comprimé était réglée par un appareil automatique inventé par M. Ribourt,
ingénieur employé au Gothard et ancien élève de l'École centrale. Ce mécanisme remplissait parfaitement son but.

Pour obtenir une provision régulière d'air comprimé à 14 atmosphères,
Louis Favre avait fait établir des réservoirs spéciaux, et commandé, en 1875,
à la *Société genevoise de construction*, huit compresseurs, du système
Colladon, pouvant comprimer chacun, sans réchauffement appréciable,
12 mètres cubes d'air atmosphérique par minute, et les porter à la pression
de 14 atmosphères. Quatre de ces appareils fonctionnaient à Airolo et quatre
à Gœschenen. Établis dans la chambre où se trouvaient réunis les quatre moteurs hydrauliques et les cinq groupes de compresseurs, ils étaient actionnés
par les arbres moteurs de ces quatre turbines.

On avait également posé un réservoir spécial d'air comprimé sur le sol, en
plein air, comme le représente la figure 91.

Les locomotives à air comprimé servaient surtout au transport des déblais,
depuis l'intérieur du tunnel jusqu'au lieu de décharge.

La figure 92 représente une locomotive à air comprimé remorquant hors
du tunnel un train de wagonnets de déblais.

FIG. 92. — LOCOMOTIVE A AIR COMPRIMÉ REMORQUANT HORS DU TUNNEL UN CONVOI DE WAGONNETS DE DÉBLAIS

V

Le tunnel du Saint-Gothard n'a de précédent comparable que le souterrain du mont Cenis, achevé en 1871, et celui de Hoosac, aux États-Unis, terminé en 1874.

La galerie du mont Cenis, longue de 12,233 mètres, entreprise par d'éminents ingénieurs, aux frais du gouvernement sarde, et pour laquelle aucune dépense utile n'a été épargnée, a exigé 13 ans et demi pour son achèvement.

Au mont Hoosac (État de Massachussets), où la longueur totale est de 7,634 mètres, le progrès moyen, même dans les dernières années, fut inférieur à celui réalisé au mont Cenis.

Le tunnel du Saint-Gothard, percé dans une roche plus dure, et long de 14,920 mètres, s'exécutait aux frais d'une entreprise Suisse, et, d'après les traités, il devait être complété en 8 années, ou, au maximum, en 9 années.

En tenant compte de l'excès de longueur et du peu de temps accordé, ce percement devait donc marcher deux fois plus vite que celui du mont Cenis.

Or, la question du *temps* se relie au mode d'exécution, à la force hydraulique disponible, et à quelques principes techniques sur lesquels les ingénieurs sont loin d'être d'accord.

Nous n'avons pas besoin de dire qu'il n'y avait pas à songer à creuser des puits intermédiaires, pour pouvoir attaquer le tunnel sur plusieurs points à la fois. Cela était aussi irréalisable au mont Saint-Gothard qu'au Fréjus, puisque la hauteur de la montagne au-dessus du tunnel à percer, était de près de 2,000 mètres. Les puits perpendiculaires auraient pris plus de temps à creuser que la galerie horizontale à percer. Il fallait donc se contenter d'attaquer le tunnel par ses deux extrémités : au nord à Gœschenen, au sud, à Airolo.

Un tunnel à double voie, comme celui du mont Cenis, ou du Saint-Gothard, exige une excavation de 8ᵐ de largeur et de 6ᵐ de hauteur, sans compter la place pour les maçonneries.

Dans l'exécution de tous les tunnels, on n'attaque jamais immédiatement la grande section, mais seulement une petite galerie, dite *d'avancement*, ou *de direction*, ayant environ 2^m,40 de hauteur, sur 2^m,60 de largeur, laquelle doit devancer d'environ 200 à 250 mètres les travaux d'agrandissement.

Cette petite galerie se perce, comme nous l'avons dit bien des fois, au moyen de machines mues par l'air comprimé, lequel produit à la fois la puissance et l'aération.

Mais ici une question se présente tout de suite.

La petite galerie *d'avancement*, ou de *direction*, doit-elle être percée dans *le bas* ou dans *le haut* de la grande section? Les deux méthodes ont leurs partisans, plus ou moins exclusifs.

Le souterrain du mont Cenis a été attaqué par le bas; le tunnel américain

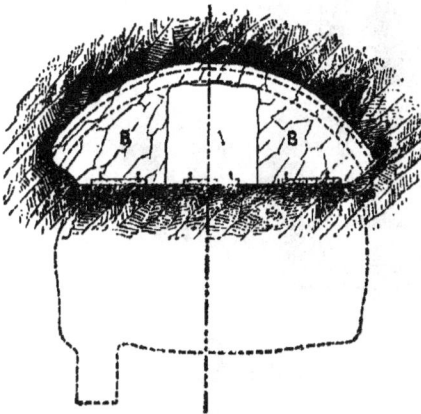

FIG. 93. — GALERIE D'AVANCEMENT
BB', abatage, calotte de droite et de gauche, A, avancement.

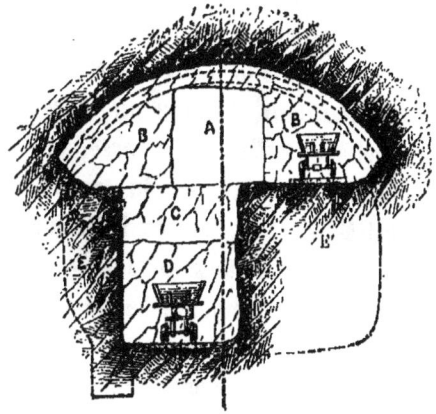

FIG. 94. — GALERIE D'AGRANDISSEMENT
A, galerie d'avancement; C, cunette supérieure; D, cunette inférieure; EE', strosso.

du Hoosac a été percé par les deux systèmes; Louis Favre préféra percer le souterrain du mont Saint-Gothard par le haut. En outre, il employa la perforation mécanique, soit pour faire avancer la *galerie de direction*, soit pour d'autres attaques à des étages inférieurs. La vitesse avec laquelle les travaux progressèrent, démontra l'excellence de sa méthode.

On perça donc une première *galerie d'avancement* large et haute d'environ 2 mètres et demi, ou ayant une section de 6 à 7 mètres carrés.

Comme le tunnel entier devait être voûté, il fallait excaver, en plus, la place des maçonneries; en sorte que la *galerie d'avancement*, avait son toit à 6^m,50 ou 7^m au-dessus de la base future des voies de fer.

On comprend que, dans un travail de percement avec emploi de poudre, ou de dynamite, les nombreux chantiers où la roche est excavée, par explosion, ne doivent pas être très rapprochés les uns des autres, sous peine de perpé-

tuels dangers pour les sous-ingé-
nieurs et les ouvriers. C'est pour
cela que l'on creuse par parties
séparées, et placées aux distances
nécessaires pour la sécurité des
hommes et des appareils.

Le fond de la *galerie d'avancement* s'appelle *front de taille*.
A 200 ou 250 mètres en arrière
du *front de taille*, on abat, à
droite et à gauche, les segments
où sera placée la voûte. Ces deux
attaques s'appellent les *abatages*.

A 200 ou 300 mètres en arrière
des *abatages*, s'ouvre un fossé,
appellé *cunette du strosse*, qui
descend jusqu'au sol du tunnel,
c'est-à-dire à un niveau inférieur
de 4 ou 5 mètres au sol de la
galerie d'avancement ; sa largeur
est d'environ 3 mètres.

En arrière du percement de la
cunette, on excave les parties
latérales, qui s'appellent *strosse*.
Quand le *strosse* est excavé, on
a la section entière ouverte, et on
achève les maçonneries.

Les figures 93 et 94 font voir
ce que l'on entend par *galerie de
direction* ou *d'avancement*, et par
galerie d'agrandissement. A, est
la *galerie de direction*, ou *d'avancement*. Quand cette première galerie, A, est percée, au moyen
de la dynamite et des machines
perforatrices à air comprimé, on
enlève les côtés, B, B, c'est-à-
dire les *abatages*. A un étage
inférieur s'exécute une seconde

FIG. 95. — COUPE LONGITUDINALE D'UNE GALERIE D'AVANCEMENT

AB, galerie d'avancement ; C, cunette supérieure ; D, cunette inférieure ; E, abatages.

II.

percée. On creuse d'abord, avec la machine perforatrice et la dynamite, la cunette CD, qui se compose elle-même de deux sections superposées : la *cunette supérieure*, C, et l'*inférieure*, D. Quand cette cunette entière est percée, on abat les deux côtés, E', c'est-à-dire le *strosse*.

On termine en creusant, à la partie inférieure de la *cunette*, un aqueduc, pour l'écoulement des eaux.

La figure 95 montre, en coupe longitudinale, la disposition des chantiers d'attaque pour la perforation mécanique, c'est-à-dire : la galerie d'avancement, A, contenant les machines perforatrices, les abatages, B, contenant 5 autres machines perforatrices, à droite et à gauche de chaque côté.

On voit à l'étage inférieur, la *cunette supérieure*, C, la *cunette inférieure*,

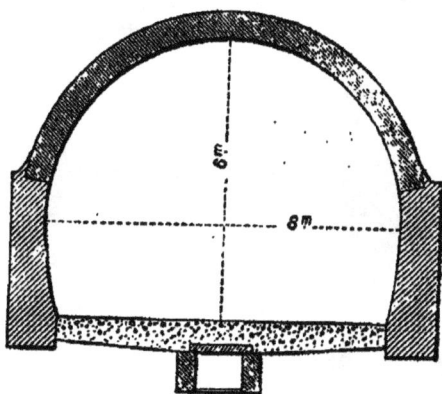

Fig. 96. — COUPE DU TUNNEL COMPLÈTEMENT TERMINÉ

D, et les *strosses*, qui contiennent quatre machines perforatrices sur le premier plancher, et six machines perforatrices sur le plancher inférieur. E, représente le *strosse*, c'est-à-dire les parties à abattre à ces derniers étages, quand la *galerie de direction* est ouverte.

Les *abatages* et la *galerie d'avancement* ont leur petit chemin de fer, spécial ; on établit une seconde voie de fer sur le sol de la *cunette*.

De nombreux wagons circulent incessamment sur ces chemins de fer, amenant des outils, des provisions de matériaux, et emportant les déblais, pour les rejeter au dehors.

On relie le sol de la *galerie d'avancement* à celui du tunnel terminé, au moyen d'un plan incliné, ainsi qu'aux autres chantiers d'attaque.

Les wagons qui servaient, pendant l'excavation du Saint-Gothard, à l'enlèvement des déblais, n'avaient pas plus d'un mètre cube de capacité. Ils étaient traînés par des chevaux, depuis le front de taille jusqu'à l'origine de la cunette. A partir de ce point, les déblais étaient amenés à la *décharge* par des locomotives, mues par l'air comprimé, ainsi qu'on l'a vu dans la figure 92 (page 285). La provision d'*air comprimé* qui accompagnait chaque

FIG. 97. — MAÇONNERIE DU TUNNEL.

locomotive, lui permettait de faire plusieurs kilomètres, sans renouveler sa force motrice.

Il n'y avait pas moins de quinze trains par jour, pour emporter les déblais, ou pour amener dans le tunnel les ouvriers, les matériaux de construction, les machines perforatrices, etc. La figure 96 montre, en coupe, le tunnel terminé.

La galerie étant entièrement creusée, avec ses dimensions définitives, il reste à maçonner la voûte et les parois ; car toute l'étendue du tunnel doit être revêtue de maçonnerie.

On voit dans la figure 97 les ouvriers occupés à la maçonnerie du tunnel.

La dernière opération est la pose de la voie.

Nous ne devons pas manquer de faire remarquer que, par suite de l'accumulation des travailleurs, de la combustion des lampes, etc., la température du souterrain était toujours fort élevée. Elle augmenta progressivement, et finit par atteindre + 33°. On comprend combien devait être pénible le travail dans une atmosphère viciée, humide et chaude. Les ouvriers allaient à demi nus, et chaussés de grandes bottes, pour traverser les flaques d'eau qui couvraient le sol, dans la galerie inondée d'Airolo ; car si, au mont Cenis, l'eau fit défaut, au mont Saint-Gothard, les invasions d'eau prirent, du côté sud, comme nous le dirons bientôt, les proportions d'un fléau.

L'ensemble des travaux avait été organisé, au Saint-Gothard, avec tant d'habileté, que la rapidité de leur exécution dépassa tout ce que l'on avait vu jusque-là.

Un axiome de la construction des galeries souterraines, c'est que *plus la galerie d'avancement progresse vite, plus on pourra achever rapidement l'ensemble du tunnel*. En effet, au front de taille, la roche, encaissée de toute part, résiste davantage à l'explosion, surtout on ne peut accumuler là que peu de machines perforatrices et peu d'hommes ; tandis que, pour élargir, on peut mettre un plus grand nombre de machines et incomparablement plus d'ouvriers.

Les progrès réalisés au front de taille par Louis Favre et ses ingénieurs, peuvent, sans aucune exagération, être taxés de *merveilleux*, si on les compare à ce qui avait été obtenu par les ingénieurs sardes dans des roches de nature analogue. Au mont Cenis, pendant les années 1868, 1869, 1870, le *front de taille* avait avancé de 1320, 1431, et 1635 mètres.

Ce dernier chiffre nous donne le nombre de 409 mètres, comme étant, pour la galerie du Fréjus, l'avancement maximum pour *un trimestre*, pendant les treize années du percement.

Au mont Hoosac, malgré l'emploi de la nytroglycérine et des perforatrices à action plus rapide que celles du Fréjus, les avancements *trimestriels* des dernières années furent, pour l'ensemble des deux têtes additionnées : 207 mètres en 1870, 238 mètres en 1871, 237 mètres en 1873.

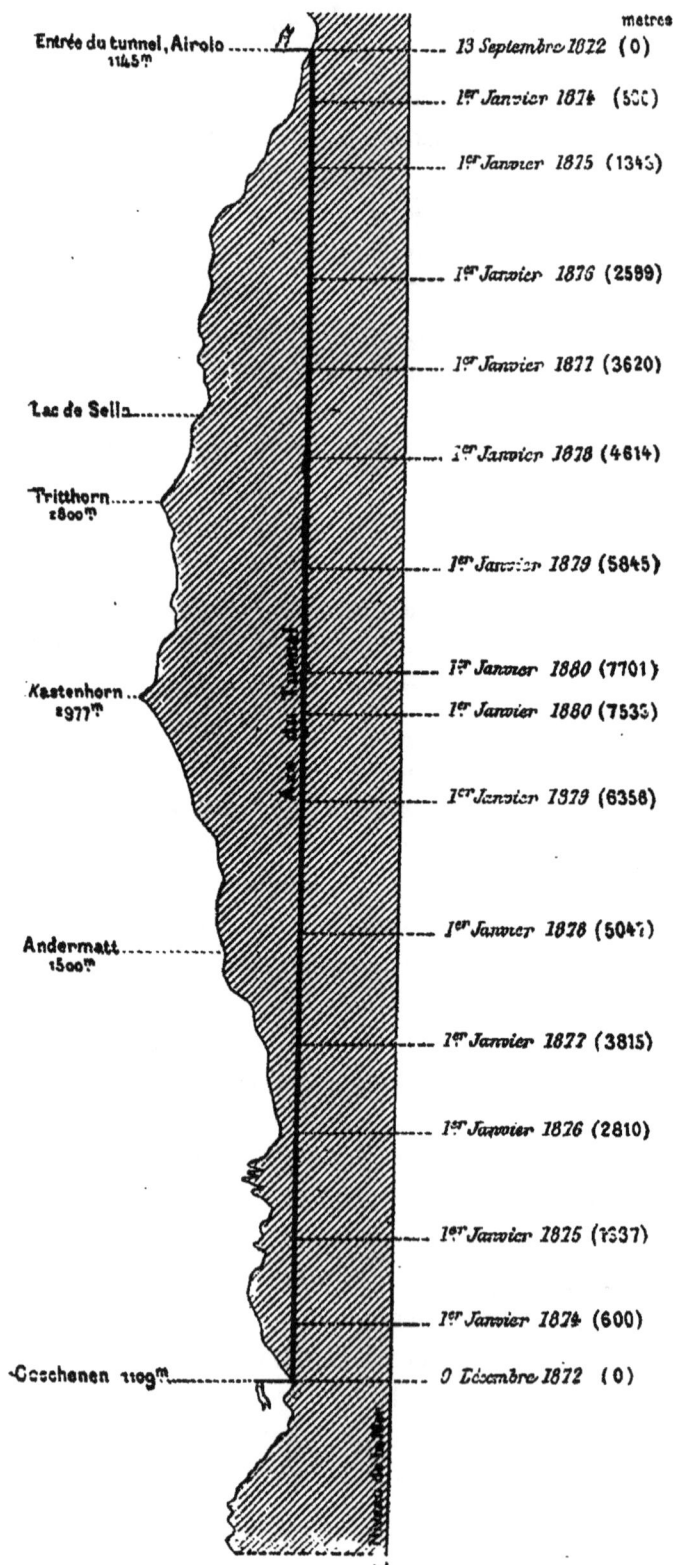

FIG. 98. — DIAGRAMME MONTRANT L'ÉTAT DE LA GALERIE D'AVANCEMENT AUX DIFFÉRENTES PÉRIODES DU TRAVAIL

Entrée du tunnel, Airolo 1145ᵐ

13 Septembre 1872 (0)

1ᵉʳ Janvier 1874 (500)

1ᵉʳ Janvier 1875 (1345)

1ᵉʳ Janvier 1876 (2589)

1ᵉʳ Janvier 1877 (3620)

Lac de Sella ......

1ᵉʳ Janvier 1878 (4614)

Tritthorn 2800ᵐ

1ᵉʳ Janvier 1879 (5845)

1ᵉʳ Janvier 1880 (7701)

Kastenhorn .. 2977ᵐ

1ᵉʳ Janvier 1880 (7533)

1ᵉʳ Janvier 1879 (6358)

Andermatt 1500ᵐ

1ᵉʳ Janvier 1878 (5047)

1ᵉʳ Janvier 1877 (3815)

1ᵉʳ Janvier 1876 (2810)

1ᵉʳ Janvier 1875 (1637)

1ᵉʳ Janvier 1874 (600)

Goschenen 1109ᵐ ......

9 Décembre 1872 (0)

Voici maintenant les chiffres d'avancement de cinq trimestres du tunnel du mont Saint-Gothard, du 1ᵉʳ juillet 1874 au 1ᵉʳ octobre 1875.

	GŒSCHENEN	AIROLO	ENSEMBLE
Du 1ᵉʳ juillet au 1ᵉʳ octobre 1874	321ᵐ,60	174ᵐ,10	495ᵐ,70
Du 1ᵉʳ oct. 1874 au 1ᵉʳ janv. 1875	283ᵐ,60	543ᵐ,30	526ᵐ,90
Du 1ᵉʳ janvier au 1ᵉʳ avril 1875	267ᵐ,90	289ᵐ,10	557ᵐ,00
Du 1ᵉʳ avril au 1ᵉʳ juillet 1875	312ᵐ,10	344ᵐ,20	656ᵐ,30
Du 1ᵉʳ juillet au 1ᵉʳ octobre 1875	360ᵐ,90	326ᵐ,20	687ᵐ,10

Les progrès annuels du percement, depuis le commencement des travaux jusqu'à leur terminaison, sont retracés sur la figure 98, qui donne le *diagramme de la galerie d'avancement aux différentes périodes* du travail.

Pour vérifier sans cesse la direction du tunnel, on avait recours aux moyens ordinaires, c'est-à-dire aux visées trigonométriques, au moyen de repères lumineux placés au fur et à mesure de l'avancement. Mais l'emploi de ces moyens exigea, aux deux extrémités, des travaux tout à fait extraordinaires. A Gœschenen, dans la gorge où coule la Reuss, l'espace manquait pour viser d'assez loin. Il fallut ouvrir un tunnel spécial au travers d'une épaisse muraille de roches, pour reculer suffisamment le point d'où l'on visait. A Airolo, le tunnel devait déboucher dans la vallée, en décrivant une courbe, dans la direction du village. On dut créer une galerie d'entrée provisoire, en ligne directe. Il fallut, en outre, pour déterminer avec une rigoureuse exactitude la situation respective des deux points d'attaque, des mesures de triangulation compliquées et minutieuses, par la seule voie ouverte entre ces deux points, c'est-à-dire par les sommets.

Nous reviendrons, du reste, avec tous les détails nécessaires, sur l'ensemble de ces moyens de vérification, garantie essentielle de la justesse des opérations et condition fondamentale du succès.

Tous les travaux tendant à fixer la direction de la galerie, furent exécutés par les ingénieurs de la Compagnie du chemin de fer, MM. Gelpke et Koppe. C'est à ces ingénieurs que l'on doit l'exacte rencontre des deux souterrains. Quant au percement lui-même, il était sous la direction de l'entrepreneur, Louis Favre, et de ses ingénieurs en chef, MM. Stockalper, à Gœschenen, et Bossi, à Airolo.

VI

La géologie du tunnel du mont Saint-Gothard.

Les difficultés que le percement a rencontrées sur les divers points du mont Saint-Gothard, s'expliquent quand on connaît la constitution intérieure du centre de cette montagne.

Le travail consistant à déterminer d'avance la nature, l'épaisseur et l'inclinaison des couches que l'outil perforateur des trous de mines devait rencontrer, avait été fait par un géologue italien, le professeur Giordano, et nous allons, d'après le mémoire publié par ce savant, faire connaître la composition des terrains traversés par ce sondage horizontal de 15 kilomètres de long, comme nous l'avons fait, pour le mont Cenis.

En allant du nord au sud, c'est-à-dire de Gœschenen à Airolo, les couches se succèdent dans l'ordre suivant :

Pendant une longueur de 2,200 mètres, on rencontre un terrain de *gneiss*, c'est-à-dire un granit, composé de feldspath et de mica, plus ou moins homogène. Les 350 mètres qui suivent, sont formés d'un *gneiss* schisteux ; auquel succède, pendant 130 mètres, un terrain calcaire, mais cristallin, mélangé de mica. Puis, sur une longueur de 870 mètres, vient un mélange de schistes noirâtres, mélangés de mica. Bientôt, les schistes, terrain facile à entamer par l'outil, disparaissent, et l'on rencontre de nouveau le granit, sous la forme d'un *gneiss* riche en mica, passant quelquefois au miscaschiste. Cette couche occupe près de la moitié du sondage horizontal ; car sa longueur n'est pas moindre de 6,310 mètres. Elle est d'une dureté variable, mais toujours difficile à attaquer. Après cette longue enfilade de *gneiss*, on retrouve des schistes, sous la forme de *gneiss schisteux*, avec quelques rognons de *quartz*, c'est-à-dire de silice cristallisée, minerai naturellement très dur, et quelques filons métalliques.

La longueur de cette dernière série est de 1,860 mètres. Les 2,910 mètres qui suivent, sont des micaschistes, plus ou moins mélangés à la roche nommée *amphibole*.

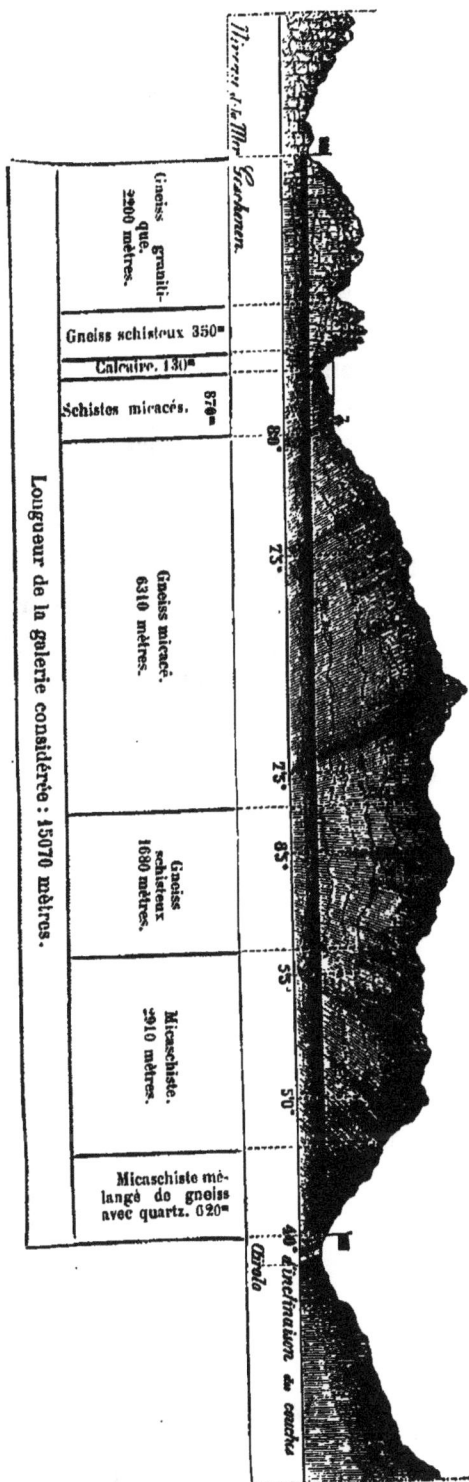

Fig. 99. — PROFIL GÉOLOGIQUE DU TUNNEL DU MONT SAINT-GOTHARD.
MONTRANT LA NATURE DES COUCHES TRAVERSÉES ET LE DEGRÉ D'INCLINAISON DE CES COUCHES SUR L'HORIZON

Le tout se termine par 620 mètres de micaschistes, passant au gneiss, riche en grenat et en veines de quartz.

Toutes ces longueurs additionnées donnent les 15,070 mètres du sol profond que nous venons de considérer.

Pour mieux fixer dans l'esprit du lecteur la nature et la longueur relative des couches de terre traversées par le mineur, nous donnons ici un croquis de cette percée.

La figure ci-contre(*profil géologique du tunnel du Gothard*) fait connaître la nature et la longueur de chaque terrain. On voit, en même temps, le degré d'inclinaison de chaque couche ; ce qui représente l'épaisseur qu'elle devait offrir à l'outil du mineur.

La constitution géologique de cette partie de la montagne explique les particularités qu'a présentées le percement, quant à sa rapidité relative. Dans la roche granitique qui commence à Gœschenen, le maximum d'avancement quotidien ne fut guère supérieur à 3 mètres ; tandis qu'au même moment, dans les terrains schisteux d'Airolo, au bout opposé, on avançait de 4 mètres et même de 4^m,50 par jour. Il fallait, toutefois, que le gneiss de Gœschenen ne fût pas mélangé d'éléments excessivement durs ; dans ce cas, la perforation subissait un grand temps d'arrêt.

La dureté de la roche n'influe pas seule, d'ailleurs, sur la rapidité du travail. Il faut, pour que l'enlèvement des déblais se fasse dans de bonnes conditions, que le sol ne soit pas trop inondé. Dans une roche sèche, comme le gneiss granitique de Gœschenen, les déblais provenant de l'explosion d'une mine, s'enlevaient en deux ou trois heures. Au contraire, du côté d'Airolo, dans les terrains schisteux où l'on rencontrait des masses d'eaux d'infiltration, les déblais se noyaient dans un courant d'eau d'un demi-mètre de profondeur.

Le travail fut donc d'abord plus rapide du côté sud que du côté nord. Tandis qu'à Gœschenen (à l'exception d'un parcours d'une centaine de mètres de terrain ébouleux, qui furent traversés à la cote de 2,760 à 2,860 mètres) les travaux de perforation et de déblayage s'opérèrent dans une roche solide qui ne nécessitait aucun boisage, la galerie sud, à Airolo, présenta, par suite des continuelles infiltrations d'eau, les difficultés les plus considérables peut-être que l'on ait jamais eues à vaincre dans l'ouverture d'un tunnel.

VII

Nous venons de donner une description générale des travaux du percement du mont Saint-Gothard. Mais il faut se hâter de dire que, dans la
pratique, les opérations ne marchèrent pas avec la tranquille succession
que nous venons de supposer. En fait, le mont Saint-Gothard se montra
beaucoup moins accommodant, pour ainsi dire, que l'avait été le mont
Cenis. Des difficultés continuelles naissaient sous les pas de Louis Favre,
et il fallut toute son énergie pour en triompher. Cet entrepreneur de
génie poussait le travail avec la plus grande activité, alors même que la
situation financière de la Compagnie du chemin de fer dont faisait partie
le trajet souterrain du Saint-Gothard, était dans une situation navrante.
Ce ne sera pas sortir de notre sujet que de rappeler dans quelles déplorables
conditions financières se fit cette entreprise.

En 1874, la Compagnie du chemin de fer du mont Saint-Gothard était
menacée de la faillite ; car les lignes du Tessin avaient coûté près du double
de la somme prévue, et le Conseil général de la Suisse obtint cet aveu de
M. Helwag, qui avait succédé à M. Gerwig, comme ingénieur en chef, qu'il
existait un écart de 62 millions entre la dépense prévue et la dépense effectuée !
On s'empressa de sacrifier les lignes accessoires, pour sauver la ligne principale. On proposait même de s'en tenir à une voie, partout où ce serait
possible. Une Conférence internationale, qui se réunit à Lucerne, en juin 1877,
fixa à 40 millions l'appel de nouveaux capitaux. Sur ces 40 millions, l'Allemagne et l'Italie devaient en fournir 10 chacune, la Suisse 8 ; les Compagnies
devaient se procurer le reste. Cette combinaison, amendée, finit par prévaloir,
et le chemin du Saint-Gothard, réduit à sa ligne essentielle, fut sauvé de la
ruine par une Convention internationale, que ratifia, en 1879, le suffrage
universel de la République helvétique.

Aucun de ces orages financiers n'eut le privilège d'émouvoir Louis Favre,
ni d'arrêter un moment ses travaux. Pendant que la Compagnie se débattait au

milieu de ses embarras, il avait encore des fonds pour les travaux. Ses amis de Genève, malgré l'énorme discrédit qui pesait sur l'achèvement de la ligne entière, s'étaient cotisés, pour lui procurer un emprunt; de sorte que ses chantiers étaient en pleine activité, alors que tous les autres étaient abandonnés. On peut même dire que ce fut l'avancement régulier du percement de la montagne, qui permit seul à la Compagnie de se reconstituer sur des bases qui assurèrent l'achèvement de son œuvre.

Mais les difficultés financières étaient peu de chose, comparées aux obstacles continuels que rencontraient les travaux.

Quand on se reporte à la fin de l'année 1872, où tout était obstacles et difficultés impossibles à prévoir ou à prévenir, accumulation de devoirs et de choses à combiner et à accomplir, on ne peut que s'étonner d'avoir vu tous ces obstacles franchis ou annulés, tous ces devoirs remplis.

Les difficultés locales et physiques au mont Saint-Gothard ont été exceptionnellement graves. Celles que l'on rencontra pour les dérivations des torrents et la création des forces motrices, en sont un exemple. Ce n'est qu'en examinant les hardis travaux que Louis Favre exécuta pour l'établissement des aqueducs amenant l'eau de la Trémola et du Tessin; c'est en voyant, surtout en hiver, les falaises presque à pic composées de rochers exposés aux éboulis et à de fréquentes avalanches, qu'on peut se rendre un juste compte des difficultés immenses que présenta la canalisation du côté sud.

Aux difficultés du climat, de la localité, et des grands amas de neige, vinrent s'ajouter, dans le souterrain d'Airolo, des incidents de force majeure, d'une excessive gravité. C'était d'abord la nature variable du terrain à percer; ensuite les nombreuses failles, d'où sortaient du limon et des graviers, qui affluaient subitement dans la galerie, et surtout des infiltrations d'eau dont le volume et la violence étaient tout à fait extraordinaires.

Des cataractes s'échappant de la voûte et des flancs de la partie sud du tunnel, qui n'avait qu'un millième de pente, transformèrent, pendant près de dix-huit mois, le souterrain d'avancement, les abatages et la cunette, en une rivière, au fond de laquelle il fallait chercher les déblais, poser et maintenir la voie, et travailler aux percements inférieurs.

Deux ou trois citations feront apprécier la grandeur de cet obstacle.

Au mont Cenis, le maximum des infiltrations, à l'une et à l'autre bouche, n'avait pas dépassé *un* litre d'eau par seconde.

Au mont Hoosac, d'après les rapports officiels, on considéra comme un grave obstacle, qui nuisit notablement à la rapidité d'exécution et augmenta la dépense, un volume d'infiltrations de *dix-huit* litres d'eau par seconde.

Or, dans le premier rapport publié par la Direction et l'Administration de la

Compagnie du chemin de fer du Gothard (page 44), en parlant des infiltrations du sud du tunnel, qui s'élevaient à cette époque de *quinze à trente* litres par seconde l'honorable rapporteur appelle cet afflux : « un petit torrent et un débit d'eau de proportion extraordinaire. »

Ce petit torrent devint, quelques mois plus tard, une rivière, jaugeant *deux cents à deux cent trente* litres par seconde (*huit cent mille litres par heure*) dans une galerie ayant moins de 7 mètres carrés !

Que d'énergie ne fallut-il pas, pour lutter, pendant plus d'une année, contre un pareil obstacle, et avancer cependant de près de 2 mètres par jour !

Au mont Cenis, on avait à peine rencontré des infiltrations ; si bien, comme nous l'avons dit, qu'il fallait apporter dans le tunnel l'eau nécessaire à l'arrosage des trous de mines et à l'aiguisage des outils. A Airolo, tout au contraire, on traversait des roches fendillées contenant, à l'intérieur, de nombreux courants d'eau. Quelques-uns étaient lancés avec l'abondance et la violence d'un jet de pompe à incendie. Pendant une année, et même davantage, on travailla dans un lac. Ce fut une délivrance quand on aborda enfin la roche compacte.

A Gœschenen, on n'eut presque rien à démêler, d'abord, avec les terrains meubles ; mais on arriva bientôt en face de roches d'un quartz presque pur, dont la dureté émoussait en quelques instants les fleurets les mieux trempés. Puis, quand on arriva sous la vallée d'Unterseren, on fit, à plusieurs reprises, la rencontre de couches formées d'une argile, prise et serrée entre des masses de roche dure. Ces couches étaient aisées à percer, mais, par suite de la pression qu'elles subissaient de la part de roches dures et à leur gonflement par l'humidité de l'air, elles ne tardèrent pas à former une masse irrésistible écrasant les boisages et grossissant toujours, qui eût fini par obstruer le tunnel. Il fallait les tenir en respect, à mesure qu'on avançait, au moyen d'un revêtement composé d'énormes pièces de bois (fig. 100). Plus tard, quand le revêtement en bois dut être remplacé par une voûte en maçonnerie, on fit de nouvelles expériences, de plus en plus amères. La voûte première céda sous la pression ; la seconde aussi, quoiqu'on y eût employé des matériaux mesurant plus d'un mètre d'épaisseur. Quelques-unes de ces *mauvaises places*, comme on les appelait, obligèrent à recommencer l'opération trois et quatre fois. Il est telle de ces *places* où un seul mètre d'avancement nécessita une dépense totale de 25,000 francs. A ce compte le percement du tunnel eût coûté près de quatre cents millions.

Quelques accidents, dus, pour la plupart, à l'imprudence, vinrent jeter le trouble dans la petite armée de travailleurs. L'explosion d'une provision de dynamite les terrifia. Ils ne voulurent revenir aux chantiers que peu à peu, les plus courageux donnant l'exemple aux autres.

En juillet 1875, une sorte de révolte des ouvriers ; puis, les 17 et 18 septembre 1877, l'incendie qui dévora la plus grande partie du village d'Airolo, furent aussi des causes de perturbation. Ajoutez à cela les maladies qui sévirent parmi les ouvriers, à la fin de 1879, quand, pendant cinq mois, la Trémola et le Tessin ne fournissaient pas le quart du volume d'eau promis à l'entre-

Fig. 100. — BOISAGE DES PARTIES ÉBOULANTES, SOUS ANDERMATT

preneur, d'où résulta, vers la fin du percement, le manque d'air et l'excessive chaleur du souterrain, et vous comprendrez l'espèce de découragement qui s'était emparé des travailleurs, avant le bienheureux jour où les deux galeries se rencontrèrent. Dans les derniers temps, on avait toutes les peines du monde à entretenir sur les chantiers un nombre suffisant d'ouvriers.

Mais la journée la plus triste, pendant les neuf ans que durèrent les travaux, fut celle du 19 juillet 1879. L'entrepreneur, Louis Favre, avait fait une visite à l'intérieur du tunnel, avec un ingénieur de la Compagnie du chemin de fer de Paris-Lyon-Méditerranée. Comme il en revenait, il tomba dans les bras d'un de ses compagnons : quelques secondes après, il expirait.

Le deuil fut général, non seulement dans le cercle de ses amis, mais en Suisse et à l'étranger, partout en un mot où l'on s'intéressait à l'œuvre qu'il avait si vaillamment dirigée.

Louis Favre n'avait pas fait d'études scientifiques, mais il était doué d'une haute intelligence pratique ; son activité et son énergie lui permettaient de lutter contre tous les obstacles. Laissant de côté un faux amour-propre, il savait recourir aux conseils, et distinguer les ingénieurs qui pouvaient lui être utiles par leurs connaissances théoriques et pratiques, en vue de ses travaux.

Mais c'est pour nous un devoir de faire connaître dans ses détails la vie d'un homme qui, parti des rangs du peuple, sans autre secours que ses talents naturels, sa sagesse et son courage, a accompli l'une des œuvres les plus importantes de l'art des chemins de fer. Nous consacrerons le chapitre suivant à la biographie du célèbre entrepreneur du second tunnel des Alpes.

VIII

La vie et les travaux de Louis Favre, ou martyre et génie (1).

Dans les premiers jours de l'automne de 1845, un jeune ouvrier, revêtu de la blouse, chaussé de souliers ferrés et portant les outils de sa profession, quittait son bourg natal de Chênes, près de Genève, et commençait son *tour de France*, selon les vieux et bons usages du métier.

Cet ouvrier s'appelait Louis Favre. Il était charpentier, fils de charpentier. Sans études premières, et sans autres connnaissances que celles de sa profession, il devait, un jour, exécuter l'entreprise mécanique la plus difficile peut-être que l'art des chemins de fer ait vu s'accomplir. Comme Ysambard Brunel, le matelot, qui s'immortalisa par la création du tunnel de la Tamise ; comme Stephenson, l'ouvrier mineur, qui construisit la première locomotive à vapeur ; comme Faraday, l'ouvrier relieur, qui découvrit l'électricité d'induction ; comme Edison, le porteur de bagages sur les fourgons d'un railway du Canada, qui créa le phonographe et fit tant avancer l'art de l'éclairage par l'électricité, Louis Favre, l'ouvrier charpentier, devait accomplir l'œuvre, hérissée de difficultés, du percement du deuxième tunnel des Alpes. Mais, moins heureux que Brunel, moins heureux que Stephenson, que Faraday et qu'Edison, il ne devait pas assister au triomphe de son œuvre, et devait périr en plein chantier, épuisé par les luttes incessantes et cruelles qu'il avait à soutenir contre des supérieurs hiérarchiques qui ne pouvaient lui pardonner son génie.

Voilà donc notre jeune *compagnon* en route pour son *tour de France*, travaillant dans toutes les villes qu'il rencontre sur son passage : exécutant ici un beau faîtage de charpente, pour une grange ou une usine,

(1) La biographie qui va suivre a été écrite d'après les notes recueillies à Genève, pour en composer une *Notice biographique sur Louis Favre*, par le professeur Colladon, qui a bien voulu nous communiquer son manuscrit, en vue du présent ouvrage.

dressant là un échafaudage, pour de hautes constructions ; exécutant ailleurs une arche en solives bien cintrées, pour préparer la maçonnerie d'un pont.

Un personnage considéré à Genève, lui avait remis une lettre d'introduction auprès d'un grand entrepreneur de charpente, établi à Paris, M. Loison. Celui-ci fit bon accueil au jeune ouvrier suisse, et il l'occupa tout de suite sur ses chantiers.

Louis Favre ne tarda pas à s'attirer l'estime de M. Loison, qui l'employa à des travaux de confiance, en particulier à l'exécution de charpentes pour un pont qu'il avait à construire sur la Marne, à Charenton, au parcours de la ligne du chemin de fer de Paris-Lyon-Méditerranée.

Bientôt, M. Loison le charge de la pose de la voie du chemin de fer, de son lot de Charenton. Louis Favre fut alors sous les ordres des ingénieurs du chemin de fer de Paris-Lyon-Méditerranée.

Tous les hommes qui, partis d'un état précaire, sont arrivés à de hautes situations, ont dû leur succès à quelque circonstance fortuite, dans laquelle d'autres n'auraient rien trouvé, mais qui, habilement saisie par eux, est devenue, grâce à leur intelligence, l'origine de leur fortune. Ce qui poussa Louis Favre dans la carrière d'entrepreneur, où il devait marquer une si vive et si durable trace, fut l'inexpérience d'un ingénieur de la Compagnie du chemin de fer de Paris-Lyon-Méditerranée.

Il y avait, au fond de la Marne, un vieux barrage de pieux, qu'il s'agissait d'enlever rapidement, pour accélérer les travaux d'un pont. L'ingénieur en chef de cette ligne était quelque peu embarrassé pour ce travail ; car la mécanique rationnelle ne lui fournissait pas de fourmule mathématique applicable à l'arrachage des pieux au fond d'une rivière vaseuse. Il était donc fort incertain sur le meilleur parti à prendre, lorsqu'un des ouvriers, employés à la pose de la voie, lui offrit de se charger de ce travail.

L'ingénieur ne prit pas d'abord la proposition au sérieux. Comment croire qu'un simple ouvrier pût mener à bien une opération devant laquelle, lui, l'ingénieur en chef, hésitait et cherchait? Cependant, l'air d'assurance de Louis Favre, qui, sans vouloir divulguer le moyen qu'il entendait employer, se faisait fort du succès en très peu de temps, et la figure intelligente et ouverte du jeune homme, donnèrent confiance à l'ingénieur, qui accepta sa proposition.

Une semaine après, la rivière était parfaitement déblayée : Louis Favre s'était souvenu d'un tour de main de charpentier, et il avait exécuté l'opération presque sans frais.

Ce succès fit du bruit sur la ligne du chemin de fer de Paris-Lyon-Méditerranée. Les principaux ingénieurs voulurent connaître le jeune ouvrier de M. Loison qui se montrait si expert. Ils lui confièrent leurs travaux les plus difficiles, tant pour le charpentage, que pour la pose

LOUIS FAVRE

des rails, d'abord près de Paris, ensuite sur la ligne de Montbard à Dijon, sous les ordres de M. Bidermann ; puis à la gare de Lyon et de ses environs, sous la direction de M. Jacquemin. En présence de si heureux débuts, M. Loison, le riche entrepreneur de charpente, qui avait le premier accueilli Louis Favre, lui accorda la main de sa belle-fille, Mlle Rondeau, née d'un premier mariage de madame Loison.

Dès lors, Louis Favre se lança dans la carrière de l'entrepreneur, qui convenait merveilleusement à ses aptitudes et à sa prodigieuse activité.

En 1855, la Compagnie des maîtres de forge du Jura lui confie l'entreprise de la ligne d'Ougny à Fraisans, travaux compliqués, où il eut à exécuter un tunnel dans les marnes.

De 1856 à 1858, il est appelé par M. Jacquemin à parachever la ligne Lyon-Genève, ainsi que des travaux difficiles, abandonnés par les premiers entrepreneurs, notamment ceux du prolongement du tunnel du Crédo, et l'exécution de revêtements dans ce tunnel, sans interrompre la circulation.

Sous le même ingénieur, il est ensuite chargé de l'exécution d'une partie du chemin d'Oron, comprenant les tunnels de Grandvaux et de la Comballaz, en Suisse.

En 1860, sous M. Diesbach, successeur de M. Jacquemin, il se charge, de concert avec MM. Arnaud et Cie, de l'achèvement de la ligne de Lausanne à Fribourg.

La même année, sous la direction de M. Ruelle, il obtient l'entreprise d'une partie de la ligne du chemin de fer Franco-Suisse, sur la partie française du Paris-Lyon ; travaux importants, d'une difficulté exceptionnelle, qui comprenaient viaduc, souterrains, etc., qui lui valurent, pour la célérité qu'il y apporta, les éloges du Conseil d'administration.

En 1863, sous la direction de M. Ruelle et de M. Labouré, ingénieur en chef du chemin de fer de Paris-Lyon, Louis Favre entreprend la ligne de Chagny à Nevers, entre le Creuzot et la limite du département de la Nièvre. Entre autres travaux d'art, il perce le tunnel du Creuzot, d'une longueur de 1000 mètres, dans le granit, le porphyre et le quartz. Il avait trois ans pour faire ce travail : il l'exécuta en deux ans.

L'infatigable entrepreneur avait consacré ses premiers bénéfices à acheter des carrières de pierres à bâtir dans les départements de l'Ain et de la Drôme ; et il avait organisé, à ses frais, l'exploitation de ces carrières, par des chemins de fer et par de nombreux engins, destinés à débiter d'énormes blocs et à les manier mécaniquement.

La guerre de 1870 interrompit toutes les entreprises sur les chemins de fer français. Louis Favre, qui avait acquis un domaine à Plongeon, sur la rive gauche du lac de Genève, sachant la détresse de plusieurs de ses anciens ouvriers, organisa, dans le but de les secourir, de vastes travaux dans sa propriété.

On peut dire que Louis Favre ne fut pas seulement un homme d'élite, capable de mener à bonne fin les travaux les plus difficiles, mais qu'il fut, pendant toute la seconde partie de sa carrière, estimé et aimé de ses subordonnés, parce qu'il n'hésitait jamais à leur être utile, quand l'occasion de le faire se présentait à lui.

C'est en 1870, alors qu'il croyait sa carrière terminée et qu'il jouissait en paix, à Genève, d'une fortune honorablement acquise, que Louis Favre fut tenté d'aborder le travail de percement du mont Saint-Gothard, poussé par l'émulation, et par l'espoir d'exécuter les travaux mieux et plus vite qu'on ne venait de le faire au tunnel du Fréjus.

C'est le 26 avril 1870 que fut signée, comme nous l'avons dit, au commencement de cette Notice, une première convention entre le royaume d'Italie et la confédération Suisse, pour le creusement d'un tunnel sous le mont Saint-Gothard. La subvention indispensable pour ce travail considérable, est estimée, dans cette première étude, à 85 millions. L'Italie s'engageait pour 45 millions, et le gouvernement fédéral Suisse pour 20 millions. Mais la convention devait rester lettre morte, jusqu'à l'époque où une subvention additionnelle de 20 millions serait trouvée.

L'Allemagne fit longtemps attendre son adjonction. Elle ne l'accorda définitivement que le 29 octobre 1871. Les statuts de la Société ne furent arrêtés que le 3 novembre suivant.

Dès lors, on pouvait prévoir que l'adjudication des travaux du grand tunnel se ferait peu de mois après. Louis Favre se décida à concourir, à la fin de janvier 1872.

Dès les premiers jours de février, il chercha à s'assurer la coopération de M. Daniel Colladon, à titre d'ingénieur-conseil, le seul titre compatible avec l'âge et les nombreuses préoccupations du célèbre ingénieur génevois.

L'excellente réputation de Louis Favre, le désir de contribuer à une grande œuvre nationale, parlaient en faveur de ces propositions, qui furent immédiatement acceptées par M. Colladon; et, dès ce moment, des pourparlers s'établirent entre Louis Favre et son ingénieur-conseil, sur les machines qu'il fallait adopter pour l'excavation.

On savait déjà que l'on rencontrerait des bancs de serpentine et d'autres roches très dures. Louis Favre était disposé à utiliser les machines perforatrices à diamant noir. Ayant vu travailler les perforatrices Sommeiller, il s'effrayait de leur prix élevé, de leur complication, des incessantes et coûteuses réparations qu'elles exigeaient. Louis Favre et M. Colladon eurent alors de nom-

breuses conférences avec Georges Leschot, l'inventeur de la machine perforatrice rotative, où le diamant noir est employé pour la perforation rapide
des roches.

Georges Leschot, chez qui la sincérité et le peu d'ambition étaient les traits
caractéristiques, objectait le haut prix des diamants noirs, qui, ne valant que
de 4 à 5 francs le carat, en 1862, coûtaient alors 27 à 28 francs, prix, disait-il,
qui s'élèverait rapidement, si l'on en faisait une consommation plus considérable.

Cette opinion de l'inventeur, et l'occasion qu'eut M. Colladon de faire
l'essai, au tunnel de Bellegarde, de la machine perforatrice américaine, de
Burleig, décidèrent Louis Favre à renoncer à de nouvelles tentatives avec
la perforatrice à diamant.

Le 2 avril 1872, la Compagnie des lignes du Gothard nomma M. Gerwig
son ingénieur en chef.

Le 5 du même mois, le concours des entrepreneurs fut annoncé; les offres
devant être faites le 18 mai suivant.

Sept entreprises firent des propositions. Au mois de juillet, la Compagnie
du chemin de fer du mont Saint-Gothard en ayant éliminé cinq, pour divers
motifs, il n'en restait que deux : l'entreprise Louis Favre et celle de la
Société italienne des travaux publics, fondée par Grattoni, l'entrepreneur des travaux du Fréjus.

Louis Favre offrait une réduction d'une année dans le temps d'exécution,
et un rabais de 12 millions et demi sur les devis. Il fut, en conséquence,
accepté comme entrepreneur.

Nous avons rapporté, dans le troisième chapitre de cette Notice (page 240),
les articles du traité imposé à Louis Favre par la Compagnie.

C'était véritablement un contrat léonin. Louis Favre eut l'imprudence de
le signer, se reposant sur les données fournies par la Compagnie et son ingénieur en chef, concernant la force hydraulique promise, et se confiant à leur
appréciation des difficultés extraordinaires qui pourraient se présenter.

Il ne tarda pas à se repentir de cet excès de confiance. Avant même le
commencement des travaux, il put juger de la légèreté des affirmations de
l'ingénieur en chef que la Compagnie avait choisi.

Cet ingénieur en chef, qui a été un fléau pour les chemins de fer du
Saint Gothard, et l'auteur, inconscient peut-être, des tourments et des
persécutions qui ont assailli Louis Favre pendant sept années, et qui ont
fait des derniers temps de sa carrière un long martyre, miné sa robuste
santé et amené sa mort, était un Badois, M. Gerwig. Né à Carlsruhe,
il était conseiller supérieur des ponts et chaussées du grand-duché de

Fig. 102. — ENTRÉE DU TUNNEL ET CHANTIER A GOESCHENEN.

Bade. Il n'était pas sans mérite, mais on ne lui avait pas laissé le temps d'étudier la ligne projetée, ni les forces hydrauliques dont on pouvait disposer : de sorte que les données qu'il fournit à l'entrepreneur, ne reposant sur aucune base d'observations sérieuses, étaient fausses de tous points.

La force hydraulique que la Compagnie avait annoncée à l'entrepreneur était *quatre fois* plus grande que celle qui fut reconnue utilisable pendant les mois d'hiver !

On comprend, d'après cela, les impossibilités d'aérage et d'avancement rapide qui vont se dresser devant le malheureux entrepreneur, les mécomptes qui vont l'enfermer dans un corset de fer, lui lier les pieds et les mains, au moment où il a besoin de toute sa liberté pour arriver à temps dans cette course à toute vitesse, que lui imposent ses conventions avec la Compagnie.

Ni les directeurs de cette Compagnie, ni l'ingénieur en chef qu'elle s'était donné, n'étaient en état de prévoir et de discerner la gravité de ces erreurs. La direction, composée de négociants éminents, mais qui comparait cette ligne à un chemin de fer ordinaire qui a été longuement étudié, où tout est connu et prévu à l'avance, nourrissait d'énormes illusions sur la possibilité de faire exécuter à bref délai et pour un coût limité, cette œuvre immense.

Louis Favre, pendant vingt années de grands travaux pour le chemin de fer de Paris-Lyon-Méditerranée et d'autres Compagnies, n'avait jamais eu un procès. Tous ses chefs hiérarchiques, en France et dans la Suisse romane, avaient apprécié hautement ses travaux. Ce fut un malheur pour lui. Il se livra sans défiance aux ingénieurs de la Compagnie du mont Saint-Gothard, qui devaient abuser de son bon vouloir, et ne tenir aucun compte des fausses données qu'ils lui avaient fournies et des surcharges de frais, de temps, et de difficultés, presque invincibles, que ces fausses données semaient à chaque instant sur sa route.

M. Gerwig s'attendait à trouver en Louis Favre un subordonné docile, acceptant sans réplique ses ordres et ses contre-ordres suprêmes, pliant humblement devant la supériorité qu'un Conseiller supérieur des ponts et chaussées du grand-duché de Bade, devait avoir sur un simple entrepreneur, qui ne pouvait produire aucun grade universitaire.

Mais Louis Favre savait que la somme de ses travaux heureusement accomplis, dépassait de beaucoup ceux qu'avait pu diriger le conseiller allemand. Quoique très bon, et sans aucune vanité personnelle, il connaissait cependant sa valeur, et sa fière nature ne pouvait se plier au rôle humiliant auquel on prétendait le réduire. Entrepreneur responsable d'un travail de 60 millions, honoré et estimé de tous ceux qui l'avaient eu sous leurs ordres, il voulait être traité avec la confiance et la considération qui ne lui avaient jamais manqué jusqu'à ce moment.

De là, des conflits, et une hostilité systématique, implacable, de la part de l'ingénieur allemand contre cet inférieur hiérarchique qui ne courbait pas la tête devant ses caprices.

Tous les jeunes ingénieurs récemment sortis des écoles de l'Allemagne, et que M. Gerwig chargeait d'inspecter les travaux du tunnel, avaient pour mot d'ordre : surveillance rigoureuse et impitoyable sur toutes les opérations quelconques relatives au tunnel !

Les honorables directeurs de la ligne, systématiquement excités contre l'entreprise, ne pouvaient voir et juger sur place, faute de connaissances spéciales. Ils acceptaient donc comme véritables les perfides insinuations d'un chef, qui aurait dû, selon la plus stricte équité, leur expliquer tous les cas de force majeure qui entravaient les efforts de Louis Favre et de son personnel.

Un fait difficile à comprendre pour ceux qui n'ont pas connu Favre et sa confiance aveugle en l'équité finale des directeurs et administrateurs de la ligne, c'est que, malgré les avis les plus pressants de ses amis, il ne se décida qu'à la troisième année de son entreprise, à se laisser guider par un jurisconsulte-expert, dans ses divers traités avec la Compagnie.

La Direction usait et abusait de l'inexpérience de l'entrepreneur en matière de procès, pour resserrer d'avantage les liens étroits dans lesquels elle l'avait enfermé.

Le traité primitif qu'il avait signé, et dont toutes les clauses, étaient en faveur de la Compagnie, aurait dû être nul, loyalement parlant, puisqu'il excluait la possibilité, pour l'entrepreneur, de faire valoir les cas manifestes de force majeure.

On imposait à Louis Favre l'obligation d'annoncer chaque année le nombre de mètres qu'il exécuterait dans le courant de l'année suivante. Si l'on eût trouvé sur le tracé que la Compagnie lui imposait de suivre, *une nappe d'eau bouillante rendant tout travail impossible, Louis Favre n'en aurait pas moins été tenu de progresser d'une quantité déterminée.* La Compagnie avait dans ses coffres les huit millions de cautionnement de Louis Favre, et à chaque obstacle imprévu, on lui mettait devant les yeux la menace d'une mise en régie, avec confiscation de ses huit millions !

Au bout de moins de trois années, l'ingénieur allemand, M. Gerwig, avait conduit la Compagnie du mont Saint-Gothard sur le penchant de la ruine. On reconnut un déficit probable supérieur à cent millions sur le coût du reste de la ligne !

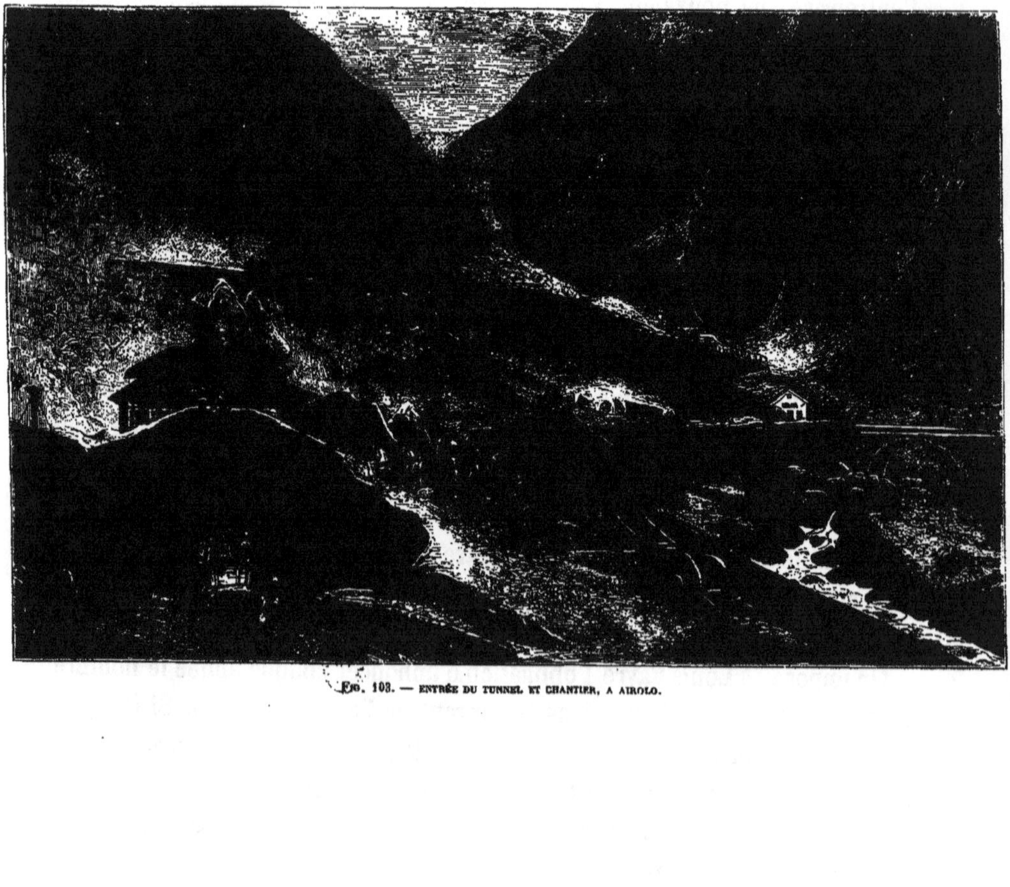

FIG. 103. — ENTRÉE DU TUNNEL ET CHANTIER, A AIROLO.

40

La Compagnie, tardivement avertie, n'eut d'autre ressource que de congédier M. Gerwig.

Le successeur qu'elle nomma à sa place, un Danois, M. Hellvag, du Schleswig, était plus prudent et plus expérimenté que son prédécesseur. Il ne tarda pas à reconnaître que les études et les plans étudiés par M. Gerwig étaient de tous points défectueux, et auraient conduit à des impossibilités physiques d'exécution. M. Gerwig prétendait maintenir la voie ferrée dans les vallées de la Reuss et du Tessin, à des hauteurs fantastiques, contre les flancs des rochers, au lieu de suivre, autant que possible, le fond des vallées, et de gravir les ressauts au moyen de tunnels en hélice.

M. Hellwag se décida à refaire en entier les études du tracé de la voie dans toute la vallée de la Reuss et dans la moitié de la vallée du Tessin. Pendant tout ce temps les travaux sur tout ce long parcours furent interrompus ; mais Louis Favre continuait énergiquement les travaux de percement du tunnel.

Malheureusement pour lui, M. Hellwag était, comme son prédécesseur, infatué de sa position et de son mérite. De plus, il avait le dessein, parfaitement arrêté, de pousser la Compagnie à mettre Louis Favre en régie, c'est-à-dire, aux termes du traité, à confisquer son cautionnement, et à se poser lui-même comme seul capable d'achever le tunnel. Il se serait emparé de tout le fruit des cinq années de travaux coûteux exécutés par Louis Favre, pour ses dérivations de la Reuss, de la Tremola et du Tessin, des chemins, ateliers, bâtiments de tous genres, hôpitaux, etc., etc., créés par l'actif entrepreneur, ainsi que des nombreuses inventions faites par ses ingénieurs, en compresseurs d'air, en perforatrices perfectionnées, en moyens de transports par des locomotives à feu ou à air comprimé, etc.

Le percement du grand tunnel d'après les vues secrètes, de M. Helwag, n'aurait plus été exécuté pour le bien de la Compagnie, mais pour la gloire exclusive de son ingénieur en chef !

C'est ce que l'on peut inférer de ce fait que M. Hellwag ne craignit pas de présenter comme siens, à l'Exposition universelle de Paris, en 1867, tous les résultats remarquables qui avaient été obtenus à grand'peine dans le grand tunnel, par Louis Favre et ses ingénieurs.

Pour mieux atteindre son but, M. Hellwag exagérait le déficit, et le portait à cent vingt millions. Ausssi les actions de la Compagnie avaient-elles subi une baisse énorme. Les directeurs, justement alarmés, firent procéder à des enquêtes contradictoires, qui réduisirent de près d'un tiers le déficit annoncé par M. Hellwag. On entrevoyait la liquidation très prochaine de la Compagnie ; les travaux étaient de nouveau suspendus sur toute la ligne, excepté dans le grand tunnel ; et la Compagnie, obérée, imaginait toutes les chicanes possibles pour restreindre les subventions promises par les traités, à l'entrepreneur.

De là, discussions entre l'ingénieur en chef M. Helwag et la Compagnie, puis procès, et, finalement, renvoi de M. Hellwag. Il fallut nommer un troisième ingénieur en chef.

Que devenait Louis Favre, en présence de ces conflits ? Tout ce qui était certain pour lui, c'était la nécessité de poursuivre ses travaux, et de payer, chaque semaine, trois mille ouvriers, qui ne pouvaient attendre leur salaire. Les payements dus lui étaient refusés par la Compagnie, sous les moindres prétextes. Le discrédit des actions du chemin de fer entraînait celui de l'entreprise du tunnel. Et s'il suspendait les travaux, il était perdu ; car c'était ce qu'attendait la Compagnie, ou son ingénieur en chef, pour le mettre en régie, et provoquer la confiscation de son cautionnement.

Heureusement pour Louis Favre, des amis d'une part, et le Conseil fédéral suisse, de l'autre, vinrent à son aide. Un emprunt qu'on lui procura, sauva sa position, qui paraissait désespérée.

Mais les difficultés et le mauvais vouloir persistaient. Des travaux urgents restaient quelquefois en suspens, parce que des ordres contradictoires se succédaient. Des matériaux préparés et amenés à grand'peine, qui avaient été acceptés par l'ingénieur en chef, étaient refusés par son successeur. La Compagnie, de plus en plus obérée, recourait à toutes les ressources de la chicane pour retarder ses payements ; et quoiqu'il fût évident que le tunnel serait achevé plusieurs mois avant les lignes d'accès, toutes les exigences du traité, conclu dans cette conviction que le grand tunnel seul retarderait l'ouverture de la ligne, étaient maintenues. La Compagnie qui, dans ses prévisions de 1872, devait avoir tout intérêt à faciliter à Favre le rapide achèvement du tunnel, était, par sa faute et celle de son ingénieur en chef, dans une situation diamétralement opposée. Son intérêt était alors de retarder l'achèvement du tunnel, pour faire tomber sur l'entrepreneur les conséquences de la non-ouverture de la ligne à l'époque promise aux puissances contractantes.

Louis Favre qui ne connaissait pas la fatigue, qui avait fait face à des obstacles naturels qu'aucun géologue, aucun ingénieur n'avait pu ni prédire, ni entrevoir, se trouvait, nouveau Prométhée, enchaîné sur les rochers du Gothard, en proie aux mauvais desseins de ces tout puissants personnages, qui espéraient, en secret, s'emparer de ses travaux, et faire confisquer son cautionnement.

Ceux qui ont vu le malheureux Favre poursuivi de ces persécutions incessantes, irrité de ne pouvoir obtenir justice, ballotté entre des ordres contradictoires, dont il ne pouvait trouver la solution, prévoyaient bien que

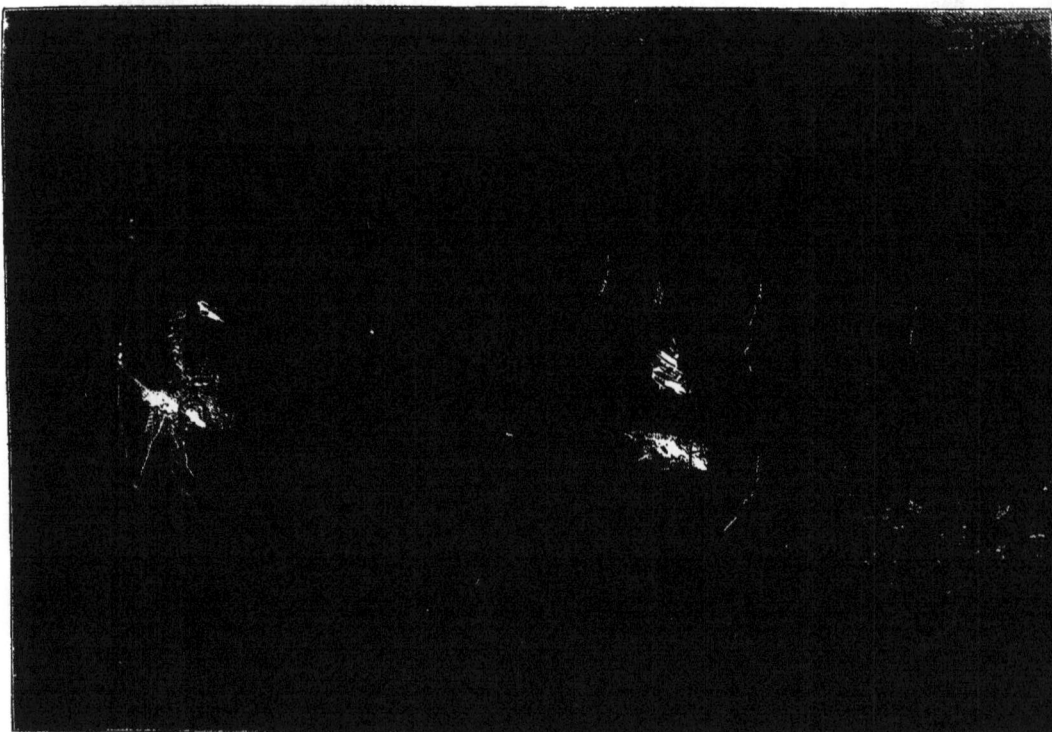

FIG. 104. — MORT AU CHAMP D'HONNEUR!

tant de tourments détruiraient ses forces physiques, et subjugueraient sa puissante nature. Pendant sept années, il s'était bercé de cette illusion généreuse que sa loyale et courageuse lutte pour écarter les plus rudes obstacles et poursuivre victorieusement l'achèvement du tunnel, lui concilierait enfin la bienveillance de la Compagnie, et que l'on tiendrait compte de retards dont il était impossible de lui faire subir les conséquences. N'avait-il pas progressé avec une vitesse moyenne double de celle réalisée au mont Cenis, en dépit de difficultés locales dont le tunnel italien avait été exempt ? Et pourtant ses dépenses n'avaient atteint que les deux tiers, par mètre courant, de celles du mont Cenis !

Mais lorsqu'il put enfin se convaincre qu'il n'avait à espérer aucune reconnaissance, aucun ménagement équitable ; quand il eut bien reconnu que les désastres financiers de la Compagnie la rendaient toujours plus exigeante et plus désireuse de confisquer son cautionnement, il comprit enfin que le but que l'on poursuivait était bien de le ruiner, lui et ses commanditaires. Sa tête, ornée de belles boucles noires, avait blanchi, et par moments, sa figure trahissait ses luttes intérieures. Mais comme ces héros de l'histoire, qui, blessés à mort, dirigent encore l'attaque et meurent debout, il conservait tout son courage, et son activité semblait inébranlable.

Toutefois, si l'homme moral résistait encore, l'homme physique était à bout de forces.

Le 19 juillet 1879, un ingénieur de la ligne de Paris-Lyon-Méditerranée était venu visiter les travaux du tunnel. Louis Favre l'avait conduit jusqu'au front de taille, à sept kilomètres dans le tunnel, et il revenait avec lui, suivi de son chef de section, M. Ernest Stockalper, l'homme dévoué par excellence (1). Il n'avait laissé voir dans cette visite aucune trace de fatigue corporelle, lorsqu'un malaise subit le saisit ; il s'arrêta, et, quelques secondes après, il tombait mort, par la rupture d'un anévrysme au cœur.

Il serait impossible de décrire la consternation des ouvriers, à la vue de leur chef succombant subitement sous leurs yeux. Ils avaient foi en cet homme d'une infatigable énergie, en ce chef expérimenté qu'aucun obstacle n'avait pu abattre, en cet entrepreneur bon et humain, qui, malgré sa haute position, écoutait avec bienveillance tout employé qui se réclamait de lui.

Ils voulurent transporter, à bras, son corps jusqu'au lac de Lucerne, à plus de 30 kilomètres de Gœschenen. A travers les sentiers et les longs détours de la montagne, on vit passer le lugubre cortège des ouvriers du tunnel, portant, sur un brancard improvisé, le corps du maître qu'ils pleuraient ; et de même

(1) L'auteur des premières études sur le percement du Simplon, ancien élève distingué de l'École polytechnique fédérale de Zurich.

que chacun se découvre devant le corps du vaillant soldat qui a succombé, sur le champ de bataille, pour sa patrie et son drapeau, les habitants des villages que l'on traversait, jusqu'aux rives tranquilles du beau lac de Lucerne, se découvraient, avec tristesse et respect, pour honorer celui qui venait de mourir au champ d'honneur du travail et du progrès.

Quelques jours après, Louis Favre fut enseveli dans le modeste cimetière de son village natal, à Chênes, où, tout enfant, il allait, en sabots, à l'école primaire, et où, jeune encore, chez son père, le charpentier, il maniait déjà avec adresse et intelligence les premiers outils de sa profession.

Quelle triste mais glorieuse épopée que les dernières années de sa vie! Reportons-nous à ce que nous avons raconté à l'occasion du tunnel du Fréjus. Là, trois ingénieurs sardes, élèves de l'Université de Turin, sont envoyés, aux frais de leur gouvernement, en Belgique et en Angleterre, pour compléter leurs études pratiques. Ils obtiennent, par la protection dévouée de deux puissants ministres, les faveurs du parlement italien, et ils sont mis à la tête des travaux du tunnel du mont Cenis, avec des crédits illimités et une autorité presque sans contrôle. Les graves erreurs qu'ils commettent, restent inconnues du public, et leur crédit n'en souffre aucune atteinte. Au bout de treize années, ce tunnel, de 12,230 mètres, est achevé, avec quelques millions de bénéfices pour eux, et huit ans après, le gouvernement d'Italie leur fait élever à Turin un monument superbe.

Au tunnel du mont Saint-Gothard, Louis Favre, qui s'est formé seul, qui n'a fréquenté aucune école, qui n'a rien appris que par lui-même, attaque résolument un tunnel, incomparablement plus difficile. On l'attache à la chaîne d'un contrat léonin, dont toutes les clauses sont une menace contre lui; et ce tunnel de 15 kilomètres, il le perce en huit ans, et son coût est de dix ou douze millions moindre que celui du mont Cenis. Et pour encouragement, il n'est en butte qu'à des persécutions incessantes. Enfin, il succombe à tant de fatigues, et la Compagnie qu'il a sauvée d'une faillite probable, n'a pas de plus grande préoccupation, depuis son décès, que de s'emparer des millions de son cautionnement, en ruinant sa famille!

Il est vraiment des hommes pour lesquels la destinée semble réserver tous les combats, toutes les amertumes, toutes les douleurs de la vie, et qui doivent expier par le martyre le don du génie qu'ils ont reçu de la nature!

Après la mort de Louis Favre, l'entreprise fut dirigée, pour le compte de sa fille unique, Mᵐᵉ Hava, par un comité, composé de trois personnes : ses deux principaux ingénieurs, MM. Bossi et Stockalper, et son conseiller judiciaire, M. L. Rambert, avocat à Lausanne. Ils s'inspirèrent de son esprit, et restèrent fidèles, au milieu de difficultés croissantes, à l'exemple qu'il leur avait donné.

Louis Favre était un esprit ouvert, qui n'aimait à faire mystère de rien, qui accueillait toutes les idées, pour les faire concourir au grand jour. Il savait que les arts sont indéfiniment perfectibles, et, plein de foi dans l'avenir, il était un serviteur dévoué de la lumière et du progrès. Par son constant désir de divulguer tout ce qui pouvait être utile au travail mécanique, il a rendu à l'art de l'ingénieur des services signalés. Il se trompa peut-être en ne laissant pas dans son entreprise du mont Saint-Gothard une assez large base à l'imprévu. Il avait pris pour base de ses calculs la plus grande rapidité obtenue au mont Cenis, et de ce maximum de rapidité il avait fait le chiffre moyen d'avancement du souterrain du mont Saint-Gothard. L'expérience prouva que les difficultés locales et physiques étaient plus grandes qu'il ne l'avait estimé. On peut affirmer, malgré cela, que si la force hydraulique qui lui avait été promise eût été réalisable, il serait sorti victorieux, pour le temps et pour le coût.

D'autre part, ayant toujours, jusque-là, travaillé pour des Compagnies qui se faisaient un devoir de soutenir tout entrepreneur habile et consciencieux, il avait cru qu'il en serait de même une fois de plus. Généreux et de franches allures, sans prétentions, nullement pédant, ni pointilleux il crut qu'il avait à faire à des hommes tels que lui. Il s'était cruellement trompé. L'esprit allemand, qu'il trouva devant lui, s'accordait mal avec l'esprit français, que Favre représentait parfaitement. Il devait succomber dans cette lutte inégale.

On parle d'élever, au nord du tunnel, un monument de marbre, pour rappeler à la postérité le nom et les services du grand Génevois. Le projet de ce monument est dû à l'un des premiers sculpteurs de l'Italie, M. Vincent Vela, né dans le canton du Tessin, auteur du groupe célèbre *Napoléon mourant*, que l'on a tant admiré à l'Exposition universelle de Paris, en 1867. M. Vela avait présenté, à l'Exposition nationale de Zurich de 1883, le haut-relief en plâtre de ce monument, qui a été, depuis, gravé et publié. Au-dessus de son buste, entouré de lauriers, le sculpteur a représenté Louis Favre ramené du milieu du tunnel par des ouvriers porteurs de lampes et de torches. La tristesse et la grandeur de cette scène sont d'un effet saisissant. Au caractère antique et classique qui convient toujours à la sculpture, M. Vincent Vela a ajouté le cachet moderne; et de là résulte une composition d'une puissance et d'une vérité sans égales.

IX

Le 28 février 1880, à sept heures moins un quart du soir, un des fleurets qui perçaient la roche du côté sud, rencontra le vide : le percement allait se terminer.

Mais il importe de rapporter avec détails les circonstances qui présidèrent à la jonction des deux galeries.

Dès la fin de décembre 1879, les ingénieurs de l'entreprise Favre, prévoyant la jonction prochaine des deux galeries, avaient fait établir des communications télégraphiques régulières entre la galerie d'avancement du côté nord et celle du côté sud. En outre, depuis la dernière semaine de février, le chef mineur du côté sud faisait pousser, au centre du front de taille de l'avancement, une sonde, longue de 3 mètres, ayant une tête en ciseau, pour percer un trou de 0^m,08 à 0^m,10 de diamètre. C'est, comme nous venons de le dire, le 28 février au soir, que cette sonde rencontra le vide, et que des communications verbales purent s'établir à travers le sondage. On fit passer, souvenir touchant, une photographie de Louis Favre par cette mince ouverture, et l'on remit au lendemain l'élargissement du trou.

Le lendemain on réduisit à 1^m,40 les trous forés pour les explosions, et l'on fit du côté sud la perforation comme à l'ordinaire, en chargeant les quatre trous centraux, *ou de rainure*, autour de celui de sonde, et sept autres trous percés à l'entour, espacés sur un cercle d'environ 1^m,30 de diamètre. Après le garage et l'explosion, on trouva le massif percé d'une large brèche en entonnoir, ayant 1^m,50 environ de diamètre du côté sud, et un peu plus de 0^m,80 du côté nord.

C'était le 29 février 1880.

La nouvelle promptement répandue, tout le monde accourt, et se précipite au fond de la galerie. Chacun veut sentir le premier courant d'air venant de l'autre côté de la montagne, serrer la main d'un ami, emporter un fragment de roche appartenant à cette percée suprême. Pour le première fois, on pourra traverser le Saint-Gothard sans faire le voyage par le haut de la montagne, par huit ou dix heures de traîneau, avec la neige qui vous fouette le visage, et la terrible perspective des avalanches.

L'écart entre les deux galeries, qui était insignifiant, démontra toute la précision des moyens qui avaient permis de maintenir constamment la direction de l'axe du tunnel dans une identité presque absolue de chacun des côtés.

Mais la question de savoir comment et par quels procédés on est arrivé à maintenir avec une exactitude absolue les deux galeries dans la même ligne, sans pouvoir jamais se voir ni se toucher, embarrasse souvent les personnes étrangères à l'art de l'ingénieur. Nous allons donc exposer, d'après un mémoire publié par M. Colladon (1), quels furent les moyens qui permirent aux ingénieurs du mont Saint-Gothard de faire avancer leur galerie l'une vers l'autre, sans se voir, et de faire, pour ainsi dire, de travailleurs aveugles, des travailleurs clairvoyants.

Les directions de chacune des lignes d'axe des galeries séparées nord et sud peuvent varier, l'une par rapport à l'autre, soit en hauteur, soit en sens horizontal. On peut aussi commettre une erreur dans la longueur totale calculée trigonométriquement.

Ces erreurs possibles n'ont pas toutes la même gravité, la plus nuisible serait une déviation latérale. Une erreur dans le sens vertical est bien moins grave, et enfin une différence entre la longueur prévue et la longueur réelle mesurée après la jonction, n'a aucun effet regrettable. Les précautions préliminaires et celles prises, pendant le temps du percement, pour maintenir l'axe des deux galeries d'avancement dans un même plan vertical, sont donc les plus intéressantes et les plus essentielles.

La longueur du tunnel définitif à percer entre Airolo et Gœschenen, avait été fixée, dès le mois de juin 1872, à 14,900 mètres, en y comprenant un prolongement, *en ligne courbe*, de 145 mètres du côté d'Airolo. Mais, pour faciliter la vérification des lignes d'axe et les travaux d'excavation, le tunnel fut prolongé en ligne droite, sur une longueur de 165 mètres, et la longueur totale rectiligne à exécuter, fut ainsi portée à 14,920 mètres.

D'après des nivellements antérieurs, la hauteur du seuil, à la porte du tunnel à Airolo, se trouve à 1,145 mètres au-dessus du niveau de la mer et celle du seuil, à Gœschenen, à 1,109 mètres.

L'inclinaison du côté nord est de $\frac{5,62}{1000}$ et du côté sud de $\frac{1}{1000}$ seulement.

---

(1) *Comptes rendus des travaux des ingénieurs civils* (mars 1880).

La détermination du plan vertical dans lequel doivent se maintenir les axes de chaque moitié du souterrain, présenta plus de difficultés au mont Saint-Gothard qu'au mont Cenis.

Au mont Saint-Gothard, le Castelhorn, haut de 2,977 mètres, et sous lequel passent les parties centrales du tunnel, a deux sommités assez voisines, à peu près de même hauteur, et dont l'une, inaccessible, masque les sommités plus éloignées. Pour déterminer le plan vertical passant par l'axe du tunnel, il fallut recourir à un procédé indirect, et relier entre elles les extrémités du tunnel par une série de triangles. M. l'ingénieur suisse

FIG. 105. — ENTRÉE SUD DU TUNNEL

Otto Gelpke, chargé, en 1869, de ce travail difficile, s'en acquitta avec habileté et un grand dévoûment.

Son réseau, composé de onze triangles, fut relié à la triangulation fédérale exécutée sous la direction des astronomes Plantamour et Hirsch ; et, d'autre part, avec une base, longue de 1450^m,44, mesurée préalablement dans la plaine d'Andermatt, sous laquelle passe le tunnel.

M. Gelpke répéta un très grand nombre de fois toutes les lectures d'angles et tint compte des inclinaisons de chaque ligne du réseau, pour faire servir ces mesures à la vérification des hauteurs de niveau.

Les hauteurs ainsi déterminées se sont trouvées coïncider à 0^m,098 près,

avec les nivellements de précision exécutés antérieurement par deux ingénieurs fédéraux : le premier par M. Benz, en 1869, et le second par M. Spahn,
en 1872.

L'ingénieur en chef de la Compagnie, voulant contrôler la première détermination, décida d'en faire faire une seconde par M. Koppe, au moyen
d'une triangulation différente et avec d'autres instruments.

La différence de hauteur des deux entrées du tunnel, obtenue par ces
mesures, ne différa que de 0^m,08 avec celle qu'on avait trouvée par les nivellements de précision.

FIG. 106. — ENTRÉE NORD DU TUNNEL

Pour les vérifications des lignes d'axe pendant la durée de la perforation,
il existait deux observatoires, dont le toit était mobile et pouvait, au besoin,
s'enlever. Ils étaient placés, l'un à Gœschenen, à la distance horizontale
de 584 mètres du portail nord; l'autre à Airolo, à 358 mètres du portail
sud. Dans l'intérieur de chacun, on avait fixé, sur le roc, un pilier en granit,
pour recevoir de grands instruments de passage, dont la lunette avait 10^m,06
d'ouverture et 0^m,60 de distance focale. Ces lunettes étaient placées sur le
prolongement de l'axe de la partie du tunnel qu'elles devaient diriger. Elles
servaient successivement à déterminer les lignes d'axe ou à vérifier les posi-
tions astronomiques.

M. Koppe, qui avait la direction de ces deux observatoires, fit établir contre la montagne, à une certaine hauteur et dans le plan vertical des axes, de repères au-dessus du centre des bouches du tunnel. Ces repères, visibles des observatoires, étaient des plaques métalliques circulaires, de couleur blanche, percées, au centre, d'une petite ouverture, derrière laquelle on pouvait placer la flamme d'une lampe, pour les observations de nuit.

A l'origine du percement, les observatoires suffisaient pour la rectification des axes; mais, au delà d'une certaine profondeur, il devenait impossible d'apercevoir les flammes des lampes à pétrole employées pour cette vérification. Il devint indispensable de transporter, à chaque vérification, un instrument à réversion dans l'intérieur même des galeries.

Après divers essais, on trouva que le procédé le plus simple était de placer la lampe sur un pied de théodolite. Un télégraphe portatif mettait en communication immédiate les deux opérateurs : celui qui visait et celui qui maniait la lampe. Quand la position de celle-ci était exacte, on reportait cette position contre le plafond au-dessus, au moyen d'un fil à plomb et d'un crampon en fer fixé à la voûte; on traçait à la lime un trait de repère sur ce crampon. On progressait ainsi, en ayant soin de retourner la lunette à chaque opération, pour rectifier sa position par un coup arrière sur les repères précédents.

La Compagnie s'était engagée à donner à l'entreprise un point de prolongement, *au moins tous les* **200** *mètres*. Ces opérations se sont répétées plusieurs fois par an, et chaque fois il a fallu suspendre préalablement le travail, pendant quelques heures, pour ventiler.

En dehors de ces opérations *à courte distance*, il fut nécessaire, une ou deux fois par an, de faire en grand une vérification. Dans ce dernier cas, les travaux d'excavation devaient cesser, en moyenne, deux jours à l'avance, de chaque côté, quelquefois trois, ou même quatre jours, pour laisser à l'air du tunnel le temps de s'épurer.

La méthode la plus exacte adoptée en dernier lieu pour déterminer le plan d'axe, consista à placer alternativement, sur une espèce de plate-forme à coulisse horizontale garnie de vis de rappel, tantôt le théodolite et tantôt la lampe, en opérant, à l'aide des vis de rappel, des mouvements très doux et presque insensibles, jusqu'à la complète coïncidence des centres et vérifiant ou reportant ensuite ces centres avec le fil à plomb.

Malgré le temps consacré à la purification de l'air du tunnel, il fallut faire près de deux opérations par chaque kilomètre, du côté de Gœschenen, et près de trois par kilomètre, du côté d'Airolo, où l'humidité est beaucoup plus forte.

Du côté de Gœschenen, la plus forte erreur de ces opérations partielles a donné 0ᵐ,02 en dehors du plan de l'axe et, en moyenne. environ 0ᵐ,005.

Du côté d'Airolo, la plus forte déviation a été de 0ᵐ,07 et la déviation moyenne de 0ᵐ,025 environ.

La rencontre définitive des deux galeries s'effectua le 29 février, un peu avant midi. La rencontre en hauteur et en direction. dans un plan vertical, a été remarquablement exacte, et, s'il y a eu erreur. elle ne dépasse pas un décimètre en hauteur et un et demi à deux, dans le sens horizontal.

Pour la longueur totale, il y a eu une différence, en moins, de 7ᵐ,60 entre les longueurs anciennement déterminées trigonométriquement et la somme des mesures directes prises dans le tunnel au moyen de règles ou de rubans d'acier. On n'a pas encore pu préciser laquelle de ces deux déterminations s'approche le plus de la vérité. C'est une vérification qui n'a qu'un intérêt tout à fait secondaire, et n'est utile qu'au seul point de vue scientifique.

Au mont Cenis, la longueur calculée trigonométriquement a été plus courte que celle mesurée dans le tunnel après la jonction; la différence trouvée a été de 13ᵐ,55.

L'erreur latérale n'a pas été officiellement constatée ou du moins publiée. On a seulement parlé, après le percement, d'une différence de 0ᵐ,35 à 0ᵐ,45.

X

Causes et origines de la rapidité d'exécution du percement du mont Saint-Gothard.

En analysant les causes qui ont surtout contribué à la rapidité extraordinaire du percement du Saint-Gothard, à côté des mérites personnels de Louis Favre, on doit insister surtout sur les points suivants :

1° Le plan général d'exécution, suivi dès l'origine, par Louis Favre ;

2° Les perfectionnements importants et nombreux adoptés pour les installations mécaniques et l'utilisation rationnelle des forces hydrauliques disponibles ;

3° L'emploi de nouveaux compresseurs d'air à grande vitesse, du système Colladon, dans lesquels des améliorations importantes et l'adoption d'une injection d'eau pulvérulente, permettaient de comprimer rapidement l'air à plusieurs atmosphères, sans échauffement notable ;

4° L'usage de divers systèmes nouveaux de machines perforatrices très perfectionnées, et d'affûts de formes variées, permettant de donner une grande extension à la perforation mécanique, et de mieux utiliser la puissance de travail de l'air comprimé ;

5° La dynamite remplaçant la poudre comprimée, dont on s'était servi au tunnel du Fréjus ;

6° L'emploi de nouvelles locomotives mues par l'air comprimé à 12 et à 14 atmosphères, servant aux transports, dans toutes les parties du tunnel où l'excavation de la cunette était assez avancée pour qu'on pût y placer une voie de fer, large d'un mètre.

Nous ajouterons que le système général d'exploitation adopté par l'entrepreneur du percement du Saint-Gothard, était lié à l'attaque du tunnel *par le haut*. Au mont Cenis, la galerie d'avancement avait, au contraire, été pratiquée *par le bas*. Ce dernier système, préférable peut-être dans les terrains meubles, ne se prête pas aussi bien, dans le rocher solide, à un rapide avancement de l'excavation, ni du revêtement de la voûte. La plupart des ingénieurs se rangent aujourd'hui à cet avis, et l'exemple du tunnel du Saint-Gothard est un des arguments les plus puissants en sa faveur.

Aussi, le système belge préféré par Louis Favre, fut-il choisi par les autres entrepreneurs qui soumissionnèrent les autres tunnels de la ligne où la perforation mécanique fut employée.

A côté de cette base adoptée par Louis Favre, tous les autres détails pour le développement du mode d'exploitation qu'il avait choisi, présentaient un ensemble remarquable pour obtenir une excavation régulière et rapide.

Les puissants moteurs hydrauliques installés près des deux bouches du tunnel, ainsi que l'usage de groupes nombreux de compresseurs d'air à très grande vitesse ont permis, toutes les fois que l'eau motrice ne faisait pas défaut, de faire agir la perforation mécanique sur plusieurs chantiers, tels que ceux : de la galerie d'avancement, des abatages de droite et de gauche, du creusement de la cunette sur deux étages, etc.

La ventilation a aussi été suffisante, quand l'eau motrice pouvait faire agir tous les groupes de compresseurs. Les *cloches d'aspiration* qu'on avait contraint Louis Favre de construire près des deux bouches du tunnel, restèrent sans emploi. On peut en dire autant du tuyau d'évacuation que l'on établit pendant quelque temps au sommet de la voûte, et que nous avons représenté par la figure 77, page 244. En ce qui touche les *cloches d'aspiration*, il aurait été impossible, du côté nord, de prolonger le tube d'aspiration, dont le diamètre dépassait un mètre, au delà de 2,800 mètres de l'entrée, puisque là commençaient l'écrasement des voûtes et d'innombrables étais.

De même, du côté sud, les nombreuses failles, avec éboulement, plusieurs passages difficiles qu'il fallait étayer fortement, ne permettaient pas d'atteindre, avec le tube aspirant, les chantiers centraux, ni ceux d'avancement où l'aérage était le plus nécessaire.

Quant à adopter le système qui avait servi dans la partie nord du tunnel du mont Cenis, c'est-à-dire à utiliser l'aqueduc pour la ventilation par aspiration, il est évident qu'avec une pente de $\frac{1}{1000}$ seulement, et des infiltrations de plus de 200 litres par seconde, ce canal d'air, eût-il eu plus d'un mètre carré de section, n'aurait pas même suffi à écouler ce volume d'eau!

En fait, le percement a été complètement effectué, ainsi que l'aération, par le seul emploi des cylindres compresseurs d'air, du système Colladon; et sans le manque d'eau motrice du côté du sud, pendant les cinq derniers mois du percement, la température excessive et les fumées auraient beaucoup moins fatigué les ouvriers, qui, presque tous, étaient occupés dans les parties les plus profondes du tunnel, où tout autre mode d'aération était impossible.

A côté des considérations énumérées dans ce dernier chapitre, pour expliquer la rapidité d'excavation réalisée au mont Saint-Gothard, on doit ajouter et mettre en première ligne, l'intelligence, la longue expérience pratique, l'énergie remarquable et l'infatigable activité de Louis Favre, qui avait entrepris, à ses risques et périls, organisé et conduit à bien ce prodigieux ensemble de travaux; ainsi que le zèle dévoué, les connaissances scientifiques ou pratiques des ingénieurs et des chefs d'exploitation ou de travaux auxquels il avait accordé sa confiance, et qui s'étaient associés d'intelligence et de cœur à son entreprise.

Aujourd'hui que cette œuvre est terminée, on peut affirmer hautement qu'elle marquera dans l'art des constructions et dans l'établissement des voies ferrées, une époque importante, dont le souvenir ne s'effacera pas, et qui fera vivre à jamais le nom de Louis Favre, l'homme d'élite auquel on doit reporter la plus grande partie des progrès réalisés, et que la mort a frappé dans le tunnel avant le couronnement de cette œuvre merveilleuse.

Dès le mois d'avril 1880, le transport des lettres se fit, pendant les fortes chutes de neige, par le tunnel, entre Airolo et Gœschenen.

XI

Les fêtes d'inauguration du tunnel

Après le triomphant coup de sonde qui, le 28 février, au soir, avait perforé la dernière barrière de séparation des deux souterrains, il avait été convenu, entre les ingénieurs, que les trous de mine destinés à renverser le dernier diaphragme qui séparait les deux galeries, seraient creusés du côté d'Airolo. C'est ce qui fut exécuté le lendemain matin, ainsi que nous l'avons dit. Dix coups de mine se succédèrent. Au dixième coup, à onze heures un quart, le 29 février 1880, le trou de sonde de la veille était élargi au diamètre de 1ᵐ,50 environ. Un homme pouvait donc y passer.

Le premier qui y passa fut M. Arnaud, le conducteur principal des travaux de Gœschenen. Peu après, arriva d'Airolo, le directeur de l'entreprise, M. Bossi, qui franchit l'ouverture, mais en sens contraire. Tout le personnel de la direction des travaux était là : MM. Bossi, directeur général des travaux, Stockalper et Maury, ingénieurs chefs de chacune des deux sections, J. Arnaud, conducteur principal, etc. Les premiers ils passèrent, à travers l'étroite déchirure du diaphragme de granit. M. Arnaud, qui était arrivé à Gœschenen dès l'ouverture des travaux, n'avait *jamais*, pendant les huit années que dura la perforation de la galerie, traversé le mont Saint-Gothard, pour rendre visite à la section d'Airolo : il ne voulait y arriver que par le futur tunnel, et il tint parole.

La plupart des ingénieurs et des directeurs d'ateliers furent bientôt réunis sur la ligne de la barrière récemment détruite, et malgré l'excessive chaleur du souterrain, malgré la lourdeur de l'atmosphère, dans ce boyau profond, chacun foulait avec joie le sol nouveau, au milieu de l'effusion de tous.

Le calme finit pourtant par s'établir, et l'inspecteur de la Compagnie du chemin de fer, M. Kauffmann, dans un discours prononcé en allemand, au milieu du tunnel, à la ligne de jonction des deux galeries d'avancement, célébra, en termes émus, la grandeur de l'œuvre accomplie, et félicita chacun du concours apporté à l'œuvre commune.

Pendant la nuit suivante, l'ouverture fut portée aux dimensions ordinaires de la galerie d'avancement, c'est-à-dire à $2^m,50$, en hauteur et en largeur. Les rails qui devaient raccorder les deux voies ferrées, furent posés, et tout travail fut déclaré suspendu dans les chantiers. Le jour suivant devait être, en effet, consacré tout entier à des réjouissances et à des fêtes.

La fête commença le lundi, 1ᵉʳ mars 1880, par une distribution de médailles commémoratives aux principaux coopérateurs du percement. Nous donnons ici le *fac-simile* de cette médaille, dont les inscriptions sont, en langue italienne, allemande et latine.

L'usage s'est établi, de nos jours, de distribuer des médailles commémoratives aux officiers et soldats qui ont pris part à une guerre victorieuse. Telles sont, chez nous, les médailles militaires de Crimée, du Mexique et

Fig. 107. — MÉDAILLE COMMÉMORATIVE DU PERCEMENT DU TUNNEL DU MONT SAINT-GOTHARD

d'Italie. Il est tout aussi juste de consacrer des médailles d'honneur au souvenir des grandes victoires de l'industrie et de la science, qui ont marqué une glorieuse étape sur la route du progrès. Aussi espérons-nous que l'exemple donné par les directeurs de l'entreprise du Saint-Gothard, sera suivi après la terminaison de tout travail ayant fait époque dans l'art de l'ingénieur.

C'est à Airolo qu'eut lieu l'intéressante cérémonie de la distribution des médailles. A peu de distance de l'entrée du tunnel, au pied de la montagne, on avait disposé une estrade, bordée de verdure, sur laquelle se tenaient les deux directeurs des travaux du côté sud et du côté nord. Les chefs d'ateliers et les ouvriers qui s'étaient fait le plus remarquer par leur intelligence et leur zèle, ainsi que les chefs mécaniciens et les chefs d'ateliers de construction ou les simples charpentiers et mineurs, reçurent l'effigie d'hon-

FIG. 108. — LA DISTRIBUTION DES MÉDAILLES À AIROLO, LE 1er MARS 1880

neur. On n'oublia pas le mineur Nacaraviglia, qui travaillait aux chantiers du percement depuis l'ouverture des travaux, et qui avait eu la gloire, de concert avec son camarade Fraboso, de donner le dernier coup de sonde, le 28 février.

La fête proprement dite eut lieu le surlendemain, mercredi, 3 mars. Les invités du nord de la Suisse et de l'Allemagne étaient arrivés la veille, à Gœschenen. Dans l'après-midi, une locomotive traînant un nombre suffisant de wagons, partit d'Airolo, pour aller les prendre. Ceux-ci montèrent dans les wagons et ce fut la locomotive à air comprimé, qui, toute enguirlandée de feuillages et décorée de drapeaux, amena le cortège officiel à Airolo.

Un banquet eut lieu, à Airolo, dans l'atelier de construction et de réparation des machines, que l'on avait transformé, pour la circonstance, en une immense salle à manger, très pittoresquement ornée. Deux cent quinze convives étaient assis à cette table fraternelle. Citons, parmi les invités: M. Daniel Colladon, le savant physicien et ingénieur suisse, qui a donné le signal, dès l'année 1852, des

FIG. 109. — NACARAVIGLIA ET FRABOSO, LES DEUX OUVRIERS QUI ONT DONNÉ LE DERNIER COUP DE SONDE AU TUNNEL DU MONT SAINT-GOTHARD, LE 28 FÉVRIER 1880.

applications de l'air comprimé au percement des grands tunnels et à leur aération, et qui avait été l'ingénieur-conseil de Louis Favre, pendant la durée des travaux du Saint-Gothard ; — MM. Koppe et Gelpke, qui ont fait toutes les opérations géodésiques, dont la merveilleuse exactitude, attestée par la rencontre mathématique des deux galeries, confond vraiment l'esprit ; — M. Stapff, le savant géologue suédois, qui, pendant la durée du percement, avait relevé, jour par jour, la nature des roches traversées, ainsi que leur température ; — le directeur de la Compagnie du chemin de fer, M. Dickler ; — M. Stockalper, l'ingénieur en chef des chantiers de Gœschenen ; — M. Bossi, le directeur général de l'entreprise, qui était à la tête des chantiers d'Airolo ; — MM. Arnaud et Kauffmann, dont nous avons parlé à propos de la rencontre des deux galeries : — les deux inspecteurs nommés par le conseil fédéral de la Suisse; — M. Biglia, directeur des chemins de fer de la haute Italie; — les chefs d'ateliers des sections; — les entrepreneurs des autres lots de travaux sur la ligne générale du Gothard, etc.

Les discours ne pouvaient manquer, dans une telle réunion d'hommes de mérite, qui avaient la tête et le cœur pleins de bonnes choses à dire et de grands faits à célébrer. Entre la poire et le fromage, on n'entendit pas moins de quatorze harangues.

Nous n'insisterons pas sur cette éloquence, panachée d'allemand, d'italien et de français. Les discours passent, mais les œuvres restent, et celle dont on célébrait le triomphe, est appelée à vivre éternellement dans l'histoire des arts mécaniques.

La fête se termina, le mercredi soir, par l'illumination du village d'Airolo.

Le jeudi matin, chacun rentrait chez soi. Seulement, le retour ne fut pas aussi facile, ni aussi enguirlandé que l'arrivée. Les travaux avaient repris dans le tunnel, qui, dès lors, n'était plus accessible aux locomotives. Il fallut donc, pour revenir en Suisse, repasser le mont Saint-Gothard par la route de voitures. On emballa les invités du nord de la Suisse, dans 35 traîneaux; et, en traversant le col du mont Saint-Gothard, sur une route couverte encore d'un mètre de neige, les voyageurs purent apprécier, par eux-mêmes, les avantages qu'offrirait aux voyageurs, la voie qui transperce la montagne.

FIG. 110. — ARRIVÉE DU TRAIN DES INVITÉS A LUCERNE, LE 20 MAI 1882

XII

Inauguration de la ligne générale du Saint-Gothard, le 23 mai 1882. — La voie
ferrée allant du lac des Quatre-Cantons au lac Majeur.

Cependant tout n'était pas fini avec la jonction des deux galeries qui composent le second tunnel des Alpes. Il fallait achever les travaux aux abords du souterrain, et surtout exécuter les lignes d'accès des deux côtés du percement.

Il fallut près de deux ans pour que cet ensemble de travaux fût terminé, et pour que le chemin de fer du Saint-Gothard, c'est-à-dire la ligne allant de Fluelen, en Suisse, au lac Majeur, en Italie, et embrassant dans son parcours, le grand tunnel subalpin, fût achevée, et acceptée par les deux gouvernements intéressés.

Le 29 décembre 1881, la première locomotive traversait le tunnel, de part en part.

C'est au 1ᵉʳ juin 1882 que fut fixée l'ouverture du service public de la ligne générale du Saint-Gothard. La semaine qui précéda cette ouverture fut consacrée aux cérémonies et fêtes de l'inauguration.

Elles eurent lieu successivement aux deux points extrêmes de la ligne : à Lucerne et à Milan. La Suisse, qui avait eu l'initiative du second percement des Alpes, voulut être la première à célébrer son succès et à tirer le canon, symbole, cette fois, de concorde et de paix.

La ville de Lucerne avait invité les représentants de l'Allemagne et ceux de l'Italie à célébrer avec elle l'heureuse terminaison de l'entreprise qui avait occupé pendant plus de douze ans tant de cerveaux, et touché à des intérêts si divers. Le 20 mai, les invités de la Compagnie arrivaient à Lucerne, où on leur faisait une réception empreinte de la plus vive cordialité. Musique, illuminations, excursions, bouquet, feux d'artifice sur le lac, tel était le programme de la fête, et il fut exactement rempli.

Nous passerons sur les discours qui furent prononcés à cette cérémonie. Nous nous bornerons à dire que le spectacle du lac de Lucerne éclairé par des feux multicolores, se mêlant aux illuminations (fig. 111), était d'un effet réellement féerique.

Il paraît, néanmoins, que l'organisation de la fête laissa à désirer. Au

banquet, M. Banarini, ministre italien, fut déplorablement interrompu, et
plusieurs incidents fâcheux marquèrent la journée.

Mais à Milan on retrouva l'ordre et la politesse des pays monarchiques.

Le 23 mai, trois trains spéciaux ramenaient à Milan les invités, qui avaient
quitté Lucerne le matin même, et des fêtes magnifiques eurent lieu dans cette ville.

La place du Dôme étincelait de feux. La fontaine de la place n'était qu'une
gerbe de lumière, et les principaux édifices de Milan étaient illuminés.

Le 24 mai, un immense banquet, présidé par le prince Amédée, réunissait
les représentants des nations intéressées à la création de cette nouvelle ligne.

Hâtons-nous de dire que les représentants de la France ne figuraient point
à ce banquet, et on le comprend. Le second percement des Alpes effectué au
col du mont Saint-Gothard, à l'exception de tout autre col, est une œuvre
essentiellement allemande, une entreprise dirigée contre les intérêts de notre
pays. Le chemin de fer du Saint-Gothard est, en effet, destiné à attirer à
l'Allemagne le transit des marchandises venant du centre de l'Europe, et à
contre-balancer ainsi les avantages qu'a amenés pour nous l'ouverture du
tunnel du Fréjus.

Cette vérité économique, qui était comprise bien avant l'exécution de la
nouvelle voie, a éclaté dans sa pleine évidence depuis l'inauguration de la ligne.

Du 1er juillet 1882 au 1er juillet 1883, la ligne du mont Saint-Gothard
a transporté 963,000 voyageurs et un nombre énorme de tonnes de marchandises, avec une recette kilométrique de 42 à 43,000 francs, pour une
première année d'exploitation !

D'autre part, la ligne du mont Cenis, qui sert d'artère principale aux
exportations, par voie de terre, entre la France et l'Italie, a subi, en 1882,
une diminution de recettes de 158,000 francs, diminution qui s'est fortement accentuée en 1883. Encore n'est-ce là que la perte visible, tangible ;
mais la perte réelle s'augmente de la diminution subie par les lignes
affluentes, principalement par la Compagnie Paris-Lyon-Méditerranée.

L'Allemagne a expédié en Italie, par le Saint-Gothard, environ 80,000
tonnes de marchandises, pendant la première année du service de cette ligne ;
tandis que notre exportation dans la Péninsule, qui s'était accrue d'une trentaine
de millions en 1880 et 1881, a fléchi, en 1882, de 23 millions et demi
au commerce général, et de 10 millions au commerce spécial.

Au contraire, le commerce d'échanges de l'Allemagne avec l'Italie s'est
élevé de 18 millions de francs.

On peut dire, par conséquent, que les Allemands ont gagné sur le marché
italien ce que la France y a perdu, et même au delà. Les Allemands font de

FIG. 141. — ILLUMINATION DU LAC DE LUCERNE

grands efforts pour nous ravir le marché des tissus, et déjà, pour la draperie et les tissus de laine cardée, l'importation allemande arrive de pair avec la nôtre. Il en est de même pour les ouvrages en bois, la vannerie, la cartonnerie, les pelleteries et les ouvrages en métaux.

Les houilles allemandes, grâce à des tarifs réduits, descendent en Italie par quantités considérables (pour plus de 5 millions de francs en 1882, tandis que la France n'en a envoyé que pour 3 millions, 732,000 francs).

En face du grand mouvement d'exportation allemande, l'exportation française voit diminuer le chiffre de ses affaires avec l'Italie, pour des articles similaires; ce qui prouve que, dans ces catégories, les produits allemands tendent à se substituer aux nôtres. Nous avons subi, par exemple, en 1882, une réduction de 2 millions sur les tissus de soie; de 1 million et demi sur les tissus de laine; de plus de 4 millions sur les tissus de passementeries de coton; de 1/2 million sur les merceries, boutons et bimbeloteries; de 2 millions sur les faïences, verreries et cristaux, de près de 1 million sur les ouvrages en bois.

L'industrie allemande fait donc des efforts considérables dans le sens de l'exportation. Elle a la main-d'œuvre à un prix inférieur à celui que paye l'industrie française; et, comme elle transporte à meilleur marché, par suite des faveurs que lui accorde la Compagnie du Saint-Gothard (tarifs de *transit direct* à travers la Suisse), nous devons craindre d'être peu à peu éliminés du marché italien. C'est le résultat de la lutte économique et commerciale qui est engagée en Italie par l'industrie allemande contre l'industrie française, comme elle l'est déjà sur d'autres places commerciales d'Europe et du Nouveau-Monde.

En ce qui concerne la cherté de la main-d'œuvre en France, il n'y a pas à espérer de résultat prompt et efficace; mais on peut faire disparaître la seconde cause d'infériorité, c'est-à-dire le bas prix de transports. Pour y arriver, il faudrait construire une voie de communication plus directe et moins chère pour nous, quant aux tarifs, que les lignes du Saint-Gothard et du mont Cenis.

Cette nouvelle voie de communication à créer, serait un troisième tunnel subalpin, percé, soit au mont Saint-Bernard, soit au Simplon. L'avenir et les études qui se poursuivent, décideront lequel de ces deux percements serait le plus avantageux pour les intérêts français.

Revenons à la ligne ferrée du mont Saint-Gothard.

La nouvelle voie ferrée qui fut mise en service le 1er juin 1882, et qui embrasse, dans son parcours, le tunnel du mont Saint-Gothard, est une des

plus intéressantes de l'Europe, en raison des nombreux travaux d'art qu'elle
a nécessités et des sites pittoresques au milieu desquels sont placés les
ouvrages des ingénieurs. Sans doute, les voies ferrées de la Suisse et du nord
de l'Italie abondent en tunnels, ponts et viaducs de toute sorte ; mais il en
est peu qui soient aussi riches, sous ce rapport, que la ligne dite du Saint-
Gothard, qui va de Fluelen, en Suisse, au lac Majeur, en Italie, c'est-à-dire qui,
partant du plus joli lac helvétique, le lac des Quatre-Cantons, aboutit au plus
célèbre et au plus poétique des lacs de l'Italie. Sur cette ligne, l'art et la
nature se donnent, pour ainsi dire, la main, pour charmer les yeux par

Fig. 112. — VIADUC D'INTSCHI, SUR LE CHEMIN DE FER DU SAINT-GOTHARD

l'étrangeté des paysages, et l'esprit par la hardiesse des constructions
mécaniques où achitecturales.

Nous ferons passer, sous les yeux du lecteur, quelques-uns des travaux
d'art qui sont distribués sur la ligne du Saint-Gothard.

Citons d'abord le viaduc d'Intschi (fig. 112) où l'on franchit la Reuss.

Un autre viaduc d'une exécution remarquable, est celui de la vallée de la
Maderan, qui se distingue par la hardiesse et la hauteur des piliers qui le
supportent (fig. 113).

Le pont jeté sur la Reuss, près d'Amsteg, dans le canton d'Uri, sépare
deux montagnes coupées à pic, au pied desquelles la rivière coule avec
fracas.

FIG. 113. — VIADUC DE LA VALLÉE DE LA MADERAN

Amsteg est situé à la sortie de la vallée de la Maderan, au pied du Bristens-
tock et de la petite Windgœlle. On embrasse, du haut de cette montagne,
une partie du mont Saint-Gothard, les lacs de Zurich, de Zug et d'Uri.

FIG. 114. — TROIS VIADUCS POUR GAGNER LES HAUTEURS DU GRAND TUNNEL, PRÈS DE WASEN
(CANTON D'URI)

Le pont près d'Amsteg, long de 135 mètres, composé de deux travées de
48 mètres d'ouverture et de trois petites arches, est jeté sur la Kersbach,
qui débouche de la vallée de la Maderan.

Après avoir franchi le viaduc d'Amsteg, on traverse deux tunnels à Dustentenlani, sous le Bristentock, puis on franchit encore la Reuss, sur un viaduc

FIG. 115. — PONT-VIADUC SUR LA REUSS, A GOESCHENEN

de 106 mètres de long. La voie ferrée suit la rive gauche de la Reuss, en côtoyant, pendant quelque temps, la route de voitures, qu'il a fallu dévier

FIG. 116. — PONT SUR LA GORGE DE STALVEDRO

sur plusieurs points, pour établir la voie ferrée. Dans ce parcours, la ligne, qui s'élève de 26 mètres par kilomètre, présente une série de petits tunnels, de murs de soutènement, de viaducs, de terrassements, et de travaux de défense contre la Reuss.

Après avoir franchi le *tunnel hélicoïdal* du *Pfaffensprung*, long de 1,476 mètres, par le développement de la courbe en hélice, on s'élève de 50 mètres.

Après avoir parcouru de profondes tranchées taillées dans le roc, suivies de hauts remblais, et franchi la Maien Reuss une première fois, on arrive dans la vallée de Wasen, et là, le chemin de fer présente l'intéressante particularité que fait voir notre dessin (fig. 113, page 347). Pour s'élever à Wasen, il faut franchir successivement trois tunnels, placés l'un au-dessus de l'autre. La ligne se compose de trois tronçons reliés par des courbes et échelonnés l'un sur l'autre, comme les lacets d'une route. La voie ferrée s'élève de 127 mètres pour atteindre le grand tunnel de Wasen. Ce tunnel, long de 300 mètres, passe sous l'église de Wasen.

Un tunnel hélicoïdal à Wattingen, suivi d'un viaduc sur la Reuss, un autre tunnel hélicoïdal à Leggensten, suivi également d'un viaduc, auxquels succèdent une série d'autres tunnels et viaducs, amènent enfin le train à la vallée de Gœschenen.

Nous nous retrouvons, avec la voie ferrée, ramenés dans ce village de Gœschenen, dont nous avons décrit la gorge sauvage, dans les premières pages de cette Notice, et qui a été si longtemps animé par les ateliers que l'on y avait créés, à l'époque des travaux du tunnel. Nous avons dit qu'avant l'ouverture du tunnel du Saint-Gothard, deux ponts reliaient les deux parois de l'immense précipice sur lequel Gœschenen est bâti. Un troisième pont a été jeté sur la même gorge : c'est celui du chemin de fer. Ce pont franchit, à une hauteur énorme, la Gœschenen-Reuss (fig. 115).

En quittant la station de Gœschenen, on entre dans le grand tunnel du Saint-Gothard, que l'on franchit en 15 minutes.

Nous avons fait un assez long séjour, au cours de cette Notice, dans le second tunnel des Alpes, pour ne pas nous y attarder davantage. Arrivons donc, tout de suite, à son débouché, à Airolo.

Les travaux d'art sont moins nombreux après le souterrain du Saint-Gothard qu'avant son entrée.

Signalons, pourtant, à une demi-heure d'Airolo, le pont jeté sur la gorge du Stalvedro.

Le val Bedretto se termine à l'entrée du défilé pittorresque de Stalvedro, que l'on franchit sur un pont, que nous représentons dans la figure 116.

Sans nous astreindre à suivre plus longtemps le parcours exact de la ligne ferrée du Saint-Gothard, nous signalerons seulement, pour leur aspect pittoresque, Biasca et Faïdo, enfin Bellinzona et Locarno, où se termine la ligne, car Locarno est situé sur le lac Majeur.

Là s'arrête la voie ferrée dite du *Saint-Gothard*, allant du lac des Quatre-Cantons en Suisse au lac Majeur en Italie, et dont nous avons cru devoir représenter les plus intéressants travaux d'art, comme un appendice intéressant à l'histoire et à la description des travaux du second tunnel des Alpes.

FIN DU TUNNEL DU MONT SAINT-GOTHARD

LE TUNNEL DE L'ARLBERG

DANS LES ALPES DU TYROL

I

Le percement des Alpes tyroliennes. — Faits préliminaires.

Le percement du mont Cenis avait excité en France le plus vif intérêt. La hardiesse d'une telle entreprise, la nouveauté des moyens mis en
action, les péripéties diverses que le travail eut à franchir et qui firent
douter longtemps de son succès, avaient occupé pendant dix ans l'attention
des ingénieurs et des savants. Le percement du mont Saint-Gothard éveilla
moins de curiosité. Le succès du premier tunnel des Alpes semblait
assurer d'avance la réussite du second. On ne prévoyait pas, en effet, les
difficultés inouïes que le percement allait rencontrer au cœur de la montagne ; de sorte que l'on attendait avec quelque indifférence la terminaison
de l'entreprise. Quand vint le troisième percement du rempart granitique
alpestre, c'est-à-dire le grand tunnel de l'Arlberg, qui traverse les Alpes
de l'Autriche et celles du Tyrol, la dose d'attention que la France peut
accorder à une entreprise d'arts mécaniques, était épuisée; de sorte que
le percement de l'Arlberg passa à peu près inaperçu parmi nous. Bien des
personnes pourraient même être surprises encore à prendre le mot *Arlberg*,
pour un nom d'homme, comme faisait le singe de la Fable, à l'égard du Pirée(1).

Cependant le tunnel de l'Arlberg est après celui du mont Saint-
Gothard (qui mesure près de 15 kilomètres), et celui du mont Cenis (qui en
mesure plus de 12), le plus long de tous les tunnels de l'Europe actuelle, car
sa longueur est de 10,240 mètres. Tandis que le percement du mont Cenis
avait exigé quatorze années, et celui du Saint-Gothard huit, le tunnel autrichien a été percé en trois ans : cinq mois plus tôt que les conventions ne

(1) *Arlberg* signifie *montagne de l'Arl*, de deux mots allemands, dont le dernier signifie *montagne*.

l'avaient prévu. Le progrès dans les sciences et les arts mécaniques, n'est donc pas un vain mot, puisque les notions et l'expérience acquises par des travaux antérieurs, profitent immédiatement aux entreprises analogues, et hâtent leur accomplissement dans des proportions extraordinaires.

Le tunnel autrichien de l'Arlberg est important à considérer à un autre point de vue. Dans le percement de ce souterrain, on a inauguré un système nouveau de machine perforatrice, ou plutôt on a mis en présence, en balance pour ainsi dire, le système de perforation par l'*air comprimé* et un système dans lequel ce n'est plus l'*air comprimé*, mais l'*eau comprimée*, qui sert d'agent mécanique pour le forage des trous de mine. En même temps, l'outil, au lieu d'agir par percussion, comme opéraient les fleurets d'acier du mont Cenis et du mont Saint-Gothard, opère par *rotation*, par *creusement*. Il travaille comme une vrille, au lieu de fonctionner comme une flèche.

Enfin, dernière considération qui, pour notre pays, est d'un ordre supérieur, le tunnel de l'Arlberg est destiné à seconder les intérêts français. Il pourra atténuer les pertes qu'a occasionnées à notre commerce national l'ouverture du tunnel du mont Saint-Gothard. Il déjouera en partie les combinaisons politiques et économiques qui ont présidé à l'exécution de la voie ferrée du mont Saint-Gothard. Il met, en effet, en communication, par une voie plus rapprochée de la France, l'Orient avec l'Occident, la vallée du Rhin avec celle du Danube. Situé à peu de distance du mont Cenis, il desservira des régions qui, sans son existence, auraient eu recours à la voie ferrée du Saint-Gothard. Il facilitera, par exemple, les relations de la France avec les contrées agricoles de l'Autriche-Hongrie.

La carte qui se trouve en regard de cette page, fait comprendre la situation précise du troisième tunnel sub-alpin. On voit que le tunnel de l'Arlberg s'ouvre non loin de la frontière du Tyrol, dans la province du Vorarlberg (Autriche). Il part du village de Saint-Antoine, dans la vallée de la Rosana, affluent de l'Inn, et aboutit à Langen, dans la vallée de l'Alfenz, affluent de l'Ill, qui se jette dans le Rhin avant l'arrivée de ce fleuve au lac de Constance.

La province autrichienne du Vorarlberg est séparée du reste de l'Autriche par de hautes montagnes. Une seule route à voitures la reliait, il y a peu d'années, au reste des possessions autrichiennes, en franchissant le col de l'Arlberg, à 1,750 mètres environ, au-dessus du niveau de la mer.

Le gouvernement autrichien désirait depuis longtemps s'affranchir de la nécessité où se trouvaient les deux parties de l'Empire, d'emprunter les chemins de fer allemands et italiens, pour communiquer entre elles. L'Autriche ne pouvait, en effet, communiquer avec la partie de la province du Vorarlberg

voisine de la Suisse, qu'en suivant les lignes ferrées de la Bavière. C'est
pour cela qu'en 1870, pendant la guerre franco-allemande, les chemins de
fer de la Bavière étant absorbés par les grands transports de troupes, la province de Vorarlberg fut au moment de manquer de blé et de sel. Ajoutez, en
ce qui concerne les relations économiques de l'Autriche avec l'Occident, que
l'Autriche était sous la dépendance de l'Allemagne, qui arrêtait à la douane,
quand cela lui plaisait, l'exportation austro-hongroise à destination des État
occidentaux, sous prétexte de peste bovine.

Les chemins de fer autrichiens ne pouvaient même communiquer avec le

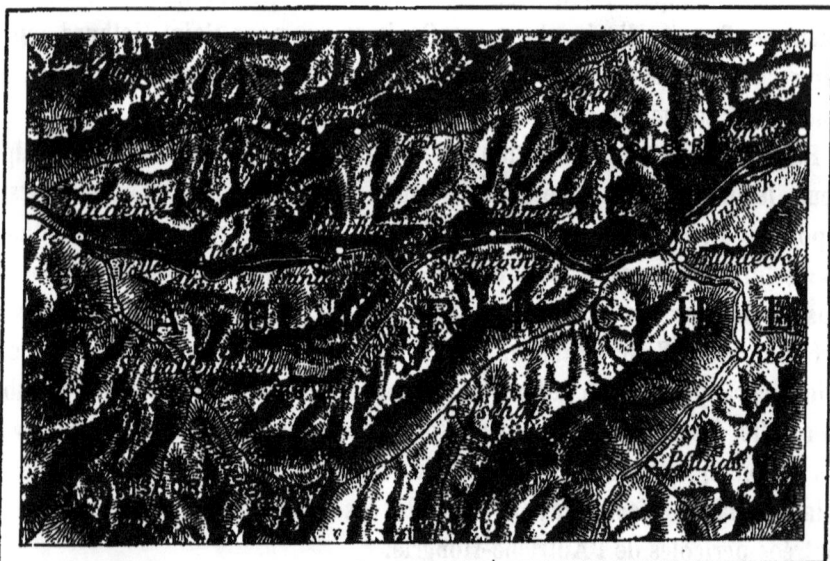

Gravé par Mlle Perrin.

FIG. 116. — CARTE DES VOIES D'ACCÈS AU TUNNEL DE L'ARLBERG

territoire suisse et la frontière de France, qu'en passant par Munich et les
chemins de fer bavarois.

Le seul moyen de faire tomber toutes ces entraves aux relations économiques des États autrichiens avec les contrées voisines, c'était de creuser
un tunnel au-dessous de l'Arlberg. On n'aurait jamais songé à cette entreprise sans le succès des deux premiers percements des Alpes. Mais il était
évident qu'avec l'expérience acquise et l'outillage mécanique qui venait
d'être créé pour le percement des longs souterrains sans aucun puits, percer
un tunnel à la base de l'Arlberg était une œuvre, non seulement possible
mais facile.

L'Arlberg est une *alpe*, comme on dit en Suisse et en Allemagne, haute
de 2,027 mètres, qui limite le bassin hydrographique de la vallée du Rhin,

dans le canton des Grisons, et la vallée de la rivière d'Inn, un des affluents du Danube.

Pour utiliser le tunnel projeté sous l'Arlberg, il fallait créer une nouvelle

Fig. 117. — L'ARLBERG

route ferrée, longue de 137 kilomètres, reliant directement le chemin de fer d'Insbrück à Vienne, avec une ligne ferrée qui était déjà en exploitation, et qui, partant du lac de Constance, remonte la vallée du Rhin jusqu'à Feldkirch, et arrive, par la vallée de l'Ill, à Bludenz, situé à 24 kilomètres à l'ouest de l'Arlberg.

FIG. 119. — LE VILLAGE DE SAINT-ANTOINE, AU PIED DE L'ARLBERG (COTÉ EST)

Dès l'année 1872, une enquête avait été ouverte par le ministère autrichien sur le choix du meilleur tracé de la nouvelle ligne projetée depuis Insbrück jusqu'à Bludenz, et sur l'étude du tunnel le plus convenable à percer sous les sommités de l'Arlberg.

Pour ce seul tunnel, quatre projets différents avaient été présentés, qui variaient de longueur depuis 5,518 mètres jusqu'à 12,400 mètres environ. Un cinquième projet, étudié par MM. Riggenbach et Zschockhe, proposait de remonter les pentes de l'Arlberg par un chemin de fer à crémaillère, comme celui du Righi.

Après l'étude et la comparaison attentives de ces divers projets, l'État autrichien adopta, pour l'Arlberg, un tunnel de 10,000 mètres de longueur.

Le ministère des travaux publics fit publier les plans et profils proposés, ainsi que les études géologiques qu'il avait fait entreprendre, et, en 1879, la *Société des ingénieurs et architectes de Vienne* s'occupa activement de l'examen de ces différents projets.

Le 8 mai 1880, les chambres autrichiennes votèrent une loi qui chargeait l'État de la construction de la ligne ; et, huit jours après, le ministère des travaux publics confiait son exécution à la *Direction impériale des chemins de fer de l'État*.

La longueur totale du grand tunnel est de 10,240 mètres. Ce tunnel est tracé en ligne droite et l'épaisseur du terrain au-dessus de son sommet est de 800 mètres seulement.

L'entrée Ouest du tunnel, à Langen, près de Stüben, au pied de l'Arlberg, est à la hauteur de 1,214 mètres au-dessus de la mer. L'intérieur du souterrain monte, par une rampe de 15 0/00 sur 6,140 mètres de longueur, arrive au point culminant du tunnel, à 1,310ᵐ, puis redescend, avec une pente de 2 0/00 seulement, sur une longueur de 4,100 mètres, jusqu'à l'autre embouchure, à la station de Saint-Antoine, à l'ouverture Est, située à 1,302ᵐ audessus du niveau de la mer.

Quant à la nature des couches traversées, l'ensemble de la montagne se compose de schistes cristallins micacés, contenant un peu de quartz. Du côté Est, la roche est plus dure que du côté Ouest. Sa dureté se rapproche de celle des gneiss ; mais elle est généralement inférieure à la dureté des roches que l'on rencontra dans le grand tunnel du Saint-Gothard.

Dans le côté Ouest, où prédomine le mica, la roche est moins tenace ; mais elle est plus crevassée ; ce qui facilite les infiltrations et nécessite des boisages. On se trouva donc, pour cette dernière galerie, dans une situation analogue à celle que l'on avait rencontrée au mont Saint-Gothard, où la galerie de Gœschenen traversait le massif granitique, très peu perméable, du Füsterhorn, tandis que la partie sud traversait les roches cristallines délitées d'Airolo, où les infiltrations d'eau devinrent, comme nous l'avons raconté, un véritable fléau.

Pour les installations hydrauliques, le gouvernement autrichien ne commit pas les erreurs que l'on a reprochées si justement à la Compagnie du Saint-Gothard, et qui furent si fatales à l'entreprise de Louis Favre pour l'exécution du tunnel. De longues études, entreprises à l'avance par l'administration autrichienne, et les jaugeages qu'elle avait fait exécuter, pendant l'hiver et le printemps suivant, donnèrent des renseignements très exacts sur le volume minimum d'eau qui serait disponible pour les divers torrents dont on voulait appliquer la force motrice à la perforation mécanique et à l'aération du tunnel; toutes choses qui avaient été négligées par la Compagnie du chemin de fer du Saint-Gothard.

Voici comment on organisa les forces hydrauliques.

Du côté de l'est, on établit une conduite d'eau, de 0ᵐ90 de diamètre et de 500 mètres de longueur. Cette conduite, en tôle d'acier Bessemer, variait de 8 à 11 millimètres d'épaisseur. La puissance de cette chute d'eau, qui débite, en moyenne, 1000 litres par seconde, peut donner une force minima de 930 chevaux-vapeur, pouvant s'élever, dans l'été, à 1500 chevaux,

Au lieu de confier l'exécution des travaux à un entrepreneur général, le gouvernement autrichien préféra se charger lui-même de toutes les constructions et installations mécaniques, et en rester propriétaire. Le tout fut établi avec le plus grand soin, on pourrait même dire avec un certain luxe. N'ayant aucune amende à encourir pour les retards, comme il avait été stipulé pour le tunnel du Saint-Gothard, tous ces travaux purent être faits à l'avance et avec un certain loisir. Les moyens de ventilation, entre autres, furent établis à grands frais, et de la manière la plus large.

Toutes ces installations furent prêtées gratuitement aux divers entrepreneurs des sections de la voie, qui se trouvèrent, en conséquence, dans une position bien plus favorable que ne l'avait été Louis Favre au mont Saint-Gothard. On sait qu'obligé de combiner et d'exécuter lui-même toutes les installations, et trompé de la manière la plus funeste pour ses intérêts, par les nombres absolument erronés qui lui venaient de la Direction de la Compagnie et de son ingénieur en chef, Louis Favre n'avait trouvé, dans la saison froide, que le tiers, et même, quelques années, moins du quart, de la force hydraulique sur laquelle il avait dû compter, en faisant ses conditions et ses devis.

Quelle comparaison, d'ailleurs, pourrait-on établir entre un tunnel de près de 15 kilomètres de longueur, ouvert dans une montagne où les infiltrations ont

dépassé 230 litres par seconde, et un tunnel de 10,240 mètres, où les infiltrations ont été peu abondantes ; entre un tunnel passant à près de 2000
mètres sous le sommet des Alpes et un autre qui ne passe qu'à 800 mètres.
sous ce sommet? Le coût et les difficultés provenant de la longueur ne croissent

FIG. 149. — ENVIRONS DE SAINT-ANTOINE

pas comme cette longueur, mais comme le carré des longueurs, et même plus.
rapidement. Les dangers, les retards, les maladies des ouvriers, inséparables.
des hautes températures du souterrain, qui, jointes à l'insuffisance de la
force hydraulique, retardèrent de près d'une année l'achèvement du tunnel
du Saint-Gothard, rien de cela ne s'est présenté à l'Arlberg. Aucune comparaison
de coût et de vitesse ne peut donc être établie entre ces deux tunnels, qui
ne fasse ressortir les mérites de l'entreprise Louis Favre au Saint-Gothard.

II

Les travaux du chemin de fer de l'Arlberg.

La ligne du chemin de fer de l'Arlberg, longue de 137 kilomètres, s'embranche à Insbrück, à une cote de 582 mètres au-dessus du niveau de la mer. Elle se prolonge à l'Ouest, à travers la vallée de l'Inn, et sur son flanc droit, jusqu'à Landeck, à la hauteur de 777 mètres. Là commence la ligne d'accès orientale du grand tunnel.

Cette première section d'Insbrück à Landeck, longue de 73 kilomètres, a le caractère d'une ligne de vallée, et n'a pas présenté dans son exécution de difficultés spéciales. Sa pente maxima n'atteint pas 10 0/00. Les travaux, partagés en dix lots, commencèrent en novembre 1881.

A partir de Landeck jusque près du tunnel, la rampe monte, avec une pente moyenne de 25 0/00, qui ne se réduit à 19 0/00 que dans la partie culminante près du tunnel, dans la vallée de la Rosana, et aboutit à l'embouchure orientale du tunnel près de Saint-Antoine, à la cote de 1,302 mètres.

Cette section, longue de 28 kilomètres, a le caractère d'une ligne de montagne. Son rayon minimum est de 250 mètres. Par places, le tracé, qui s'élève à flanc de vallée, jusqu'à 80 mètres au-dessus du fond de la vallée, a exigé des travaux d'art considérables, entre autres un viaduc en fer, d'environ 200 mètres de long, sur la vallée de la Trisana. Il y a aussi plusieurs petits tunnels. Le viaduc qui franchit la Trisana, affluent de la Rosana, a deux piliers en maçonnerie et trois travées de 40, 115 et 40 mètres de portée. Les piliers, qui ont plus de 50 mètres de haut, sont fondés sur le sol en roche, et bâtis en pierres brutes, extraites du voisinage, avec mortier hydraulique. Ils ont un espace vide à l'intérieur. Dans les assises inférieures, la maçonnerie supporte une pression de 9 kilogrammes par centimètre carré. Ce genre de maçonnerie brute a été employé de la manière la plus étendue sur les travaux de l'Arlberg, en particulier aux voûtes de ponts ne dépassant pas 60 mètres de portée, ainsi que dans les tunnels où on ne doit se servir de pierres de taille qu'exceptionnellement, quand la pression doit être très forte.

Le tunnel de l'Arlberg est entièrement rectiligne. Il commence à Saint-Antoine, par une rampe de 2 0/00, sur 4100, mètres. Son point culminant est à la cote de 1310 mètres; puis il descend, avec une pente de 15 0/00, sur 6,170 mètres, du niveau jusqu'à la station de Langen, au portail occidental

Fig. 120. — LANDECK

à la cote 1,215 mètres au-dessus de la mer. C'est ce que montre la carte annexée à la page suivante (fig. 121).

Le point le plus élevé de la montagne sur la ligne du tunnel, est à une altitude d'environ 2,100 mètres, soit environ 800 mètres au-dessus du tunnel. La rampe d'accès occidentale, à l'Ouest du tunnel, de Langen à Bludenz, aboutit, en ce dernier point, à la cote 559. Sa longueur est de 25 kilomètres, et présente des pentes de 29 à 30 0/00, ce qui a été admis comme accep-

table, vu que le trafic le plus considérable aura lieu dans la direction de l'est à l'ouest.

La ligne s'élève, en quelques points, dans cette section, à une hauteur de 130 mètres contre les flancs de la montagne ; et par suite, les difficultés dans la construction ont été excessives. Il a fallu créer plusieurs grands viaducs, deux courts tunnels, ainsi que divers travaux de défense contre des éboulis et des avalanches.

Les travaux des deux rampes d'accès ont été achevés vers la fin de 1884. Cette section, de même que celle d'Ins-brück-Landeck, est con-struite pour une seule voie ; mais le tunnel de l'Arlberg est à deux voies.

Étudions ce tunnel, qui doit nous occuper exclusivement.

De juin à novembre 1880, les galeries du futur tunnel furent percées à la main, c'est-à-dire à la barre de mine, pendant que l'administration des chemins de fer de l'État faisait les pre-mières installations pour le percement mécanique, afin de pouvoir commen-

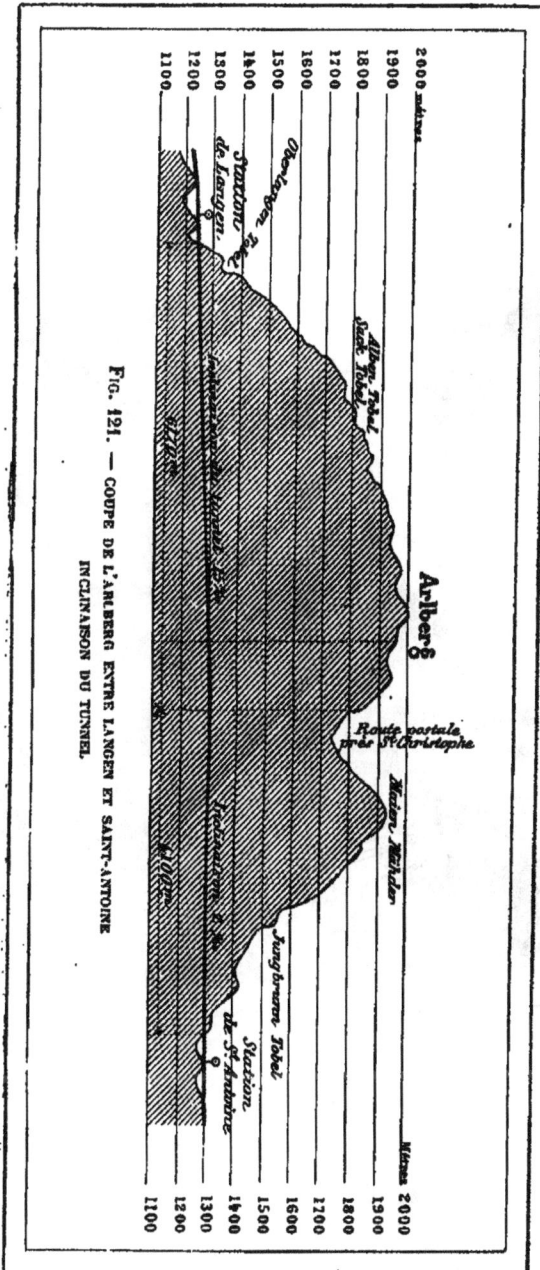

Fig. 121. — COUPE DE L'ARLBERG ENTRE LANGEN ET SAINT-ANTOINE INCLINAISON DU TUNNEL.

FIG. 187. — ENTRÉE DU TUNNEL DE L'ARLBERG, A SAINT-ANTOINE

cer ce percement le plus vite possible. L'emploi de la vapeur étant extrêmement onéreux, en pays de montagne, c'est aux forces hydrauliques que
l'on eut recours pour actionner les machines perforatrices, et pour lancer, dans
le tunnel en voie d'exécution, l'air respirable, destiné aux mineurs.

Au côté Est, à Saint-Antoine, la force d'eau est empruntée à la Rosana.

FIG. 123. — LANGEN (COTÉ OUEST DE L'ARLBERG)

Il existait deux conduites. Celle établie en premier lieu pour les installations
provisoires, prenait l'eau à environ un kilomètre en amont de l'embouchure du tunnel ; elle avait une chute de 17,^{m}5, et produisait, suivant la saison,
une puissance de 150 à 240 chevaux-vapeur. La seconde avait sa prise à
4,5 kilomètres, et à environ 140 mètres au-dessus du chantier. Aux deux points

extrêmes, des digues avaient été établies au travers de la Rosana. De là, des conduites en bois, de 0^m,8 carré de section, et 2 0/00 de pente, conduisaient les eaux en aval. La deuxième conduite avait 4,25 kilomètres de longueur et aboutissait à un bassin maçonné, d'où partait un tuyau de 0^m,90 de diamètre et de 510 mètres de longueur, conduisant l'eau aux moteurs. Ce tuyau était en tôle d'acier Bessemer, d'une épaisseur de 7 à 11 millimètres. Il rendait, suivant la saison et le volume d'eau disponible, et avec une chute de 132 mètres, une puissance de 930 à 1700 chevaux-vapeur.

Comme le courant de l'eau est sujet à des variations, surtout en hiver, on avait établi, sur le parcours de cette longue conduite en bois, des cabanes de gardiens, qui, par télégraphe et par téléphone, communiquaient avec l'atelier, et exerçaient sur le cours d'eau une surveillance active.

Au portail occidental, près de Langen, les circonstances furent moins favorables. Il y avait un tuyau en tôle, de 0^m,50 de diamètre, qui, à deux endroits différents, recevait l'eau de l'Alfenz, avec des chutes de 35 et de 180 mètres, et produisait une force de 250 à 500 chevaux-vapeur. On recueillit aussi plusieurs autres affluents dans ce même tuyau.

La plus haute prise d'eau se trouvait près du hameau de Stüben. Là était un bassin en maçonnerie, contenant 1,200 mètres cubes, destiné à recueillir périodiquement l'eau de la montagne. Dans son parcours, le canal, qui suivait la grande route, était presque partout à découvert. Il n'avait pas été possible d'établir des conduites en bois, vu la configuration très défavorable des flancs de la vallée.

Un second canal prenait l'eau de l'Alfenz, à environ 50 mètres au-dessus du portail du tunnel, et la conduisait, avec une chute de 90 mètres, à des chantiers situés à 40 mètres plus bas que le tunnel, et à 500 mètres de distance, dans la direction de Klosterlec. Le canal fournissait, au minimum, une force de 150 chevaux-vapeur.

Nous avons dit que, dans l'exécution du tunnel du mont Saint-Gothard, Louis Favre, rompant avec les usages et avec les traditions admises jusqu'alors pour la construction des grands tunnels, particulièrement avec la pratique suivie au mont Cenis, avait décidé que la galerie d'avancement se ferait par le sommet, tandis qu'au mont Cenis elle avait été faite à la base du percement. Ce système de perforation par le sommet a donné lieu à des discussions et à des débats très intéressants entre les ingénieurs des différents pays qui se sont occupés de l'exécution des grands tunnels. Les ingénieurs du chemin du fer de l'Arlberg n'ont pas adopté la méthode suivie par Louis Favre; ils en sont revenus à l'attaque par la galerie de base.

FIG. 124. — ENTRÉE DU TUNNEL DE L'ARLBERG, A LANGEN

On a donc ouvert la galerie d'avancement à la base, et on l'a fait suivre par une galerie de faîte, mise en communication avec la galerie de base, au moyen de cheminées verticales, qui servaient à l'écoulement des déblais.

Cette organisation des chantiers, qui n'est possible que quand on dispose d'une puissante aération, se recommandait par les raisons suivantes. Dans la galerie de base, les voies occupent dès le commencement leur position définitive. Il n'est plus nécessaire de les remanier ; on se borne, au fur et à mesure de l'avancement des travaux, à faire les raccordements nécessaires, et la voie, comme position et comme niveau, reste absolument fixe. Cela permet d'attaquer le tunnel sur plusieurs points à la fois, et de suivre très rapidement et le plus près possible du front d'attaque, l'achèvement de la maçonnerie. On évite tous les inconvénients que l'on a rencontrés au mont Saint-Gothard pour le raccordement des voies placées dans les chantiers inférieurs avec les voies de la galerie d'avancement au sommet, ainsi que l'établissement d'ascenseurs et tous les procédés artificiels qui ont entravé et rendu si difficiles les travaux du Saint-Gothard. On obtient sans peine l'écoulement rapide des eaux. Enfin, autre avantage très appréciable dans les roches brisées et susceptibles d'exercer une pression, on peut procéder le plus rapidement possible à l'achèvement du tunnel.

Le tunnel de l'Arlberg mesure $2^m,75$ de largeur, sur $2^m,50$ de hauteur. Au fur et à mesure de l'avancement, on posait une voie ferrée, de $0^m,70$ de largeur, qui servait, pendant toute la durée des travaux, au transport des déblais et matériaux de construction.

Du côté Est, à Saint-Antoine, on ouvrait un puits vertical, tous les 24 mètres. Du côté Ouest, à Langen, un puits semblable était ouvert tous les 66 mètres. Ces puits rendaient possible le percement de la galerie supérieure, dont le forage était fait à la main ; on suppléait à la lenteur du travail à la main par le grand nombre d'attaques.

Pour éviter le transport des déblais jusqu'au puits, on perçait un trou, tous les deux mètres, et on faisait tomber les terres dans des wagonnets stationnant dans la galerie inférieure.

Dans le traité passé avec les entrepreneurs, l'administration autrichienne avait imposé comme vitesse normale, $3^m,30$ par jour d'avancement de cette galerie. Une prime de 1,700 francs était accordée par jour d'avance sur le délai convenu. Cette prime se changeait en amende, si l'entrepreneur était en retard.

Les deux galeries (inférieure et supérieure) une fois ouvertes, on travailla sur un anneau variant de 6 à 8 mètres de longueur, suivant la consistance du terrain.

Les travaux du déblaiement duraient vingt jours environ, par anneau.

La maçonnerie s'exécutait avec une très grande rapidité : elle ne demandait que quinze jours par anneau.

C'est du côté oriental, à Saint-Antoine, que les travaux marchèrent le moins vite. Ce retard doit être attribué aux difficultés exceptionnelles résultant du mauvais état de la roche. Une explosion détruisit la galerie d'avancement, sur une longueur de 10 mètres ; une autre détermina la formation d'une *faille*, de 7 mètres de hauteur.

Aucun de ces accidents ne se produisit du côté Ouest. Là, on put percer des trous de mine d'une longueur tout à fait inusitée, car ils atteignaient quelquefois $1^m,90$.

On employait, en moyenne, 19 kilogrammes de dynamite par mètre d'avancement de galerie pour la galerie inférieure ; et 11 kilogrammes pour la galerie supérieure, qui était de section moindre et que l'on exécutait à la main.

Tous les travaux du tunnel étaient concédés à la tâche. Les mineurs fournissaient la dynamite, et les entrepreneurs les bois. Une équipe de douze hommes était nécessaire pour déblayer les terres provenant de l'excavation d'un anneau.

La figure 124 (page 369) représente les chantiers du côté occidental, à Langen.

La ventilation s'effectuait, à l'Arlberg, avec une véritable perfection. Le système qui fut suivi différait, d'ailleurs, de celui qui avait été employé au mont Cenis et au Saint-Gothard. Nous le rapporterons avec quelques détails, d'autant plus qu'il s'agissait d'assurer un air frais et respirable à plus de mille travailleurs, séjournant dans une atmosphère viciée par les gaz provenant de l'explosion de la dynamite, par la respiration des personnes, par les lampes, et dans un milieu dont la température se serait élevée à plus de 30° sans le renouvellement exact et rapide de l'air vicié.

Sans doute les moyens de ventilation n'avaient pas été négligés au tunnel du mont Saint-Gothard. Après l'explosion d'une mine, la conduite qui distribuait l'air aux machines perforatrices, était largement mise à profit. Pour cela, on ouvrait, pendant un certain temps, un tuyau branché sur cette conduite. Il arrivait pourtant que l'air comprimé manquait quelquefois, pendant l'hiver, par exemple, par suite de la diminution de la force hydraulique. Alors il fallait se contenter, pour ventiler, de la petite quantité d'air comprimé dont on disposait.

Il faut remarquer, d'ailleurs, que la ventilation n'exige pas une pression de plusieurs atmosphères. Le travail de la compression de l'air à plusieurs atmosphères se serait trouvé dépensé en pure perte au tunnel du Saint-Gothard, s'il n'avait été utilisé pour actionner les machines perforatrices.

C'est pour éviter ces divers inconvénients que l'État avait établi, à l'Arlberg, deux conduites distinctes d'air comprimé : l'une, à forte pression, servait à la perforation ; l'autre, à faible pression, ne contribuait qu'à la ventilation.

La conduite destinée à l'aération, d'un diamètre de 0^m,40 pour la tête Est, et de 0^m,50 pour la tête Ouest, était poussée jusqu'à 150 ou 200 mètres du fond de la galerie, et distribuait l'air pur sur les différents chantiers de travail, au moyen de tubes de plus petit diamètre.

L'air vicié était aspiré par un ventilateur à force centrifuge, placé en dehors du tunnel. La sortie de l'air vicié était, d'ailleurs, facilitée par le mode de percement de la galerie d'avancement. Les puits qui faisaient communiquer la galerie inférieure de plate-forme avec la galerie supérieure, constituaient une sorte de *cheminée d'appel*, qui attirait l'air vers le haut du tunnel, vers la partie percée.

Fig. 125. — UN MINEUR DE L'ARLBERG

Arrivons aux machines perforatrices.

Nous avons dit que deux systèmes différents ont été mis en œuvre, et, pour ainsi dire, en état de comparaison effective et pratique, à chacune des deux extrémités du tunnel. Au côté Est, on a fait usage du système Colladon, c'est-à-dire des machines perforatrices à air comprimé, en se servant de la machine Ferroux ; au côté Ouest, on a employé le procédé de l'*eau comprimée*, et les outils à rotation. Avant d'arriver à ce dernier système, qui constitue la seule invention intéressante que l'on ait réalisée à l'Arlberg, nous décrirons en peu de mots l'installation, du côté Est, des machines à air comprimé du modèle Ferroux.

L'appareil mécanique servant à la compression de l'air, se composait de quatre compresseurs, du même système que ceux de M. Colladon au Saint-

Gothard, avec des pistons de 40 centimètres de diamètre et 65 centimètres de course, faisant 45 tours par minute.

Chaque paire de compresseurs était actionnée par une turbine Girard, verticale, avec une chute d'eau de 17^m,5. Le diamètre de ces turbines était de 3^m,60. Elles avaient 288 aubes, et faisaient 45 tours par minute. Les quatre compresseurs fournissaient, par minute, en tout, 4 mètres cubes d'air, à une tension de 5 atmosphères. Ils avaient été construits dans une fabrique de machines, à Prague.

Les appareils définitifs pour la perforation, établis du même côté, utilisaient la grande chute de 150 mètres, et se composaient de six compresseurs d'air, dont chacun était actionné par un moteur à colonne d'eau. Ils étaient groupés par paire ; chacun ayant un diamètre de 700 millimètres et une course de 1 mètre.

Les machines perforatrices employées à la partie Est, ainsi que leurs affûts, étaient copiées sur celles du tunnel du Saint-Gothard : c'étaient les machines Ferroux, comme nous l'avons dit, et elles étaient conduites par M. Ferroux lui-même. Comme au Saint-Gothard, on posait six machines sur un affût.

Au côté Ouest le procédé de perforation fut, avons-nous dit, tout différent. Au lieu de machines à *air comprimé*, on fit usage de machines à *eau comprimée*, et les burins perforateurs, au lieu d'opérer par choc ou percussion, agissaient par rotation ou creusement. Mais pour faire bien comprendre ce nouveau système, et pour lui accorder la place qu'il mérite, à titre d'innovation mécanique dans les travaux des chemins de fer, nous consacrerons un chapitre spécial à son étude.

III

La machine perforatrice à eau comprimée et à creusement rotatoire; son origine.— Travaux et expériences de Georges Leschot, de Genève.— La perforatrice
à diamant de George Leschot; son importance. — Applications diverses qu'elle a
reçues dans l'art des mines et dans la perforation des tunnels. — Comment la
machine Brandt, qui a servi à l'excavation de la partie Ouest du tunnel de l'Arlberg, n'est autre chose que la machine Leschot, dans laquelle les pointes d'acier
remplacent les éclats de diamant. — Description de la machine de Brandt. —
Quantité de travail produit par cette machine, au tunnel de l'Arlberg.

Les journalistes et écrivains scientifiques allemands ont beaucoup vanté, en
l'attribuant à un ingénieur de leur nation, la *machine perforatrice à rotation*.
Or, cette machine a été imaginée, exécutée et mise en œuvre, par un modeste
et habile horloger de Genève, Georges Leschot; et elle a servi, en Amérique et
en Europe, à l'exécution d'une foule de travaux de forage, que nous énumére-
rons plus loin. L'horloger Leschot avait découvert le principe de cette machine
et en avait combiné toutes les pièces. On ne peut même pas dire que l'ingénieur allemand Brandt ait modifié la perforatrice Leschot en remplaçant les
pointes de diamant par des pointes d'acier trempé, car Leschot avait fait
également usage de pointes d'acier dans sa remarquable machine; de sorte
que le plagiat allemand est absolu.

Georges Leschot, mort à Genève, le 4 février 1884, était le fils d'un mécanicien génevois, célèbre pour avoir construit, avec Droz, de Neuchâtel, les
célèbres automates, *le Dessinateur, la Joueuse de clavecin*, etc., qui furent
admirés par Vaucanson; et pour avoir fabriqué les premiers oiseaux chantant
et imitant les mouvements naturels. Entré, dès sa jeunesse, dans les travaux
de l'horlogerie, qui fait la richesse principale de l'industrie génevoise, Georges
Leschot s'est rendu célèbre, dans cette branche de l'industrie, en créant la
fabrication mécanique générale des mouvements de montre, qui a, depuis,
si bien prospéré à Genève.

Au commencement de notre siècle, le plus grand problème de la fabrication
des montres était de trouver des procédés mécaniques pour la fabrication

courante de toutes les parties intérieures des montres, en se servant d'outils d'une extrême perfection, avec lesquels on pût fabriquer des blancs et des mouvements, identiques dans toutes leurs parties mobiles ou immobiles ; afin qu'il fût possible de les *interchanger* entre toutes les montres d'un même calibre. Ce grand problème d'horlogerie avait été tenté déjà par quelques inventeurs ; mais tous avaient échoué, non sans de grands sacrifices de temps et d'argent.

En 1839, deux fabricants génevois connus par la perfection de leurs produits, MM. Vacheron et Constantin, se hasardèrent de nouveau à entreprendre le mode d'exécution uniforme de toutes les pièces des mouvements de montre, qui se fabriquaient alors *par parties brisées*, dans quelques villages de la Suisse. Liés d'amitié avec Georges Leschot, ils demandèrent et obtinrent son concours pour cette délicate entreprise.

Telle était la netteté de conception et la grande habileté pratique de Georges Leschot, que les nombreux et délicats outils que nécessitait ce nouveau mode de fabrication, furent créés par lui en moins de deux années, et que les résultats en furent jugés assez satisfaisants pour passer immédiatement à la fabrication courante.

Pour bien apprécier les difficultés de ce nouveau système, il faut considérer que le commerce demande des montres de formes et de grandeurs diverses, et que les outils doivent se prêter à de très nombreuses variétés de calibres.

De plus, les parties mobiles des montres sont de formes si délicates et quelques-unes de dimensions si minimes, que, pour qu'on puisse les *interchanger*, il faut qu'elles sortent de l'outil presque mathématiquement identiques. Enfin, comme les outils s'usent, il faut remédier à cette usure, et quelquefois avoir des machines de réserve, destinées à reproduire des outils de fabrication identiques aux anciens.

Depuis l'année 1840 jusqu'à 1882, Georges Leschot se consacra à cette fabrication, sans cesser de perfectionner plusieurs parties de cet immense outillage. La fabrication mécanique des montres, entreprise et menée à bonne fin par MM. Vacheron et Constantin, guidés par le génie inventif de Georges Leschot, a fait dans l'horlogerie de précision une véritable révolution, aujourd'hui bien reconnue.

Tout en s'occupant des travaux d'horlogerie, Georges Leschot était attentif à toutes les questions de mécanique. C'est en raison de cette tendance de son esprit, qu'il fut conduit à inventer une nouvelle machine perforatrice, applicable au percement des roches très dures, soit pour forer les trous de mine destinés à l'excavation des tunnels, soit pour creuser des puits artésiens ou des puits de pétrole.

En 1833, le célèbre peintre génevois, Abraham Constantin, avait montré
à Georges Leschot une plaque de porphyre rouge, provenant de l'ancienne

GEORGES LESCHOT

Égypte, et qui était striée de lignes fines, parallèles, dont l'extrême régularité
était reconnaissable à la loupe. Comment les anciens Égyptiens avaient-ils pu

percer, entamer, une roche que l'acier trempé lui-même ne peut rayer?
Georges Leschot conclut de l'examen attentif de cette plaque de
porphyre, que le diamant seul avait pu opérer ces stries entre les mains des
ouvriers d'Égypte; et que, par conséquent, le diamant avait été, chez ces
anciens peuples, l'agent d'usure mécanique qui avait servi à opérer des
travaux, en apparence impossibles.

Mais si le diamant avait servi autrefois à percer le granit porphyrique,
pourquoi ne s'en servirait-on pas aujourd'hui pour user les roches qui résistent à l'acier trempé? Sans doute, le diamant serait trop cher pour en faire
des burins applicables au travail de l'usure des roches dans les mines et
carrières, mais il existe une variété de diamant, les diamants dits *noirs*, ou
amorphes, assez semblables à des fragments de coke, et que l'on connaissait
depuis 1857 sous le nom de *diamants noirs*, ou *carbonados du Brésil*.
Ces diamants, impropres à l'ornementation, ont une dureté supérieure
à celle des diamants de luxe, et leur prix était alors très bas; ils ne coûtaient, en 1860, que quatre à cinq francs le carat de 206 milligrammes, prix
des gros fragments.

A la fin de 1861, un fils de Georges Leschot, Rodolphe Leschot, sorti, en
1859, de l'École centrale des arts et manufactures de Paris, était ingénieur,
placé sous les ordres de MM. Vitali, Picard et Cie, entrepreneurs de chemins de fer
en Italie. Ces entrepreneurs avaient à percer un souterrain dans une roche
dure, mélangée de grès et d'un peu d'argile, appelée *macigno*, ou *pierre de
Florence*. Rodolphe Leschot, qui connaissait les idées de son père sur la possibilité de percer des roches dures par des burins de diamant noir, lui
écrivit, au mois de février 1862, pour le consulter sur les moyens de perforer
des trous de mines par ce procédé. Ce fut à la suite de cette demande que
Georges Leschot imagina et fit exécuter, dans le premier semestre de 1862,
la première *machine perforatrice à diamant*, telle qu'elle a été généralement
employée depuis lors, dans ses parties essentielles. On pouvait, à
son aide, perforer les roches dures, en y découpant des trous de mines
parfaitement réguliers et cylindriques, dont le diamètre peut varier à volonté
depuis 2 centimètres, jusqu'à 20, ou plus, et dont la profondeur peut être
poussée à plusieurs centaines de mètres, quand le forage s'opère verticalement.

L'outil perforateur inventé par Georges Leschot, se compose d'un cylindre
creux en acier, épais de quelques millimètres, fixé à l'extrémité d'une tige
rigide, qui peut recevoir, par un engrenage, un mouvement rapide de rotation
autour de son axe, tandis que l'outil est poussé contre la roche à excaver, par
une pression de quelques centaines de kilogrammes.

L'extrémité antérieure de ce cylindre est armée de menus fragments de diamants noirs, fortement sertis dans l'acier, et formant une couronne, dont les saillies débordent un peu en dehors et en dedans du cylindre creux, de manière à donner de la liberté à l'outil et à le dégager de la rainure circulaire excavée.

Nous n'avons pas besoin de dire que, pour opérer l'usure d'une roche granitique au moyen du diamant, il faut avoir recours à une énorme puissance de pression. Il faut que le diamant qui tourne dans la substance du granit, soit, en même temps, poussé par une force considérable. Dès l'année 1862 Georges Leschot avait trouvé, par expérience, que la pression la plus favorable pour ce mode de perforation, avec des couronnes armées de 8 à 10 pointes de diamant, doit être, en moyenne, de 3,000 à 4,000 kilogrammes par centimètre carré.

C'est à la pression d'une vis, ou d'une colonne d'eau d'une hauteur suffisante, que Georges Leschot et ses concessionnaires ont eu recours pour pousser le burin; en même temps que ce même outil recevait, ainsi que nous l'avons dit, un mouvement de rotation sur son axe, grâce à un engrenage approprié.

Un courant d'eau, sous la pression convenable, pénètre dans le creux de l'outil, chasse, par l'extérieur, les débris de la roche triturée, et empêche, en même temps, l'outil de s'échauffer.

Il va sans dire que dans des roches de dureté moyenne, les fragments de diamant peuvent être remplacés par des pointes en acier trempé. Cette possibilité, évidente à priori, n'avait pas échappé à l'inventeur.

Dans cette opération de percement, il reste, au centre du trou excavé, un noyau cylindrique solide, aussi régulier que s'il eût été fait au tour, et dont il est facile de se débarrasser en le cassant en fragments.

Trop absorbé par ses occupations, dans la maison d'horlogerie, Georges Leschot communiqua ses idées à un constructeur génevois distingué, Ch. Séchehaye, élève de Pistor, de Berlin, et de Gambey, de Paris, en le chargeant d'exécuter, d'après les principes que nous venons d'indiquer, une machine pour un essai provisoire.

Le 10 mars 1862, Georges Leschot et Ch. Séchehaye construisirent une première machine perforatrice, qui, perfectionnée à la suite d'un premier essai, reçut sa forme définitive, et fut essayée à Genève, le 8 juin. Dans l'espace d'une heure vingt-cinq minutes, Georges Leschot perfora, dans le granit un trou de 5 centimètres de diamètre et de 37 centimètres de profondeur.

À la suite de ce résultat favorable, Georges Leschot prit, en France, le 19 juillet 1862, un premier brevet d'invention.

Après avoir pris des brevets en plusieurs pays d'Europe et aux États-Unis, Georges Leschot laissa à son fils Rodolphe, secondé par Ch. Séchehaye, le soin de poursuivre les essais. Ces deux derniers se rendirent à Paris, où ils firent construire un mécanisme plus solide et plus complet, pour faire des expériences publiques, qui furent continuées depuis juillet jusqu'à fin décembre 1862. Un très grand nombre d'ingénieurs de divers pays, assistèrent à ces expériences, dont les résultats furent jugés très remarquables.

Dans le calcaire on put avancer de 2 mètres par heure, et dans le granit de 15 à 20 millimètres par minute, ou de plus d'un mètre par heure, avec une puissance motrice qui ne dépassait pas celle d'un ou de deux hommes.

Pendant l'Exposition universelle de 1867, M. Alfred Riche, — que son nom semblait prédestiner à traiter du diamant, — fit, à la Sorbonne, une conférence sur le diamant, au point de vue de son application industrielle ; et il mit sous les yeux des auditeurs les *machines perforatrices à diamant*, de Georges Leschot.

Dans l'*Année scientifique* de 1867, nous avons mentionné comme il suit, la leçon de M. Riche :

« Dans une conférence à la Sorbonne, M. Riche a donné des détails intéressants sur un nouvel emploi du diamant et sur les services que l'industrie est appelée à en retirer. Il s'agit de son application à la perforation des roches les plus dures, dans le percement des galeries et des tunnels. Les outils en acier trempé usités jusqu'à ce jour, sont, en effet, insuffisants pour ce travail,et il est indispensable de les remplacer par des engins garnis d'une substance plus dure, doués, par conséquent, d'une plus grande rapidité de travail.

« C'est M. Georges Leschot qui a eu le premier l'idée d'employer le diamant à cet usage. Il a fait construire une machine très simple, mais d'une remarquable puissance. Elle se compose d'un tube de fer, terminé par une bague d'acier, dans laquelle sont enchâssés des diamants noirs, faisant saillie, les uns en avant de l'extrémité antérieure, les autres au dedans et au dehors. Pour se servir de cet appareil, on imprime au tube, grâce à une force suffisante, un mouvement de rotation, en exerçant une pression contre la roche. La pierre est usée circulairement, et un anneau de rocher est réduit en poussière. Quant au noyau solide qui remplit le tube peu à peu et qui adhère au rocher par un point, il suffit d'un coup de marteau pour le détacher. D'autre part, un courant d'eau qui circule dans le tube, enlève les débris du forage, à mesure qu'ils se produisent, et ajoute ainsi à l'activité de l'instrument.

« L'appareil de M. Georges Leschot a fonctionné avec succès pour le forage du tunnel de Tarare, sur le chemin de fer du Bourbonnais ; il est employé actuellement au percement du tunnel de Port-Vendres. Mû par un moteur hydraulique, il marche avec une vitesse d'un mètre par heure, dans les rochers les plus résistants. L'usure du diamant est très faible, et, lorsqu'il est hors de service, on peut encore l'utiliser pour la taille des pierres fines, après qu'il a été réduit en poudre (1). »

(1) *Année scientifique et industrielle* de Louis Figuier, 12° année, p. 448.

La *machine perforatrice à rotation* de Georges Leschot est donc essentiellement composée d'un cylindre creux, dont la tête est armée de fragments
d'une substance plus tenace que la roche que l'on veut excaver. Le
creusement s'opère par un mouvement rotatif rapide du cylindre
autour de son axe, tandis que l'outil perforateur est poussé, par une
pression intense, contre la roche en percement. Pendant l'action, un
courant d'eau pénètre, sous pression, dans la cavité intérieure du cylindre,
et ressort au dehors de sa circonférence, en nettoyant la couronne
des débris de la roche pulvérisée, et empêchant le réchauffement des pointes,
ou burins.

On reconnaîtra facilement, d'après cela, que la *machine perforatrice à
rotation* et à *pointes d'acier*, dont on a fait usage de 1880 à 1883, du côté
Ouest du tunnel de l'Arlberg, après l'avoir également employée, en 1878,
au tunnel du Pfaffensprung, un des nombreux tunnels en hélice des abords
du Saint-Gothard, n'est, en réalité, qu'une variante de la machine Leschot.
On s'est contenté de remplacer les pointes de diamant par des saillies d'acier
trempé, et l'on a donné aux pièces un volume plus grand que dans les essais
faits à Paris en 1862.

La poussée contre la roche est produite par une pression hydraulique
de 3 000 kilogrammes environ par centimètre carré, comme l'avaient fixé,
depuis longtemps, MM. Leschot et Séchehaye.

Les écrivains allemands ont donc fait preuve d'une étrange partialité
en accordant à M. Brandt le mérite absolu de cette invention.

« Par sa machine à perforer, hydraulique et à rotation, l'ingénieur Brandt, écrit un
ingénieur allemand, a créé un nouveau système de perforation mécanique des roches.
Rarement une machine *basée sur des principes entièrement nouveaux, comme
celle-ci*, a été lancée dans le public, et reconnue, après les premiers essais, comme
étant construite d'une façon précise et rationnelle, etc., etc. »

D'autres auteurs allemands proclament que c'est au tunnel de l'Arlberg
que l'on a, pour la première fois, employé des compresseurs d'air, *avec introduction d'eau dans l'intérieur des cylindres*. La perforation du tunnel de l'Arlberg commença en 1880; or, depuis 1873, tous les compresseurs d'air, sans
exception, soit à Gœschenen, soit à Airolo, étaient pourvus d'appareils
à injection d'eau pulvérisée, à l'*intérieur des cylindres;* et à toute époque,
tous les ingénieurs ou entrepreneurs qui s'intéressaient au tunnel de
l'Arlberg, ont été libéralement autorisés à visiter les ateliers et les chantiers
du tunnel du Saint-Gothard.

Les écrivains allemands, que l'on prétend si érudits, ont donc mis, dans cette occasion, leur érudition dans l'ombre, pour faire briller le mérite usurpé d'un compatriote.

Il nous reste à ajouter que depuis 1867 jusqu'à ce jour, des perforations industrielles par le système Georges Leschot ont été pratiquées dans une multitude de pays, spécialement en Allemagne, en Angleterre et en Amérique.

Le colonel Beaumont, le même qui s'est occupé de l'exécution du tunnel commencé sous la Manche *au rocher de Shakespeare* et à Sangatte, avait voulu monopoliser le système Leschot en Angleterre. Dans ce but, il avait acheté des quantités considérables de diamant noir. Il avait essayé d'utiliser des rubis, des saphirs, l'agate, l'onyx et le quartz, pour l'usure des roches d'une dureté moyenne; mais, à sa grande surprise, les résultats avaient été peu favorables et il en conclut que la différence de dureté entre ces pierres et le diamant est beaucoup plus grande que celle généralement admise.

On trouve dans une note publiée dans le *Mining Journal*, du 17 octobre 1874, des détails sur divers travaux qui ont été faits en Angleterre avec la perforatrice Leschot, notamment pour le creusement de puits dans le district de Darlington, jusqu'à 1014 pieds anglais, et 1,264 pieds.

Dans des puits creusés en 1874 et 1875, avec cette machine, près de Rheinfelden, canton d'Argovie (Suisse), pour des recherches de gisements de houille, on a poussé le forage jusqu'à 1,422 pieds anglais, dans un temps assez limité. M. Schmidtmann, l'entrepreneur, offrait de percer, par le diamant, des trous de sonde jusqu'à 760 mètres et plus de profondeur.

Mais c'est surtout en Amérique qu'un nombre considérable de travaux importants ont été et sont encore exécutés par la perforatrice Leschot. Les innombrables puits à pétrole sont presque tous forés par le perforateur Leschot. Le fameux écueil de Hellgate, à l'entrée du port de New-York, fut entièrement fouillé en tous sens, par les *diamonds-drills*, en vue de sa destruction, qui fut ensuite opérée par la dynamite.

Si le diamant noir se retrouvait en abondance et reprenait son ancien prix de 1862, les applications des procédés Leschot se multiplieraient bien davantage.

L'organe principal de la perforatrice de Georges Leschot est un tube métallique sur l'une des extrémités duquel sont incrustés des diamants noirs, ne présentant qu'une saillie d'un demi-millimètre au maximum (fig. 127). Cette bague se fixe à l'extrémité d'un long tube, qui constitue le porte-outil, et qui reçoit un mouvement rapide de rotation, en même temps qu'il est poussé contre la roche. L'outil agissant à la façon d'une fraise.

découpe un cylindre de pierre, que l'on détache facilement à la fin de l'opération.

La figure 128 représente l'ensemble de la *machine perforatrice à diamant*, de Georges Leschot. L'eau sous la pression convenable, arrive par le tube M, et vient exercer son effet d'impulsion contre la roche en agissant sur le porte-outil, C, qui se termine par la couronne de diamants noirs, D. Pour produire le mouvement de rotation du burin sur son axe, les engrenages E, mis en mouvement par la pression de l'eau arrivant par le tube, N, font tourner sur lui-même le burin et le porte-outil. Une injection d'eau, destinée à nettoyer le trou foré et à le débarasser de la poudre résultant de l'usure de la roche, s'opère au moyen de tubes d'injection. L'ensemble de ce mécanisme est supporté par les montants B, H, L. C'est en ouvrant le

Fig. 127. — COURONNES SERTIES DE DIAMANTS NOIRS, POUR LA MACHINE PERFORATRICE DE GEORGES LESCHOT

robinet A, que l'ouvrier donne accès à l'eau motrice et met la machine en action.

En 1867, M. de la Roche-Tolay avait déjà construit une machine perforatrice basée sur l'emploi de cette bague à diamants et mise en mouvement par une petite machine à colonne d'eau. Avec une dépense de 75 litres d'eau à 8 atmosphères, produisant 100 tours à la minute, on obtenait un avancement de 14 millimètres dans le quartz, et de 20 millimètres dans le calcaire dolomitique très dur.

M. Taverdon qui, depuis 1872, a fait de nombreux essais de perforation par rodage aux charbonnages du Horloz, emploie deux sortes d'outil, l'un à quatre taillants d'acier pour le charbon, et l'autre à couronne de diamants noirs, pour les roches dures.

L'avancement se fait à la main, au moyen d'une vis placée dans la tige creuse.

M. Taverdon actionne ses perforatrices par la machine rotative Bra-

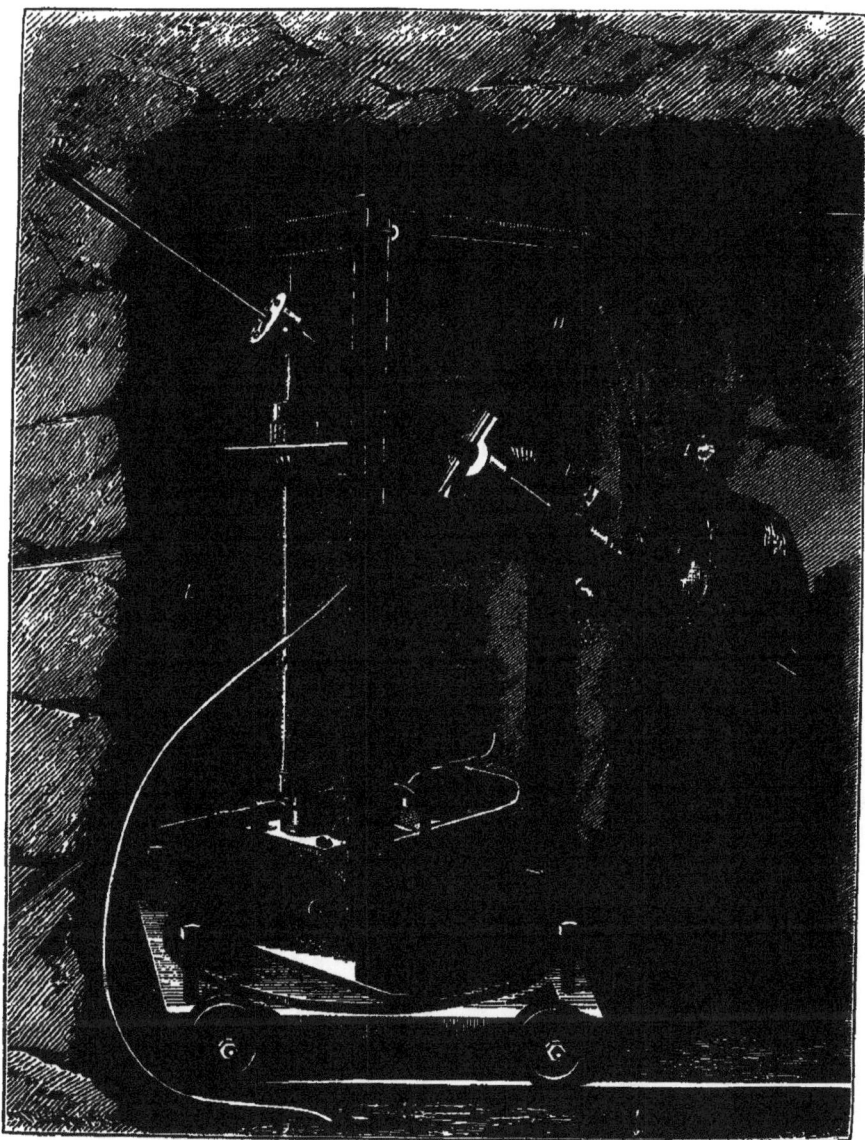

Fig. 128. — MACHINE PERFORATRICE A DIAMANT, DE GEORGES LESCHOT

connier, qui peut faire 3,000 tours par minute. Cette machine, indépendante de la perforatrice, pourrait être remplacée par un moteur hydraulique.

Les perforateurs à diamant ont été appliqués en Pensylvanie (Amérique), concurremment avec la dynamite, pour le forage des puits de mines. Le fond du puits était percé de trous de petit diamètre, destinés à ouvrir des trous de mines d'une grande profondeur, de manière à faciliter l'abatage des roches par tranches successives. On évitait ainsi la mise en place et l'enlèvement, entre chaque explosion, des machines perforatrices.

Cette installation de forage vertical peut être très clairement suivie sur la figure 129.

B, est la perforatrice à diamant, alimentée par la conduite d'air comprimé C, et portée par la poutre-affût, A. F, est un seau d'eau, pour l'injection des trous de mines. Le treuil, I, sert à remonter la poutre et la perforatrice, pendant les explosions. d, e, sont les robinets d'admission de l'air comprimé.

Dans les forages de puits de pétrole, en Pensylvanie, on fonçait, simultanément, deux puits, à 200 mètres de distance, devant avoir une profondeur de 420 mètres. Pour la section du premier, on perçait 25 trous ; pour le second, 35 trous. Ces trous avaient 0^m,045 de diamètre, et étaient forés au diamant, avec des machines à air comprimé. On mettait, sur une double poutre-affût, cinq perforateurs, activés par une machine, et on creusait simultanément les cinq trous. Puis on déplaçait l'affût pour l'exécution d'une seconde série de cinq trous dans le second puits.

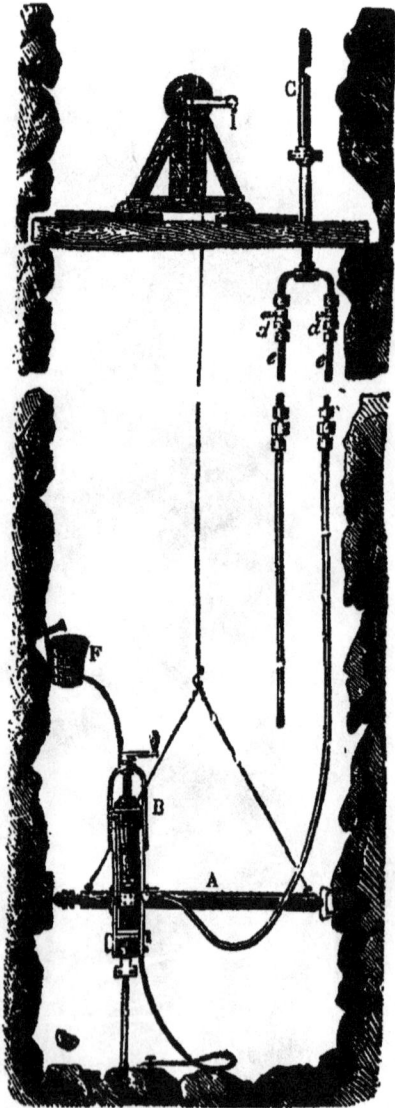

FIG. 129. — PERFORATRICE A DIAMANTS APPLIQUÉE AU FORAGE D'UN PUITS DE PÉTROLE

Quand on avait percé le rocher d'une série de trous jusqu'à 75 ou 90 mètres de profondeur, sur toute la section des puits, on enlevait les appareils, et l'on remplissait les trous de sable. On procédait alors au sautage du rocher. Pour cela, on enlevait, avec une petite pompe, le sable d'un groupe de trous au centre (9 par exemple) jusqu'à une profondeur de 1 mètre à 1^m,20. On damait, au fond, un tampon d'argile, de 0^m,15 à 0^m,30 de longueur, et l'on plaçait au-dessus une charge de dynamite, qu'on bourrait avec de l'argile. Les cartouches étaient réunies à des conducteurs aboutissant à une petite machine d'induction, à l'aide de laquelle on les faisait éclater simultanément. Cette explosion produisait une cavité au centre du puits, jusqu'au niveau où affleurait le bas des cartouches ; on enlevait les débris du rocher, puis l'on faisait partir les trous restants, mais ceux d'un seul côté à la fois. Les parois du puits étaient alors nettement coupées, et il y avait peu de travail supplémentaire à faire pour le régulariser. On continuait ainsi, de mètre en mètre, jusqu'au fond des trous. Alors on réinstallait au fond les machines, pour en percer de nouveaux.

La figure 129, dans laquelle on n'a représenté qu'une seule perforatrice, supportée par son affût, avec la conduite d'air comprimé, donne une idée de l'installation du forage d'un puits de pétrole en Pensylvanie.

Comme la plupart des inventeurs, Georges Leschot n'a réalisé aucun avantage pécuniaire de sa découverte. Nous avons dit que, trop absorbé par ses travaux d'horlogerie pour s'occuper d'exploiter cette machine, il avait transmis ce droit à son fils Rodolphe. Ce dernier avait créé à Paris, vers 1867, une Compagnie, pour l'exploitation de la découverte de son père. Mais la mauvaise foi du gérant empêcha la réussite de l'entreprise. Rodolphe Leschot étant mort, en 1875, Georges Leschot ne s'occupa plus de sa machine, et laissa les exploiteurs user de ses procédés sans les inquiéter, ni s'en inquiéter. Les querelles et les procès étaient antipathiques à la nature bienveillante et généreuse du savant horloger génevois.

Le percement au diamant noir est aujourd'hui devenu plus rare, par suite de l'augmentation de prix de ce minéral. Depuis 1862, il a sextuplé de valeur, et, en même temps, les diamants qui sont applicables à la perforation, sont devenus moins abondants.

Malgré ces obstacles, le procédé découvert par Georges Leschot demeure acquis à l'art du mineur, comme un des moyens les plus prompts et les plus sûrs pour exécuter des sondages dans les roches dures, et surtout pour creuser des puits verticaux. Abandonné depuis plusieurs années pour la perforation des tunnels, ce procédé a rendu d'éminents services, dans ces dernières années, pour des recherches d'exploitation minières, ainsi que pour le percement des puits ou trous de sonde. Comme il est dit plus haut, on s'en sert avec succès, dans ce but, aux

États-Unis d'Amérique, en Angleterre et dans quelques pays allemands.

En 1875, on perça à Rheinfelden, en Suisse, pour des recherches de mines de houille, un trou de sonde, dans des terrains difficiles, et à travers des couches de grès, et on arriva jusqu'à 1,422 pieds anglais, dans un temps remarquablement court, par l'emploi du perforateur Leschot. Le succès de cette opération a démontré l'importance de cette découverte industrielle.

Une invention secondaire, due à M. Alder, constructeur mécanicien, à Genève, mérite aussi d'être citée. Connaissant les applications du diamant noir faites par Georges Leschot, M. Alder a eu l'heureuse pensée de se servir d'un petit burin tournant, armé d'une pointe en diamant, pour accélérer le rayonnage des meules de moulin, opération qui a acquis une certaine importance industrielle.

En 1876, la *Société des arts de Genève*, à l'occasion du centenaire de sa fondation, décerna une médaille d'or de 500 francs à Georges Leschot, pour l'invention de sa *machine perforatrice à diamant*.

Ne doit-on pas regretter que cette remarquable invention, qui a tant abrégé le travail d'excavation dans les tunnels où les roches sont dures et résistantes, n'ait donné aucun bénéfice à la famille de l'inventeur ?

Mais il est temps d'arriver à la description précise de la *machine perforatrice à rotation*, qui, sous le nom, mal justifié, on vient de le voir, de *machine de Brandt*, a opéré l'excavation des parties du tunnel de l'Arlberg situées du côté Ouest.

La *machine Brandt* n'est autre chose que la *machine Leschot*, dans laquelle les diamants sont remplacés par des pointes d'acier, plus grosses, et la pression de l'eau augmentée proportionnellement dans son intensité.

L'outil perforateur a la forme d'une tarière annulaire, de 8 centimètres de diamètre, qui est énergiquement pressée contre la roche, et, en même temps, animée d'un mouvement de rotation. Le premier de ces deux effets, c'est-à-dire la compression de l'outil contre la roche, résulte de l'action de l'eau comprimée dans un cylindre qui constitue la culasse du porte-outil.

La figure 130 représente la machine perforatrice de Brandt à pointes d'acier, telle qu'elle a été employée pour la perforation du tunnel hélicoïdal de Pfaffensprung, sur la rampe nord du chemin de fer du Saint-Gothard.

Le mouvement de rotation est donné à l'outil par une roue dentée, calée sur le cylindre formant culasse du porte-outil, et actionnée par une vis sans fin transversale, mise en mouvement par deux petites machines hydromotrices, disposées de part et d'autre. Le nombre des révolutions de l'outil perforateur varie de 5 à 12 par minute, selon la nature de la roche.

Contrairement aux machines perforatrices à percussion, telles que celles de Dubois et François, ou de Ferroux, qui sont indépendantes et peuvent se placer sur l'affut à différentes hauteurs, la machine Brandt est supportée par une seule colonne, formée de deux parties cylindriques, s'emboîtant l'une dans l'autre, comme les deux parties d'un étui. L'eau, avec la pression que lui donne la hauteur de sa chute, arrive à l'intérieur de la colonne, et la presse contre les parois du rocher. Cette colonne horizontale, le long et autour de laquelle se meuvent les deux perforatrices du front d'attaque, est supportée elle-même par un petit affût roulant. La perforatrice se place complètement en avant de la colonne, à laquelle elle est reliée au moyen d'une articulation universelle. Cette disposition ingénieuse est due à M. Moser; primitivement, la perforatrice était supportée par une colonne verticale.

Toutes ces dispositions mécaniques se voient sur la figure 130.

Les tuyaux qui forment la conduite d'eau comprimée, sont assemblés au moyen de manchons à vis, de manière à comprimer un anneau en cuivre interposé, dans lequel s'enfoncent les bouts tranchants des tuyaux. A vingt mètres environ derrière le front d'attaque, la conduite d'eau se termine par une valve, d'où

FIG. 130. — MACHINE PERFORATRICE DE BRANDT, A POINTES D'ACIER.

part un tronçon spécial, qui doit être démonté avant chaque explosion.

Voici dans quelles conditions pratiques le procédé d'attaque rotative des roches par la machine Brandt, imitée de celle de Georges Leschot, a été mis en usage pour le percement du tunnel de l'Arlberg, au côté Ouest du percement.

L'eau, avec la pression nécessaire, était fournie, pour les installations provisoires, par deux pompes à haute pression, actionnées par une turbine.

FIG. 131. — MACHINE DE BRANDT A 4 FORETS, EMPLOYÉE AU PERCEMENT DU TUNNEL DE L'ARLBERG (CÔTÉ OUEST)

Girard, verticale. Cette turbine, qui a $2^m,50$ de diamètre, fait 160 tours par minute, et utilise la chute de 85 mètres. Les pompes d'eau fortement comprimée ont des pistons différentiels de 48 et 68 $^m/_m$ de diamètre; leur course est de $0^m,40$ et ils font 64 tours par minute. Chaque pompe fournit par seconde 2 litres d'eau à une pression de 90 à 100 atmosphères.

La conduite d'eau de pression se compose de tubes en fer, de 70 $^m/_m$ d'ouverture et de 6 1/2 $^m/_m$ d'épaisseur de paroi. Il a fallu agrandir ces installations au moyen de quatre nouvelles pompes du même système, mues par deux turbines, lesquelles utilisent la chute de 180 mètres.

Les perforatrices Brandt étaient assujetties sur une colonne horizontale pressée contre les parois de la galerie. L'appareil était lié à un chariot.

La figure 131, dessinée d'après une photographie, reproduit exactement la machine dont il est question.

Ne pouvant utiliser, comme on le faisait au côté sud, la ventilation produite par l'air servant à la perforation, on aérait, ainsi que nous

Fig. 132. — CHANTIER A LANGEN

l'avons dit, à l'aide de ventilateurs centrifuges, actionnés par des turbines Girard. Ces machines étaient établies au chantier au-dessous du tunnel, et l'air de ventilation arrivait dans le tunnel par un tube en tôle, de $0^m,50$ de diamètre, avec une pression d'un tiers d'atmosphère effective.

Les machines du côté ouest ont été construites par les frères Sulzer à Winterthür (Suisse).

Les installations provisoires établies par l'administration des chemins de fer de l'État, ont coûté :

Au côté Est	777 500
Au côté Ouest.	800 000
	1 577 500

. Les installations complémentaires avaient été prévues à :

Côté Est. 1 200 000
Côté Ouest. 1 400 000
                                    ‾‾‾‾‾‾‾‾‾
                                    2 577 500

FIG. 133. — CHANTIER A SAINT-ANTOINE

Les installations complémentaires ont été établies par l'entreprise du tunnel, aux frais de l'État et d'après ses plans. Ces installations furent prêtées gratuitement aux entrepreneurs, pendant la durée des travaux.

Les transports de déblais se faisaient des deux côtés, sur des rails de 0^m,70 d'écartement et dans des wagons solides, cubant environ deux mètres cubes de déblais désagrégés. Les débris des explosions étaient chargés dans les wagons, au moyen de corbeilles en fer en forme de cuvette, procédé, utilisé précédemment au Saint-Gothard. Pendant le travail de la perforation, les wagons étaient remisés sur une voie d'évitement, à une distance de 100 mètres du front de taille.

On lira avec un intérêt spécial quelques données sur les prix d'unités du devis qui a servi de base aux soumissions, après la conclusion du compte définitif.

Les frais totaux du tunnel avaient été estimés à 33,888,750 francs, ce qui,

Fig. 134. — SAINT-CHRISTOPHE.

pour une longueur de 10,270 mètres, eût donné 3,300 francs par mètre courant. Mais cela ne suffit pas, et dans la séance du parlement autrichien du 14 février 1884, le crédit de 89 millions de francs accordé pour la construction de la ligne de l'Arlberg, fut porté à 103,250,000 francs. En première ligne c'est le tunnel de l'Arlberg qui participa à cette augmentation pour la somme de 8,750,000 francs. Ensuite pour les achats de terrains 1 1/2 million de francs ont été prévus, puis pour les travaux de terrassement sans les tunnels 3 millions ; pour la voie, l'installation du service hydraulique, les constructions, et les gares de raccordement, 1 millon de frais en plus.

Le prix des 10,270 mètres du tunnel s'est donc élevé à **42,638, 750** francs, soit à **4,151.78** le mètre courant.

Ainsi, ce tunnel dont on avait annoncé à grand bruit le prix modéré d'exécution, dont la longueur n'était que les deux tiers environ de celui du Saint-Gothard, où la force hydraulique n'a pas fait défaut, où la profondeur du tunnel sous la montagne n'était que les deux tiers de celle du Saint-Gothard, et où, par conséquent, la chaleur n'a pu nuire aux ouvriers, ainsi qu'au prix de l'exécution, aura coûté, en dernier résultat, à peu près le même prix, par mètre courant, que celui qui fut exécuté par l'illustre entrepreneur Louis Favre, victime des erreurs de sa Compagnie et du mauvais vouloir de son ingénieur en chef.

IV

Inauguration du tunnel de l'Arlberg. — Importance de cette nouvelle ligne pour les intérêts français. — Son utilité pour les communications rapides de l'Autriche avec les pays voisins.

On avait d'abord calculé que le percement du tunnel ne pourrait être terminé qu'au mois de février 1885, tandis que, le 5 novembre 1883, les ouvriers de Saint-Antoine et ceux de Langen pouvaient se tendre la main, à travers le dernier diaphragme de terre éventré par la poudre. C'est le 14 juin 1880 qu'avait été donné le premier coup de pioche de forage : la jonction a donc été terminée en 3 ans et 5 mois.

Les deux entrepreneurs qui s'étaient chargés de ce travail avaient, comme nous l'avons dit, appliqué chacun un système différent. M. Ceconi (côté Est), se servait du système à percussion avec la machine Ferroux, qui avait déjà fait ses preuves au percement du Saint-Gothard ; MM. Lapp frères (côté Ouest) employaient les forets rotatifs de Brandt.

Les appareils Ferroux ont traversé un espace plus long que les machines Brandt ; mais MM. Lapp frères n'employaient que quatre forets, tandis que M. Ceconi en employait huit, et ils ont rencontré, surtout à l'origine, de sérieuses difficultés de terrain. D'après des calculs approximatifs, les appareils Ferroux ont traversé 5,500 mètres, et ceux du système Brandt 4,700 mètres.

Les déblais provenant du forage, ont atteint 1,000 mètres cubes par 24 heures ; il a fallu introduire journellement, dans le tunnel, 500 mètres cubes de matériaux pour le revêtement, et on y a employé 800,000 kilogrammes de dynamite.

Le nombre d'ouvriers employés pendant les premiers six mois, au côté Est, fut de 250 à 700 ; l'année suivante, de 1,041 à 1,453 ; dans les derniers mois, de 2,000 environ. Sur le versant occidental, le chiffre d'ouvriers varia dans la première année, entre 242 et 986 ; dans la deuxième année, de 1,000 à 1,450 ; dans la troisième, de 1,900. Dans les dernières journées, on avait 2,800 ouvriers, de ceux dits *en chantier*.

Les entrepreneurs s'étaient engagés à progresser, en moyenne, de 6^m,60 par jour, et ils avaient accepté le payement d'une amende de 1,700 francs

FIG. 135. — WIESBERG, SUR LE CHEMIN DE FER DE L'ARLBERG

par jour de retard, au delà du délai fixé. De janvier 1881, époque du commencement des travaux, au 30 septembre 1882, on s'était avancé, du côté Est, de 2,976 mètres, et du côté Ouest, de 2,643 mètres, soit en tout 5,619 mètres, ou 8^m,80 par jour, en moyenne. Pendant le mois de février, on marcha encore plus vite : 4^m,68 du côté Est et 4^m,74 du côté Ouest. A la fin de ce même mois, on avait enlevé déjà 429,000 mètres cubes de déblais et exécuté 121,000 mètres cubes de maçonnerie. Tout le travail était terminé huit mois après.

On peut juger, par ces quelques chiffres, des progrès accomplis dans le percement des tunnels, depuis les travaux du mont Cenis.

C'est le 19 novembre 1883 qu'eut lieu l'inauguration officielle du nouveau tunnel destiné à faciliter les relations rapides de l'Autriche sur son propre territoire et avec les pays limitrophes. Nous n'entrerons dans aucun détail particulier sur ces fêtes, dont le caractère est toujours à peu près le même, et dont nous avons épuisé l'intérêt à propos des deux inaugurations des tunnels du mont Cenis et du mont Saint-Gothard. Les banquets et discours obligés firent le fond de cette solennité. Nous nous contenterons de représenter, par un dessin, la décoration de la gare de Saint-Antoine, au moment de l'arrivée des invités du monde officiel des chemins de fer autrichiens.

Le tunnel de l'Arlberg n'est pas, d'ailleurs, le seul ouvrage intéressant de la nouvelle voie ferrée dont il fait partie. Les deux sections de la ligne aboutissant au tunnel, c'est-à-dire celles de Saint-Antoine à Landeck et de Bludenz à Langen, ont nécessité des ouvrages d'art remarquables. On y trouve nombre de petits tunnels, de viaducs, de ponts et d'aqueducs ; des abris pour les avalanches, des muraillements épais contre la poussée des terres ou des neiges, etc. Sur la section de Pians-Strengen, par exemple, on rencontre d'abord un viaduc de 60 mètres de longueur, un mur de soutènement de 40 mètres de hauteur, un second viaduc à 4 arches de 10 à 12 mètres d'ouverture, un mur de 30 mètres d'élévation, deux autres viaducs, comptant, respectivement, 7 et 5 arches à claire-voie, de 8 mètres d'ouverture chacune ; enfin un viaduc de 190 mètres de longueur à 7 arches, dont celle du milieu mesure, à elle seule, 120 mètres d'ouverture.

La voie ferrée du Saint-Gothard aurait pu faire une concurrence redoutable à cette nouvelle ligne si une convention avantageuse n'était intervenue entre la Suisse et l'Autriche. Aux termes de cette convention, conclue entre l'Autriche d'une part, et le gouvernement et les Compagnies suisses, de l'autre, tout tarif à concéder au chemin de fer du Saint-Gothard, pour le trafic vers la Suisse et *vice versâ*, ainsi que pour le transit, sera également accordé au railway de l'Arlberg.

L'achèvement de cette ligne fournira la voie la plus directe et la plus éco-

Fig. 136. — INAUGURATION DU TUNNEL DE L'ARLBERG

nomique pour l'exportation des produits de l'Autriche-Hongrie, de la Roumanie et de la Russie, vers la France et la Suisse.

Ajoutons que le tunnel des Alpes Tyroliennes ouvre économiquement la voie terrestre de l'Occident à l'Orient, sans faire, comme la ligne du Saint-Gothard, une concurrence directe au transit français. La France profitera, comme les autres pays voisins, de cette nouvelle voie de communication, qui va mener, sans rompre charge les marchandises et les voyageurs de l'occident de l'Europe vers Trieste, Venise, Vienne, Buda-Pesth, Constantinople.

La distance entre Trieste, la Suisse, l'Allemagne du Sud et la France, sera ainsi raccourcie de 200 kilomètres.

La ligne du Vorarlberg, qui unit le Tyrol autrichien à la Suisse de l'Est et du Nord, et qui établit un chemin direct entre l'Autriche et les pays de l'Occident, s'est imposée, pour accélérer les relations des peuples du centre de l'Europe avec ceux du Midi et de l'Occident, comme s'imposera bientôt le quatrième percement des Alpes, qui est depuis quelque temps à l'étude, pour relier la France et la Suisse à l'Italie, par le mont Saint-Bernard, le Simplon, ou le mont Blanc. Le travail considérable de cette nouvelle trouée des Alpes sera grandement facilité par l'expérience acquise et les appareils mécaniques qui ont été inventés et mis en œuvre dans l'exécution des trois tunnels du mont Cenis, du mont Saint-Gothard, de l'Arlberg, dont nous avons présenté, dans ce volume, le tableau historique et technique.

LE TUNNEL SOUS·MARIN

DU PAS-DE-CALAIS

I

Les anciennes études pour la jonction de l'Angleterre et de la France
(1750 — 1857)

Quand on examine la carte générale des chemins de fer de l'Europe, quand on voit les lignes ferrées brusquement interceptées çà et là par l'interposition des mers, on comprend quels avantages immenses offrirait la réunion de tous ces jalons d'attente en une ligne continue, qui, partant de l'extrémité septentrionale de l'Angleterre, aboutirait, sans interruption, jusqu'aux Indes. Trois obstacles naturels interceptaient, au milieu de notre siècle, ce grand chemin des nations : la muraille des Alpes, l'isthme de Suez, le détroit du Pas-de-Calais. De ces trois obstacles, deux ont été surmontés, grâce au percement de l'isthme égyptien, ainsi qu'à l'ouverture des souterrains du mont Cenis, du mont Saint-Gothard et de l'Arlberg. Quant au tunnel sous-marin devant rattacher l'Angleterre au continent européen, c'est la matière du projet dont nous avons à entretenir nos lecteurs.

La jonction de la France à l'Angleterre répond à un des besoins actuels de la civilisation. Un des caractères évidents des sociétés modernes, c'est le désir que les hommes éprouvent de franchir les frontières et de renverser les obstacles qui les séparent. Dans notre siècle, le commerce s'est étendu, les idées de libre-échange se sont développées. Il a fallu, dès lors, faciliter les déplacements et les transports, améliorer les voies de communication, de manière à économiser à la fois le temps et l'argent. Ce mouvement incessant pour faciliter les échanges et les voyages, a amené la construction des chemins de fer dans toutes les parties du monde, et conduit à utiliser, sous toutes les formes, les voies navigables par eau, et surtout la navigation maritime.

La navigation maritime a de très grands avantages. C'est le moins dispendieux de tous les moyens de transport ; car il n'en coûte pas autant pour envoyer une marchandise par mer du Havre dans l'Inde, que pour la transporter, en chemin de fer, par grande vitesse, du Havre à Paris. Ses avantages disparaissent, néanmoins, en grande partie, pour les petites distances, à cause des frais de transbordement et de magasinage. D'autre part, pour les voyageurs, la traversée de la Manche, ou seulement du Pas-de-Calais, est un obstacle que beaucoup de personnes redoutent d'affronter, à cause du mal de mer, qui est la conséquence, souvent inévitable, de cette navigation. Combien de personnes se privent du voyage de France en d'Angleterre, et *vice versâ*, par cette seule crainte !

A cause de son peu de largeur, de sa situation entre deux mers continuellement agitées, le Pas-de-Calais est d'une navigation difficile, à peu près en tous temps. Parfois même, durant les tourmentes de l'automne et de l'hiver, la traversée devient impossible ; de sorte que les relations entre les ports anglais et français, relations extrêmement actives, comme on le sait, sont forcément interrompues.

D'un autre côté, c'est à contre-cœur que le commerce s'astreint aux transbordements qui peuvent endommager les marchandises, et, dans tous les cas, les surchargent de frais inutiles. L'exécution d'une voie, de système quelconque, qui remplacerait la traversée maritime de la Manche ou du Pas-de-calais, répondrait donc à un immense *desideratum*.

Nous ne surprendrons, dès lors, personne en disant que l'idée de réunir l'Angleterre au continent par une voie souterraine, n'est pas nouvelle. Dès le milieu du siècle dernier, elle faisait l'objet des études des ingénieurs.

En 1750, l'académie d'Amiens mettait au concours l'étude des moyens de faciliter les communications entre la France et l'Angleterre. Le prix fut décerné, en 1751, à l'ingenieur Desmarets, qui proposait le passage souterrain, auquel on est revenu de nos jours.

L'idée de Desmarets fut reprise par Henry, adjudant du génie, dans un mémoire imprimé à Boulogne, en 1810 ; et, après le rétablissement de la paix en Europe, par plusieurs personnes, entre autres par de Gallois, ingénieur en chef des mines.

Le plus ancien et le plus remarquable des plans conçus, dans cette intention, pendant les premières années de notre siècle, appartient à un ingénieur des mines, nommé Mathieu, qui était en service dans nos provinces du Nord. Dressé à la fin du dernier siècle, ce plan fut présenté au premier Consul, en 1802, et les profils en restèrent exposés, durant des années, d'abord au palais du Luxembourg et à l'École des mines, ensuite à l'Institut.

Ce projet consistait en une voie souterraine, formée de deux voûtes superposées, et qui décrivaient, dans leur parcours longitudinal, une ligne brisée, dont le point culminant était au centre du détroit. Ces deux voûtes versaient, par deux rampes, vers la France et l'Angleterre. La voûte inférieure aurait servi de canal pour l'écoulement des eaux adventices, dont on se serait débarrassé, aux deux extrémités, dans des réservoirs continuellement épuisés par des pompes aspirantes. La voûte supérieure aurait reçu une route pavée, éclairée par des becs à l'huile, et desservie par des diligences attelées de chevaux, seul moyen de traction usité à cette époque.

On ignore quel était le point de départ, en Angleterre, de la ligne projetée par l'ingénieur Mathieu; son nœud d'attache au continent devait être situé à un niveau très profond. Pour l'aérage du souterrain, comme pour sa construction, Mathieu proposait de créer, en pleine onde, un certain nombre de cheminées, formées d'immenses anneaux de fer, et consolidées, à leur base, par des enrochements.

L'Angleterre et la France venaient de conclure la paix d'Amiens; on se flatta un moment que l'établissement de relations amicales entre les deux peuples rivaux, permettrait de songer à la réalisation de ce projet. Quand le ministre Fox vint à Paris, où il reçut les justes ovations de la France, le plan de jonction internationale de l'ingénieur Mathieu fut soumis à l'examen de ce grand homme d'État, qui l'accueillit comme l'un des moyens les plus efficaces de créer cette alliance des deux nations qu'il avait si longtemps rêvée. Fox entretint de ce projet le premier Consul, qui lui dit, à cette occasion : « C'est une des grandes choses que nous pourrons faire ensemble. »

Malheureusement, le moment n'était pas encore venu où ces deux puissantes nations devaient s'unir dans une mission civilisatrice. La guerre, qui se ralluma bientôt, emporta ce gage de concorde et de sympathie nationales.

A une époque moins éloignée de la nôtre, l'idée d'un tunnel anglo-français fut reprise, et amena diverses propositions. Dans le nombre, on doit citer surtout celle de l'ingénieur Favre, qui n'était, toutefois, que la reproduction du plan de Mathieu. Ce projet reposait, d'ailleurs, sur une erreur géologique. L'auteur pensait que le bassin de la Manche est composé d'abord d'une couche de terrain crétacé, ensuite de grauwacks, de schistes et de *calcaire esquilleux*, formation qui, selon Favre, aurait empêché les infiltrations et favorisé le percement, puisqu'on n'aurait eu à traverser qu'une seule couche, celle de transition. Mais il paraît, au contraire, que le terrain de transition n'existe sous le détroit qu'à des profondeurs inabordables pour l'industrie humaine ; et l'étude géologique du Pas-de-Calais a appris qu'il faudrait, pour creuser le passage à travers les terrains de transition, percer soixante-douze assises distinctes de roches agrégées et meubles, dont plusieurs sont aquifères. Le projet de Favre, ayant été conçu en dehors des recherches géologiques locales, offrait donc peu d'importance scientifique.

En 1846, les ingénieurs Franchot et Tessier s'efforcèrent de démontrer la possibilité de faire reposer sur le fond de la mer un tunnel tubulaire de fonte. A tort ou à raison, cette idée fut repoussée, par la considération de l'énorme pression d'eau qu'aurait eu à supporter la voûte métallique.

On pourrait encore citer ici la proposition du docteur Payerne, l'inventeur d'un nouveau bateau sous-marin. Payerne mit en avant l'idée de se servir de bateaux sous-marins pour établir au fond de la mer une ligne d'enrochements supportant une voie voûtée, qui aurait traversé toute l'étendue du détroit.

Ces différentes propositions, et plusieurs autres analogues, que nous nous dispensons de rapporter, présentaient le défaut commun d'avoir été conçues sans une étude exacte des terrains submergés qu'il s'agissait de traverser. Entreprises en l'absence des recherches hydrographiques et géologiques locales qui doivent dominer la question, elles n'avaient pas même réussi à établir la possibilité de l'ouverture d'une voie souterraine. Ces conceptions à travers l'inconnu se réduisent à un simple désir.

Toutefois, comme un vœu de ce genre ne se formule ni sans étude ni sans travail, on doit tenir compte aux savants dont nous venons de citer les noms, des efforts qu'ils ont faits pour vulgariser cette belle idée, et de l'initiative qu'ils ont prise pour attirer, sur le projet d'un tunnel anglo-français, le sérieux examen de la science et du public.

Fig. 137. — LA BAIE SAINTE-MARGUERITE, POINT DE DÉPART DU TUNNEL SOUS-MARIN ANGLO-FRANÇAIS, D'APRÈS LE PROJET DE 1873

II

Thomé de Gamond. — Exposé de ses observations géologiques et de son projet pour la création d'un tunnel sous-marin entre la France et l'Angleterre.

Le caractère d'études géologiques approfondies qui a manqué aux divers projets que nous venons de signaler, est précisément ce qui distingue le plan conçu par un éminent ingénieur français, Thomé de Gamond. L'étude du bassin géologique du Pas-de-Calais, que l'on doit à Thomé de Gamond, ainsi que son projet pour un tunnel sous-marin de Douvres à Calais, constituent une des œuvres les plus remarquables de l'art de l'ingénieur au dix-neuvième siècle. De tels travaux, c'est-à-dire l'examen d'assises de terrains cachées sous des eaux profondes, présentent les plus grandes difficultés, surtout pour un simple particulier, qui ne peut disposer que de ressources médiocres. Il faut donc proclamer hautement le mérite du chercheur courageux qui dévoua à cette œuvre ardue les plus belles années de sa vie.

Thomé de Gamond avait rassemblé, dans un *écrin géologique du Pas-de-Calais*, soixante-quatorze échantillons des gisements sous-marins, qui composent les divers étages de cette formation. C'est sur l'étude de ces productions géologiques que repose le plan conçu par lui d'un tunnel sous-marin à ouvrir entre et la France l'Angleterre.

C'est, en effet, d'après le résultat de ses études géologiques du bassin du détroit, que Thomé de Gamond choisit, parmi les diverses assises de terrain qui forment le sous-sol du Pas-de-Calais, les terrains jurassiques, comme propres à être traversés par la voie souterraine. Ces terrains sont, en effet, abordables par leur peu de profondeur, et il serait facile de les entamer.

Tout le monde voyait bien que la côte anglaise, aux environs de Douvres, est formée de calcaires ressemblant aux roches de la côte française ; mais il fallait classer ces terrains, connaître leur composition, leur structure, leur âge géologique. Alors seulement on sut que les terrains de la côte anglaise, en tout semblables à ceux de la côte française, ont dû être formés en même temps qu'eux, et appartenir à une même couche, dont les eaux du détroit couvrent maintenant une partie.

L'étude attentive des deux rives permit aussi d'asseoir une opinion probable sur la manière dont cette ancienne vallée, aujourd'hui occupée par la mer, avait été creusée. Les inclinaisons des couches du terrain sur les deux rives, sont égales. Un examen minutieux fit voir que ces angles paraissaient concorder sur l'un et l'autre bord.

On a conclu de cette comparaison attentive, qu'autrefois un prolongement du continent unissait l'Angleterre à la France, et que l'action incessante des flots sur les deux rives de cet isthme, a fini par le rompre, et par ouvrir le détroit qui existe aujourd'hui. C'est ainsi que nous voyons, de nos jours, les côtes de la Normandie et celles du Pas-de-Calais, sans cesse attaquées par les flots, reculer continuellement devant la mer. Les éboulements des rives, qui enlèvent quelquefois jusqu'à 100 mètres de la terre ferme de nos côtes maritimes du Nord, sont continuels; si bien que, dans quelques siècles, notre littoral aura été profondément modifié par ces altérations, incessamment répétées.

Divers faits du même ordre, bien connus, ont confirmé cette manière de voir. Des documents montrent, par exemple, qu'à une époque postérieure à la conquête des Romains, et même encore au huitième siècle, la presqu'île de Cherbourg s'étendait à plusieurs kilomètres au delà da sa position actuelle et qu'elle englobait l'île d'Aurigny. L'île de Jersey faisait alors partie du continent, dont elle est aujourd'hui éloignée de 25 kilomètres: des chartes, dont l'histoire fait mention, stipulaient la charge de l'entretien d'une passerelle sur la voie de terre qui allait dans ce territoire.

On ne peut donc mettre en doute que des événements du même ordre que la rupture de l'isthme du Pas-de-Calais, aient eu lieu dans des régions voisines.

Ces notions sur la nature géologique des couches qui composent le fond de la mer entre l'Angleterre et la France, et sur l'ancienne continuité des deux rivages, aujourd'hui séparés par les eaux, sont dues principalement aux études et observations de Thomé de Gamond, à l'*écrin géologique* qu'il avait composé, au moyen des échantillons de terres recueillies par lui sur les falaises de l'Angleterre, sur les côtes de France, et sur le lit de la mer.

C'est en 1833 que Thomé de Gamond commença à aborder l'étude de la jonction de l'Angleterre au continent, question qui devait l'occuper pendant trente-cinq ans de sa vie.

Il eut d'abord l'idée de rattacher l'Angleterre à la France par un isthme artificiel, composé de terres et de pierres jetées à la mer, ainsi qu'on opère pour composer une digue. Cette digue aurait été percée de trois canaux, pour le passage des navires. On aurait recouvert ces canaux de ponts mouvants, pour interrompre ou rétablir, à un moment donné, la continuité du passage sur l'isthme.

Thomé de Gamond s'était ensuite attaché à l'idée d'un tube de fonte revêtu de maçonnerie et reposant sur le fond du détroit, idée à laquelle revinrent, en 1846, Franchot et Tessier, comme on l'a vu dans le premier chapitre.

C'est en 1834 que Thomé de Gamond avait eu cette dernière pensée. Deux années plus tard, il étudiait la construction d'un pont gigantesque entre le cap Blanc-Nez et South-Foreland. Les arches du pont, devant livrer passage aux hautes mâtures, se seraient élevées à 51 mètres au-dessus du niveau de la mer ; ce qui aurait donné, dans les parties les plus profondes du détroit, depuis le fond de la mer jusqu'à la plate-forme supérieure, une hauteur de 114 mètres, c'est-à-dire près du double de l'élévation des tours de Notre-Dame.

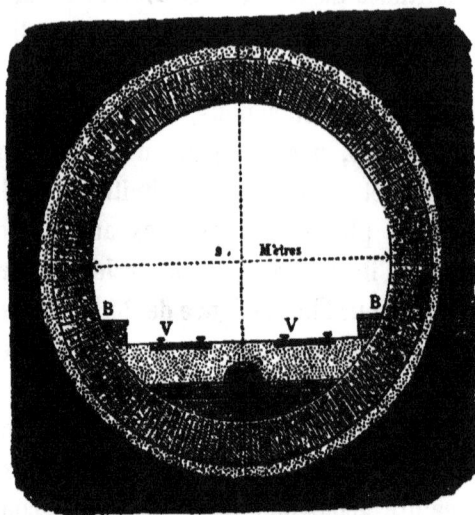

FIG. 138. — COUPE DU TUNNEL PROJETÉ PAR THOMÉ DE GAMOND ;
V,V, voies du chemin de fer; BB, banquettes longeant la voie.

Mais, abandonnant toutes ces premières tentatives, Thomé de Gamond s'attacha, en définitive, à l'idée d'un tunnel sous-marin.

Son plan consistait à ouvrir à travers les terrains jurassiques, qu'il avait reconnus comme composant le fond du détroit, un tunnel souterrain, cylindrique, voûté en pierre, offrant, dans son arc supérieur, une section de 9 mètres de large sur 7 de haut. Le segment inférieur de ce cylindre inscrit un conduit d'assainissement, pratiqué dans un massif en blocage, lequel supporte une double voie de fer.

La présence de ce radier indépendant a pour objet d'éteindre ou d'atténuer les effets de la trépidation sur les parois du monument. Deux chemins de service en banquettes, pour la circulation pédestre, comme on le voit sur la figure 138, régnaient parallèlement aux voies, de chaque côté du tunnel. Deux voies de fer, desservies par des locomotives ordinaires, auraient été suffisantes pour les voyageurs et les marchandises, même en admettant une circulation quadruple de celle qui existe aujourd'hui.

Voici maintenant la donnée générale du tracé, que l'on peut suivre de la vue panoramique de la figure 139 (page 413).

Le tunnel sous-marin partait du littoral français, sous le cap Gris-Nez, et se dirigeait vers la pointe Eastware, entre Douvres et Folkstone, sur la côte britannique.

A peu près à égale distance de l'Angleterre et de la France, se trouve, au milieu du détroit, une éminence de terrain, que les cartes désignent sous le nom d'*Écueil de Varne*. Ce point devait former une station maritime à ciel ouvert, où les trains auraient pu s'arrêter.

Dans le plan conçu par Thomé de Gamond, la station maritime de Varne, consistait en une gare située au fond d'une vaste tour. Cette tour aurait été bâtie dans le terre-plein d'un îlot factice construit sur la crête du banc de Varne. A ce terre-plein on aurait annexé un port, couvert par des môles faisant quai à la mer. L'établissement de ce port, l'œuvre la plus monumentale du projet, était le complément du tunnel sous-marin, dont il agrandissait la signification, en en faisant un puissant organe de trafic et de circulation entre les peuples.

Le fond de la tour de Varne aurait contenu une vaste cour, de forme elliptique. C'est du fond de cette gare spacieuse, qu'au moyen d'une spirale ascendante, les wagons de marchandises auraient pu monter, par une pente modérée, jusque sur le quai de l'*Écueil de Varne*, où ils se seraient trouvés en contact avec le bord des navires.

Le tracé du tunnel décrit une courbe souterraine concave, dont les pentes, maintenues au-dessus de 5 millièmes, sont de beaucoup inférieures à celles que l'on trouve sur la plupart des chemins de fer actuellement exploités.

Les voies d'accès au tunnel anglo-français, sont deux galeries souterraines, inclinées de 5 et 6 millièmes. La galerie anglaise se dirige, de la station d'Eastware, par un parcours de 5,500 mètres, sur Douvres, où elle prend jour. La galerie d'accession, du côté de la France, a 8,800 mètres de parcours entre la station de Gris-Nez et la ville de Marquise, où elle se relie, à ciel ouvert, à deux sections d'embranchement, dont l'une est la route de Paris par Boulogne et Amiens et l'autre se raccorde, près de Calais, aux chemins de fer de la Belgique et de l'Allemagne.

En France, comme en Angleterre, c'est-à-dire à chacune des extrémités de la ligne sous-marine, le tunnel devait se terminer par une station à ciel ouvert, établie au fond d'une vaste tour. La station du cap Gris-Nez était placée à une profondeur de 54 mètres sous l'étiage ; celle d'Eastware, moins profonde, ne descendait qu'à 30 mètres. On pénétrait à chacune de ces stations par un escalier spacieux, à rampe sphéroïde très douce, appliquée à la paroi de la tour. Les tours de ces stations, construites dès le début des travaux, devaient servir de voies d'accès pour le travail du percement, le mouvement des déblais, des matériaux de revêtement, l'extraction des eaux et la ventilation des galeries.

Quels sont les moyens pratiques qui devaient permettre d'exécuter le travail colossal d'un tunnel de cette étendue, creusé au-dessous du plafond de la mer?

Thomé de Gamond proposait de subdiviser le détroit de Calais en quatorze sections, au moyen de treize îlots factices, composés de rochers coulés en mer sur le tracé de la ligne sous-marine. Sur ces îlots on aurait creusé treize puits en fonte et en maçonnerie, à l'aide desquels les plus longs ateliers de percement n'auraient représenté, chacun, que des galeries d'un kilomètre et demi de longueur. Sur ces treize îlots, seraient installés les ateliers d'extraction, ainsi que les observatoires pour le raccordement extérieur des sections et pour la transmission rectiligne de l'axe dans les galeries souterraines. Au moyen de cette subdivision de l'œuvre en quatorze sections, l'attaque parcellaire aurait pu être entreprise sur vingt-huit ateliers à la fois, de manière à pouvoir achever le percement sous-marin en un petit nombre d'années.

Suivant le calcul de l'auteur, les trois opérations pour la création du tunnel sous-marin, se seraient résumées ainsi :

Première année. — Construction des treize îlots et creusement des puits.

Deuxième année. — Percement des cinq sections directrices.

Troisième, quatrième, cinquième et sixième années. — Percement des neuf grandes sections du tunnel.

Septième, huitième et neuvième années. — Achèvement du tunnel.

Ce qui portait à neuf ans les prévisions pour l'achèvement complet de l'œuvre.

Après cet achèvement, les îlots factices étant devenus un échafaudage superflu pour l'exploitation du tunnel, on en aurait fait sauter le sommet par la mine, pour en débarrasser le détroit.

D'après les devis sommaires de l'auteur, la construction de ce monument aurait coûté 3,400 francs par mètre courant; et la somme totale de la dépense, y compris les travaux complémentaires pour le relier aux chemins de fer des deux pays, voies d'accès, stations et embranchements, se serait élevée à cent soixante-dix millions (1).

---

(1) *Étude pour l'avant-projet d'un tunnel sous-marin entre la France et l'Angleterre, reliant, sans rompre charge, les chemins de fer de ces deux pays. Ligne de Gris-Nez à Eastware.* Un volume in-4 de 180 pages, avec planches. Paris, 1857, chez Dalmont.

Tel est le plan général conçu par Thomé de Gamond, et pour le jugement duquel il invoquait modestement le contrôle et la critique de la science compétente.

Par cet ensemble d'idées, marquées, plus d'une fois, du cachet de la grandeur, Thomé de Gamond faisait avancer d'un pas immense la question qu'il avait attaquée. En consacrant de longues années à des études méthodiques sur le terrain, en étudiant la géologie du Pas-de-Calais, et précisant la nature du phénomène naturel qui a formé ce détroit, en approfondissant la question des infiltrations sous-marines, question qu'il ne put résoudre, mais dont il caractérisa les éléments si divers et si compliqués, Thomé de Gamond a préparé la jonction directe de l'Angleterre et de la France, au moyen d'un conduit souterrain, desservi par un chemin de fer. Il a eu le mérite de faire sortir cette question de la région des chimères où elle avait flotté avant lui, en lui donnant une base sérieuse et véritablement scientifique.

Comme tous les inventeurs, Thomé de Gamond s'enthousiasmait devant les conséquences de la réalisation de ses idées. L'*îlot*, ou l'*écueil de Varne*, devenait, dans son rêve poétique, l'*Étoile de Varne*; et cette étoile rayonnait sur le monde, pour en favoriser les relations commerciales et humanitaires. Émergeant du milieu des vagues, au-dessus du détroit, la gare de Varne était comme une pacifique forteresse, destinée à abriter les produits des deux hémisphères. Reliée par un puits colossal au tunnel anglo-français; disposée pour transporter rapidement les hommes et les marchandises, elle devait servir de point de ralliement commun au trafic du monde entier. Là débarqueraient les cargaisons de l'Inde et celles de l'Amérique, pour s'élancer, de ce point, aux divers ports des nations de l'Occident. Et, à l'inverse, la même gare maritime recevrait les marchandises venues de l'Angleterre et du continent, pour les expédier aux peuples lointains, confinés aux quatre coins de la terre. L'*Étoile de Varne* aurait ainsi répandu partout ses bienfaisantes clartés. Je connais peu de rêves philosophiques et humanitaires qui soient empreints d'un plus beau caractère de poésie et de grandeur, que celui de l'ingénieur français, qui pouvait dire, comme le poète :

> Et je marche vivant dans mon rêve étoilé !

Revenons à la prose.

La conception de Thomé de Gamond était trop grandiose pour être accomplie par de simples particuliers. C'était à une nation, c'était à un gouvernement, qu'il appartenait de la tenter. Dans une entreprise aussi élevée et qui impliquait un élément politique très grave, l'auteur pensa qu'il ne pouvait s'adresser ni à l'industrie privée, ni aux interventions financières.

Il frappa à la porte des gouvernements intéressés. Il présenta ses plans, ses cartes et ses échantillons de terrains, à Napoléon III.

Par ordre de l'Empereur, une commission procéda bientôt à l'examen de la question géologique. Cette commission était composée de : Combes, inspecteur général des mines ; Élie de Beaumont, secrétaire perpétuel de l'Académie des sciences ; Mallet, inspecteur général des ponts et chaussées ; Renaud, inspecteur général des ponts et chaussées ; Keller, ingénieur hydrographe de la marine.

Fig. 139. — VUE PANORAMIQUE DU DÉTROIT DU PAS-DE-CALAIS, ET DU TUNNEL PROJETÉ PAR THOMÉ DE GAMOND

C'est au mois de mai 1856 que cette haute commission commença ses travaux. Elle approuva les recherches de Thomé de Gamond, les déclara conformes à l'état de la science, et conclut à l'utilité de creuser deux puits de mines, à grand diamètre, l'un au cap Gris-Nez, l'autre à la pointe Eastware, pour éclairer trois points fondamentaux. Elle proposait :

1° De vérifier le niveau exact et l'inclinaison générale du prolongement des couches jurassiques sous les côtes d'Angleterre, et de creuser sous la mer des galeries d'essai ;

2° De mesurer la puissance relative des gisements aquifères qui peuvent exister dans les interstices de ces couches ;

3° De faire, par voie de concours, l'essai des machines à vapeur destinées au percement rapide des galeries souterraines, en attaquant directement, par l'acier, sans l'intervention de la poudre, les roches dures, et de vider ainsi la question de la durée probable du percement.

La commission concluait, en outre, à l'utilité d'une dépense de 500,000 francs, pour ces vérifications; et elle émettait le vœu que le gouvernement anglais fût consulté sur la part qu'il voudrait prendre dans ces travaux préliminaires.

Les conseils généraux des ponts et chaussées et des mines furent consultés, et Thomé de Gamond eut la satisfaction de voir ses idées y trouver le plus honorable accueil.

Mais le plan de l'ingénieur français ne devait pas être mis à exécution. Soit défaut de capitaux, soit que le moment ne parût point propice, on ne put réussir à décider les deux gouvernements intéressés à donner suite à la conclusion de la commission de 1856, c'est-à-dire à faire exécuter des sondages sur les deux rives, et à entreprendre des galeries d'essais.

Arriva la guerre franco-allemande, de 1870, et, dès lors, tous les travaux publics étant suspendus, l'idée de Thomé de Gamond fut perdue de vue.

Elle ne devait pas tarder à reparaître au jour. Un ingénieur anglais d'une grande valeur, Sir John Hawkshaw, reprit le projet que la France laissait dormir. Grâce à son activité, le projet du tunnel sous-marin franco-anglais fut étudié de nouveau. A la suite d'une série de sondages du fond du détroit, Sir John Hawkshaw fut amené à modifier le tracé proposé par Thomé de Gamond. Au banc de grès verts qui s'étend de Douvres à Calais, il préféra le tracé par une couche crayeuse, dont il avait reconnu la continuité probable de la côte de Calais à celle de Douvres.

Dans cette reprise de son projet, Thomé de Gamond aurait dû, logiquement, être placé en tête des ingénieurs chargés de le mettre à exécution. L'amour-propre anglais intervint malheureusement ici, pour évincer le plus possible le promoteur de cette grande entreprise. Mais, pour bien comprendre les menées tendant à écarter de l'exécution du tunnel anglo-français celui qui en était, pour ainsi dire, l'âme, nous devrons donner quelques détails sur la vie, les travaux et le caractère de ce savant ingénieur.

III

Thomé de Gamond, sa vie et ses travaux.

Louis-Joseph-Aimé Thomé de Gamond était né à Poitiers, le 30 octobre 1807. Il était le troisième fils du capitaine Joseph Thomé, et le neveu d'Antoine Thibaudeau, l'un des membres de la Convention qui avaient voté la mort de Louis XVI, qui devint, plus tard, comte du premier Empire, sénateur du second, et à qui l'on doit de remarquables mémoires sur le Consulat et le premier Empire.

Le jeune Thomé fit au collège de Poitiers ses études classiques. Lorsqu'elles furent terminées, en 1823, sa mère était veuve, avec huit enfants. Elle confia à Antoine Thibaudeau celui qui devait un jour rendre son nom célèbre par de beaux travaux dans l'art de l'ingénieur. Mais le légiste éminent, qui avait travaillé avec Napoléon Iᵉʳ au Code civil, qui avait été préfet de Marseille, et avait joui d'un grand crédit sous le premier Empire, ne pouvait être qu'un personnage antipathique au gouvernement de la Restauration. Son titre de régicide lui avait mérité l'exil, aux termes de la loi du 12 janvier 1816.

Le comte Thibaudeau, alors en Allemagne, fit le meilleur accueil au jeune neveu qui venait partager sa solitude. Tous deux habitèrent successivement Prague, Vienne et Augsbourg.

A Augsbourg le jeune Thomé eut l'occasion de rencontrer le fils de la reine Hortense, celui qui devait s'appeler un jour Napoléon III. Presque du même âge, les deux jeunes gens se lièrent d'une étroite amitié. Le prince Louis-Napoléon avait pour directeur de ses études, le savant Hipolyte Lebas. La reine Hortense voulut que le jeune Thomé eût le même maître que son fils; et, dès lors, les études se firent en commun. On habitait tantôt Augsbourg, tantôt le château d'Arenenberg. Les deux jeunes gens faisaient souvent à pied de grandes excursions dans les montagnes du Tyrol, en Autriche, et jusqu'en Hongrie.

Un jour, à Augsbourg, comme ils jouaient à se balancer, dans le jardin, sur un mât horizontal, le prince Louis-Napoléon, par une espièglerie, dont il regretta vivement la conséquence, fit tomber son compagnon, qui se brisa la jambe. Pendant le temps que nécessita la guérison du jeune Thomé, le prince Louis-Napoléon venait, chaque jour, passer de longues heures au chevet du blessé, et, pour le distraire, il lui faisait, à haute voix, la lecture des romans de Walter Scott, alors dans leur nouveauté.

Cependant, le comte Thibaudeau, sans cesse inquiété, banni de tous les royaumes, comme régicide, dut quitter Augsbourg. Il se réfugia à Bruxelles, capitale des Pays-Bas, où il retrouva une soixantaine d'anciens membres de la Convention, exilés, comme lui, et pour la même cause.

Le roi des Pays-Bas, Guillaume Iᵉʳ, prince d'Orange, avait de grandes obligations au comte Thibaudeau, qui avait autrefois obtenu pour lui, de Napoléon Iᵉʳ, le règlement d'une indemnité de 20 millions que lui devait la France, pour la principauté d'Orange, et qui était restée fort longtemps impayée. Guillaume Iᵉʳ assura l'exilé de sa haute protection, et lui demanda ce qu'il pouvait faire pour lui être agréable. Le comte Thibaudeau se borna à prier le roi d'ordonner que toutes les écoles supérieures de ses États fussent ouvertes gratuitement à son jeune neveu.

C'est ainsi qu'Aimé Thomé put achever ses études à l'université de Louvain et au *Water-Staat* (*Génie des eaux*) de Hollande, établissement comparable à notre École polytechnique. Thomé obtint au *Water-Staat* les grades de docteur en droit, de docteur en médecine, d'officier du génie militaire, et d'ingénieur hydrographe et des mines. Cette dernière carrière l'attirait particulièrement.

Parmi les conventionnels exilés se trouvaient Merlin (de Douai), et Berlier, légistes célèbres, l'illustre Sieyès, Mailhe, Cavaignac, Ramel, Chazal, Louis David, le célèbre peintre français, Joseph Cambon, le ministre des finances de la première République, grand-oncle, pour le dire en passant, de ma défunte femme, Juliette Figuier. Tous ces hommes de mérite témoignaient une extrême bienveillance au jeune Thomé, et se plaisaient à compléter son instruction, soit en lui faisant des cours de droit et de mathématiques, soit en le recevant comme un fils dans leurs réunions, qui étaient fort recherchés à Bruxelles, car on y rencontrait tout un monde d'élite, débris vivants de la société du dix-huitième siècle et de la Révolution mêlés. Dans cet intéressant cénacle, le jeune homme était chargé d'une mission touchante. Il devait répartir et distribuer les secours que les plus riches, parmi le groupe des exilés, faisaient parvenir secrètement, en gardant l'incognito, aux plus nécessiteux d'entre eux. Il s'acquittait de cette tâche délicate avec un tact et une discrétion qui le faisaient aimer et apprécier de tous.

Thomé, rentré en France, en 1829, prit, comme ingénieur, la direction d'une grande cristallerie, située près de Paris.

Aux journées de juillet 1830, il fut grièvement blessé, en combattant les soldats suisses, à la tête de ses ouvriers.

FIG. 140. — LE CHATEAU D'ARENENBERG, RÉSIDENCE DE LA REINE HORTENSE

En 1831, le jeune ingénieur retourna à Bruxelles, pour épouser mademoiselle Aline de Gamond, fille aînée de Pierre de Gamond, président de la cour supérieure de justice. Les deux jeunes gens étaient fiancés depuis cinq ans.

Thomé de Gamond revint alors s'établir définitivement en France, où il dirigea successivement d'importantes cristalleries et verreries, puis, dans le Berry, il se mit à la tête d'une grande exploitation agricole.

Ces occupations, très laborieuses, ne l'empêchaient pas de poursuivre ses études géologiques et hydrauliques. Dès 1829, la pensée lui était venue de travailler à la transformation des forces hydrauliques naturelles de la France, c'est-à-dire d'utiliser, au profit du pays, d'immenses richesses perdues. Dans ce but, le jeune ingénieur entreprit de nombreuses excursions dans toutes les contrées de la France.

En 1833, Thomé de Gamond, comme nous l'avons dit, commença l'étude des divers moyens de communication entre la France et l'Angleterre. Ce travail grandiose devait le passionner et l'absorber à un tel point qu'il y consacra tout le reste de sa vie, et toute sa fortune.

Dans son premier mémoire de 1857, il avait dressé un tableau présentant la série géologique, suivant leur ordre de stratification, des terrains du détroit de Douvres (pas de Calais), et il avait donné, dans un magnifique atlas, le grand diagramme géologique des terrains que devait franchir le tracé.

Ces deux études diffèrent à peine l'une de l'autre, vu la proximité des lieux où sont tracés les deux profils, qui se confondent tout à fait du côté de la France (1).

Il n'est rien de plus curieux, de plus saisissant, que la manière dont Thomé de Gamond procéda, pour se procurer des échantillons des terrains

---

(1) Voici la liste des ouvrages publiés par Thomé de Gamond :

Vie de David, peintre d'histoire. Bruxelles et Paris, 1826.

Étude pour l'avant-projet d'un tunnel sous-marin, entre la France et l'Angleterre. Paris, 1857, Dalmont, éditeur.

Étude du canal inter-océanique de Nicaragua, à travers l'isthme de l'Amérique centrale. Paris, 1858.

Projet du chemin de fer de Seine-et-Oise, reliant les réseaux du Nord, de l'Ouest et d'Orléans. Paris, 1865.

Mémoire sur l'industrie de la pêche côtière. Paris, 1866.

Mémoire sur les plans du projet nouveau d'un tunnel sous-marin entre l'Angleterre et la France produits à l'Exposition universelle de 1867, et sur les différents systèmes projetés pour la jonction des deux territoires depuis l'origine de ces études en 1833 : — Tunnel immergé. — Pont sur le détroit. — Bac flottant. — Isthme de Douvres. — Tunnel sous-marin. Avec Atlas de planches gravées en couleur offrant la réduction des planches exposées. Paris, 1869, Dunod, éditeur.

Projet d'agrandissement de la ville de Lisbonne, par l'établissement d'un grand port maritime. Paris, 1870, chez Dunod.

Projet du chemin de fer de Mathonville à Abbeville, par Neufchâtel en Bray. Paris, 1870.

Mémoire sur l'établissement de la république fédérale en France, dédié aux cantons de la république. Paris, 1871.

Mémoire sur le régime général des eaux courantes. Plans d'ensemble pour la transformation de l'appareil hydraulique de la France. Paris, 1871, Dunod, éditeur.

Projet de rétablissement du port de Narbonne, suivi d'un mémoire sur les ports maritimes et l'artillerie moderne. Paris, 1872, chez Dunod.

d'une certaine partie du fond de la mer, entre l'Angleterre et la France.

Pour aller arracher au lit de l'Océan des échantillons qu'il jugeait indispensable d'examiner, notre jeune et hardi chercheur avait commencé par se confier au scaphandre. Mais le scaphandre, encore à ses débuts, était encore tout rempli d'imperfections. Thomé de Gamond éprouva plusieurs accidents, qui le décidèrent à renoncer à cet appareil. Dès lors, il se fit plongeur. Sans aucun appareil étranger, il descendit au fond de la mer. Un pilote de Boulogne, le père Ternisien, tenait la corde sur laquelle il se guidait pour s'enfoncer sous les vagues.

Les descentes qu'il opéra, afin de se procurer des échantillons du sol sous-marin, exposaient à toutes sortes de dangers le courageux explorateur, en raison de l'excessive profondeur à laquelle il devait descendre.

Pour atteindre au fond, malgré l'énorme pression résultant de la profondeur de l'eau, il se lestait avec des sacs pleins de galets, du poids de 85 kilogrammes. Il entourait ses reins d'une ceinture de vessies gonflées, destinées à le faire remonter à la surface de l'eau. A sa ceinture était attachée une corde de sûreté, tenue sur le rivage par le pilote. La corde à laquelle il se tenait du bras gauche, lui servait de signal d'alarme. Il tamponnait et recouvrait ses oreilles avec de la charpie huilée. Un bonnet ouaté recouvrait sa tête. Un couteau était fixé à sa main gauche, et à sa main droite une spatule de fer.

C'est dans cet équipage que Thomé de Gamond descendait à la mer, et cela trois ou quatre fois dans la même journée.

Écoutons le courageux acteur de cette opération émouvante, nous raconter ses impressions de voyage sous-marin. Le récit qui va suivre se trouve, sous forme de note, dans l'*Appendice* de son *Mémoire sur les plans et projets d'un tunnel sous-marin* (1).

« Un certain nombre de personnes, auxquelles j'ai communiqué, dit Thomé de Gamond, le récit de mes explorations au fond du détroit, m'ont engagé à le publier, comme renfermant diverses observations pouvant offrir quelque intérêt.

Après avoir vérifié la nature du terrain des bancs situés au milieu du détroit, l'établissement du diagramme entre ce point et le rivage français devenait assez facile. Mais il restait à combler une lacune dans le petit chenal qui sépare ces bancs de la côte anglaise. La sonde et la lance, mouillées par des profondeurs de 30 mètres, dans le milieu de cet espace, ramenaient des empreintes d'une terre bleuâtre, désignée sous le nom de *vase noire* par les hydrographes, mais qu'à son aspect savonneux, j'avais reconnu pour une argile.

Quelle pouvait être cette argile, dont le gisement était évidemment inférieur à

(1) 2e édition, in-4e, Paris 1869, pages 111 à 119.

celui de la craie glauconienne, apparentes sur le rivage anglais? Pour reconnaître ce terrain avec précision, il fallait à tout prix s'en procurer des extraits assez gros pour en caractériser la nature, à défaut de quoi le diagramme géologique ne pouvait être complet.

Pressé de faire cette vérification, je résolus d'aller cueillir des échantillons de cette argile, et me fis descendre au fond du chenal avec l'appareil de plongeur de M. Siebe, qui n'avait pas alors reçu les perfectionnements qui lui furent ajoutés plus tard. Aussi, à peine eus-je atteint le fond de la mer, que je me sentis suffoquer dans ce linceul imperméable, et tirai vivement le filin de détresse. Mes hommes me ramenèrent en syncope, pendant un temps qu'ils me déclarèrent avoir été très court. Dans cet instant suprême, qui dura tout au plus plusieurs minutes, où je perdis toute faculté de mouvement, mon esprit subit une évolution de pensées et d'impressions, dont le récit eût exigé plus d'un volume.

Dans ce singulier tombeau, une évocation précise de ma vie passée, et peut-être quelques intuitions de l'avenir défilèrent devant moi, avec le cortège de toutes les personnes vivantes ou mortes qui m'avaient été chères : mon père, mort depuis trente ans, ma vieille mère, mes frères, ma femme, mes enfants, des amis désolés autour d'un lit, où moi-même je reposais mort ! Tout cela entrecoupé de visions fantastiques, d'êtres imaginaires d'une variété et d'une bizarrerie incroyable, se succédant avec un ordre imposant et une ravissante harmonie.

Singulier instrument que notre cerveau ! Quelle puissance d'évocation et d'invocation ! Quelle faculté magique possède notre âme de condenser une masse énorme de temps et de faits dans un aussi court instant ! Quel mirage vraiment sublime !

Après cet échec, peu soucieux de m'exposer encore à être enseveli vivant dans un scaphandre, mais obstiné dans mon ardeur pour détacher un lambeau de cette terre sous-marine, je me décidai à plonger nu jusqu'au fond du chenal.

Je m'essayai plusieurs fois à plonger du haut du tillac du navire, pour connaître à quelle profondeur je pouvais descendre sous l'impulsion de mon propre élan. Je ne pus parvenir à mouiller plus de 5 à 6 mètres de filin, comme limite extrême, et je compris qu'il fallait m'aider d'un certain lest pour descendre au delà.

Je fis d'abord des essais, par des fonds de 15 mètres, hauteur d'une maison à cinq étages, égale à la moitié seulement de la profondeur où je devais descendre. Je plongeai avec un sac de galets dans chaque main. Descendu ainsi la tête en avant, je heurtai bientôt le fond de la mer avec mes deux sacs de lest et restai les jambes en haut sans pouvoir me retourner. Je lâchai tout pour pouvoir remonter à la surface.

Je compris que, pour me maintenir debout et conserver la liberté de mes bras, il fallait lester fortement les jambes. Dans ce premier essai, répété plusieurs fois, j'avais employé six secondes pour descendre à 15 mètres, et huit secondes pour remonter.

En doublant ces chiffres pour descendre à 30 mètres, étant admise une vitesse à peu près égale, je calculai qu'il me faudrait au moins douze secondes pour atteindre le fond et seize secondes pour remonter, ensemble vingt-huit à trente secondes environ. D'après cette donnée, et ne présumant pas, après des épreuves réitérées auxquelles j'avais soumis mes poumons, pouvoir rester, au maximum, pendant plus de quarante-cinq secondes sous l'eau sans respirer, il ne

THOMÉ DE GAMOND

devait plus me rester qu'une marge stricte de quinze secondes pour ma station au fond de la mer. Cela semblait insuffisant. Il me parut qu'il fallait bien, pour détacher à la spatule un extrait du sol, le mettre dans une pochette et couper ensuite le lest de mes jambes, au moins une vingtaine de secondes. Il ne me restait donc plus dans ce cas que vingt-cinq secondes pour descendre et remonter. D'où la nécessité de gagner quelques secondes en augmentant mon poids par un excédent de lest à la descente, et ma légèreté spécifique par un appareil aérien à la remonte.

Au lieu d'un simple lest de 25 kilos de galets siliceux noirs, je préparai, pour la descente, quatre sacs de 20 kilos chacun, dont deux devaient être amarrés par des cordons aux jambes, à la cheville, et les deux autres tenus dans les mains ; en tout 80 kilos de surpoids.

En outre, pour faciliter la remonte, je confectionnai un chapelet de dix vessies de porc, divisées chacune en deux petits lobes ou compartiments à air, par une ligature centrale. J'enveloppai ce chapelet dans une bande de toile adaptée en ceinture autour de la taille, en guise de vessie natatoire.

Pour préserver la tête, un bonnet de coton bourré de linge et maintenu par une serviette en mentonnière.

Deux filins parallèles, de la grosseur du petit doigt, étaient attachés à ma personne. Le filin gris, fixé derrière ma ceinture, était le cordon de sûreté destiné, au besoin, à me ramener mort ou vif. Le filin rouge était fixé à mon bras gauche. C'était la corde de détresse, pour donner à mes hommes, en la tirant moi-même, le signal de me ramener au plus vite.

Un couteau de précaution pendait à mon poignet gauche, pour couper le lest de mes pieds. La spatule en langue de serpent suspendue à mon poignet droit, était également affilée à double tranchant pour couper les cordons de mon lest après avoir réussi à détacher un échantillon du sol. Une pochette devant l'abdomen était préparée pour recevoir cet échantillon.

Observations sur moi-même. — Dans mes petites expériences à 15 mètres de profondeur, j'avais éprouvé déjà une douleur assez vive aux oreilles et une légère pression, toutefois sans douleur, à l'abdomen et au thorax. La pression, peu sensible sur les yeux, ne pouvait me contraindre à les fermer. Elle était suivie d'une irritation assez vive en sortant de l'eau. Alors la vue était un peu trouble, mais la clarté revenait après avoir fermé les yeux pendant un instant. L'irritation aux fosses nasales était beaucoup plus sensible que celle des yeux. Je ressentais également, en reprenant l'air, une impression d'anxiété toute physique, une sorte de malaise au larynx et aux poumons, que j'attribuai, d'une part, à l'isolement de l'air auquel ces appareils se trouvaient violemment soumis, pendant un temps très court, il est vrai, et ensuite à la réaction produite par la muqueuse aérienne par l'invasion subite de l'air. Cet état assez pénible cessait au bout de quelques minutes, quand l'équilibre de la respiration était rétabli.

Je n'éprouvais pas de soif en sortant de la mer, et cela s'explique par la masse d'eau qui pénètre nos tissus, sous la pression du liquide environnant. Cependant je buvais volontiers quelques gorgées de gloria (café, rhum et sucre), puis je reprenais vite mon équilibre, n'ayant réellement éprouvé aucune déperdition appréciable de forces, en la courte durée de l'immersion et de l'effort passif plutôt qu'actif qui l'accompagne.

Précautions préservatrices. — Ces premières expériences me conduisirent à prendre diverses précautions pour plonger à de plus grandes profondeurs. D'abord je reconnus la nécessité de ne pas compliquer l'opération par le plus minime travail de digestion. Après avoir dîné la veille comme à l'ordinaire, je restais à jeun les jours où je devais plonger, me soutenant très bien par du café noir pur.

Pour préserver les trompes et la membrane du tympan, je dus me remplir l'oreille moyenne de charpie mêlée de beurre et couvris le cornet auditif externe d'une large compresse également beurrée, le tout maintenu par le bonnet de coton et comprimé par une mentonnière reliée au sinciput. J'introduisis dans les narines une mèche de coton beurrée, facile à retirer, dont la présence suffisait pour préserver les fosses nasales de la pression directe de l'eau, tout à fait insupportable à de grandes profondeurs.

Quant à la bouche, je la remplissais, à l'instant même de l'immersion, d'une petite cuillerée d'huile d'olive, ainsi que je l'avais vu faire par des pêcheurs de la Méditerranée; précaution bien utile, en ce qu'elle permet de soulager au besoin une oppression des poumons, en facilitant l'émission de quelques bulles d'air, sans desserrer les dents et sans être exposé au danger d'avaler de l'eau.

Ce fut dans ce grotesque accoutrement que je me lançai dans l'abîme, sur des points dont la profondeur sondée variait de 30 à 33 mètres.

Le pilote du port de Boulogne, homme sûr et prudent, dont j'avais maintes fois éprouvé l'intelligence et le dévoûment, était sur le tillac et dirigeait le dévidage rapide des deux filins, placés sous sa main comme deux cordons sympathiques qui, dans ces courts instants, liaient ma vie à la sienne. Un jeune matelot lui tenait la montre devant les yeux, en comptant tout haut les secondes : un, deux, trois, etc. Quand les filins cessaient de glisser, Ternisien observait l'instant où j'atteignais le fond de la mer. Puis il attendait, tout entier à son devoir, son âme suspendue à la mienne, pour retirer le filin gris de sûreté, jusqu'à ce que l'aiguille eût marqué trente secondes. Mais je ne lui en laissais pas le temps. Vingt-deux ou vingt-cinq secondes étaient à peine écoulées, que sa main gauche sentait frémir le cordon rouge de détresse, indiquant que je quittais le fond de la mer.

En effet, à peine avais-je atteint le sol sur lequel mes sacs de galets tombaient avec un certain choc auquel j'étais préparé, que : planter ma spatule dans l'argile, écarter un extrait par une pesée, le saisir, le jeter dans la pochette, puis couper les cordons du lest suspendu à mes jambes et lâcher tout, c'était l'affaire d'un instant très court, que je me gardais bien de prolonger d'une pulsation dès la première immersion.

Je descendis ainsi trois fois consécutives dans la même journée; la deuxième fois, à 500 mètres environ dans le nord de la première expérience et la troisième fois à 500 mètres encore plus loin dans le nord, étendant ainsi l'observation locale sur une longueur d'un kilomètre environ, au milieu du chenal anglais.

Observations sur le fond de la mer. — Dans ces descentes rapides, je ne pouvais jeter qu'un regard bien furtif sur le fond de la mer, qui était en cet endroit entièrement sombre quand le soleil était couvert. Cette obscurité était accrue par la couleur très foncée du terrain dans cette région. Mais quand le soleil était ardent, et c'était le cas dans mes deux premières descentes, le milieu liquide prenait un aspect un peu laiteux, assez transparent, et l'on distinguait très bien des débris de coquilles blanches, dont le fond sombre de la mer était un peu parsemé. Je vis même passer des corps miroitants, entraînés par un mouvement rapide, et que je jugeai être des bandes de poissons plats, de la famille des soles ou des raies, troublés par ma présence et planant dans l'abîme.

Ce fut en remontant de ma troisième et dernière visite au fond de la mer que je fus attaqué par des poissons carnassiers, qui me saisirent aux jambes et aux bras. L'un d'eux me mordit au menton, et m'eût, du même coup, entamé la gorge, si elle n'eût été préservée par une épaisse mentonnière. Je me débarrassai promptement de celui-ci, qui me causait une douleur des plus vives et qui me lâcha au premier contact de ma main.

Était-ce un mouvement inverse réel ou le simple effet d'une anxiété bien justifiée? Il me sembla, pendant un instant très court, il est vrai, que je dérivais, et que ces animaux m'entraînaient vers le fond. Le fait est que mes hommes durent tirer un peu, et sentirent une certaine résistance sur le filin de sûreté, tandis que dans les autres expériences l'ascension naturelle avait toujours prévenu et précédé l'action du cordeau.

Je me jugeai perdu. Toutefois, préservé bien plus par une instinctive énergie que par un acte de volonté, je fus assez heureux pour ne pas ouvrir la bouche, et je reparus sur l'eau après 52 secondes d'immersion ! Mes hommes virent un des monstres qui m'avaient assailli et qui ne me lâcha qu'à fleur d'eau. C'étaient des congres (grosses anguilles de mer).

Quant à moi, je ne le vis pas, tant ma vue était trouble. Je me bornai à faire la croix de Saint-André, en étalant mes membres sur l'eau, la face tournée vers le ciel, pour soulager mes poumons et rétablir leurs fonctions interrompues pendant près d'une minute. Le pilote Ternisien m'eut bientôt saisi par l'épaule et m'attira dans le canot, d'où je fus hissé par une vingtaine de bras sur le navire. Je comptai cinq blessures distinctes produites par les dents aiguës de ces horribles squales, et j'en conclus que ces malencontreux adversaires m'avaient attaqué au nombre de cinq à la fois. Ces blessures ressemblaient à des stigmates qui auraient été faits avec des fourchettes enfoncées dans la chair, et se refermèrent dès la nuit suivante.

Dans ces différentes évolutions, je ne ressentis aucune de ces crampes tendineuses que j'avais parfois éprouvées en nageant, dans ma jeunesse.

Je fus bien vite indemnisé de cette mésaventure, quand il me fut possible de constater que les extraits cueillis au fond de la mer étaient de l'argile wealdienne, identique à celle que j'avais reconnue en Angleterre, dans les plaines basses avoisinant le détroit. La lacune existant alors à mon diagramme géologique, se trouvait ainsi comblée. »

Lorsque le prince Louis-Napoléon fut devenu empereur des Français, il se souvint de son jeune camarade des années d'exil. Il lui fit offrir la préfecture du département de l'Indre, puis celle de la Vienne. Thomé de Gamond refusa, ne se sentant aucun goût pour les fonctions publiques. Après la mort de son oncle, le comte Thibaudeau, doyen d'âge du Sénat, l'Empereur offrit

encore à Thomé de Gamond de le nommer sénateur, avec le titre de comte
et la décoration. Plus tard encore, il lui proposa le ministère des travaux
publics, lorsque M. Rouher abandonna ce poste. Thomé de Gamond n'accepta
aucune de ces offres. Il préféra garder la liberté et le calme de la vie privée,
qui lui permettaient de se livrer entièrement aux grands travaux d'intérêt
général qui absorbaient toute sa sollicitude.

Dans les audiences qu'il obtenait de l'Empereur, ce souverain lui répéta
plusieurs fois :

« Je ne puis donc rien faire pour toi ?

— Conservez-moi seulement votre bonne amitié, répondait Thomé de
Gamond, c'est tout ce que je désire. »

Pendant le siège de Paris, Thomé de Gamond, resté dans la capitale,
demanda, bien qu'alors âgé de soixante-deux ans, l'autorisation de former
une légion de *vétérans français*, recrutés parmi les hommes qui avaient
dépassé cinquante ans. La moitié de cette légion fut organisée en un corps
actif de vétérans, fort de 8,000 hommes, sous le commandement de l'héroïque Gustave Lambert, le célèbre auteur du projet d'exploration de la
mer polaire. On sait que Gustave Lambert trouva une mort glorieuse pendant
une sortie. La seconde moitié de la *Légion de vétérans français* fut répartie
dans les divers quartiers de Paris, sous le nom de *garde civique*.

Au retour de la paix, en 1871, Thomé de Gamond reprit ses études sur
le tunnel, et, grâce à sa persévérance, il touchait au but. Une société de capi-
talistes anglais, ayant pour ingénieur sir John Hawkshaw, avait demandé, en
1868, la concession de la ligne sous-marine du Pas-de-Calais. Nous dirons plus
loin comment Thomé de Gamond fut tenu, autant que possible, à l'écart de
cette entreprise, dont il avait été le promoteur, et, pour ainsi dire, le père. Ce
déni de justice sera mieux compris quand nous aurons parlé des travaux récemment accomplis pour commencer la percée du tunnel. Nous renvoyons donc
à ce moment le récit des déboires qui ont peut-être hâté la fin du grand
ingénieur dont notre pays s'honore.

IV

Autres projets pour la jonction de la France et de l'Angleterre. — Le pont à arcades de M. Boutet. — Les *paquebots-trains* de M. Dupuy de Lôme. — La reconstitution de l'isthme, par M. Burel.

Bien que le plan de Thomé de Gamond n'eût reçu aucun commencement d'études effectives, le projet de réunir la France et l'Angleterre par une voie directe, n'était pas abandonné. On cherchait la solution du même problème par d'autres moyens.

Les uns, reprenant une ancienne idée de Thomé de Gamond, voulaient poser au fond de la mer un tube en fonte, de grande dimension, dans lequel aurait passé un chemin de fer. D'autres proposaient des ponts à ouverture gigantesque, sous lesquels les navires auraient passé; et ils ne reculaient pas devant l'obstacle que ce rideau de dangereux écueils aurait apporté à la navigation dans une mer aussi fréquentée. Des esprits, moins audacieux, songeaient à jeter à travers le détroit, une digue en remblais, reconstituant ainsi l'isthme que la mer avait détruit, aux temps géologiques. On aurait donné passage, par des ouvertures latérales, aux navires qui auraient eu à traverser cet ouvrage.

Dans un autre ordre d'idées, on proposa de conserver la navigation comme moyen de communication, en améliorant les navires et régularisant leur service. On aurait construit de larges bâtiments, de la longueur des grands paquebots, très peu sensibles, par suite de leur grand volume, aux courtes lames du détroit. Sur la côte de France ils auraient été reçus dans des ports nouveaux, à construire, avec un tirant d'eau plus grand que les ports actuels, sont trop souvent encombrés par les sables.

Nous donnerons quelques détails sur chacun de ces projets.

M. Boutet poursuivait le même but que Thomé de Gamond, mais il prétendait l'atteindre d'une façon opposée. Son plan était, pour ainsi dire, le contre-pied de celui de son devancier. Tandis que Thomé de Gamond rêvait un chemin sous l'Océan, M. Boutet songeait à franchir la même distance par une immense enjambée au-dessus des flots. Au lieu de ramper, il voulait planer ; au tunnel terrestre il substituait un pont à ciel ouvert.

Mais une telle entreprise est-elle raisonnable? C'est ce qu'un examen rapide du projet de M. Boutet va permettre d'apprécier.

Il faut convenir, tout d'abord, que la France est encore fort en arrière dans l'art de la construction des ponts d'une grande portée. Sous ce rapport, l'Angleterre et l'Amérique la laissent loin derrière elles. Dans ces derniers pays, certains ponts atteignent des dimensions dont les nôtres ne sauraient donner qu'une bien faible idée. Le pont de Colombia, sur la Susquehannah, et celui de Washington, sur le Potomac, ont chacun plus de 2 kilomètres de longueur. Le pont tubulaire qui relie l'île de May à la Grande-Bretagne, pardessus le canal Saint-Georges, a le même développement. Le pont de Montreal, sur le Canada, est long de 2 kilomètres. Enfin, le gigantesque pont qui traverse l'embouchure du fleuve Tay, en Écosse, entre le comté de Forfar et de Fifre n'a pas moins de 3,200 mètres.

Les méthodes ordinaires ne pourraient, évidemment, être utilisées dans le cas spécial dont il s'agit : elles ne donneraient que des résultats négatifs. Il fallait donc trouver un système sortant de l'ornière commune et s'appliquant aux conditions de ce problème particulier. Cette *inconnue*, M. Boutet était parvenu à la dégager.

Il avait même trouvé deux solutions au lieu d'une.

M. Boutet avait soumis deux projets au gouvernement français.

Le premier, d'une hardiesse inouïe, consistait à jeter sur le pas de Calais, entre le cap Blanc-Nez et le château de Douvres, un pont d'*une seule arche*, c'est-à-dire traversant la mer sans aucun appui, sur une étendue de 30 kilomètres environ.

Voici de quelle façon M. Boutet entendait mener à bien cette entreprise, qui, au premier aspect, se présente comme une colossale plaisanterie.

Une tresse, dite *de fondation*, serait noyée dans le détroit, pour servir de base à l'ensemble des opérations, et constituer un plancher solide, destiné à remplacer le sol instable et irrégulier qui forme le fond des mers en général.

Cette tresse serait composée de soixante câbles de fils de fer tendus horizontalement et parallèlement entre les côtes française et anglaise, puis reliés entre eux, et maintenus à l'écartement voulu, par une infinité de câbles plus petits, entrelaçant les premiers, de telle façon que ce travail ne laissât rien à désirer sous le rapport de la consistance et de la ténacité. La tresse serait suspendue dans l'eau, à une profondeur de 16 mètres, au moyen de bouées en tôle, dont le nombre serait proportionné au poids de la pièce elle-même.

Cette première assise supporterait les piles provisoires, destinées à soutenir l'édifice jusqu'à l'entier achèvement de la construction. Ces piles formées de croisillons de fer fixés sur des blocs de fonte, seraient préparées à l'avance, et montées sur la terre ferme, au pied même des culées.

La pose en serait faite par un système très ingénieux, de l'invention de M. Boutet, et qui a été expérimenté, avec un plein succès, dans les travaux du pont d'Arles, sur le Rhône. L'opération consisterait à amener les piles sur la plage à marée basse, et à fixer solidement à leur base d'énormes bouées en tôle, qui les mettraient à flot lorsque la mer monterait. Le tout serait ensuite remorqué par un bateau à vapeur, jusqu'à l'emplacement que les piles devraient occuper. Après quoi, la bouée serait soulevée peu à peu, par un mécanisme particulier imaginé par M. Boutet, et la pile serait descendue doucement sur la tresse de fondation, où elle se maintiendrait inébranlable et résisterait victorieusement aux vagues les plus violentes, grâce à sa large base.

Ce premier point résolu, une tresse horizontale serait tendue d'une pile à l'autre, et recouverte d'un plancher, sur lequel on élèverait les échafaudages de bois destinés aux ouvriers.

C'est alors que commencerait la construction même du pont. Un certain nombre de câbles seraient superposés aux piles et seraient reliés les uns aux autres par d'autres câbles s'entre-croisant en tous sens, de manière à former une tresse placée de champ et affectant la forme d'une voûte à immense portée. Il y aurait onze tresses pareilles, placées parallèlement, et reliées entre elles par des entre-toises rigides, sur lesquelles on poserait le tablier. Ce tablier serait large de 104 mètres.

Bien entendu, tout le travail des tresses serait fait à la main et sur place, par les ouvriers commodément installés au-dessous. Lorsque la dernière section serait terminée, on enlèverait la tresse de fondation, les piles et les échafaudages, et le pont resterait majestueusement suspendu sur le détroit.

Ce projet n'ayant pas obtenu l'approbation des ingénieurs de l'État, M. Boutet en proposa un second, basé sur le même principe, mais offrant de plus grandes facilités d'exécution.

D'après ce second plan, le pont, au lieu d'être d'une seule portée, serait formé de neuf travées, d'un peu plus de 3 kilomètres chacune. D'ailleurs, il serait construit et les piles seraient posées absolument de la même façon que dans le projet précédent, avec cette différence que les piles seraient fixes, au lieu d'être provisoires, et reposeraient, par conséquent, sur le fond même de la mer, ce qui rendrait inutile la tresse de fondation.

Fig. 142. — LE VILLAGE DE SANGATTE PRÈS DE CALAIS, POINT D'ARRIVÉE DU TUNNEL ANGLO-FRANÇAIS SUR LA COTE FRANÇAISE

A cette objection, bien naturelle, qu'un tel ouvrage ne présenterait pas les garanties de solidité et de sécurité suffisantes, et qu'il y aurait à craindre des affaissements, M. Boutet répondait que les dimensions gigantesques de l'édifice ne devaient laisser concevoir aucune appréhension, quant à sa solidité ; qu'il avait, d'ailleurs, prévu un affaissement se produisant indépendamment de toute influence extérieure ; mais que, d'après ses expériences, cet affaissement ne devrait pas dépasser 11^m,50 par travée. Après cette flexion, le pont resterait, disait-il, ferme comme un roc.

Voici de quelle manière M. Boutet entendait distribuer l'espace de 104 mètres représentant la largeur du pont projeté :

Au centre, serait une plate-forme de 4 mètres ; de chaque côté de cette plate-forme, une voie ferrée de 30 mètres, immédiatement suivie d'une route carrossable de 12 mètres, avec un trottoir de 4 mètres. Les 8 mètres restants seraient occupés par les parapets, les garde-fous et les becs de gaz.

D'après les évaluations de M. Boutet, le premier projet aurait nécessité une dépense de 400 millions. Le second aurait entraîné une dépense de 150 millions seulement.

Ce qui fit repousser la conception de M. Boutet, ce fut d'abord le chiffre de la dépense, ensuite les craintes que l'on devait naturellement concevoir pour un système de pont tout nouveau, dont l'expérience n'avait pas sanctionné la valeur. Un dernier argument, et le plus sérieux, c'était la perspective des obstacles qu'aurait fait naître cette construction pour la navigation, déjà si difficile, du pas de Calais. Ce pont barrait la mer. Aux nombreux écueils que la nature a disséminés dans ces parages maritimes, on en aurait ajouté un autre, de propos délibéré.

L'idée de rétablir l'isthme qui, pendant les temps géologiques, rattachait la France à l'Angleterre, a été l'objet de bien des études et des projets. Nous avons vu qu'au début de ses travaux, Thomé de Gamond avait étudié cette solution du problème. Depuis, la même idée a été souvent renouvelée. Nous citerons seulement, parce qu'elle reposait sur un fait assez nouveau de l'art des constructions, le procédé qui fut proposé en 1878, par un ingénieur français, M. Burel.

Le plan proposé par M. Burel réunissait tout à la fois les avantages du pont et ceux de la galerie souterraine, en créant sur sol ferme une voie à ciel ouvert.

L'idée de ce plan a pour origine l'endiguement de la basse Seine, de Rouen à Quillebœuf.

En 1847, on voulut rétrécir le lit de ce fleuve, afin de donner au courant une force suffisante pour chasser les sables qu'à chaque marée, le flot amoncèle à l'embouchure, entre Caudebec, Quillebœuf et la pointe du Hoc. Pour cela, M. le Mire, ingénieur, chargé de cet important travail, fit jeter de chaque côté du fleuve et à une certaine distance des rives, des amas de pierres, formant des lignes de monticules allongés, sans solution de continuité.

A chaque marée montante, le flot recouvrait ces digues; mais, en se retirant, les eaux de la mer laissaient se déposer derrière elles une partie des sables et des matières terreuses qu'elles tenaient en suspension; puis, elles s'écoulaient par les interstices des amas de pierres, qui servaient, en quelque sorte, de filtre. Après quelques années, le sol compris entre la ligne de pierre et les anciennes rives, s'était élevé insensiblement; si bien qu'aujourd'hui des prairies se sont formées là où, autrefois, roulaient les flots limoneux de la Seine, dont le lit ou chenal s'est rétréci, approfondi et régularisé. Actuellement, les navires d'un tonnage assez fort peuvent, sans aucun danger, remonter jusqu'à Rouen.

Ces rangées de pierres, jetées sur une ligne déterminée d'avance, s'appellent *digues à pierres perdues*, ou *digues submersibles;* et c'est sur ce genre de digues que M. Burel faisait reposer son système de formation de l'isthme du pas de Calais.

Ces *digues submersibles* seraient constituées à une certaine distance de chaque rivage. A mesure que la mer aurait opéré elle-même le remblai, c'est-à-dire comblé son lit entre le rivage et la première digue, par des dépôts de sables, de limons et de galets, une seconde rangée de pierres perdues serait jetée en mer, et serait également remblayée par l'action du flot. Les digues s'avanceraient ainsi progressivement, jusqu'à ce que le sol ferme reconstitué vînt se souder d'une part au banc de Varne, de l'autre à celui de Colbart.

La profondeur de l'eau n'est pas un obstacle à l'établissement de ces digues : la célèbre digue à pierres perdues qui forme la rade de Cherbourg, est longue de 3,600 mètres, et sa base repose à 34 mètres au-dessous de la surface des marées basses.

Entre les deux bancs formant la tête des enrochements, on aurait laissé une ouverture d'un kilomètre de large, pour le passage des bâtiments. Le détroit, ainsi réduit au trentième de sa largeur actuelle, se serait trouvé transformé en un canal au courant alternativement dirigé du sud-ouest au nordest ou du nord-est au sud-ouest, suivant les mouvements de la marée.

Ce canal aurait été franchi par d'énormes bacs à vapeur, qui auraient reçu sans transbordement, et sans en rompre charge, les trains de la voie ferrée.

La reconstitution de l'isthme permettrait de reconquérir aux dépens de la mer un sol ferme, au-dessus duquel serait établie une voie ferrée ordinaire.

Selon son auteur, ce grand travail exigerait deux cents millions de mètres cubes de pierres — un bloc qui aurait 1,000 mètres de long sur autant de large, et deux fois à peu près la hauteur du dôme des Invalides. — Ces pierres, empruntées aux falaises crayeuses et de facile exploitation, qui forment les côtes de France et d'Angleterre, amenées sur chemins de fer au point voulu, reviendraient à 0 fr. 80 c. le mètre cube, soit, pour la construction des digues, une somme de cent soixante millions de francs, à laquelle s'ajouteraient soixante-huit millions pour l'établissement de la voie ferrée et dix millions pour les quatre bacs à vapeur destinés au passage des trains.

En totalité, la voie, sur un sol ferme et à ciel ouvert, aurait coûté, selon l'auteur, deux cent trente-huit millions.

Tel était le projet de M. Burel pour la suppression du pas de Calais. Il reproduisait, sur des proportions gigantesques, les travaux du même genre entrepris et menés à bonne fin à l'embouchure de la Clyde, en Écosse, de la Seine en France, ceux de l'immense jetée de Folkestone et de la digue de Cherbourg.

Ces énormes *bacs à vapeur* que M. Burel était forcé d'établir, pour ne pas barrer absolument le cours des vagues autour de son isthme factice, un autre ingénieur proposa, en 1873, de les appliquer à la traversée du détroit tout entier, sans recourir ni à un tunnel, ni à un isthme artificiel.

L'ingénieur qui a émis l'idée de ces *bacs à vapeur* est, d'ailleurs, un savant éminent : c'est M. Dupuy de Lôme, le créateur de la marine cuirassée en France.

M. Dupuy de Lôme a résolu le problème d'embarquer un train entier de chemin de fer en dix minutes, sans qu'aucun des wagons où sont disposées à loisir les marchandises, ait besoin d'être ouvert.

Le même système, appliqué aux voitures à voyageurs, éviterait les ennuis et les fatigues du transbordement, qui s'accomplit si péniblement par les mois d'hiver.

Sur la côte d'Angleterre, à Douvres, il y a une rade profonde et bien abritée, où des travaux, qu'il serait facile d'exécuter, permettraient l'embarquement et le débarquement des trains. Sur la côte de France, à

Calais, il faudrait créer une gare maritime, pour parer à la faible profondeur de la mer, et assurer le service à toute heure de marée.

Nous décrirons plus loin cette gare maritime. Nous donnerons, auparavant, une idée des *navires porte-trains* de M. Dupuy de Lôme, qu'elle était appelée à recevoir.

Ces navires, à roues et à pales articulées, mus par une machine de la force de 800 chevaux-vapeur, auraient 135 mètres de longueur, 11ᵐ,20 de largeur et un tirant d'eau de 3ᵐ,50. Ils devraient réaliser, en calme, une vitesse de 18 milles nautiques, et faire la traversée en une heure dix minutes, par un beau temps. et en une heure et demie, dans les circonstances les plus défavorables. Ils auraient reçu, par une porte pratiquée à l'arrière, un train formé de 17 à 20 wagons, selon sa composition en voitures de voyageurs ou en wagons de marchandises. Ce train, abrité dans un vaste entre-pont et entouré de salons, buffets, waters-closets, etc., aurait été rapidement fixé sur les rails, et le navire aurait fait aussitôt sa route.

Mais, dira-t-on, comment se comporterait, dans une mer souvent houleuse, un navire chargé, au-dessus de son plan de flottaison, d'un poids aussi considérable ? N'aurait-on pas à craindre des roulis désordonnés, etc. ?

La disposition des poids dans le *navire porte-train*, n'est pas une nouveauté. Dans les navires cuirassés, mâtés et chargés d'une pesante artillerie, l'élévation des poids est bien autre chose, et pourtant on sait que les frégates cuirassées *le Magenta, le Montebello*, et tant d'autres, se sont montrées, au point de vue des roulis et tangages, de parfaits navires de mer.

On peut donc être sûr que l'illustre ingénieur à qui notre marine a dû tant de constructions si justement estimées, avait choisi pour ses *navires porte-trains* les dimensions les plus propres à leur assurer la tranquillité désirable.

Avec deux navires en service et un troisième en réserve, on aurait pu, selon M. Dupuy de Lôme, faire, par jour, seize traversées simples. On aurait échangé 288 voitures ou wagons de marchandises, soit 2,500 voyageurs et plus de 2,000 tonneaux de marchandises (dans l'hypothèse, bien entendu, où toutes les places et tous les espaces seraient constamment utilisés).

Arrivons à la description de la gare maritime de Calais, que proposait M. Dupuy de Lôme.

C'était un îlot situé à 1,500 mètres des jetées, assez loin pour que les courants y entretiennent une profondeur d'eau convenable. L'îlot devait être formé de deux arcs de cercle accolés par leur corde commune, dont la longueur est de 900 mètres ; cette corde étant dirigée de l'est à l'ouest et par conséquent, à peu près parallèle au rivage. L'îlot, semblable à un grand navire échoué, présentait donc ses deux pointes aux grands courants et les divisait facilement.

Le côté du large était défendu par une jetée en maçonnerie, très solide.

Du côté de la terre, une jetée moins forte protégerait contre le ressac le bassin intérieur. C'est dans cette seconde jetée, et vers son extrémité ouest, que s'ouvrait l'entrée, large de 80 mètres. La surface intérieure du bassin était de 18 hectares ; sa profondeur, par les plus basses marées, était de 5 mètres.

La jetée extérieure (ou du large) aurait servi à la fois à la défense du

FIG. 143. — CONSTRUCTION D'UN *navire porte-train*.

bassin et à la circulation des trains qui devaient y arriver, par l'extrémité est, sur un pont métallique.

Le train parcourait la jetée jusqu'à son extrémité ouest, puis s'aiguillait sur une rampe intérieure de 9 millimètres de pente, aboutissant successivement à trois embarcadères situés à des hauteurs différentes, appropriés aux diverses hauteurs de marée et auxquels les *navires porte-trains* viennent présenter leur arrière.

Avec ces trois embarcadères, chacun n'aurait plus qu'à racheter le tiers de la dénivellation maxima, qui est de 7ᵐ,29, soit 2ᵐ,43. La hauteur de chaque embarcadère est réglée de telle sorte que, pour la période de la marée qu'il dessert, le pont du navire se présentera tantôt au-dessous, tantôt au niveau, tantôt au-dessus de la charnière du pont-levis de 30 mètres de longueur, qui sert à passer du quai dans le navire.

On n'aurait donc jamais eu sur ce pont-levis une pente supérieure à 4 centimètres par mètre. La locomotive n'aurait pas quitté le quai, et elle aurait tiré ou poussé le train par l'intermédiaire de quatre wagons vides formant, entre le train et elle, une sorte de chaîne entre-croisée, maniable et d'un faible poids.

A Douvres, un système analogue, mais plus simple, aurait servi à faire la même opération.

Tel est le plan du *navire porte-trains*, conçu en 1873, par M. Dupuy de Lôme, et auquel notre célèbre ingénieur de marine est loin d'avoir renoncé.

On trouvera d'autres détails sur le même sujet dans notre *Année scientifique* (17° année, 1873), pages 315-319.

V

Reprise du projet du tunnel sous-marin. — Études préliminaires de MM. Hawkshaw et Brassey. — Exposé général du projet.

Pendant qu'on s'occupait de ces études, le tunnel du mont Cenis, le plus long qu'on eût encore entrepris, était ouvert, et la réussite de ce grand ouvrage encourageait à attaquer celui du Saint-Gothard, dont la longueur est de près de 15 kilomètres. Pour la première fois, on était parvenu à remplacer la main-d'œuvre des mineurs par le travail des machines, et leur perfectionnement, ainsi que celui des matières explosives, permettait d'obtenir, au mont Saint-Gothard, une vitesse d'avancement double de celle qu'on avait eue au mont Cenis. On pouvait donc, avec confiance, penser à entreprendre des tunnels plus longs encore, et on revint à l'espoir d'ouvrir un passage sous la mer entre l'Angleterre et la France, passage auquel l'activité, toujours croissante, des relations commerciales et le nombre considérable des voyageurs, donnaient un certain degré d'urgence.

L'idée à laquelle Thomé de Gamond avait consacré, pendant trente-cinq ans, son temps et sa fortune, était donc reprise, et allait être amenée à un résultat pratique.

L'auteur de ce nouveau projet était un ingénieur anglais, Sir John Hawkshaw, qui s'adjoignit bientôt un autre ingénieur de sa nation, M. Brassey.

Voici comment sir John Hawkshaw fut amené à reprendre le projet de Thomé de Gamond.

Malgré tous ses efforts, Thomé de Gamond n'avait pu étendre ses explorations assez loin pour reconnaître qu'en remontant vers le Nord-Est, le sous-sol du pas de Calais offre des conditions différentes pour le forage. Là, en effet, il existe de la craie, très facile à attaquer par les outils perceurs. Éclairé par les travaux géologiques d'Élie de Beaumont concernant le banc de craie existant dans une grande partie du détroit, sir John Hawkshaw, en 1865, avait choisi ce banc calcaire pour recevoir le futur tunnel.

Afin de s'assurer de l'existence de la craie sur toute l'étendue du tracé qu'il voulait adopter, sir John Hawkshaw fit sonder le détroit le long de ce parcours, par M. Henri Brunel, petit-fils du célèbre Ysambard Brunel, qui construisit le tunnel sur la Tamise.

M. Henri Brunel trouva partout la craie. En suivant ce tracé, on pouvait donc creuser le tunnel d'un bout à l'autre, dans un banc de craie très épais, compact et homogène.

Pour mieux connaître la composition du sous-sol, on creusa, sur le bord de la rive anglaise, un puits, de 106 mètres de profondeur. Après avoir traversé la craie blanche supérieure, souvent fissurée, on ne rencontra, à 70 ou 75 mètres de profondeur sous l'eau, qu'un banc de craie marneuse, moins fissurée. C'est au milieu de ce banc que sir John Hawkshaw résolut de creuser son tunnel.

Le banc de craie à travers lequel M. Hawkshaw se proposait de suivre le tunnel, a, sur la côte d'Angleterre, plus de 140 mètres d'épaisseur, et sur celle de France une épaisseur un peu moindre.

L'inclinaison des couches permet de penser que les bancs observés sur les deux rives ne sont que le prolongement l'un de l'autre, et que la même masse compacte et homogène de craie s'étend au fond de la mer, sur toute la largeur du détroit.

Quant à la profondeur de l'eau dans ces parages, on était édifié par les sondages entrepris dans le détroit par l'amiral français, Beautemps-Beaupré, plusieurs années auparavant, sur l'ordre du ministre de la marine. Suivant la direction rectiligne qu'aurait le tunnel, la mer, dans le pas de Calais, ne va nulle part au delà de 54 mètres de profondeur. Si l'on se représente l'église Notre-Dame de Paris plongée dans le détroit du pas de Calais, au point de sa plus grande profondeur, les tours sortiraient de l'eau d'environ 12 mètres. Si donc le tunnel était creusé à 100 mètres de profondeur, il aurait pour résister à la pression de la mer, un massif calcaire de 46 mètres, c'est-à-dire de plus du double de la taille des plus hautes maisons de Paris ; et s'il était convenablement revêtu de maçonnerie, il offrirait autant de sécurité que le plus solide souterrain de chemin de fer.

Nous ferons remarquer à ce propos que la possibilité de pénétrer sous la mer, sans être exposé à l'invasion des flots, est démontrée par bien des ouvrages sous-marins. Citons, par exemple, les galeries sous-marines des mines de plomb et de cuivre qui existent dans le comté de Cornouailles. celles de White-Haven et d'autres points de la côte du Cumberland, où l'on exploite de puissantes couches de charbon, avec la mer couvrant le terrain des galeries de mines.

A Botallach, les mineurs vont chercher le métal sous la mer, à 640 mètres de la côte. Ils vont encore plus loin à la mine du Levant.

A White-Haven, diverses galeries s'étendent à près de 5 kilomètres en ligne droite de la plage. Si l'on y ajoute les nombreuses traverses qui les relient entre elles, c'est un développement de cinquante ou soixante lieues de voies creusées sous l'Océan, à des profondeurs qui varient de 70 à 220 mètres. Or, jamais l'eau de mer n'a pénétré dans ces galeries. La confiance qu'ont les mineurs dans l'imperméabilité du terrain est telle, qu'ils prévoient une époque, naturellement fort éloignée, où, à force d'aller en avant sous le lit de la mer, pour l'extraire du charbon, ils finiront par atteindre la côte d'Irlande, distante de plus de 25 lieues.

Dans un *Traité sur les mines et leur exploitation*, publié en 1778, Pryce, ingénieur anglais, va jusqu'à signaler les mines creusées sous la mer comme étant moins exposées que les autres à l'invasion des eaux souterraines. Il en cite l'exemple suivant.

La mine de Huel-Cock, dans la paroisse de Saint-Just, s'étend sous la mer, à près de 150 mètres de distance, et dans quelques points il n'y a pas plus de 5 mètres d'épaisseur de roche entre le fond de l'Océan et les galeries où travaillent les mineurs ; si bien que l'on entend distinctement le bruit des vagues qui, venant du large de l'océan Atlantique, se brisent sur le rivage. On entend aussi le roulement, pareil au bruit du tonnerre, des galets au fond de la mer : ce qui frappe d'étonnement et presque de terreur les curieux qui éprouvent cette sensation pour la première fois.

Des filons plus riches que les autres ont été exploités, très imprudemment sans doute, mais positivement exploités, à $1^m,20$ seulement au-dessous du fond de la mer. Il arrivait que, par des temps d'orage, le bruit occasionné par les flots et les galets était épouvantable, et que les ouvriers abandonnaient leurs travaux, plutôt par la terreur que leur inspirait la tempête, que par la crainte de voir la mer tomber sur eux et les engloutir. N'ayant qu'une aussi faible épaisseur de rocher entre eux et la mer en fureur, ils eurent, quelquefois, à arrêter des infiltrations d'eau salée qui passait à travers les fentes de la pierre ; ils y parvinrent en les calfatant avec des étoupes et du ciment, comme on fait pour boucher les jours d'un navire. Dans la mine de plomb de Perran-Zabuloc, qui s'exploitait sous la mer, on employait le même procédé pour parer aux infiltrations de l'eau marine.

Pour expliquer le peu d'humidité des galeries de mines creusées sous la mer, on suppose que le fond est couvert d'une substance gélatineuse, imperméable. Le fait est que toute pierre, tout rocher immobile au fond de la mer, se couvre d'une couche de végétation et de coquillages, qui forme un véritable enduit, de nature à empêcher les infiltrations, en remplissant les petites fissures du sol.

Sir John Hawkshaw, avons-nous dit, a choisi, pour la direction du tunnel, la couche de craie blanche inférieure, très peu résistante aux outils perforateurs, et à peu près imperméable à l'eau. D'après le tracé qu'il avait déterminé, le tunnel partant de la côte anglaise, près de la baie de Sainte-Marguerite, aboutit à la côte française, entre Sangatte et Calais. Le tunnel, tracé en ligne directe, présente, dans sa partie sous-marine, une longueur de 28 kilomètres. La plus grande profondeur des eaux sera de 54 mètres ; d'où il résulte qu'en conservant au-dessus de la voûte une épaisseur largement suffisante pour éviter les effondrements, on n'aura jamais besoin de descendre à plus de 127 mètres au-dessous du niveau de la mer ; ce qui permettra l'emploi, pour la voie projetée, de pentes acceptables.

Les couches qui constituent le sous-sol et les rives du fond de la mer, appartiennent au terrain secondaire. Elles sont composées, d'abord, d'un banc épais de craie blanche, peu perméable dans sa partie inférieure, qui surmonte la couche dite craie grise. Celle-ci, généralement moins fissurée et plus étanche que l'autre, est surtout parfaitement propre à recevoir le souterrain.

Ainsi, par un heureux concours de circonstances, on rencontrera, dans la direction adoptée, une profondeur de mer très faible, avec un terrain assez tendre pour être facilement attaqué, et cependant assez consistant pour abriter les ouvrages. Les rives elles-mêmes sont assez basses pour que le raccordement des voies terrestres avec la partie sous-marine n'exige pas de trop nombreuses pentes d'accès.

Un seul point laisse quelques doutes. La couche de craie dans laquelle on devra cheminer, est-elle partout homogène ? Ne présente-t-elle pas des érosions profondes, provenant du violent passage des mers, lors de la rupture des anciens équilibres ? N'est-elle pas craquelée par des fissures provenant des soulèvements voisins, et que le défaut de plasticité de la craie aurait empêchées de se refermer complètement ? Enfin, ne rencontrera-t-on pas, au milieu de cette couche, en apparence si régulière, quelques sommets de montagnes, antérieures à la craie et noyées dans sa masse ?

A ces importantes questions, la géologie seule doit répondre. Malheureusement, elle ne pourrait le faire d'une manière absolue.

L'étude attentive du sol sur les deux rives de la Manche, entreprise, de 1875 à 1880, par l'*Association française*, les sondages qui ont permis de constater la régularité d'allure du banc de craie, les mesures exactement prises de la plongée des couches, par suite des soulèvements voisins, ont fourni de précieux renseignements, qui, discutés avec sagacité, donnent des probabilités, mais rien de plus. C'est là un *alea* avec lequel il faut compter.

En se plaçant, néanmoins, dans l'hypothèse de la continuité du banc de craie blanche et grise, sir John Hawkshaw constitua son projet de la manière suivante :

Au centre, et sur 26 kilomètres, le tunnel présenterait une partie légèrement arquée, ayant son point culminant vers le milieu du détroit, à 100 mètres en contre-bas du niveau de la mer, et descendant vers les rives, par des pentes inclinées à 3 millimètres 8 dixièmes par mètre.

Des deux extrémités de la partie centrale on regagnera les rives anglaise et française par deux rampes de 11 kilomètres de longueur, ayant respectivement 12 millimètres et demi et 13 millimètres et demi d'inclinaison par mètre.

Émergé du sol, le chemin sous-marin se raccordera, sur la côte anglaise, avec les chemins du *South-Eastern* et de *Chatam and Dower*, et sur la côte française, avec les rails du chemin de fer du Nord.

Enfin, en prolongement de la partie centrale, par deux galeries à petite section, ayant chacune 4 kilomètres 50 de longueur, on conduira les eaux d'infiltration à des puisards établis sur les rives. Là, de fortes machines à vapeur les prendront, pour les remonter au jour.

Quant à la dépense, tout calcul fait, il ne faudrait pas plus de 20 millions de francs pour creuser une galerie provisoire ayant $2^m,10$ de diamètre. Une fois cette galerie ouverte, le succès de l'entreprise serait assuré ; il n'y aurait plus qu'à élargir ce boyau provisoire, et à lui donner les dimensions du tunnel définitif.

Quatre ans de travail suffiraient pour obtenir le souterrain à grande section, et la dépense totale serait de 100 millions de francs, en y comprenant la construction des rampes d'accès pour raccorder le tunnel sous-marin aux chemins anglais près de Douvres, et aux chemins français près de Calais.

Le point culminant du tunnel de sir John Hawkshaw se trouverait à peu près au milieu de son parcours ; il est à 130 mètres au-dessous du niveau de la pleine mer. De ce point, il conserve une pente de 37 centimètres par kilomètre vers chacune des deux rives, où se trouveront les pompes d'épuisement ; et il rejoint la rampe venant de Douvres, à une distance de 12 kilomètres et demi, et celle venant de Calais à 14 kilomètres. Ces deux rampes, qui ont une pente uniforme de 12 millimètres et demi par mètre, ont, respectivement, pour longueur, 10 kilomètres et demi et 10 kilomètres.

Le tunnel étant achevé, huit heures suffiraient pour effectuer le voyage de Paris à Londres.

VI

Constitution des Associations anglaise et française pour l'exécution du tunnel. — La Compagnie française entreprend des sondages. — Leurs résultats pour la connaissance du sol profond du pas de Calais. — Forage de deux puits sur la côte de France (1).

Encouragé par le résultat des sondages qu'il avait fait exécuter par M. Henri Brunel, et qui avaient rencontré la craie sur tout le parcours du tracé projeté; confirmé, d'ailleurs, dans l'idée de l'existence de la même couche sur la rive anglaise, par la nature des terrains qu'avait traversés le puits d'essai, sir John Hawkshaw s'était associé, en 1866, avec MM. Brassey et Manby, pour poursuivre ces mêmes études.

M. Hawkshaw fit percer deux trous de sonde, l'un sur la côte anglaise, à Sainte-Marguerite, et l'autre sur la côte française, près de Calais, au lieu dit *la Ferme Mouron*. Le premier puits atteignit l'*argile du gault* à 167 mètres de profondeur, l'autre fut arrêté à 139 mètres par un accident.

A la suite de l'Exposition internationale de Paris, en 1867, M. Hawkshaw parvint à constituer une *Association* anglo-française, présidée, pour l'Angleterre, par lord Richard Grosvenor, et, pour la France, par Michel Chevalier, pour étudier les moyens d'exécution d'un tunnel et d'un chemin de fer sous-marin, reliant les routes ferrées des deux pays.

En 1868, cette *Association* adressa au gouvernement français la demande: « d'établir sous le fond de la mer, entre la côte Sainte-Marguerite, en Angleterre, et un point de la côte française, à l'Ouest de Calais, un tunnel pour deux voies, creusé à peu près en ligne droite, dont la longueur d'une rive à l'autre serait d'environ 34 kilomètres, et dont les rampes d'accès, sur chaque rive, auraient une pente limitée à 12 ou 13 millièmes. »

Le coût probable était estimé à 250 millions. Le comité demandait une subvention de 25 millions.

Le gouvernement impérial fit procéder à des enquêtes, par divers départements politiques, surtout celui des affaires étrangères. Il voulut connaître l'avis des ports de mer intéressés, ainsi que de quelques chambres de com-

(1) Nous empruntons les détails qui suivent à une notice publiée par M. D. Colladon, en juillet 1883, dans les *Mémoires de la Société des ingénieurs civils de Paris* (page 74).

merce, et provoquer enfin une enquête sur les conditions géologiques du détroit et les probabilités du succès de l'entreprise.

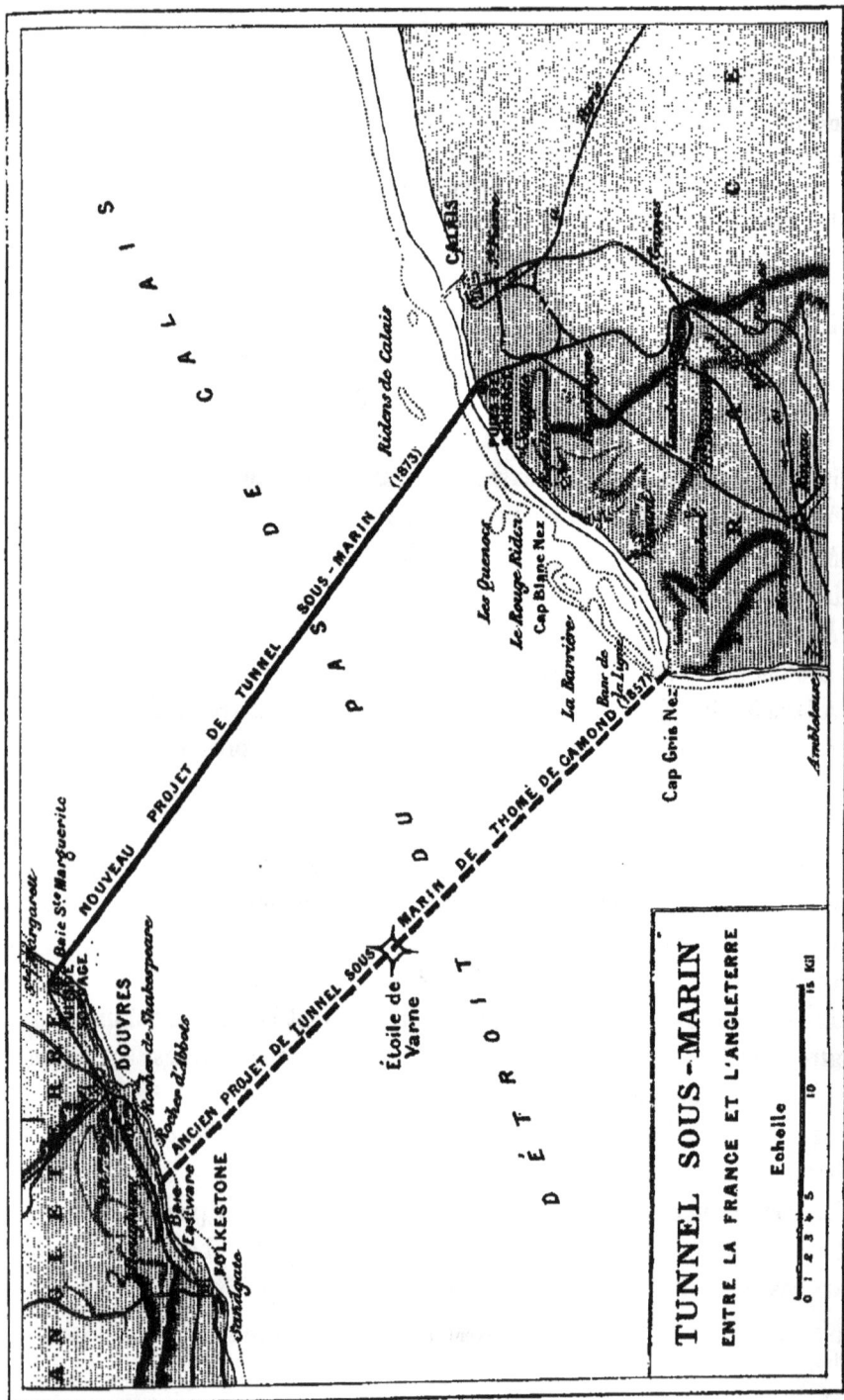

Fig. 144.

Les événements de la guerre de 1870 firent suspendre ces projets et ces tractations; on les reprit en 1873.

Le 26 décembre 1874, l'ambassadeur anglais à Paris, déclarait au ministre des affaires étrangères de France : *que le gouvernement anglais adhérait en principe à l'établissement d'un tunnel sous-marin, sauf quelques points réservés.*

L'*Association française*, qui s'était formée parallèlement à l'*Association anglaise*, était dirigée par MM. de Rotschild et par l'administration du chemin de fer du Nord. Son but était d'exécuter, comme travaux préliminaires, des puits et des galeries provisoires s'avançant sous la mer, ainsi que de nouveaux sondages dans le détroit, et d'établir les moteurs et engins pouvant servir, après les études, au percement définitif.

Cette *Association* nomma un *comité permanent*, composé de 19 membres: MM. Alfred André, C. Bergeron, Isaac Bonna, Michel Chevalier, P. Christofle, E. Caillaux, Daniel Colladon, C.-A. Demachy, Fernand-Raoul Duval, Hély d'Oissel, A. Jouet-Pastré, F. Kuhlmann, Alexandre Lavalley, P. Le Roy-Beaulieu, Léon Say, Henry Sieber, G. de Soubeyran, F. Vernes et comte Pillet. Michel Chevalier était président de ce *comité permanent*.

On choisit dans son sein un *sous-comité directeur*, composé de MM. Michel Chevalier, F.-Raoul Duval, A. Lavalley et Léon Say, auxquels fut adjoint, en 1877, M. E. Caillaux.

Après la mort de Michel Chevalier, M. Léon Say lui succéda à la présidence.

Au mois de janvier 1875, le *sous-comité directeur* déposa une demande, en vue d'obtenir du gouvernement français :

1° L'autorisation de faire des recherches, pour étudier la possibilité d'un tunnel sous-marin, entre l'Angleterre et la France ;

2° La concession d'un chemin de fer qui, partant d'un point entre Boulogne et Calais, pénétrerait sous la mer, dans la direction de l'Angleterre ;

3° En cas de réussite des travaux de recherches, l'autorisation de constituer une Société définitive pour l'exécution et l'exploitation commerciale du tunnel et de ses lignes de jonction avec le chemin de fer du Nord, d'une part, et d'autre part, avec les lignes ferrées anglaises exploitées par la Compagnie du *South-Eastern* et celle du *London Chatham and Dover railway.*

Un projet de loi présenté à l'Assemblée nationale, le 18 janvier 1875, par M. le maréchal de Mac-Mahon, président de la République française, et par M. E. Caillaux, ministre des travaux publics, fut adopté par cette assemblée, le 2 août 1875.

L'acte de concession comprend 7 articles :

« 1° La concession définitive, mais sans subvention ni garantie d'intérêt de la part de l'État; les concessionnaires devant conclure une entente avec une société anglaise, autorisée à entreprendre un chemin de fer sous-marin partant du littoral anglais et dirigé vers la France, et traiter avec ladite Société, dans le but d'exécuter et d'exploiter, d'un commun accord, l'ensemble du chemin de fer international;

« 2° L'obligation, pour les concessionnaires, d'exécuter des travaux préparatoires, puits, sondages, etc., jusqu'à concurrence d'une dépense de deux millions au moins;

« 3° Les souterrains auront au moins 8 mètres de largeur entre les pieds-droits au niveau des rails, et 6 mètres de hauteur, au-dessus des rails;

« 4° Les concessionnaires doivent déclarer, avant le terme de 8 ans, s'ils veulent persister ou renoncer à la concession accordée;

« 5° Si la Compagnie persiste, on lui accordera 20 ans pour achever les travaux;

« 6° La durée de la concession sera de 99 ans, à partir de la mise en exploitation. Pendant 30 ans, le gouvernement français n'autorisera aucun autre tunnel sous-marin sur les côtes du détroit;

« 7° Les concessionnaires pourront renoncer à toute époque en cas d'impossibilité d'exécution bien constatée;

« 8° En cas de guerre imminente, l'exploitation du chemin de fer pourra être suspendue; mais la durée de la concession et le délai de 30 ans seront prorogés d'un temps égal à la durée de suspension d'exploitation;

» 9° A toute époque, après quinze ans d'exploitation, le gouvernement pourra racheter la partie française de l'entreprise, d'après les produits des cinq meilleurs rendements nets, des sept dernières années, en payant une annuité égale à la moyenne de ces cinq années, jusqu'à la fin de la concession. »

L'observation des falaises sur l'une et l'autre rive, les premiers sondages exécutés par M. Henri Brunel, les puits forés par l'ancienne Compagnie Hawkshaw, à Saint-Marguerite et à la Ferme-Mouron, avaient déjà fait connaître d'une manière générale approximative, l'épaisseur et la direction des couches qui composent les abords et le fond du détroit. Ces couches ont une allure uniforme, qui se reproduit presque identiquement sur chacune des deux rives, et les assises correspondantes contiennent les mêmes fossiles. Elles s'abaissent à mesure qu'elles avancent vers le Nord-Est. Cette inclinaison moyenne d'un peu plus d'un centième, est sensiblement la même sur les deux côtes, où l'on voit ces couches successives s'incliner parallèlement, et disparaître l'une après l'autre sous le niveau de la mer, à mesure qu'on avance vers le Nord-Est, depuis Folkestone jusqu'à Deal, du côté de l'Angleterre, et de Wissant à Sangatte, sur la rive française.

Les couches inférieures qui plongent les premières près de Folkestone et Wisant, sont formées *d'argile noire et de sables verts*. Au-dessus de ces couches inférieures, on trouve une assise, de plusieurs mètres d'épaisseur, composée d'argile glauconienne compacte, dite *argile du gault*, surmontée d'une couche *de craie chloritée*, plus mince, contenant des nodules de phosphates et des points verdâtres. L'aspect de cette couche est très reconnaissable; aussi a-t-elle servi habituellement de repère principal pendant les sondages sous-marins et le percement des puits.

Au-dessus de cette craie chloritée, on trouve une puissante assise de *craie grise*, dont l'épaisseur est comprise entre 30 et 40 mètres, dans le voisinage de Sangatte. du côté de la France et de celui de Douvres sur la rive anglaise.

La craie qui forme cette assise, renferme une quantité d'argile variant de 15 à 35 pour 100, qui lui donne sa couleur gris bleuâtre ; d'où son nom de *craie grise* (grey chalk); on la désigne aussi en France sous le nom de *craie de Rouen*. Cette craie grise est à peu près imperméable à l'eau. Elle est assez résistante à la rupture et à l'écrasement ; mais elle peut se couper au couteau. Elle contient quelques rares rognons de pyrites, mais pas de rognons de silex. Elle est très peu fendillée, et bien rarement mélangée de très minces couches de sables.

Au-dessus de cette craie grise et en contact immédiat avec elle, on trouve une assise de craie blanchâtre, dont l'épaisseur, assez considérable, se voit sur la côte anglaise près de Douvres, où elle forme ces vastes escarpements qui, en raison de leur couleur, ont fait donner à l'Angleterre le nom d'*Albion* (du mot latin *alba*, blanche). Les mêmes assises existent, avec une hauteur moindre, sur la côte française; d'où le nom des caps *Blanc-Nez*, *Gris-Nez*, situés à quelques kilomètres à l'ouest de Sangatte. Cette craie blanche se retrouve dans toute la largeur du détroit; elle plonge dans la direction du Nord-Est, comme les couches précédentes.

Cette puissante assise n'est pas homogène dans toute sa hauteur; les parties inférieures dures et noduleuses, ne contiennent pas de silex, mais quelques lits argileux, et quelques fissures aquifères. Au-dessus, le nombre des fissures augmente ; on rencontre des couches minces de sables et de graviers des lits de rognons siliceux ; enfin la partie supérieure est formée par un lit de craie blanche, peu résistante, contenant encore des silex et surtout de très nombreuses fissures et veines d'eau. Les principales particularités de cette composition du sous-sol du pas de Calais, se trouvent retracées sur les figures 145 et 147, qui en donnent la coupe géologique sommaire.

Si la mer était à sec dans le détroit, on verrait, entre la côte anglaise et la côte française, ces différentes couches venir affleurer successivement, en bandes transversales à peu près parallèles, sur le fond presque horizontal de la mer. Si elles se montraient d'une manière continue et sans brusques déviations dans toute la largeur du détroit, on serait en droit de conclure que leurs assises n'ont pas été disloquées par des failles, ou par de puissants soulèvements.

C'était là une des questions les plus essentielles et les plus urgentes à éclaircir. Aussi l'éminent ingénieur Alexandre Lavalley, membre du comité directeur, s'empressa-t-il, dès le mois de juillet 1875, de préparer des études de sondage dans le fond du détroit. Dans ce but, il appela à son aide une commission, composée de MM. Potier et de Lapparent, ingénieurs des mines, attachés à la carte géologique de France, et d'un habile ingénieur hydrographe. M. Larousse. Cette commission, activement secondée par MM. Lavalley et F. Raoul Duval, fréta, à la fin de juillet 1875, un petit bateau à vapeur, pour des sondages en mer. M. Larousse s'était occupé préalablement de noter sur chaque rive des points de repères élevés, pouvant servir à déterminer, depuis le bateau à vapeur, la position géographique de chacun des points de la surface de la mer, où le navire se serait arrêté pendant chaque sondage [1].

Sir John Hawkshaw prêta à la commission un des outils dont lui et M. Henri Brunel s'étaient servis pour leurs premières recherches au fond de la mer. Cet outil, que nous représentons ici (fig. 146), se compose d'une espèce de cône allongé, en plomb,

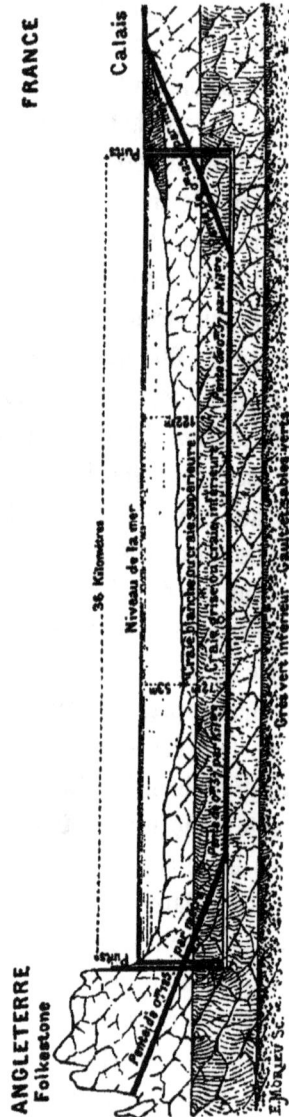

FIG. 145. — COUPE GÉOLOGIQUE DU PAS DE CALAIS

---

1. M. Larousse fixe le degré d'approximation à 8 ou 10 mètres.
On trouve dans les *Mémoires de la Société des Ingénieurs civils*, séance du 19 novembre 1875, une communication du plus haut intérêt, faite par M. Al. Lavalley, sur ces premières opérations. (Voir aussi le numéro de juin 1877, page 362.)

pesant 40 à 50 kilogrammes, traversé, dans le sens de sa longueur, par une tige en fer. Cette tige porte, à sa partie supérieure, un anneau, A, pour attacher la corde de sonde, et, à sa partie inférieure, une douille, D, taraudée, dans laquelle on vissait des tubes en acier, ayant environ 15 centimètres de long et 20 à 22 millimètres de diamètre intérieur. Les bords inférieurs de ces tubes d'acier étaient taillés en biseau comme un emporte-pièce, pour pénétrer dans les couches du fond de la mer ; et leur intérieur était taraudé afin de retenir plus facilement les échantillons découpés.

La profondeur moyenne du détroit dans les parties explorées est de 30 à 40 mètres et les profondeurs maxima ne dépassent pas 55 mètres en basse mer.

La manœuvre se faisait comme il suit :

M. Larousse, en s'aidant d'un cercle à réflexion et de repères choisis sur les deux côtes, faisait diriger et arrêter le navire sur un point déterminé. A son signal, on lâchait la sonde, qui mettait 5 à 10 secondes pour descendre et frapper le fond bien à pic. La longueur de corde de sonde développée, en tenant compte de l'heure et de la hauteur de la marée au-dessus du zéro hydrographique français, déterminait la profondeur. La sonde était rapidement relevée. Si le tube d'acier rapportait un échantillon de roche, on enlevait ce tube, et on le remplaçait immédiatement par un autre. On dégageait alors l'échantillon rapporté, et on l'enfermait dans un flacon, sur lequel on inscrivait la profondeur de la mer et le numéro du point de la carte où l'opération s'était effectuée.

En général, le temps total nécessité par chaque coup de sonde, a varié de 2 à 4 minutes, pendant les sondages de 1875 ; et de 1 minute et demie à 3 minutes, pendant ceux de 1876. L'opération la plus longue était celle de la manœuvre du bateau à vapeur pour l'amener et le maintenir quelques moments en un point déterminé, afin de vérifier les angles que formaient entre elles les lignes visuelles dirigées depuis le navire vers les repères situés sur les côtes.

Plusieurs circonstances augmentaient les difficultés de ces opérations. Les courants de la mer qui, dans le canal, atteignent fréquemment une vitesse

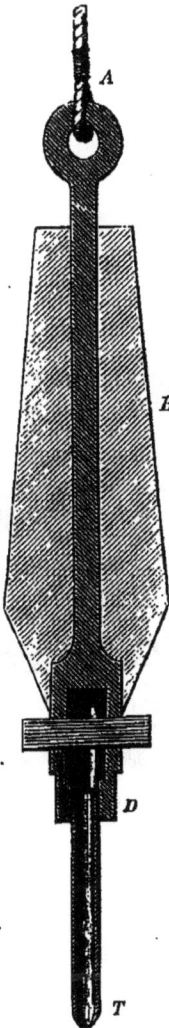

Fig. 146. — SONDE MARINE

CRAIE BLANCHE PERMÉABLE

CRAIE GRISE IMPERMÉABLE

ARGILE IMPERMÉABLE

SABLES VERTS PERMÉABLES

FIG. 147. — COUPE GÉOLOGIQUE DU SOUS-SOL MARIN (PAS DE CALAIS), ENTRE DOUVRES ET CALAIS

de 3 à 4 nœuds (1^m,54 à 2^m,05 par seconde), l'action des vents, qui tendaient à faire dévier le navire, enfin et surtout les brunes très fréquentes dans le détroit, qui ne permettent pas d'entreprendre avec suite des études de ce genre en dehors des mois de juin, juillet, août et d'une portion de septembre. Pendant la première année (1875) on ne put opérer que vingt-six fois, du 10 août au 26 septembre. On réussit, cependant, à exécuter, pendans ce temps, 1523 sondages, et à recueillir 753 échantillons, dont la moitié seulement purent être classés avec certitude, quant à leur nature minéralogique.

En 1876, la commission entreprit de nouveaux sondages, du 20 juin au 15 septembre, avec un bateau à vapeur plus grand, muni d'un treuil à vapeur, pour retirer rapidement la ligne de sonde (fig. 148). La saison fut généralement mauvaise; de fréquentes brumes gênaient les opérations, on put cependant effectuer 6,149 coups de sonde, dont 2,500 rapportèrent des échantillons (1).

En résumé, les 7,700 coups de sonde donnés par nos ingénieurs hydrographes, de 1875 et 1876, ont servi à explorer la nature du fond du pas de Calais sur un quadrilatère ayant plus de 300 kilomètres carrés, soit environ 38 kilomètres de longueur, comptés sur une ligne oblique d'une rive à l'autre, et une largeur moyenne d'environ 8 kilomètres dans le sens de l'axe du détroit. Ce quadrilatère est compris entre deux lignes droites : l'une qui va de Folkestone au cap Blanc-Nez, et l'autre qui joint South-Foreland à Calais.

Ce magnifique travail a permis d'établir des plans, ou profils géologiques suffisamment exacts des affleurements des diverses couches précitées sur le fond du détroit.

C'est ici le lieu de rendre justice aux ingénieurs français qui se sont consacrés aux études dont nous venons d'exposer les résultats. M. Hawkshaw avait eu, sans doute, le mérite de faire exécuter les premiers sondages du détroit; mais ils étaient en bien petit nombre. Les 7,700 coups de sonde jetés dans toute la longueur du canal, au milieu des plus grandes difficultés locales, par MM. Larousse, Potier, de Lapparent et F. Raoul Duval, et la perfection des méthodes précises employées par ces éminents ingénieurs, ont donné le magnifique exemple d'une consciencieuse étude hydrographique comme il s'en est encore peu vu de semblables. Et si le succès définitif n'a pas couronné leur œuvre, par suite des complications diplomatiques, impossibles à prévoir, ce n'est pas pour nous une raison de passer sous silence des travaux dignes de toute l'admiration des hommes de l'art.

Dès le mois de février 1876, le comité directeur français avait fait pro-

(1) Outre les sondages à la corde, on a fait, en 1876, avec des ouvriers scaphandriers, une exploration du banc des Quénocs et du Riden rouge, par des fonds de 5 mètres. Les scaphandriers ont rapporté des fragments de rochers appartenant aux grès verts, et analogues à ceux qu'on observe au-dessus de l'argile du gault, au nord du port de Folkestone.

céder au forage d'un trou de sonde, près du bord de la mer, à 700 mètres à l'Est du clocher de Sangatte, près de Calais. Pendant ce travail, on rencontra, à 23 mètres de profondeur, la craie blanche solide ; à 64 mètres, la craie de Rouen ; à 82 mètres, la même craie solide sableuse ; à 96 mètres, des rognons phosphatés de la craie glauconienne, et à 100 mètres, l'argile du gault. Ce forage fut poussé jusqu'à 130 mètres. On trouva, sous l'argile du gault, 5 mètres d'argile noire ; puis une épaisseur de 4 mètres de sables aquifères et d'argiles peu solides.

En 1878, le comité permanent prit une décision importante : celle de transporter l'origine du tunnel à environ 2 kilomètres au Sud-Ouest du trou de sonde donné en 1876, entre Sangatte et le cap Blanc-Nez. On revenait ainsi, disons-le en passant, au point de départ, sur la côte française, du tracé de Thomé de Gamond, que l'on ne s'était pas fait faute de critiquer.

On décida d'établir en ce point, à peu de distance de la mer, un puits, de 2^m,50 de diamètre, et d'entreprendre, après son achèvement, à titre d'essai, une galerie sous-marine dans la partie inférieure de la craie grise, afin de bien constater son degré d'étanchéité.

La construction de ce puits ne put être achevée qu'au bout de deux années. Les arrivées d'eau pendant la traversée de la craie blanche supérieure, furent si considérables qu'il fallut revêtir l'intérieur du puits d'un puissant cuvelage, commander et installer une machine à vapeur, ainsi que des pompes d'épuisement plus puissantes que celles qui avaient été préalablement établies.

En janvier 1881, les études faites sur l'épaisseur et l'étanchéité de la craie grise, pendant le percement du puits, et l'excavation à la main d'une première galerie d'essai dirigée sous la mer, ayant paru favorables *à une réussite très probable de l'entreprise*, le comité français se décida à adopter, dans la séance du 19 janvier, les trois résolutions suivantes :

1° L'installation de machines puissantes pour la compression de l'air, en vue de l'aérage des galeries à excaver et de la mise en activité de la perforation mécanique ;

2° Le fonçage d'un grand puits de 5^m,40 de diamètre et 80 mètres de profondeur, placé à 28 mètres du premier, destiné à l'enlèvement des déblais ;

3° Le creusement d'une seconde galerie prolongée sous la mer, et située à quelques mètres en contre-bas de celle déjà commencée ; ces deux galeries devant communiquer entre elles par des cheminées de jonction, pour faciliter l'aérage et l'assèchement de la galerie supérieure.

Dans la partie de la côte française où le puits avait été foré, on éleva des constructions, et on établit un atelier général. Nous représentons, dans la figure 149, l'usine établie à Sangatte par l'*Association française*.

Fig. 148. — LES INGÉNIEURS FRANÇAIS EXÉCUTENT DES SONDAGES, AVEC UN NAVIRE A VAPEUR, DANS LE PAS DE CALAIS

VII

Comment l'auteur du projet primitif du tunnel sous-marin du pas de Calais fut
évincé de l'entreprise. — Le martyrologe des inventeurs au beau pays de
France.

Ainsi, à la date du 2 août 1875, une loi, votée par l'Assemblée nationale,
accordait la concession d'un chemin de fer sous-marin entre la France et
l'Angleterre, à une *Association* anglo-française. Il faut ajouter que, vers la
même époque, le comité français se reconstituait, sous la forme d'une
Société en participation. L'acte d'association fut passé le 1er juin 1875.
Michel Chevalier était président de cette nouvelle *Association*.

Le lecteur judicieux et quelque peu attentif aux particularités du récit
historique que renferme le chapitre précédent, aura sans doute remarqué,
non sans quelque surprise, que le nom de Thomé de Gamond, le promoteur du projet du tunnel sous-marin de Douvres à Calais, ne figure
ni dans les études techniques, ni dans les combinaisons financières et autres,
qui ont abouti à la formation d'une *Association* anglo-française pour la
création d'un chemin de fer sous-marin. Thomé de Gamond était-il donc
mort ? Non. Il était toujours vivant et agissant. Seulement, la jalouse Albion
voulait faire du tunnel du pas de Calais une entreprise nationale ; de sorte que
les ingénieurs de l'autre côté du détroit ne négligeaient rien pour ôter de
l'esprit du public et des savants cette idée que le tunnel de la Manche était
une conception française. Il fallait, pour la plus grande gloire de l'Angleterre,
effacer le nom de tout ingénieur étranger à la grandissime Bretagne.

Mais Thomé de Gamond n'était pas disposé à se laisser rejeter dans l'ombre,
lui et son œuvre.

On a vu qu'en 1868, sir John Hawkshaw avait adressé, en son nom personnel, au gouvernement français, une demande de concession, sans tenir
aucun compte des droits de priorité de Thomé de Gamond. Sir John Hawkshaw n'aurait pu persuader à personne qu'il ignorait les travaux de son collègue
français ; et pourtant, après avoir fait opérer, par M. Henri Brunel, quelques

sondages dans le détroit, et creusé un puits près de Douvres, il avait, comme nous l'avons dit, présenté hardiment une demande en concession à notre gouvernement, sans nullement s'inquiéter de la personne de Thomé de Gamond, ni de ses travaux, ni enfin de la notoriété européenne acquise à la persévérance de l'ingénieur français.

A l'annonce de cette initiative imprévue, notre compatriote réclama très vivement auprès de son collègue anglais, qui fut bien obligé de se rapprocher de lui. Désireux, toutefois, de ne susciter aucune difficulté, et d'arriver à une entente avec ses collègues d'outre-Manche, Thomé de Gamond adopta le tracé de Sir John Hawkshaw, et le signa même avec lui, afin de continuer les démarches collectivement.

A la suite de ses réclamations, Thomé de Gamond fut désigné comme l'un des trois ingénieurs (avec MM. Hawkshaw et Brunlees) chargés de la direction des travaux.

C'est ce qui a fait dire à certaines personnes, peu au courant de la question, que Thomé de Gamond avait fini par « se rallier » au système de sir John Hawkshaw. Ce dire inexact devint une manœuvre malveillante dont s'emparèrent les envieux de sa gloire.

L'absence complète de vanité chez le promoteur du tunnel, la générosité de ses sentiments, la largeur de son esprit, lui faisaient envisager la question de plus haut. C'est pour cela qu'il consentit, sans arrière-pensée, et avec une confiance presque ingénue, à effacer sa personnalité, pourvu que l'œuvre à laquelle il avait dévoué sa vie, reçût son accomplissement.

« Qu'ai-je à craindre, disait-il, ne suis-je pas la *légende vivante du tunnel ?* »

L'enquête faite en 1873, par le gouvernement français, avait été *personnellement* accordée à Thomé de Gamond, par M. Deseilligny, ministre des travaux publics, très favorable à l'entreprise. Cette enquête servit de base à la loi du 3 août 1875, qui accorda la concession du chemin de fer sous-marin.

On comprendra donc la surprise que dut éprouver Thomé de Gamond, lorsque, peu avant le vote de la loi de concession, il apprit qu'on l'avait évincé de l'*Association* reconstituée pour l'exécution du passage souterrain de la Manche, et qu'il ne figurait, ni au titre d'ingénieur-conseil, ni sur le pied d'associé-fondateur, dans la nouvelle compagnie. Cet acte avait été concerté à *son insu*, dans le but évident de le mettre à l'écart. Lui, le créateur incontestable de l'œuvre, en était complètement rejeté, et ses droits légitimes n'étaient en aucune façon réservés.

Disons tout de suite que l'esprit de jalousie et d'accaparement des ingénieurs britanniques avait fini par faire perdre à Thomé de Gamond

FIG. 149. — VUE DE L'USINE FRANÇAISE, ÉTABLIE A SANGATTE, PRÈS DE CALAIS

la situation que ses longues études et son droit de promoteur semblaient devoir lui assurer dans l'*Association*. Cependant, Michel Chevalier, l'homme essentiel de l'entreprise, et Thomé de Gamond, se connaissaient et s'estimaient mutuellement, depuis longues années. Dès 1832, ils s'étaient liés d'amitié, dans les conciliabules de l'école saint-simonienne, dont ils étaient tous les deux les disciples éminents. En 1857, Thomé de Gamond avait proposé à Michel Chevalier de s'occuper du tunnel sous la Manche, en employant sa haute influence et ses grandes relations pour faire réussir des démarches auprès des personnages officiels. Michel Chevalier ne s'occupa, d'ailleurs, du tunnel sous-marin, que fort indirectement, à de longs intervalles, et il n'y contribua jamais par aucun travail technique personnel.

En 1874, quand Michel Chevalier fut nommé président du comité d'études préparatoires, il obtint ce poste à la demande de Thomé de Gamond, qui l'avait modestement refusé.

C'est donc avec quelque chagrin pour la mémoire et les talents de Michel Chevalier, que l'on est forcé de reconnaître que l'exclusion de Thomé de Gamond du comité reconstitué, fut l'effet unique de sa volonté. Lui, président de ce comité, et qui devait sa nomination à Thomé de Gamond, il prit soin de ne pas le convoquer aux réunions dans lesquelles on préparait la demande de concession, et où l'on formait la liste des associés.

Chaque fois que le trop confiant ingénieur demandait à Michel Chevalier où en étaient les choses, celui-ci lui disait, en lui prenant les mains :

« Laissez-moi faire, mon cher Thomé, je me charge de vos intérêts. »

Informé enfin, mais trop tard, le fait ayant été fort diligemment accompli, Thomé de Gamond réclama avec vivacité auprès de plusieurs des membres de l'*Association*, et surtout auprès de Michel Chevalier, qui le leurra, de nouveau, de vaines promesses.

Cette situation intolérable dura près de huit mois, pendant lesquels Thomé de Gamond eut l'amertume de voir tout mis en œuvre pour faire disparaître son nom de l'entreprise en voie de création. On contestait l'exactitude de ses travaux, pour ne considérer comme seuls dignes d'attention, que les plans de l'ingénieur anglais, sir John Hawkshaw. On lui faisait même dire que ses travaux et ses études sur la formation des terrains du détroit, n'avaient « aucune valeur scientifique ».

Un ingénieur de l'isthme de Suez, récemment annexé au Comité, fit, à la *Société d'encouragement*, une conférence sur le tunnel de la Manche, dans laquelle il réussit à ne jamais prononcer le nom, ni citer les travaux de Thomé de Gamond.

Inquiet, souffrant, irrité, mais non découragé, Thomé de Gamond envoya à Michel Chevalier un proche parent, qui le mit en demeure de faire une réponse définitive, et de mettre fin à une pénible situation. Michel Chevalier lui fit cette réponse :

« Si vous voulez faire un procès, vous êtes libre. Vous le gagnerez peut-être, mais ce sera la Société qui le perdra. »

« Du reste, ajoutait-il, si nous avons exclu Thomé de Gamond du comité, c'est parce qu'il a des créanciers, et qu'il aurait pu nous attirer des ennuis. »

Ainsi, les sacrifices de toute sorte, les dépenses faites pendant tant d'années, les dettes même, contractées en vue d'atteindre le but ambitionné, tout devenait une objection contre le malheureux ingénieur, un prétexte pour s'en débarrasser. On lui enlevait le moyen, simple et légitime, de se libérer de dettes contractées en vue du bien futur de l'entreprise, et de se trouver enfin dans la situation qui lui était due à tous égards.

Thomé de Gamond n'avait jamais reçu un centime des 500,000 francs qui avaient été demandés par la commission de 1856. Sans tenir compte ni de son temps ni de sa peine, il avait dépensé *cent soixante-quinze mille francs* pour ses voyages, études, travaux relatifs au tunnel (1).

Trop souffrant pour pouvoir agir personnellement, très affaibli et inquiet à l'excès, Thomé de Gamond fit remettre à tous les membres de l'*Association pour le tunnel sous la Manche*, une *Note concernant sa situation et ses droits*, dans laquelle tous les faits que nous venons de rapporter étaient rappelés brièvement, par ordre de date.

Plusieurs membres de la nouvelle *Association*, récemment introduits, ignoraient complètement ces faits, que leur président, Michel Chevalier, leur avait laissé ignorer.

Fort surpris et fort ému de cette révélation, le comité délégua dix de ses membres, pour examiner cette question. Après un grand nombre de réunions, et grâce à de longues et pénibles démarches de la part des amis de Thomé de Gamond, le comité finit par décider qu'une rente viagère de six mille francs, reversible, par moitié, après sa mort, sur la tête de sa femme et de sa fille, lui serait constituée. Mais, cruelle ironie du sort ! cette décision tardive ne fut même pas connue de lui. Le promoteur du tunnel, épuisé par ses luttes incessantes, mourait, le 4 février 1876.

Il ne laissait, d'ailleurs, aucune fortune à sa famille.

O terre de France, combien tu es fertile en hommes de génie, qui nous

(1) Thomé de Gamond a laissé la note, très curieuse, du détail de la somme totale dépensée par lui pendant le cours de ses trente-cinq ans de recherches.

font avancer dans la carrière de la science et du progrès ; mais combien tu es souvent inclémente, indifférente et cruelle à leur sort !

Tu as vu naître Étienne Dolet, le savant célèbre dans l'histoire des progrès de l'imprimerie ; mais tu l'as laissé brûler vif sur la place Maubert.

Tu vis naître Bernard Palissy, le géologue de génie, l'artiste incomparable ; mais tu as permis qu'il mourût en prison, pour refus d'abjuration de la religion réformée.

Pierre Ramus, l'illustre philosophe, l'éloquent professeur au Collège de France, périt, dans sa maison, sous les piques et les hallebardes des assassins, pendant l'horrible journée de la Saint-Barthélemy, non loin de la place où le sculpteur français, Jean Goujon, est tué, sur son échafaudage, par les arquebuses des mêmes sicaires.

Le Blaisois, Denis Papin, le créateur de la machine à vapeur, qui a révolutionné l'industrie des deux mondes, tu le tiens, pour cause de religion, écarté, pendant sa vie entière, du sol de sa patrie ; et il meurt sur la terre étrangère, misérable, et à ce point oublié, que nul ne peut dire où se cache son tombeau.

Blaise Pascal, le grand physicien, le géomètre de génie, le métaphysicien profond, expire au milieu des visions du délire et de la folie.

Paul Riquet, le créateur du canal du Midi, meurt de fatigue, au moment où son canal va être achevé.

Lavoisier, le sublime créateur de la chimie moderne, tu l'as laissé monter sur l'échafaud révolutionnaire, dressé par un tribunal de scélérats.

Bailly, le grand astronome, le plus illustre membre de l'Académie des sciences de Paris, est traîné à l'échafaud, sous une pluie glaciale, par une foule furieuse, qui l'accable de ses injures et de ses fureurs, sans parvenir à ébranler son âme héroïque ; et Condorcet, le grand géomètre, le secrétaire perpétuel de l'Académie des sciences de Paris, s'empoisonne, dans son cachot, pour échapper au supplice d'une exécution publique.

Tu as vu naître Nicolas Leblanc, qui a si prodigieusement augmenté, dans le monde entier, la richesse publique, grâce à son invention de la soude artificielle ; mais qui, se trouvant réduit à la plus affreuse misère, se perce le cœur d'un coup de poignard.

L'ingénieur français Philippe Lebon, l'inventeur de l'éclairage au gaz, périt, aux Champs-Élysées, dans une sombre nuit, sous les poignards d'assassins, restés inconnus.

Frédéric Sauvage, l'inventeur de l'hélice à une seule spire, appliquée à la navigation par la vapeur, ruiné par ses longs et coûteux essais, est enfermé, pour dettes, à la prison du Havre ; et, à travers les barreaux de sa prison, il a la douleur de voir une frégate anglaise, évoluer dans le port, en faisant les épreuves de son hélice. Enfin, il meurt, aliéné, à la maison de santé de la rue Picpus, à Paris.

Thimonnier, l'inventeur de la machine à coudre, succombe à la misère, dans un village des bords du Rhône.

Auguste Laurent, l'illustre rénovateur de la chimie moderne, le fondateur de cette *théorie atomistique*, qui a ouvert à la science des horizons si nouveaux, et sur laquelle les Wurtz, les Berthelot et tant d'autres contemporains, ont bâti leur fortune, est persécuté, pendant sa vie entière, parce qu'il porte ombrage au grand vizir de la chimie française, à J.-B. Dumas, dont il contrecarre les idées. Bien qu'ingénieur sorti de l'École des mines et ancien professeur de chimie à la Faculté des sciences de Bordeaux, Auguste Laurent, sans position, sans appui, sans ressources, est obligé, d'abord, d'entrer, comme chimiste vérificateur et distillateur, chez un parfumeur de la rue Bourg-Labbé ; ensuite, d'ouvrir un laboratoire particulier, où il reçoit des élèves pour vivre ; et finalement, d'accepter le poste d'essayeur à l'Hôtel des monnaies. Là, il s'enferme, pour continuer ses beaux travaux, qui ébranlent tout l'édifice de la chimie régnante, et font pousser des cris de fureur aux Liebig et aux Berzelius, dans une espèce de cave froide, obscure et humide, où je l'ai vu travailler avec fièvre, du matin au soir, et où il contracta le germe de la phtisie pulmonaire qui devait rapidement l'emporter.

Gustave Lambert, le savant promoteur de l'expédition française au pôle nord, après avoir vainement sollicité de son pays les secours indispensables pour exécuter sa campagne de recherches, pris de désespoir et de dégoût, se laisse tuer par les balles prussiennes, au siège de Paris.

Henri Giffard, l'inventeur de l'injecteur des machines à vapeur, le créateur des ballons captifs, ayant perdu la double lumière du jour et de la raison, s'arrache la vie, dans l'accès d'un sombre désespoir.

Enfin, Thomé de Gamond, le créateur du projet de passage souterrain de la Manche, succombe, épuisé par une vie de fatigues et de luttes incessantes.

Thomé de Gamond mourut, comme nous l'avons dit, le 4 février 1876, entouré des soins pieux de sa femme et de sa fille.

Le célèbre ingénieur français était d'une nature bonne, franche et ouverte. Il était très dévoué à ses amis, et d'une ardeur sans pareille pour les travaux de son art. Je me suis trouvé en rapport avec lui, en 1858, quand il s'occupait de publier son premier mémoire sur le tunnel, et en 1867 quand il présenta ses plans et devis à l'Exposition universelle de Paris. Je le rencontrai plus tard, dans le salon du père Enfantin, où se réunissaient les derniers adeptes du saint-simonisme, secte philosophique vers laquelle, je l'avoue, je me sentais involontairement attiré, par l'influence du Père, comme on l'appelait ; car cet homme étonnant exerçait le plus grand empire sur les âmes impressionnables, et avec ses allures d'Être suprême, il aurait converti des montagnes.

Thomé de Gamond était doué d'une physionomie intelligente et fine, qui révélait beaucoup d'esprit et une bonté parfaite. Cette grande bonté allait même jusqu'à se refuser à croire au mal. Aussi n'était-il que trop aisé de gagner sa confiance et d'en abuser, ce dont il ne savait garder rancune. Malgré ses longs séjours dans les laboratoires, malgré ses voyages et ses fatigues, l'extrême sobriété d'une vie entièrement consacrée au travail, lui avait conservé une santé robuste. Élie de Beaumont, Dufrénoy, Cordier, les ingénieurs et géologues illustres qui avaient été ses maîtres dans sa carrière d'ingénieur et d'hydrographe, ne cessèrent d'encourager ses travaux. A l'étranger, Lyelles et Roderick Murchison avaient pour lui la plus haute estime.

VIII

Commencement d'exécution du tunnel. — Détermination définitive des points de départ et d'arrivée. — Procédés mécaniques employés pour l'exécution du souterrain. — La machine Beaumont et la machine Brunton. — Moyens d'aération. — Les cylindres compresseurs de M. Colladon, employés pour actionner les machines perforatrices et pour aérer l'intérieur du tunnel. — L'atelier des compresseurs dans l'usine française.

Ce n'est qu'en 1878, deux ans après la mort de Thomé de Gamond, que fut définitivement fixée la question des points de départ et d'arrivée du tunnel sur les deux rivages. On a vu, dans le chapitre précédent, que le comité permanent décida, à cette époque, de transporter l'origine de la section française du tunnel, à environ 2 kilomètres au sud-ouest du trou de sonde percé en février 1876, entre Sangatte et le cap Blanc-Nez.

On décida d'établir, en ce point, un puits, pour faciliter l'aérage et l'assèchement de la galerie supérieure.

Les travaux pour l'excavation de la galerie d'essai, commencèrent, à peu près simultanément, sur l'extrémité nord et sud, c'est-à-dire en Angleterre et en France.

C'est ici le lieu d'exposer les moyens et les procédés qui ont servi à creuser, sous le lit de la Manche, les galeries d'essai qui, dans la pensée des directeurs de l'entreprise, seraient devenues les deux bouts de la galerie définitive.

Il n'est pas besoin de beaucoup de réflexions ni de grandes connaissances techniques, pour comprendre que, pour creuser le passage souterrain de la Manche, dans un terrain crayeux, c'est-à-dire friable et tendre, il n'était pas nécessaire d'avoir recours aux puissants engins mécaniques qui ont opéré au mont Cenis, au mont Saint-Gothard et à l'Arlberg. Pour ouvrir les souterrains des Alpes, il avait fallu percer le granit, et ses diverses variétés, toutes plus dures les unes que les autres ; et ce n'était pas trop de la percussion de grands fleurets d'acier, pour creuser des trous dans ces roches résistantes, ensuite de la dynamite, pour les démolir et les pulvériser. Au contraire, le banc de craie que l'on a choisi pour y percer le souterrain du pas de Calais, est de la plus insignifiante consistance : il se raye à l'ongle, au couteau. Dès lors, il ne saurait être question de creuser des trous dans sa masse, pour y placer des cartouches de dynamite, et produire des brèches, par l'effet de la substance

FIG. 150. — MACHINE BEAUMONT POUR LE CREUSEMENT DES TUNNELS DANS LES ROCHES TENDRES

explosive. Il n'y a qu'à attaquer directement la craie avec des outils appropriés, et à emporter les déblais.

A la rigueur, la pioche aurait suffi pour effectuer le creusement du tunnel. Mais les ingénieurs de notre temps se croiraient déshonorés s'ils avaient recours au simple travail manuel. Pour accélérer les travaux, autant que par point d'honneur, il faut opérer avec une machine.

II.

59

La machine à laquelle on s'est arrêté, après de longues expériences comparatives préalables, et qui a fonctionné, tant du côté anglais que du côté français, n'est autre chose qu'une énorme tarière qui, s'enfonçant dans le banc de craie, y découpe une tranche circulaire, assez semblable à ces grosses formes de fromage de Gruyère que l'on voit chez les marchands de comestibles. C'est une sorte d'emporte-pièce qui, en un clin d'œil, taille et enlève un cylindre de craie, de 2 mètres de diamètre.

L'inventeur de cette machine est le directeur de l'usine de l'*Association anglaise* pour les études du tunnel, le colonel Beaumont.

Les figures 150, 151 et 152 feront comprendre la manœuvre de cette grosse tarière mécanique.

L'outil principal consiste, comme le montrent la figure 150, qui représente en perspective la machine Beaumont en action, et surtout les figures 151 et 152, en une sorte de T, dont la croix porte une série de couteaux, F,F destinés à attaquer la roche. La longueur de la croix correspond, par conséquent, au diamètre de la galerie à creuser. La disposition et le mode d'attache de ces couteaux rappellent beaucoup ceux des crochets de tours ou des machines à raboter. Ces dispositions se reconnaissent sur la figure 151, qui représente le plan, ainsi que trois élévations latérales et par bouts, du mécanisme que nous décrivons.

Le long arbre en acier, A, reçoit son mouvement de rotation grâce à une série d'engrenages, B, très solidement construits, qui ralentissent successivement le mouvement qui a été pris, à l'origine, sur l'arbre-manivelle d'une machine à deux cylindres conjugués, actionnée elle-même par de l'air comprimé, ainsi qu'il a été fait dans le percement des tunnels du mont Cenis et du mont Saint-Gothard. L'air comprimé, en sortant des cylindres où sa détente s'est effectuée, sert à l'aérage de la galerie.

En même temps que se produit le mouvement de rotation, un système hydraulique, C, C, analogue à celui des ascenseurs que l'usage dans quelques habitations de Paris et dans les hôtels garnis des grandes villes, a déjà rendus familiers, produit un mouvement de translation, qui peut avoir lieu en avant, en arrière, ou être suspendu, par un simple jeu de valve.

Pour permettre, grâce à cet appareil hydraulique, le mouvement de la machine, celle-ci se compose de deux parties, qui se déplacent, l'une par rapport à l'autre, par glissement. La partie inférieure consiste en un segment de chaudière en forte tôle, d'un rayon presque égal à celui de la galerie à creuser. Elle constitue une sorte de berceau portant des glissières, sur lesquelles se meut la partie supérieure, puissant bâti en fonte qui porte tout le mécanisme.

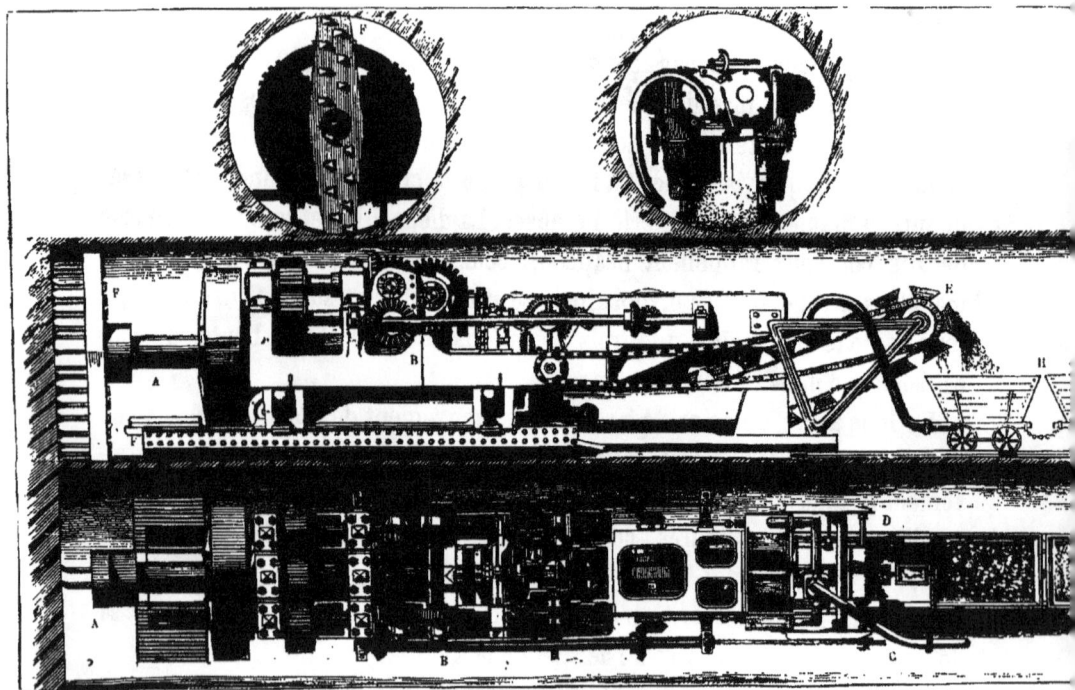

Fig. 151. — EXCAVATEUR BEAUMONT VU EN PLAN, EN ÉLÉVATION LATÉRALE ET PAR BOUTS

Le berceau est relié au piston de l'ascenseur, et le bâti au corps cylindrique ; de sorte que, lorsque l'on introduit l'eau, par une petite pompe, dans le corps cylindrique C, D, le piston étant relié au berceau, qui lui-même repose sur le sol de la galerie, c'est le corps cylindrique, et le bâti de la machine faisant corps avec lui, qui, sous l'effort de la pression, s'avance sur les glissières, en appuyant contre le front de taille de la galerie les outils découpeurs. Ceux-ci, dans un mouvement lent de rotation de 1 tour et demi à 3 tours par minute, accomplissent leur œuvre.

Les débris de la roche tombent sur le sol de la galerie, d'où ils sont relevés par de vastes cuillers, formées par deux évidements réservés dans l'arbre A. qui constitue le porte-outil. Ces cuillers, dans leur mouvement de rotation, se vident, comme on le voit sur les figures 150 et 151, dans une chaîne à godets, E, laquelle, en passant dans le corps cylindrique formant berceau et prenant son mouvement, par un engrenage conique, sur l'arbre de la manivelle, vient rejeter les déblais en arrière de la machine, à une hauteur qui permet leur chargement direct dans des wagonnets, H, disposés à cet effet (fig. 151).

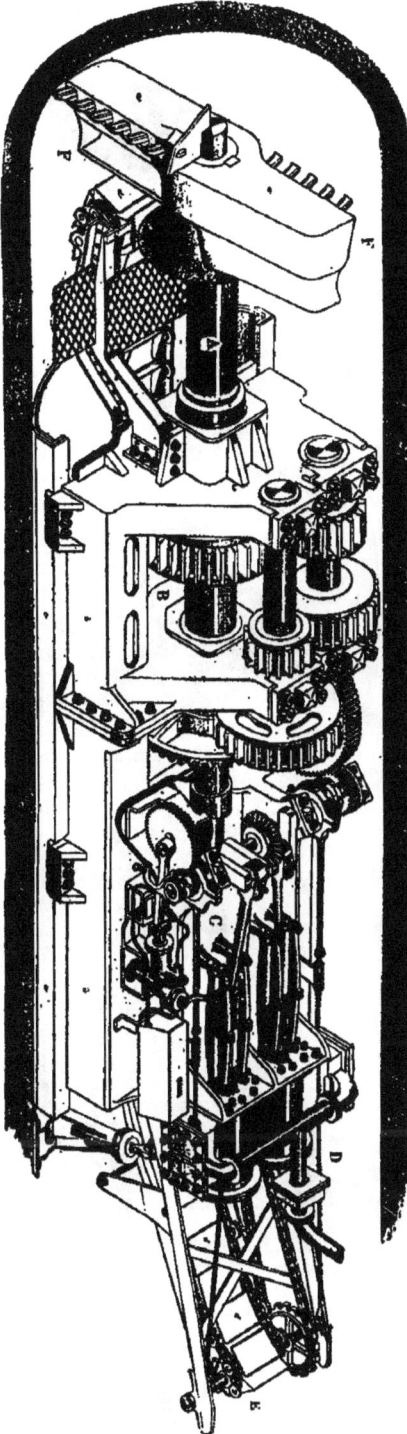

FIG. 152. — EXCAVATEUR BEAUMONT, VU EN PERSPECTIVE.

Lorsque l'outil, sous l'action de la pression hydraulique, a parcouru une longueur de 1ᵐ,37, on arrête quelques instants le mouvement, pour soulever tout l'appareil de 0ᵐ,02 ou 0ᵐ,03, avec une combinaison de crics appro-

FIG. 153. — MACHINE BRUNTON, POUR LE CREUSEMENT DES TUNNELS DANS LES ROCHES TENDRES
A, arbre moteur ; B, C. roues d'engrenage ; DD' disques excavateurs.

priés : le berceau cesse alors de reposer sur le sol de la galerie, et en faisant agir la pression de l'eau sur l'autre face du piston, le berceau, relié à la tige du piston, est entraîné à son tour, par rapport au bâti, immobilisé sur les crics ; et il vient reprendre, sous l'action de la pompe hydraulique, sa place originaire. Les crics sont alors soulagés, et l'appareil est prêt pour un nouvel avancement.

Toute cette manœuvre est fort simple, et n'exige que quelques instants.

La machine Beaumont était alimentée, au chantier de Sangatte, avec de l'air comprimé, à une pression de 2 atmosphères, ou plus, par les appareils du professeur Colladon.

La distribution d'air est agencée pour donner à l'arbre-manivelle une vitesse normale de 100 tours par minute ; mais les engrenages changent cette vitesse, et ne laissent à l'outil raboteur qu'une vitesse de 1 tour et demi par minute.

Le mouvement hydraulique est calculé pour produire un avancement de $0^m,012$ par tour, soit $0^m,018$ par minute, en rapport avec la dureté de la craie grise où les galeries doivent être percées.

Dans ces conditions de marche, l'avancement de la galerie serait d'un mètre par heure.

Telle est la machine Beaumont, qui a fonctionné dans la section française des travaux. La machine qui travaillait du côté anglais, quoique d'un type moins puissant, atteignait des avancements dont le maximum a été de 15 mètres en vingt-quatre heures, soit environ $0^m,60$, à l'heure.

La forme parfaitement circulaire des galeries et la netteté de leurs parois, frappaient vivement les personnes qui les visitaient. La machine Beaumont a évidemment réalisé un progrès considérable dans l'art du mineur, lorsqu'il s'agit d'exécuter des travaux souterrains dans des roches de dureté moyenne et de composition assez régulière, comme la craie grise. La suppression de l'emploi de la poudre ou d'autres agents explosifs, et la sécurité plus grande qui en résulte pour les ouvriers mineurs, tant par un meilleur aérage, que par l'absence d'ébranlements, lesquels, en se propageant à travers les bancs de rocher, créent toujours le danger de communication avec les couches aquifères voisines, jointes à la rapidité de l'avancement, sont des traits caractéristiques d'une grande importance, au point de vue de l'exécution d'un travail aussi spécial et aussi nouveau que celui de la construction d'un tunnel sous-marin.

La machine perforatrice du colonel Beaumont n'est pas la seule que l'on ait expérimentée, et dont on ait fait usage dans les travaux préliminaires de l'*Association française*. Un autre appareil, dû également à un constructeur anglais, M. Brunton, a servi, du côté français, à effectuer le percement d'une galerie d'essai.

La machine établie à Sangatte, par M. Brunton, au commencement de l'été de 1882, était destinée à percer, sous la mer, une galerie cylindrique, de 2ᵐ,15 de diamètre, à peu près dans la direction du tunnel projeté.

Cet appareil d'excavation, que l'on avait essayé, depuis quelques années, dans des travaux de carrières, a subi de nombreux changements, mais son principe essentiel se retrouve dans ses diverses transformations.

D'après ce principe, au lieu d'attaquer tout le front de taille avec un seul découpoir de grand diamètre, comme le fait le colonel Beaumont, on creuse sa surface par trois ou plusieurs disques, de diamètres restreints, placés excentriquement et armés, chacun, de burins.

Nous représentons dans la figure 153 la machine perforatrice Brunton. On reconnaît que cette machine diffère de celle du colonel Beaumont par la substitution de disques multiples au rabot unique, F,F (fig. 152), qui opère dans la première de ces machines.

Ces disques sont animés d'un double mouvement, en quelque sorte, planétaire, c'est-à-dire un mouvement rapide de rotation autour d'un axe individuel, et un mouvement lent de transport circulaire autour de l'axe du tunnel.

La machine Brunton qui a été employée à Sangatte, se compose d'un chariot massif roulant sur deux rails et portant l'appareil excavateur.

Celui-ci est formé de deux pièces concentriques distinctes, ayant des vitesses angulaires différentes autour d'un axe horizontal commun, qui est aussi l'axe du souterrain.

La pièce centrale est un arbre en acier, A (fig. 153), de gros diamètre, long de 4 mètres environ, portant, à l'une de ses extrémités, une forte roue dentée, B. Une autre roue dentée, C, placée à l'arrière de celle-ci, reçoit et transmet à son arbre un mouvement de rotation rapide produit par le moteur à air. La roue dentée B, fixée près du front de taille, doit servir à faire tourner, autour de leur axe spécial, les disques planétaires excavateurs, D, D'.

L'arbre central horizontal, A, est logé à l'intérieur d'un gros cylindre, un peu plus court (qui n'a pu être représenté sur la figure 153), qui l'entoure, le soutient et le fait avancer lentement vers le front de taille. Cette enveloppe cylindrique porte, à son extrémité voisine du front de taille, trois ou plusieurs appendices, se relevant à angle droit, comme autant de rayons divergents et massifs, équidistants entre eux. Chacun de ces appendices est muni d'un arbre court spécial, dont l'axe est parallèle à celui du grand arbre central.

A l'extrémité antérieure de ces arbres courts spéciaux, est un fort pignon, qui doit s'engrener avec la roue dentée fixée en A, à l'avant du long arbre central, et ce pignon est lié, du côté du front de taille, à des disques découpeurs, D et D', centrés avec lui.

Quand la machine travaille, le cylindre en fer fondu, à l'intérieur duquel peut tourner librement l'arbre central, reçoit aussi un mouvement individuel lent de rotation, auquel participent ses appendices, leurs pignons et leurs disques excavateurs.

Ces disques D, D' et leurs burins, par leur mouvement de rotation rapide autour de leur axe individuel, découpent le front de taille, en se promenant circulairement et lentement autour de son centre de figure et de l'axe du tunnel ; tandis que le chariot sur lequel l'appareil est solidement attaché, avance d'une quantité convenablement réglée, selon la résistance de la roche à excaver.

La machine Brunton est ingénieuse dans son principe, mais elle est compliquée dans ses détails d'exécution, et plus exposée aux accidents que celle du colonel Beaumont. Celle qui fut installée à Sangatte, dans la section française, éprouva de graves avaries, et on dut renoncer à son usage. La machine Beaumont a pu, par contre, continuer sans accident à creuser la galerie inférieure, et son chemin progressif quotidien assurait une vitesse moyenne d'avancement de 15 à 20 mètres par vingt-quatre heures. Un des jours de février 1883 on atteignit 24^m, 80, en 24 heures.

La force qui mettait en action, du côté français, les machines du percement, commencé à titre d'essai, c'était, nous l'avons dit, l'air comprimé. Les avantages reconnus à cet agent mécanique, dans les travaux du mont Cenis et du Saint-Gothard, ne permettaient pas d'hésiter pour son adoption. L'air comprimé, qui développe une importante énergie, sert, en même temps, à l'aération ; il assure la salubrité de l'air aux ouvriers employés à la perforation et au transport des déblais. C'est donc un agent providentiel, pour ainsi dire, dans le cas particulier du percement des longs tunnels.

Aussi, dès la constitution de l'*Association française du chemin de fer sous-marin*, le président de cette *Association*, M. Léon Say, ayant demandé à M. Colladon un travail sur les meilleurs moyens d'utiliser l'air comprimé, pour transporter la force motrice de l'extérieur des puits jusqu'aux travaux intérieurs du tunnel sous-marin, M. Colladon proposa-t-il d'adopter les appareils compresseurs qui venaient de fonctionner avec tant de succès dans le souterrain du mont Saint-Gothard, en se bornant à remplacer par une machine à vapeur les chutes d'eau dont on avait fait usage à Gœschenen et à Airolo.

Le comité directeur du tunnel, ayant approuvé cette proposition, décida l'adoption d'une machine à vapeur et d'appareils à comprimer l'air, d'une grande puissance, afin d'assurer la sécurité des travailleurs pendant le

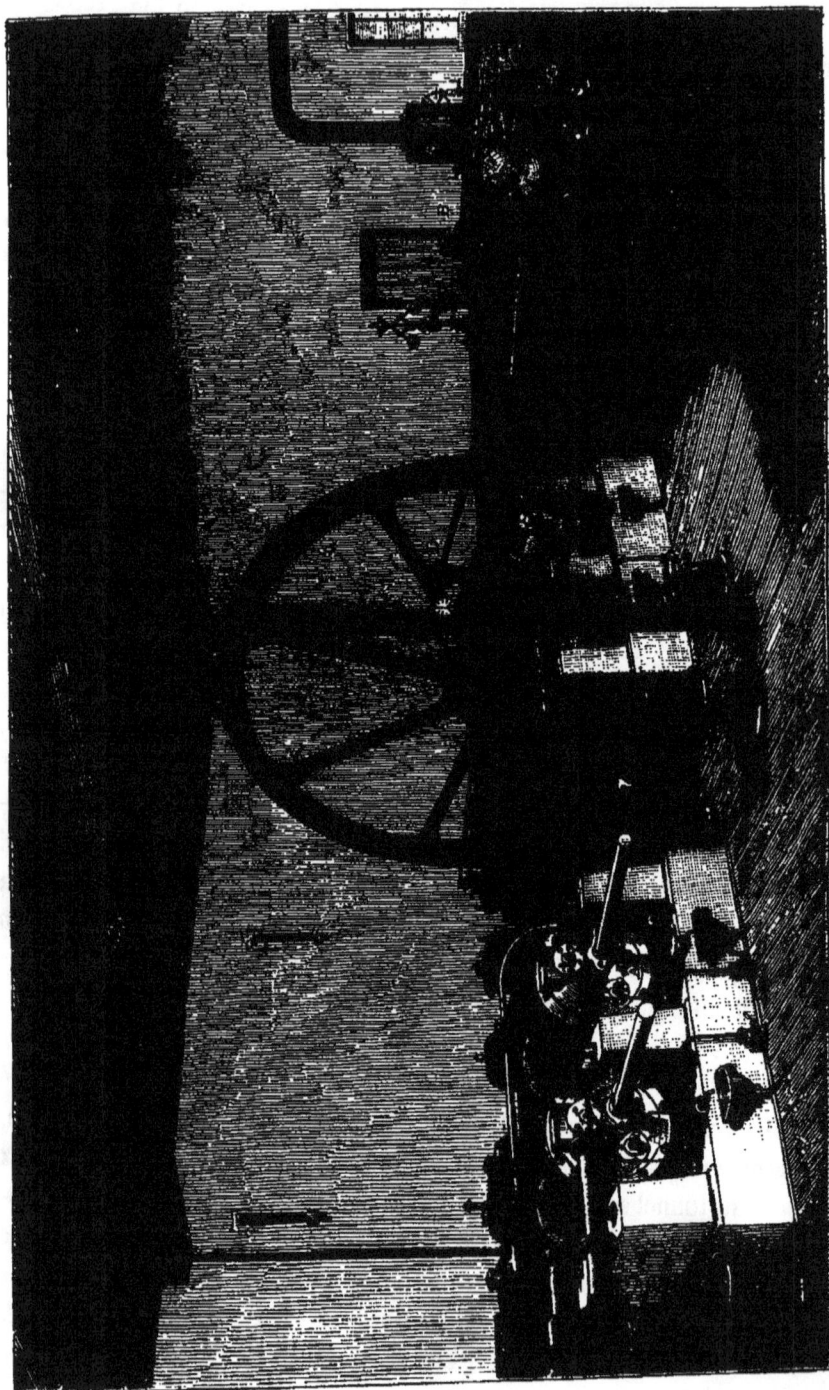

FIG. 154. — ATELIER DES MACHINES POUR LA COMPRESSION DE L'AIR (SYSTÈME COLLADON) ÉTABLIES A SANGATTE, PRÈS DE CALAIS

percement des galeries d'essai sous la mer, et avec l'espoir de se servir ensuite, sans perte de temps, des mêmes machines, pour poursuivre l'entreprise, si l'exécution définitive était décidée.

MM. Sautter et Lemonnier, de Paris, reçurent, quelque temps après, la commande de monter, à Sangatte, un atelier d'air comprimé, basé sur l'établissement d'une machine à vapeur de 150 chevaux de force et de quatre *compresseurs d'air*, analogues à ceux adoptés à l'extrémité nord du grand tunnel du Saint-Gothard. Les essais de ces machines faits à Sangatte, devant des experts, le 4 mai 1882, démontrèrent que le rendement promis était dépassé.

Les quatre *compresseurs d'air*, du système Colladon, construits dans les ateliers de MM. Sautter et Lemonnier, à Paris, peuvent agir ensemble ou séparément. La tension de l'air peut être portée, au besoin, à 8 atmosphères; mais pour les premiers kilomètres et l'excavation d'une galerie d'essai, on se contenta de la pression de 2 atmosphères.

L'exécution de la machine à vapeur avait été confiée, par MM. Sautter et Lemonnier, à M. Farcot.

Les nombreuses délégations d'ingénieurs français et étrangers qui ont visité les appareils établis à Sangatte, ont admiré ces belles installations.

Nous allons donner une description de l'*atelier des appareils compresseurs d'air* de l'usine française de Sangatte, près de Calais, qui comprenaient la machine à vapeur produisant la force motrice, et les *cylindres compresseurs*, qui préparaient les provisions d'air comprimé.

L'air doit être comprimé à des pressions variant de 2 à 8 atmosphères, afin de pouvoir desservir utilement des machines perforatrices de différents systèmes, notamment la machine perforatrice du colonel Beaumont, et la machine Brunton, qui peut exiger des pressions plus élevées.

Aidés des conseils judicieux de M. Colladon, les constructeurs adoptèrent la disposition de deux groupes de deux cylindres conjugués chacun, soit, en tout, quatre cylindres compresseurs, actionnés directement par une machine à vapeur; ce qui permet de faire une compression d'air variable selon le nombre des cylindres que l'on emploie.

Les dispositions adoptées pour le chantier de Sangatte présentent, du reste, beaucoup de ressemblances avec celles qui furent imaginées et que nous avons décrites, pour le tunnel du mont Saint-Gothard. Elles sont le résultat d'examens faits tant à Airolo qu'à Goschenen, et d'expériences acquises par une marche continue durant huit années.

Les *compresseurs d'air* (fig. 154), au nombre de quatre, forment deux groupes de deux cylindres, A, A. Ceux-ci sont, conformément aux procédés Colladon, à double enveloppe, avec circulation d'eau et injection d'eau pulvérisée, pour un rapide refroidissement. Ils sont assujettis, à la hauteur de l'axe, par de larges nervures, sur un bâti commun.

Le piston de chaque compresseur a $0^m,41$ de diamètre et $0^m,75$ de course ; il est muni de deux garnitures, système Giffard, formées d'un anneau en caoutchouc durci sur la face extérieure, et élastique dans l'autre partie. Cette dernière s'appuie sur le fond d'une rainure pratiquée dans le piston, et se trouve en communication, par de petits orifices, avec l'air comprimé, dont l'action s'ajoute à l'élasticité de la bague, pour former une garniture étanche.

La tête du piston se meut sur deux glissières plates. Les arbres moteurs sont coudés deux fois, à angle droit. Ils sont reliés ensemble et avec l'arbre de couche de la machine à vapeur, par des plateaux en fonte.

Les soupapes d'aspiration et de compression se composent d'un disque mince d'acier, appliqué sur un siège en bronze par un ressort à boudin.

Le refroidissement de l'air, pendant sa compression, est obtenu, comme il vient d'être dit, d'après le procédé Colladon, par une circulation d'eau entre les deux enveloppes, et, en second lieu, par une injection d'eau pulvérisée sous pression.

L'eau de circulation débouche par un robinet dans une cuvette, fixée à la partie arrière et au-dessous de chaque cylindre. Le réglage du courant s'obtient ainsi facilement, et sa vérification nécessite un simple coup d'œil.

L'introduction de l'eau dans l'intérieur du cylindre peut s'effectuer de deux manières, soit par la soupape d'aspiration, soit par une injection d'eau pulvérisée. La première a l'avantage de la simplicité ; son emploi n'exige pas une eau aussi pure ; mais un plus grand volume d'eau est nécessaire pour obtenir le même degré de refroidissement.

Pendant les travaux du mont Saint-Gothard, les deux moyens furent successivement employés. On constata alors que le refroidissement par injection nécessite, pour une compression de l'air variant entre 6 et 7 atmosphères, une quantité d'eau égale au $\frac{1}{1000}$ du volume d'air aspiré ; tandis que la consommation était quatre fois plus grande en utilisant les soupapes.

L'inconvénient d'introduire un excès d'eau, qu'il faut expulser ensuite, conduit à dire que, dans les cas où l'injection est possible, elle doit être préférée. Néanmoins, les constructeurs ont disposé les soupapes pour servir, au besoin, au refroidissement de l'air.

Au-dessous et en avant de chaque fond de cylindre, se trouve un tuyau en cuivre rouge, branché avec trois conduites verticales. Ces dernières sont munies de joints articulés, pour faciliter l'enlèvement des fonds ; en se rabattant, elles aboutissent à des busettes disposées en triangle.

L'eau de refroidissement vient d'un réservoir, soumis à la même pression que l'air comprimé. Son arrivée dans le cylindre s'effectue par deux orifices convergents, de un demi-millimètre de diamètre, sous la forme de jets très minces qui, en se rencontrant, se pulvérisent réciproquement.

Après une filtration préalable, l'eau d'injection est introduite dans le réservoir, par l'action d'une pompe, mue par un excentrique calé sur l'arbre moteur.

Les deux soupapes de refoulement d'un compresseur sont mises en communication, à l'aide d'une tubulure en fonte, avec le tuyau collecteur, et des robinets servant à isoler chaque cylindre. Grâce à la disposition des soupapes de refoulement placées à la partie supérieure des fonds, sans gêner pour cela l'évacuation de l'eau, tous les joints d'un cylindre sont bien accessibles.

L'alimentation des appareils perforateurs doit se faire avec de l'air sec, pour éviter les dépôts de glace aux orifices. Dans ce but, MM. Sautter et Lemonnier ont adjoint à leur appareil, un *sécheur*, formé de deux cylindres concentriques en tôle, contenant une série de surfaces coniques, dont la concavité est dirigée alternativement vers le haut et vers le bas. L'air, en traversant ces espaces successifs, y laisse son humidité. Il s'échappe par le tube C (fig. 154), pour se distribuer dans les galeries.

La machine à vapeur, B,D (fig. 154) est du système Farcot. Elle est à un seul cylindre, avec distribution par soupapes et condensation. Le piston a 0^m,57 de diamètre et 1^m,20 de course.

Le cylindre est entouré d'une enveloppe de vapeur ; son eau de condensation est évacuée au générateur par une pompe, qui maintient l'intérieur de cette enveloppe dans un parfait état de siccité. La consommation de vapeur par cheval et par heure, est de 8 kilogrammes, pour un travail de 100 à 150 chevaux.

Avec une marche normale de 45 tours par minute, la production par cylindre est de 830 litres d'air comprimé à une pression de 8 kilogrammes. Trois cylindres compresseurs absorbent ainsi le travail de la machine à vapeur. Dans ce cas, la production totale d'air comprimé est de 2,490 litres à la minute, avec une vitesse des pistons compresseurs égale à 1^m,25.

Pour obtenir une pression de 2 kilogrammes seulement, les quatre cylindres fonctionnent ensemble, et le volume d'air comprimé est porté à 10,000 litres.

IX

Travaux commencés sur la côte anglaise, en vue de l'exécution du tunnel. — Puits.
— Percement d'une galerie d'essai. — Une visite au chantier du *Rocher de Shakespeare.*

Après avoir fait connaître les beaux travaux exécutés par l'*Association
française*, sur la côte de Calais, en vue de l'exécution du tunnel sous-marin,
nous avons à décrire ceux que les ingénieurs anglais ont entrepris, de leur
côté, et qui sont beaucoup moins importants.

En 1880, une *Association*, rivale de celle que dirigeait sir John Hawkshaw,
se constituait, sous le patronage de la Compagnie du chemin de fer de
South-Eastern. C'était la *Submarine continental railway company*.
Présidée par sir Edward Watkin, elle avait pour ingénieur M. F. Brady, et le
colonel Beaumont était l'entrepreneur de cette nouvelle perforation.

Cette Compagnie fit creuser deux puits sur la côte de Douvres, et elle
commença, dans l'assise de la *craie grise*, une galerie sous-marine,
inclinée à 12,5 millimètres.

La *Compagnie du South-Eastern railway*, entretenait des rapports
suivis avec l'*Association française*. Se basant sur les indications géologiques que celle-ci s'était empressée de lui fournir, elle fit achever à
Schakespeare-cliff (rocher de Shakespeare), entre Folkestone et Douvres,
un puits de 49 mètres de profondeur, entièrement creusé dans la craie de
Rouen (*craie grise*), et dont le fond se trouve à la cote de 29 mètres au-
dessous des plus basses mers.

Rassurée par l'étanchéité des parois de ce puits, on entreprit de percer,
depuis sa base inférieure, une galerie, qui s'avance sous la mer, avec une
pente descendante de 12 millièmes et demi. Cette galerie, entièrement
percée avec la machine Beaumont, a avancé régulièrement, en se
maintenant dans la craie grise. Au printemps de 1882, elle avait
dépassé une longueur de 1,800 mètres, dont 1,400 sous la haute mer; son

niveau le plus bas se trouvait à 51 mètres au-dessous du niveau de la mer.

Les rares venues d'eau rencontrées pendant le percement de ces

FIG. 155. — CHANTIER ANGLAIS : L'ENTRÉE DU PUITS PRÈS DU *Rocher de Shakespeare*

1,800 mètres de galerie, furent arrêtées facilement par des espèces de ceintures intérieures en fer fondu, formées de cinq segments réunis et consolidés par des boulons. Ces ceintures, ou anneaux intérieurs, pressent fortement contre les parois du tunnel, et refoulent des couches de mastic préalablement interposées, contre les fissures qui laissent suinter des filets d'eau. Cette galerie avait déjà atteint une longueur de 2,000 mètres, lorsque les

FIG. 156. — COUPE DU PUITS DU *Rocher de Shakespeare*

travaux furent suspendus, par ordre du gouvernement anglais, avec défense de les continuer avant la solution d'une enquête, essentiellement militaire, et la décision à prendre par le Parlement au sujet de l'achèvement du tunnel.

Pendant ce long trajet de deux kilomètres, et quoique cette galerie aille en descendant à mesure qu'elle avance sous la mer, les infiltrations furent si rares et si peu abondantes qu'elles n'occasionnèrent aucun obstacle sérieux à la rapidité des travaux.

On se proposait, lorsque la galerie sous-marine aurait atteint son niveau le plus bas, de drainer toute la partie descendante par un souterrain percé du fond d'un puits creusé sur le rivage anglais entre Douvres et Sainte-

FIG. 157. — BENNE POUR LA DESCENTE DANS LE PUITS

Marguerite, jusqu'au point le plus bas de la ligne du tunnel sous les eaux anglaises.

Tel est l'ensemble des travaux qui ont été exécutés par les deux *Associations anglaises*. Ils ont beaucoup moins d'étendue et d'importance que ceux accomplis par l'*Association française* sur notre territoire.

Quoiqu'il en soit, au mois de mai 1882, la *Company submarine continental railway*, invita ses principaux administrateurs et une cinquantaine de représentants de la presse britannique, à visiter le tunnel, donnant ainsi,

pour la première fois, l'occasion de faire connaître au public l'état de
ses travaux.

Les voyageurs du chemin de fer qui vont de Folkestone à Douvres,
traversent la région dans laquelle se trouve le puits de descente. Près de

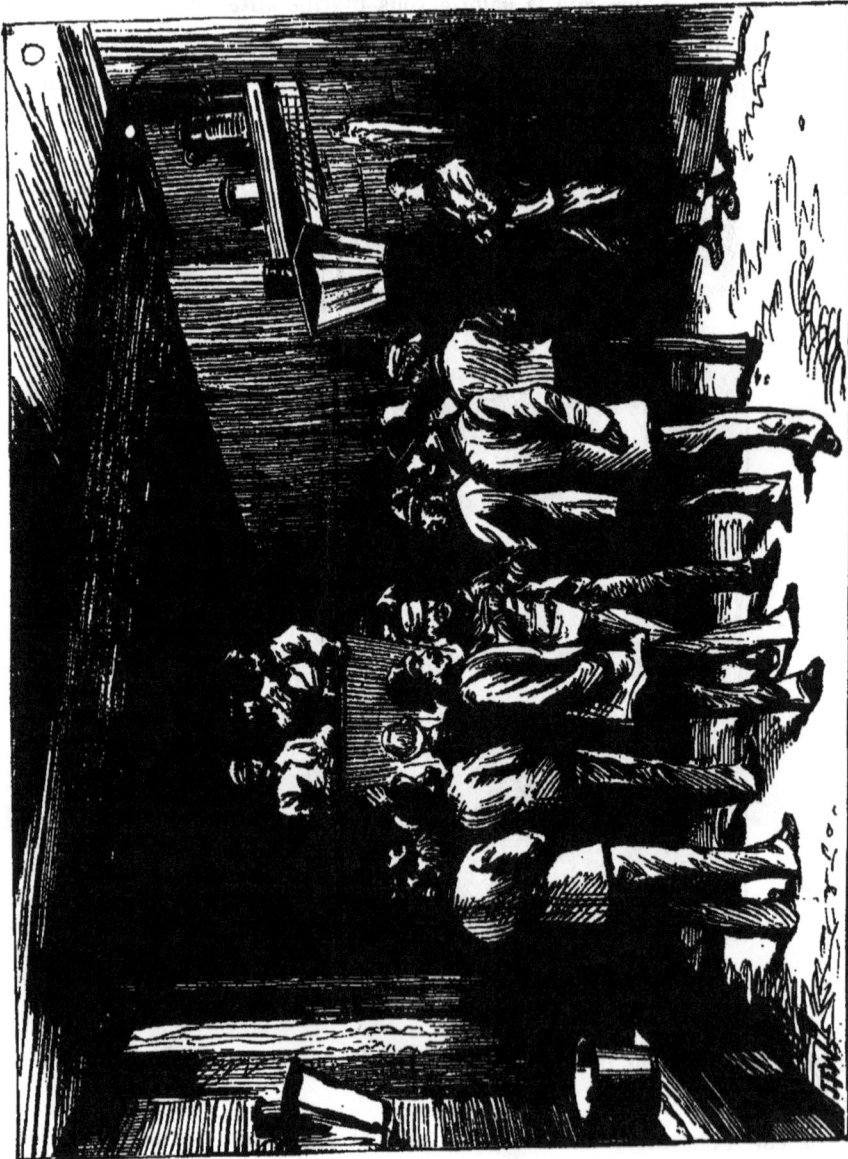

FIG. 158. — ARRIVÉE AU FOND DU PUITS.

Douvres, et à quelques mètres ouest de l'entrée du tunnel qui s'engage sous
le *Rocher de Shakespeare*, on peut apercevoir, de l'intérieur du train, entre
la voie ferrée et le rivage, les constructions légères qui abritent les machines
et appareils de l'*Association anglaise* (fig. 155).

Dans l'une de ces constructions se trouvent trois puissantes machines à vapeur. Deux sont employées à comprimer de l'air, pour l'envoyer aux travailleurs sous terre. La troisième machine à vapeur sert à manœuvrer un treuil pour la descente ; en même temps, elle produit la force motrice nécessaire pour faire tourner les machines électriques qui fournissent le courant électrique destiné à alimenter les lampes électriques installées dans les galeries.

Par son aspect extérieur ce puits ressemble à celui des mines de houille ou de minerais quelconques. Nous en donnons une coupe dans la figure 156.

L'appareil de descente est une *benne* en fer (fig. 157), qui peut recevoir cinq ou six personnes, et qui est manœuvrée, comme nous l'avons dit, par une des machines à vapeur. Le diamètre du puits est de 3 mètres ; sa profondeur de 50 environ, le fond se trouvant de 30 mètres au moins au-dessous du niveau des plus basses eaux.

On aperçoit peu d'infiltrations à travers les fissures des planches qui garnissent les parois ; cependant on respire une atmosphère très humide, qui imprègne rapidement tout ce qui vient de l'extérieur : dans les galeries tout est beaucoup plus sec.

Quand on est descendu au bas du puits, on trouve une chambre carrée (fig. 158), taillée dans la craie grise, et dont les parois sont protégées par de lourds madriers. De cette chambre part la galerie d'essai, qui a 2^m,30 de diamètre, et qui présente, de loin en loin, des excavations un peu plus spacieuses.

La lumière électrique est employée pour éclairer les travaux de cette *galerie d'essai*. En 1882, on y fit placer 48 lampes Schwan, alimentées par des machines dynamo-électriques Siemens. Elles étaient disposées par séries de six, alternativement. Les lampes électriques employées pour l'éclairage du tunnel, ont le grand avantage de ne pas vicier l'air, en absorbant l'oxygène, comme le font, nécessairement, les lampes à huile ou à gaz. Elles procurent ainsi une économie sur le volume d'air comprimé qu'il faut envoyer dans la galerie.

A mesure que la machine perforatrice enlevait des tranches de terrain, que les ouvriers remontaient à terre, par le puits, des géologues étudiaient avec soin la nature de ces couches. Tous les sondages faits jusqu'ici ont permis d'affirmer l'existence d'une immense couche de craie grise, qui s'étend, en courbe irrégulière, de France en Angleterre, en partant de nos côtes un peu à l'est du cap Gris-Nez, à Sangatte, et aboutissant, de l'autre côté du détroit, au pied du *Rocher de Shakespeare*.

Le diamètre définitif du tunnel doit être de 4ᵐ,30. D'après la vitesse de l'avancement, on calculait, en 1882, que le tunnel sous la Manche, long de 35 kilomètres, serait perforé en trois ans et demi.

Pour relier le tunnel aux railways de la côte, on ménagera des galeries en pente douce, se dirigeant vers l'extérieur, pour rejoindre, à une certaine distance, les lignes de chemin de fer existantes. Les calculs qui ont été faits ont démontré la parfaite possibilité de relier ces lignes de chemins de fer aux voies du tunnel sans avoir recours à des rampes exagérées.

On se proposait de faire traîner les wagons, quand ils circuleront dans le tunnel, par des machines à air comprimé, qui auraient servi, en même temps, à augmenter la quantité d'air respirable nécessaire aux voyageurs, à moins que la traction électrique ne fût préférée. Le renouvellement de l'air serait assuré, dans ce cas, par de puissantes machines à comprimer l'air.

La question de la ventilation est, d'ailleurs, des plus importantes. Pendant les travaux, une quantité d'air très suffisante était fournie aux travailleurs employés au forage, par des tuyaux de 10 centimètres de diamètre. Tous les visiteurs qui ont parcouru les galeries, peuvent se porter garants de la vérité de cette affirmation; car ils n'ont pas eu un instant à se plaindre de la pureté de l'air. En portant le diamètre des conduits d'aération à 20 centimètres, il serait possible de produire une ventilation très complète jusqu'à une distance de 18 kilomètres environ de l'appareil producteur, c'est-à-dire jusqu'au milieu du tunnel; de sorte que deux machines pour la compression de l'air, installées aux deux extrémités, assureraient la ventilation de tout l'ensemble.

La figure 159 (hors texte) représente une vue panoramique du pas de Calais, avec la coupe du tunnel sous-marin projeté entre la France et l'Angleterre.

X

État de l'entreprise du tunnel sous-marin en 1883.

Voici quel était, en 1883, l'état des travaux, de chaque côté du détroit.

Pendant qu'on achevait, sur la côte française, le second puits de Sangatte, de 5ᵐ,40 de diamètre, le comité permanent français s'était décidé, d'après les conseils de son habile ingénieur, M. Breton, préposé aux travaux de Sangatte, à percer sous la mer deux galeries d'étude. L'une, descendant sous une faible inclinaison, était dans une direction qui paraissait pouvoir convenir à peu près au tunnel définitif ; l'autre, commencée plus bas et latéralement, devait communiquer avec la première par des cheminées obliques convenablement espacées. Cette dernière galerie devait être cylindrique, avec un diamètre intérieur de 2ᵐ,14, et s'avancer sous la mer, avec une pente ascendante, afin de servir de canal d'égout aux infiltrations d'eau que rencontrerait la grande galerie supérieure. L'ensemble de ces deux souterrains et des cheminées qui les mettaient en communication, devait, en même temps, faciliter l'aérage.

Les galeries d'essai, percées du côté français, ainsi que du côté anglais, au *Rocher de Schakespeare* et à Sangatte, seront fort utiles pour le travail définitif. Leur première orientation, au lieu de tendre vers une jonction directe, a été dirigée, à l'origine, presque parallèlement aux rives, dans la direction du nord-est, afin d'atteindre la profondeur voulue sans quitter l'assise de la craie grise.

Le contournement du tunnel à son départ sous la rive française, décidé par le comité français, n'a pas, en effet, pour cause unique la nécessité d'éviter les bancs dits *Quénocs* ; il est aussi motivé par la convenance de rester continuellement à proximité de l'argile du *gault*. Il semble que tout soit disposé de la manière la plus favorable quant à la couche imperméable dite craie grise, puisque le tunnel pourra avoir son entrée à l'affleurement de cette couche près Saint-Pol, au nord de Wissant, descendre jusqu'au droit de Sangatte, avec la pente de la couche, et gagner une profondeur suffisante pour s'engager alors sous la mer, à un niveau convenable.

L'étude de l'inclinaison exacte et des épaisseurs de la couche imper-

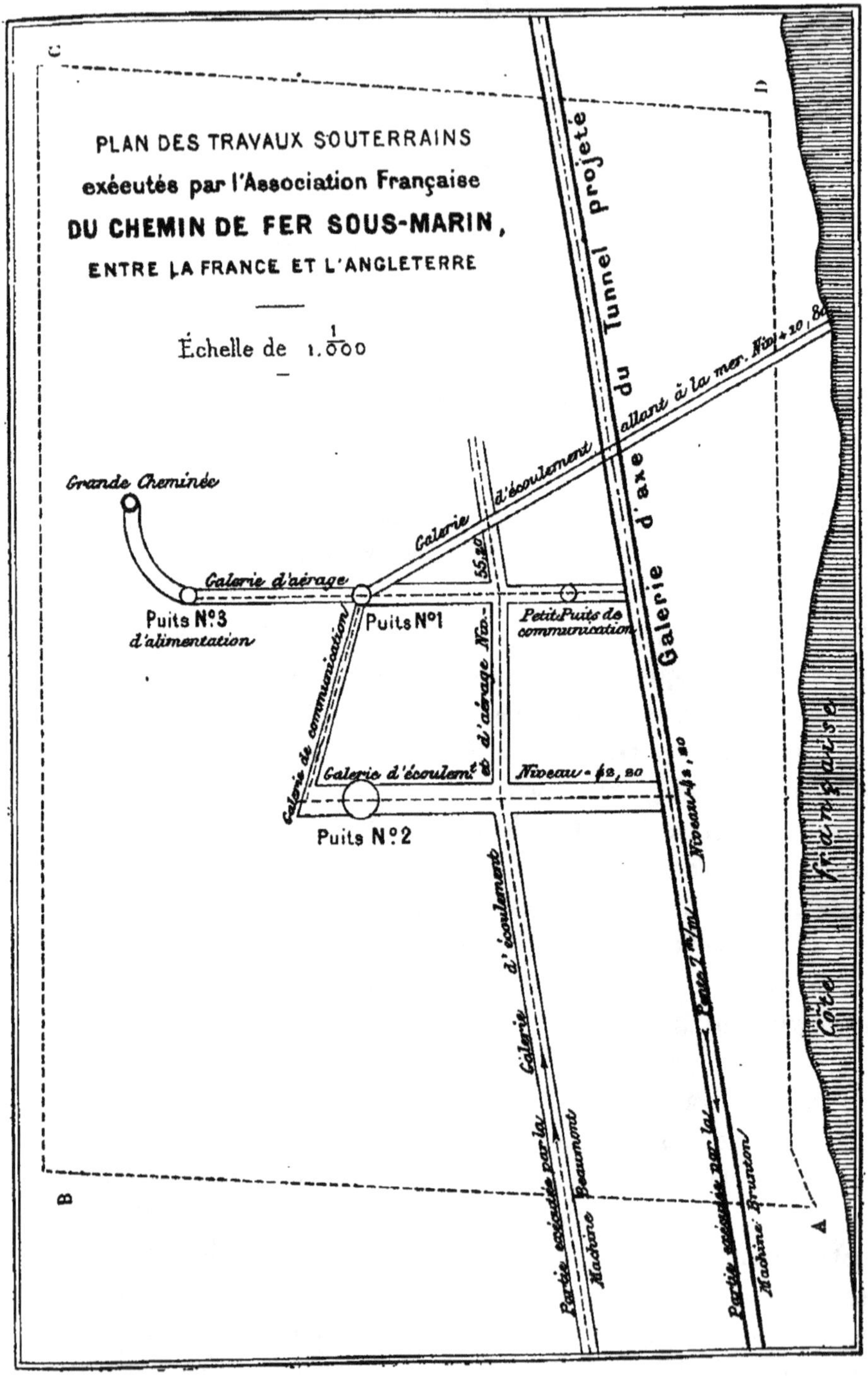

PLAN DES TRAVAUX SOUTERRAINS

exécutés par l'Association Française

DU CHEMIN DE FER SOUS-MARIN,

ENTRE LA FRANCE ET L'ANGLETERRE

Échelle de $\frac{1}{1.000}$

Fig. 160.

méable sous le bord de la mer sur la côte française, était en 1883 le but principal que poursuivaient le sous-comité directeur français et l'ingénieur des travaux M. Breton. Ce sous-comité a déjà fait percer, dans ce but, trois trous de sonde, le premier, foré en 1876, près du bord de la mer, à 700 mètres à l'est de Sangatte ; le second, foré en 1879, à 600 mètres à l'est du premier ; le troisième, exécuté dans l'hiver de 1882, à 550 mètres à l'ouest du clocher de Sangatte, a atteint l'argile du *gault* à 51^m,70 au-dessous du zéro hydrographique. On préparait un quatrième forage, à 1,000 mètres à l'est de celui de 1879, afin de déterminer très approximativement le point de la côte où la surface du gault se trouve à 140 mètres au-dessous du zéro hydrographique. Ce point une fois reconnu, on aurait installé là deux puits jumeaux atteignant cette profondeur, et de leur base on aurait dirigé un souterrain principal de drainage et d'aération, destiné à aller rejoindre, à peu de distance du milieu du détroit, les parties les plus basses du tunnel sous-marin du côté de la France.

Il est nécessaire d'insister sur ce dernier ordre de travaux, car ils constituent une des créations les plus originales des savants ingénieurs de l'*Association française*.

Nous représentons dans la carte portant le n° 160, l'ensemble des travaux exécutés sur la côte française et sous la mer, à partir de notre continent, par les ingénieurs français. Outre la galerie d'essai, désignée sur cette carte par ces mots : *galerie d'axe du tunnel projeté*, nous représentons les galeries secondaires, dites *d'assèchement et d'aération*, avec les puits auxquels aboutissent ces galeries d'assèchement et d'aération. La partie pointée, A, B, C, D, indique l'étendue des terrains appartenant à l'*Association française*.

C'est à M. Breton, ingénieur du tunnel, et à M. F. Raoul Duval, vice-président du *comité permanent* de l'*Association française*, qu'est dû le projet de fournir une large aération et un assèchement efficace à toute la moitié française du futur tunnel, grâce au creusement d'une vaste galerie descendante d'écoulement et d'aérage, qui, partant de l'extrémité sous-marine de la portion française du tunnel, et du milieu au détroit, se maintiendrait dans la craie grise, jusque près de Calais.

Cette extrémité, qui est à 150 mètres au-dessous du niveau de la mer, débouche au fond d'un vaste puits, où devaient être placées des machines à vapeur, qui auraient élevé l'eau arrivant dans le puisard, et l'auraient rejetée à la mer.

Sur la figure 160 on voit les trois anciens puits déjà creusés, destinés à recueillir les eaux adventices et à recevoir les machines destinées à évacuer cette eau au niveau supérieur.

Les galeries de jonction, unissant le tunnel et la galerie principale d'écoulement, devaient assurer l'assèchement et le bon aérage dans toute la partie française du tunnel.

Outre les puits anciens, indiqués sur la figure 160, une *grande cheminée d'aération*, également indiquée sur la même carte, servait au renouvellement constant de l'air.

Tel est le remarquable ensemble de dispositions dû à MM. Breton et Raoul Duval, pour assécher et aérer le tunnel.

Nous ajouterons maintenant que la rencontre des sections française et anglaise du tunnel, était à peu près certaine. Les instruments et les procédés pour la vérification des lignes d'axe sont si perfectionnés que le plus grand écart probable dans le raccordement des deux fronts de taille opposés, n'aurait pu dépasser 4 ou 5 mètres. Il n'y avait donc aucune inquiétude à concevoir quant à la rencontre sous la mer des deux galeries convergentes.

Quant à l'épaisseur minima réservée entre la voûte du tunnel et le fond de la mer, elle serait d'environ 40 mètres.

Voici, en définitive, quelle était la situation des trois compagnies anglaises et française, au commencement de l'automne 1883.

La première *compagnie anglaise du tunnel sous la Manche*, c'est-à-dire celle incorporée en janvier 1872, et dont sir John Hawkshaw est l'ingénieur principal, demandait au gouvernement anglais d'autoriser un tunnel sous-marin entre la France et l'Angleterre. Ce tunnel qui entrerait sous la mer à 3 kilomètres à l'est de Douvres à Fan-Hole, près de South-Foreland, serait percé dans les parties inférieures de la craie blanche ; il pourrait arriver un peu à l'est de Sangatte et se réunir au tracé curviligne du comité permanent français. Cette compagnie, qui paraît vouloir utiliser l'excavateur Brunton, n'a pas encore creusé de galerie d'une longueur notable sous la mer.

L'autre compagnie anglaise, *the Submarine continental Railway Company*, a acquis les premiers travaux de la compagnie du *South-Eastern*, consistant en puits creusés, sur le bord de la mer ; elle a continué la galerie sous-marine descendante, qui a atteint, au milieu de l'année 1882, une longueur de 3 kilomètres.

Cette compagnie, dont sir Edward Watkin, membre du Parlement, est le président, et le colonel Beaumont, l'entrepreneur de la perforation, poursuivait le prolongement de cette galerie, avec un progrès moyen d'environ 12 mètres par 24 heures, lorsqu'elle reçut, ainsi que nous l'avons mentionné, l'ordre du gouvernement anglais d'avoir à suspendre ses travaux, et d'attendre une décision du Parlement, autorisant ou interdisant leur continuation.

En France, la compagnie, qui porte le nom d'*Association française pour le chemin de fer sous-marin entre la France et l'Angleterre*, a rempli loyalement toutes les conditions qui lui étaient imposées par la loi de concession du 2 août 1875. Elle a accompli de magnifiques travaux préparatoires en puits, sondages, installations de bâtiments et de machines, percement d'une galerie sous-marine, d'une longueur qui dépasse 1,800 mètres ; et elle a dépensé, pour ces études, constructions et travaux, à fort peu près la somme de deux millions, montant du capital souscrit par les membres de l'*Association*.

XI

Un coup de théâtre.

Ainsi, les études nécessaires pour la connaissance rigoureuse des terrains à traverser, étaient achevées ; — les puits qu'il avait été indispensable de forer des deux côtés du détroit, pour être bien fixé sur la composition des couches de terrain, aux deux extrémités opposées du tunnel, étaient creusés ; — des galeries d'essai, dont l'une serait devenue plus tard le tunnel définitif, étaient percées de chaque côté du détroit ; — enfin, une machine perforatrice, excellente de tous points, exécutait le travail d'excavation avec une facilité inespérée ; si bien que l'on calculait que quatre années suffiraient pour achever la jonction sous-marine de la France et de l'Angleterre. Malheureusement, les vieux préjugés de l'Angleterre sont venus se mettre en travers de ce beau projet. La communication permanente à établir entre les deux pays, commença d'exciter les craintes de quelques-uns de nos voisins, et finit par provoquer une certaine opposition chez le peuple anglais. Le gouvernement ouvrit, dès lors, une série d'enquêtes, qui, pour la plupart, aboutirent à un vœu de proscription du tunnel projeté.

Les officiers anglais considèrent cette voie sous-marine comme une porte qui resterait librement ouverte aux invasions des nations ennemies. Le jour où les trains de chemins de fer circuleraient entre Douvres et Calais, l'isolement de la Grande-Bretagne, qui fait sa véritable force, ne serait plus, disent ces officiers, qu'une fiction, et la sûreté de l'île serait compromise.

L'opinion du parti militaire a été formulée dans le rapport de la commission d'enquête, qui parut au mois de novembre 1882, dans le *Livre bleu* de la Chambre des communes. Cette commission d'enquête était présidée par M. Alison.

Le rapporteur fait connaître les mesures de précaution que nécessiterait l'existence du tunnel, telles que forteresses, mines pour faire sauter le canal, en cas de besoin, pont-levis, fosses insondables, réservoirs de gaz asphyxiant, etc.; puis il ajoute que toutes ces précautions pourraient être rendues inutiles en cas d'invasion, opérée par surprise. C'est pourquoi le tunnel, selon le rapport, est condamné.

Ledit rapport contient de longues dépositions du général Wolseley, qui est très hostile au projet, et du duc de Cambridge, qui déclare que les forteresses dont la construction serait nécessaire, coûteraient 75 millions de francs. Le duc de Cambridge invite les partisans du tunnel à trouver cette somme avant de procéder au percement.

Les principales raisons données par le général Wolseley à l'apui de son opposition à l'œuvre grandiose, si bien commencée, sont les suivantes :

« En construisant un tunnel entre la France et l'Angleterre, on détruirait, dit l'auteur du rapport, la principale défense de ce pays, celle sur laquelle il compte le plus, l'isolement. On mettrait hors de cause la flotte, qui a été jusqu'ici notre principale force. On nous joindrait au continent, et on nous forcerait tôt ou tard à devenir, comme les nations continentales, une puissance militaire, c'est-à-dire à introduire le service militaire général et à grever notre budget de dépenses énormes.

« En établissant entre la France et l'Angleterre un tunnel, on crée entre ces deux pays une ligne de communication directe, indestructible, qui ne peut être attaquée ni par une armée, ni par une flotte, et qui ne peut être rendue inutile que si on le détruit avant le commencement de la guerre. Or, étant donnés la nature de nos lois, nos coutumes, notre esprit public, qui nous font considérer une guerre comme une presque impossibilité, je ne pense pas que nous soyons assez prêts à une conjoncture belliqueuse pour détruire le tunnel à temps.

« Le danger est donc que les Français, ou la nation qui tiendrait, à Calais, la tête du tunnel, ne s'emparât, par un coup de main, de son débouché en Angleterre. Par là, Douvres deviendrait la tête de pont de l'armée envahissante, et notre ennemi pourrait y faire passer toutes les forces qu'il lui plairait. Nous cesserions, ainsi, d'être une nation indépendante. Car nous ne pourrions opposer à nos envahisseurs une armée suffisante, ni en lever une en assez peu de temps, de façon à résister à l'armée française qui serait jetée dans notre pays. Quant à l'occupation du tunnel par un coup de main, j'estime que c'est une opération fort facile, pourvu qu'on l'exécute sans qu'aucun avertissement la précède. »

« Le général Wolseley affirme qu'il serait très imprudent de confier la sécurité de l'Angleterre à une Société d'actionnaires cosmopolites ; — que les tunnels percés à travers les Alpes ne constituent pas un précédent ; — que tous les traités de neutralisation n'offriraient aucune garantie positive ; — qu'il ne faut pas confier l'existence nationale de l'Angleterre à une seule forteresse, même de première classe, — que l'invasion des côtes anglaises, déjà possible au temps de Napoléon Ier, deviendrait, après le percement du tunnel, une opération facile, une simple surprise, non sans précédents dans l'histoire ; — qu'il serait impossible, soit de tenir secrètes les mines qui devraient servir à détruire le tunnel, soit de maintenir pendant longtemps la vigilance par laquelle toutes ces précautions compliquées seraient toujours tenues

prêtes et efficaces ; — qu'enfin on ne pourrait empêcher le peuple anglais de s'abandonner aux plus folles paniques, au moindre bruit de guerre, après que le tunnel
aurait été établi. »

Par un véritable coup de théâtre, auquel personne, de l'un ni de l'autre
côté du détroit, n'était préparé, le gouvernement de la reine, en 1883, fit
définitivement arrêter les travaux du côté anglais.

Cependant le percement de la galerie continua, pendant quelque temps,
du côté français. Le 15 novembre 1882, la galerie que l'on perçait, à partir de
notre rivage, à l'aide de la machine du colonel Beaumont, était déjà longue de
507 mètres, sur 2 mètres 10 centimètres de diamètre en tous sens. Elle
passe sous la mer, sur une longueur de 50 mètres environ. La machine
perforait, dans une seule journée, 15 à 16 mètres (1 mètre par heure de
travail). On continua la percée en 1883, mais avec moins d'activité.

Aujourd'hui, les travaux ont complètement cessé. Au mois d'avril 1884,
un mur ferma l'entrée du tunnel, du côté de la France, et les galeries
creusées furent abandonnées à la grâce de Dieu !

Ce qui rend profondément odieuse la suspension des travaux du tunnel,
par l'ordre du gouvernement britannique, c'est qu'elle est survenue au dernier
moment, *huit années après que les travaux avaient été commencés et
poursuivis avec la pleine approbation du gouvernement anglais.* Dès
1874, en effet, le ministère de la reine avait fait déclarer par son ambassadeur « *qu'il adhérait· en principe aux dispositions proposées par le
gouvernement français, en vue de l'établissement d'un tunnel sous-marin
entre la France et l'Angleterre, sous la seule réserve de quelques observations auxquelles le gouvernement français ne manquerait pas de donner
une entière satisfaction.* »

Cette déclaration, du 26 décembre 1874, n'est pas la seule marque d'approbation donnée par le gouvernement anglais à l'établissement d'un passage sous-
marin. Le 13 février 1875, lord Derby avait proposé au gouvernement
anglais de constituer une commission internationale, pour élaborer un
projet à soumettre aux deux gouvernements, en vue de fixer les juridictions
définitives et l'exploitation de la ligne sous-marine.

En février 1876, cette commission se réunit à Paris ; puis elle se réunit de
nouveau à Londres, et après les observations présentées par les deux gouvernements, elle adopta le *protocole du 30 mai 1876*, destiné à servir de base
au traité à conclure entre les deux gouvernements.

Toutes ces mesures proposées par le gouvernement anglais, avec l'active
participation des délégués de ses administrations spéciales, témoignent bien

de l'*adhésion officielle et sans réserve* donnée par lui au projet d'un tunnel sous-marin.

C'est, d'ailleurs, le parlement britannique qui, dans ces dernières années, avait accordé à la *South Eastern Railway Company* des pouvoirs pour procéder à des essais de tunnels, partant de la côte anglaise, *en se référant au protocole du 30 mai.*

Est-il possible d'admettre qu'après huit années d'approbation et d'encouragements tacites accordés en vue de l'exécution d'un tunnel international, et lorsque des espérances si légitimes ont été suscitées par la réussite de travaux aussi considérables et après la dépense de plusieurs millions, un gouvernement puisse poser subitement son *veto*, sans qu'aucun événement matériel soit intervenu pour fournir un motif quelconque à ce recul?

Tout le monde, en Angleterre, hâtons-nous de le dire, n'est pas opposé à la jonction sous-marine des deux pays. Sans doute le parti militaire est hostile à l'idée d'un tunnel, et la marine marchande, qui constitue la richesse principale de l'Angleterre, s'insurge à la pensée que son formidable matériel pourrait être, un jour, non pas supprimé, mais réduit dans une certaine proportion. Mais, d'un autre côté, le commerce général de l'intérieur désire assez vivement l'exécution du passage sous-marin.

Les objections militaires ne paraissent donc qu'un prétexte, servant à dissimuler les craintes de la marine marchande, ainsi que les préjugés nationaux qui prêchent l'isolement de l'Angleterre. En effet, la crainte d'une invasion de l'île par un corps d'armée française, à travers le tunnel sous-marin, est du domaine de la fantaisie. Le tunnel, par son extrême longueur, et par sa position sous la mer, serait fort impropre au passage des troupes, qu'il serait facile de noyer, ou même d'asphyxier, puisqu'il suffirait, pour cela, de suspendre momentanément, sur la côte anglaise, l'insufflation de l'air dans le souterrain, ou d'y mélanger des gaz vénéneux.

Sans doute, si Douvres était occupé par surprise, le fait de la possession de l'ensemble du tunnel par une armée d'invasion, serait une source de sérieux dangers; mais comment supposer qu'une ville comme Douvres, avec une forteresse de première classe, protégée par toute la force de l'Angleterre, puisse devenir la proie de trois ou quatre mille hommes passant à travers le canal, pendant la nuit? Cela est absolument impossible; on ne peut l'admettre un instant. D'ailleurs, même en adoptant les idées les plus pessimistes, l'envahisseur ne pourrait retirer aucun avantage de la possession du tunnel; car les dispositions peuvent être prises de

Fig. 161. — CHANTIER DE LA BAIE SAINTE-MARGUERITE, SUR LA CÔTE ANGLAISE

façon à annihiler immédiatement la praticabilité du nouveau chemin entre
les deux pays.

Il ne faut donc considérer que comme un prétexte la crainte d'une
invasion militaire du pays. Faisant allusion à l'opposition que lord
Palmerston fomentait, autrefois, contre l'idée d'un canal de jonction
entre l'Angleterre et la France, Cobden disait : « Attendez que le vieux
meure. » Attendons également que meure le vieux parti qui, dans la
marine et la politique, prétend enfermer l'Angleterre dans son isolement
séculaire, et la tenir à l'écart des mœurs, coutumes et passions du continent.
Ce vieux parti perd de jour en jour de sa puissance, et il faudra bien que
l'Angleterre se laisse entraîner dans le cercle commun qui tend à relier les
nations européennes dans un réseau général d'intérêts et d'usages.

Les avantages que l'Angleterre retirerait de sa réunion au continent français,
sont d'une telle évidence qu'ils finiront, nous l'espérons du moins, par
triompher de la résistance de la routine britannique. Ces avantages peuvent
se résumer ainsi :

La durée du voyage entre les deux grands centres de la civilisation européenne, est maintenant de neuf, dix ou onze heures. Grâce au nouveau
passage, cette durée serait diminuée de moitié. On pourrait *aller de Paris
à Londres en cinq heures.*

Les conséquences de la jonction de l'Angleterre avec la France et le
continent, dépasseraient certainement toutes les prévisions qu'on peut faire
aujourd'hui. L'Angleterre jouirait de tous les avantages des communications
continentales, sans perdre aucun de ceux que lui donne sa situation insulaire,
soit au point de vue de sa sécurité, soit pour son commerce maritime.

Ce ne sera pas, sans de grands profits pour la civilisation, les arts
et le progrès de toute nature, qu'on aura réuni les deux plus grandes villes
du monde, Londres, avec ses quatre millions d'habitants, et Paris avec ses
deux millions d'âmes, et qu'on les aura placées à cinq heures seulement de
distance l'une de l'autre. Si le développement commercial qui doit résulter
de cet événement est de toute évidence, les avantages moraux qui en
seraient la conséquence, ne sont pas plus contestables. On peut affirmer
que la continuité incessante des rapports des deux peuples, augmenterait
encore et resserrerait les liens d'amitié qui les unissent.

Le succès de l'entreprise n'est pas, d'ailleurs, douteux. C'est sans
raison sérieuse que l'on a objecté l'envahissement possible du tunnel, une
fois terminé, par l'infiltration des eaux de la mer qui reposeront sur son
plancher. Le souterrain doit parcourir une zone si profonde et si ferme, en

même temps, qu'il restera, comme nous l'avons dit, interposée entre le tunnel et la mer une épaisseur de terre variant de 40 à 80 mètres. Ces couches terrestres sont formées de roches solides, qui sont rendues imperméables par la présence de lits épais d'argile intercalés entre elles ; sous une telle pression, ces couches sont impénétrables à l'eau. L'examen des échantillons géologiques, recueillis sur ce terrain, permet de juger favorablement ce fait capital.

Assurément, on rencontrera, pendant le percement du souterrain, des infiltrations obliques, venant du continent ou de la mer. Mais cet obstacle est l'état normal et permanent de tous les travaux des mines, avec cette différence pourtant que l'industrie minière s'exerce dans des sols présentant le caractère général d'une grande dislocation, ce qui expose le mineur à un imprévu continuel ; tandis que le terrain du détroit de Douvres offre, au contraire, une régularité remarquable dans son assiette. On sait que plusieurs mines en exploitation prolongent leurs galeries sous la mer : le plus grand nombre s'exploitent sous la masse liquide de lacs souterrains très profonds, dont l'étendue égale parfois celle de plusieurs provinces. Le génie des mines sait triompher de ces difficultés.

Ce qui a fait naître dans l'esprit de quelques personnes, la crainte de l'envahissement du tunnel du pas de Calais par les eaux marines super-posées, c'est le souvenir des difficultés immenses que présenta l'exécution du tunnel de la Tamise, à Londres, et le continuel envahissement des travaux par l'eau du fleuve, qui apporta de si terribles obstacles à l'achè-vement de cette œuvre hardie. Mais on ne saurait, en aucune manière, assimiler à l'entreprise de Brunel le tunnel sous-marin projeté. En effet, le ter-rain qui supporte la Tamise est une argile de formation tertiaire, dite *argile de Londres*, placée elle-même sur un lit de sables aquifères, de 15 mètres, qui la sépare du dépôt inférieur d'*argile plastique*. L'œuvre du perce-ment fut entreprise par Brunel entre les deux couches supérieures de sable et d'*argile de Londres* ; ce qui eût permis de cheminer avec sécurité, si la couche d'argile se fût maintenue à une épaisseur suffisante. Malheureusement, au milieu de la Tamise, cette couche devint tellement mince, qu'elle fléchit, et occasionna plusieurs irruptions du fleuve dans les travaux. La première de ces irruptions fut si considérable qu'elle détermina un véritable entonnoir, par où l'eau alla se loger dans la galerie du tunnel, et la submergea. Pour réparer cette avarie et poursuivre son œuvre, violemment interrompue, l'infatigable Brunel s'avisa de restaurer le lit du fleuve, ébréché par cet accident, en jetant, dans ce but, au milieu de la Tamise, jusqu'à 3,000 mètres cubes d'argile en sacs. Cette chape gigantesque ayant isolé de nouveau le tunnel, Brunel put épuiser les eaux qui l'avaient

Fig. 162. — ENTRÉE DU CHANTIER ANGLAIS, SUR LA CÔTE DE DOUVRES

envahi, et continua son travail, qui plus tard fut encore gêné, mais non arrêté, par des accidents beaucoup moins graves.

Il est maintenant bien constaté que la nature des terrains tertiaires de la Tamise n'offre aucune analogie avec celle des formations secondaires du détroit de Douvres. On ne saurait donc établir de comparaison entre deux monuments placés dans des conditions aussi dissemblables.

Si le tunnel sous la Tamise, exécuté par Brunel, présenta de très grandes difficultés, elles furent surmontées. Un deuxième souterrain a été ouvert sous la même rivière ; mais il était placé plus bas, et il fut terminé sans encombre, en quelques mois de travail.

On doit faire remarquer, d'ailleurs, que la Manche a, en ce point, peu de profondeur. Ainsi que nous l'avons dit, les tours de Notre-Dame, placées au point le plus profond, émergeraient encore de 12 mètres au moins ; cette profondeur n'est guère plus grande que la largeur d'une des arches du pont du Carrousel à Paris. Le tunnel serait placé à 125 mètres au-dessous du sol marin, c'est-à-dire qu'il y aurait encore, entre le fond de la mer et le tunnel, une épaisseur de terre allant quelquefois jusqu'à 80 mètres. Cette masse suffira pour empêcher les infiltrations ; en tout cas elle en réduira assez la quantité et la pression pour que l'eau ne gêne pas l'exécution des travaux.

Le tunnel doit avoir une longueur totale de 35 kilomètres sous la mer, et ne peut être entrepris que par les deux bouts ; mais il sera ouvert dans une roche tendre, pour laquelle on emploiera des machines qui feront le déblai à la manière des tarières, tandis que le passage du mont Cenis fut ouvert au milieu des roches les plus dures qu'on eût encore exploitées à la poudre. Le tunnel du Saint-Gothard traversait des roches plus résistantes encore, et on n'en vint à bout qu'à grand renfort de dynamite.

Dans les souterrains des Alpes, la grande difficulté était le déblai, et la rapidité des travaux était réglée par la quantité dont le travail de la mine avançait chaque jour. Pour le tunnel de la Manche, où l'on ne fera pas usage de poudre, les déblais s'opéreront avec facilité, et la vitesse d'exécution dépendra de la rapidité avec laquelle les ouvriers pourront exécuter la voûte et les pieds-droits qui la soutiennent. Pour résoudre cette question, l'expérience des grands travaux publics fournit bien des moyens ; il suffira de choisir entre eux et de les bien combiner.

On s'est enfin demandé si des mineurs partant d'Angleterre et de France, se rencontreront au milieu du trajet, avec une exactitude suffisante. La réponse à cette question est facile. Par un beau temps, les extrémités des travaux sont en vue l'une de l'autre, et on connaît la précision des instruments que nos constructeurs fabriquent pour l'astronomie, et qui sont, d'ailleurs, les mêmes que ceux dont on fait usage pour assurer la direction des galeries opposées. Les deux extrémités du souterrain du mont Cenis n'étaient pas en vue l'une de l'autre, et ne pouvaient être vues simultanément d'aucun point, et pourtant la rencontre des deux sections des travaux se fit avec une exactitude telle que la déviation ne dépassa pas 15 centimètres.

Au mont Saint-Gothard les deux galeries se sont rencontrées avec quelques centimètres seulement de déviation, ainsi que nous l'avons rapporté dans la Notice consacrée à ce monument célèbre de l'industrie et de l'art contemporains.

Ce sont des difficultés d'un autre ordre qui doivent préoccuper les ingénieurs du tunnel de la Manche. Un seul obstacle sérieux peut se dresser devant cette grande entreprise.

Le banc de craie argileuse dans lequel les travaux seront placés, règne-t-il sans interruption et sans cassure, d'une rive à l'autre? La plupart des géologues en sont convaincus. La concordance de la stratification sur les deux rives, la continuité de la nature du sol dans toute l'étendue du détroit, la faible profondeur et la régularité du profil de la mer, en ce point, justifient l'hypothèse admise aujourd'hui sur la cause de l'ouverture du détroit ; et donnent tout lieu de penser, dès lors, qu'il n'y a aucune rupture dans le banc de craie grise. Si, toutefois, une dislocation avait eu lieu, on aurait à traverser en ce point des terrains plus perméables ; mais les 80 mètres d'épaisseur de terre qui sépareraient les travaux de la mer, agiraient comme un filtre, qui ralentirait considérablement l'arrivée des eaux. On aurait alors à employer les moyens dont on a usé dans tous les souterrains pour traverser les parties qui fournissaient des sources, et, quelque abondantes qu'elles aient été, jamais le percement n'a été abandonné. Les terribles inondations contre lesquelles Louis Favre eut à lutter, pendant les travaux du souterrain du mont Saint-Gothard, du côté d'Airolo, furent combattues avec efficacité, et il n'est pas probable que de telles irruptions menacent jamais les travailleurs du tunnel sous-marin de la Manche.

On peut donc espérer la pleine réussite de cette magnifique entreprise. La science a fouillé et étudié les terrains du rivage ; la sonde lui a montré le fond de la mer et la nature du sol jusqu'à la profondeur où doivent être placés les ouvrages à exécuter, et l'art de l'ingénieur possède toutes les ressources nécessaires pour combattre toutes les difficultés qui pourraient se présenter.

Ces difficultés, nous ne voulons pas, d'ailleurs, les dissimuler.

On peut affirmer que de toutes les grandes entreprises de travaux internatio-

naux du dix-neuvième siècle, sans excepter les canaux de Suez et de Panama,
ainsi que les longs tunnels du mont Cenis et du Saint-Gothard,
celle du chemin de fer sous-marin entre la France et l'Angleterre est une
des plus audacieuses. C'est la seule, en effet, où l'argent ne soit pas, en
définitive, tout puissant, et pour laquelle certains cas d'impossibilité matérielle
absolue pourraient être à redouter.

Établir, à 125 mètres au-dessous du niveau de la mer, un tunnel à grande
section, à double voie, à ciel entièrement fermé, sur une longueur de
35 kilomètres, est un projet que bien des cas de force majeure
peuvent rendre irréalisable, en dépit de toutes les ressources du génie
humain. Si les passages entrepris sous la Tamise, sous l'Hudson, sous la
Mersey, à de faibles profondeurs, avec des longueurs notablement moindres,
ont présenté des difficultés considérables, que de causes d'impossibilité
pourraient surgir pour un chemin de fer sous la Manche !

Les travaux des géologues et des ingénieurs des deux côtés du détroit
nous garantissent, toutefois, que l'on triomphera de ces difficultés. Grâce à un
ensemble d'admirables études et de recherches expérimentales poursuivies
à grands frais, pendant plus de vingt années, tant par Thomé de Gamond,
que par les savants et courageux continuateurs de son œuvre, la réussite
s'annonce comme à peu près assurée, si des préjugés d'un autre âge ne
viennent entraver cette œuvre civilisatrice, et suspendre les avantages qui
en résulteraient pour le commerce général et les relations mutuelles des
nations des deux mondes.

Il ne faut donc pas trop se laisser impressionner par le coup de théâtre
de l'interdiction de poursuivre les travaux de la Manche, décrétée en 1883,
par le gouvernement de sa très gracieuse Majesté, la reine Victoria. Les
auteurs dramatiques savent qu'un coup de théâtre n'est qu'une scène émouvante, et non un dénouement.

Quel que soit, d'ailleurs, ce dénouement, nous ne devons pas hésiter à
proclamer les mérites des hommes de désintéressement et de courage
qui se sont dévoués à cette œuvre épineuse. Il ne faut pas réserver
exclusivement ses hommages aux entreprises heureuses que le succès couronne. Il faut vouer un souvenir de juste reconnaissance au travailleur resté
à moitié chemin de sa tâche interrompue, au laboureur malheureux qui
creusa le sillon aride et ne recueillit point le grain de sa moisson. Le succès
ne dépend pas de nous. Il est suspendu aux hasards d'événements imprévus,
et à la main de Dieu, qui agite à son gré les destinées humaines. Nous sommes
donc heureux d'avoir pu rassembler, dans cette Notice, des documents épars

et ignorés, pour conserver à l'histoire un monument de recherches et d'études digne de l'admiration des contemporains et de la reconnaissance de la postérité.

LES RAILWAYS MÉTROPOLITAINS

I

Les trois systèmes de railways métropolitains : les tunnels, les voies de niveau et les chemins de fer sur arcades. — Inconvénients et avantages de chacun de ces systèmes.

Après les grands tunnels et les voies ferrées passant sous les montagnes, nous étudierons les tunnels et les voies ferrées traversant les villes. Les chemins de fer, qui donnent de si merveilleux résultats pour les longs parcours, devaient présenter également de sérieux avantages pour faire franchir les grandes distances à l'intérieur des capitales, où la circulation est si active et le temps si précieux. La foule affairée qui encombre les rues, a autant besoin de moyens rapides de communication que le voyageur qui veut se transporter avec célérité d'un pays à un autre.

Les avantages des *railways métropolitains* sont de toute évidence ; on peut les résumer comme il suit. Ils permettent :

1° De diminuer l'encombrement des rues principales, cause permanente des accidents quotidiens ;

2° De rendre l'entretien des rues beaucoup plus facile et moins dispendieux, en les débarrassant de l'affluence de lourdes voitures, dont la lente progression est un si grand obstacle à la circulation, et dont le poids est la cause principale de la destruction des chaussées ;

3° De mettre à la disposition des habitants des villes des moyens de transport toujours prêts, toujours suffisants, et de les rendre accessibles, pour une très modique rétribution (en général, 1re classe, 25 *centimes* — 2e classe, 10 *centimes*), aux nombreux ouvriers qui logent aux extrémités de la ville ou dans la banlieue, comme aux voyageurs à l'intérieur de la ville, pour lesquels les moyens de transport ordinaires sont et seront toujours insuffisants, les jours de grande affluence ;

4° De hâter et de régulariser le service du factage des messageries et celui du camionnage.

Il faut bien reconnaître, en effet, en ce qui touche cette dernière question, que, dans les grandes villes, les articles de messageries, apportés, des points les plus éloignés du territoire, dans l'intervalle de quelques heures, par les chemins de fer, mettent quelquefois autant et plus de temps pour parvenir de la gare chez le destinataire qu'ils n'en ont mis pour arriver à Paris. D'innombrables petits articles sont transportés, de la capitale, aux villes situées dans un rayon de 25 à 30 lieues, et réciproquement. Certaines industries, dont le centre est à Paris, se sont étendues, dans les environs, sur une surface de plus de mille lieues carrées ; de là résultent des échanges mutuels et continuels d'articles de messagerie. Pour favoriser complètement l'expansion, la dilatation de cette puissance industrielle, il faudrait que la rapidité des transports dans Paris même ne laissât rien à désirer. Or, c'est ce qui n'existe pas, comme on le sait : la création d'une voie ferrée souterraine répondrait à ces exigences du commerce actuel de la capitale.

A première vue, on a quelque peine à se figurer comment un chemin de fer, avec le bruit assourdissant de ses convois et son déversement de vapeur et de fumée au sein de l'atmosphère, peut s'établir au milieu d'une ville. Cependant, avec un peu de réflexion, on comprend la possibilité de cette intrusion des véhicules mécaniques au cœur d'une cité. On possède aujourd'hui une si grande variété de moyens pour l'établissement des chemins de fer, dans toutes sortes de conditions, qu'il doit suffire, pour créer des voies ferrées urbaines, d'appliquer à l'intérieur des villes les systèmes usités dans des cas spéciaux.

Trois systèmes de chemins de fer peuvent être appliqués pour servir au transport des personnes et des marchandises, à l'intérieur des villes. On peut y faire pénétrer les chemins de fer :

1° Souterrainement ;

2° Par des rails simplement placés à niveau du sol ;

3° Sur des arcades élevées à une certaine hauteur au-dessus de la voie publique.

Chacun de ces trois moyens présente des avantages et des inconvénients, que nous allons sommairement indiquer.

L'établissement des chemins de fer dans des tunnels creusés sous la voie publique, n'apporte aucun trouble à la circulation qui s'opère dans les villes. En outre, il n'exige aucune acquisition de terrains.

Cette dernière considération est capitale. Si le prix du terrain est une

FIG. 164. — COUPE DU SOUS-SOL D'UNE VILLE CONTENANT UN RAILWAY

A, égout contenant deux conduites d'eau ; — B, égout contenant des faisceaux de fils téléphoniques; — C, conduite de gaz; — D, railway.

des grandes causes de la cherté des chemins de fer, en rase campagne, l'élévation prodigieuse de ces prix, à l'intérieur des grandes villes, suffirai quelquefois à rendre cette création impossible. Le sous-sol étant, au contraire, sans valeur, on a devant soi une économie considérable. Ajoutons que l'on peut mettre facilement la voie ferrée en communication avec les caves des maisons, et transformer ces caves en dépôts de marchandises.

L'établissement des voies ferrées sous le sol, rencontre, sans doute, une grande difficulté dans l'existence, au-dessous du pavé, des diverses conduites pour l'eau et le gaz, et surtout dans la présence des égouts. Mais il n'est pas impossible d'écarter cet obstacle. Pour faire passer un railway sous le pavé des villes, il suffit de descendre au-dessous de la ligne où sont établis les égouts. En effet, comme le représente la figure 164, les égoûts, du moins à Paris, reçoivent les conduites d'eau, ainsi que les faisceaux de fils téléphoniques ; et les conduites de gaz passent à très peu de profondeur sous le sol. Quand les égouts gênent par trop, on peut les dévier. Dans l'établissement du railway métropolitain de Londres, les égouts, comme nous le verrons, furent déviés avec la plus grande facilité, et sans amener aucun trouble dans l'écoulement des liquides qui les parcourent.

Les voies ferrées souterraines n'ont donc que peu d'inconvénients. D'ailleurs, l'expérience a parlé. Ce système fonctionne aujourd'hui à Londres, à Philadelphie ; on ne saurait dès lors le considérer comme tout à fait désavantageux.

Quant aux chemins de fer établis sur les terrains de niveau, ils occasionneraient une gêne considérable à la circulation. Ils ne sont donc admissibles que lorsqu'il s'agit de pénétrer dans une ville essentiellement industrielle, où toutes les convenances sont subordonnées aux travaux des ateliers et manufactures. En effet, sur les chemins à niveau, les raccordements de la voie avec les usines sont faciles, et le transport économique des matières pondérantes, qui est, pour les cités industrielles, la condition vitale, se trouve ainsi assuré. Mais, nous n'avons pas besoin de dire que dans les villes non manufacturières, on ne saurait songer sérieusement à lancer une locomotive sur des rails à niveau du sol, au milieu des embarras et de l'encombrement des rues livrées à la circulation publique.

Tout au plus peut-on admettre des voies à niveau sur les boulevards extérieurs et les longues avenues. C'est ainsi qu'à Berlin, le railway métropolitain est, dans une partie de son parcours, posé au milieu des larges avenues et des chemins extérieurs à la ville. Le reste de la voie pénètre, dans des quartiers populeux, sur des viaducs en maçonnerie.

Le système de pénétration du réseau de fer dans les villes au moyen d'arcades en fer, ou de viaducs en maçonnerie, posés au milieu des voies publiques. est très dispendieux ; car il nécessite, outre l'achat des terrains, d'importantes constructions ; mais souvent il est le seul possible. A l'intérieur de Berlin, comme nous le verrons, la voie est presque toujours portée sur des viaducs ou des arcades au milieu des rues et des places. Mais c'est à New-York que ce système a pris le plus d'extension. On voit aujourd'hui les places et les avenues de la grande cité américaine sillonnées de voies de chemins de fer posées sur des arcades de fonte. Les habitants, après quelques résistances, justifiées par les souffrances ressenties, ont pris leur parti de cette disposition nouvelle, qui, si elle a l'inconvénient de déroger aux habitudes et de choquer quelquefois la vue, a l'avantage de désobstruer la voie publique. Les embarras de la rue sont ainsi portés du dessous au dessus.

Les inconvénients des chemins de fer à arcades dans l'intérieur des villes, peuvent être, d'ailleurs, amoindris par des dispositions ingénieuses, qui ont le double avantage de concourir à l'embellissement des villes et de se plier, sans la modifier, aux exigences de la circulation.

Il n'est pas sans intérêt de savoir que c'est à un ingénieur français qu'appartient le mérite d'avoir résolu le premier le problème de la circulation des voies ferrées dans les villes, en les faisant supporter par des arcades de fer.

M. Brame, ingénieur en chef des ponts et chaussées, fit connaître, en 1856, un plan de chemin de fer urbain, qui, appliqué de nos jours. avec peu de changements, à New-York, a permis de créer des chemins de fer métropolitains sans danger pour la circulation, et quelquefois avec un certain avantage pour la décoration et l'élégance des voies publiques.

On pourrait comparer les chemins de fer urbains imaginés par M. Brame à l'un de nos boulevards, dont la chaussée, exclusivement consacrée à l'emplacement des deux voies de fer, et les larges trottoirs destinés aux piétons, seraient élevés sur des arcades : le tout, de plain-pied avec le premier étage des maisons.

Que l'on imagine un de ces boulevards aériens compris entre deux rues parallèles, dont il serait séparé par des constructions. Ces dernières auraient deux façades : l'une, sur le chemin de fer, avec boutiques correspondant au premier étage ; l'autre sur les rues latérales, avec boutiques au rez-de-chaussée. Ces rues seraient, par conséquent, d'un étage en contre-bas du chemin de fer ; elles communiqueraient entre elles au moyen de viaducs établis sous la voie de fer, à la rencontre de toutes les rues transversales.

Aux têtes de ces viaducs seraient accolés des escaliers doubles, mettant en communication les trottoirs du boulevard avec ceux des rues latérales.

Ces viaducs seraient recouverts en dalles de verre, afin d'en éclairer la traversée, et leurs culées pourraient être appropriées pour l'installation de boutiques, qui se trouveraient ainsi dans les mêmes conditions que la plupart de nos galeries vitrées actuelles.

Le dessous du boulevard aérien, distribué en caves et sous-sols, serait utilisé comme dépendances des boutiques attenantes ; il suffirait de recouvrir en dalles de verre épais les trottoirs du boulevard, pour éclairer ces magasins.

La circulation des voitures, étant exclusivement reportée dans les rues latérales, s'effectuerait ainsi sans entraves et dans les conditions ordinaires. Celle des piétons, qui aurait lieu sur les trottoirs des boulevards aériens, serait exempte de tous les inconvénients que l'on éprouve actuellement aux traversées des rues.

De légères passerelles en fer, convenablement espacées, faciliteraient les communications d'un trottoir à l'autre, par-dessus le chemin de fer. Ces passerelles seraient supportées par des escaliers d'accès, aboutissant au bord des trottoirs. Le dessous de ces escaliers pourrait être utilisé pour l'entrée et la sortie des voyageurs du chemin de fer.

A cette description du railway intérieur proposé en 1856, par M. Brame, il est facile de reconnaître les chemins de fers métropolitains que New York a construits de nos jours. Les dispositions proposées par l'ingénieur français ne furent pas appliquées dans notre pays, mais l'Amérique su les mettre à profit.

Avant même M. Brame, un inventeur modeste, M. Telle, avait fait une publication analogue à celle du savant ingénieur des ponts et chaussées, et qui avait même sur celle de M. Brame la priorité de date. Au mois de février 1855, M. Telle publiait, à Paris, une brochure de quelques pages, ayant pour titre *Les chemins de fer dans l'intérieur de Paris et des autres grandes villes*, où son système se trouve décrit (1).

Ce système, qui a la plus grande analogie avec celui de M. Brame, consiste à poser les rails sur des arcades élevées, et disposées tout exprès au milieu des rues, en plaçant la voie à la hauteur du premier étage.

Le mérite de la première publication sur ce sujet ne saurait être contesté à M. Telle ; mais nous devons ajouter que les travaux de M. Brame sur les chemins de fer urbains sont bien antérieurs à la publication que nous venons de mentionner. MM. Brame et Flachat avaient fait connaître, en juillet 1853,

---

1. L'*Illustration* du 20 avril 1856 a publié une vue d'un chemin de fer dans Paris, d'après la brochure de M. Telle.

un projet de chemin de fer intérieur, destiné à desservir les Halles centrales de Paris. Ce projet, qui fut déclaré d'utilité publique, en février 1854, fut publié dans le n° 137 de la *Revue municipale de Paris*. Il fut abandonné, pour faire place au projet de chemin de fer souterrain, proposé par M. Baltard, ingénieur-architecte de la ville de Paris. Ce dernier chemin de fer souterrain eut même un commencement d'exécution ; mais on trouva que son objet était trop borné, et les travaux furent abandonnés.

Ainsi : railways souterrains, — passages à niveau des rues — voies portées sur des viaducs, — tels sont les trois systèmes qui ont été proposés pour établir des voies ferrées au sein des villes. Les ingénieurs qui ont eu à construire des railways métropolitains, ont adopté l'un ou l'autre de ces trois procédés, selon les dipositions locales. Ils ont fait un éclectisme raisonné. A Londres on a posé les rails sous la voie publique, grâce à des tunnels, plus ou moins profonds, prenant jour au dehors, au moyen de quelques ciels ouverts. A Berlin et à New York, on a élevé la voie sur des arcades. Dans les villes manufacturières on a mis les rails au niveau du sol.

C'est grâce à ces méthodes que des railways ont été établis au milieu de quelques grandes villes des deux mondes. Nous décrirons les plus importants, existant aujourd'hui, à savoir : ceux de Londres, de Berlin, de New York et de Philadelphie.

II

Le railway métropolitain de Londres. — Tracé de la ligne souterraine. — Profondeur et dimensions du tunnel. — Les stations souterraines et les stations à
ciel ouvert. — La ventilation et l'éclairage des tunnels. — Mode d'exploitation.
— Prix de revient.

La ville de Londres n'a pas, comme Paris, de limites déterminées. A
Paris, une enceinte continue enserre étroitement la ville. Londres, au contraire
n'est qu'une vaste réunion de quartiers, séparés quelquefois par de grandes
distances, et qui s'étendent, sans lignes précises de terminaison, sur un espace
de plus de 35,000 hectares. Cette vaste surface est divisée en 36 communes, ou *districts*, qui ont, chacune, leur administration municipale. La
longueur de l'*agglomération londonnienne* est de 24 kilomètres environ, de
l'est à l'ouest, et de 20 kilomètres du nord au sud.

La partie de la ville située au sud de la Tamise est de beaucoup la plus
importante. Elle comprend, vers l'est, la *Cité*, et, à l'ouest de la *Cité*,
Westminster.

La *Cité* n'a qu'une médiocre étendue ; sa surface est 1/30 environ de
celle de Paris, c'est-à-dire 7,800 hectares, mais elle est le centre de l'activité
municipale et commerciale de Londres. Le centre politique est le quartier
de *Westminster*, où se trouve le siège du gouvernement.

Au sud de la Tamise et de *Westminster* s'étendent les districts industriels
et manufacturiers. Là se presse une nombreuse population ouvrière ; tandis
que les districts opulents occupent, comme à Paris, le nord et l'ouest de la ville.

Au delà de cette dernière portion de Londres, commence, pour s'étendre
dans toutes les directions, une longue suite de villas, qui reçoivent les habitants,
riches ou pauvres. Les négociants viennent s'y délasser des fatigues de la
journée ; les ouvriers y trouvent un abri commode et spacieux ; et tous
reviennent, le matin, chaque jour de travail, à l'atelier ou au bureau.

Ces habitudes de villégiature font que le service des chemins de fer de la
banlieue est d'une importance hors ligne.

Le railway métropolitain de Londres ressemble, par son parcours.

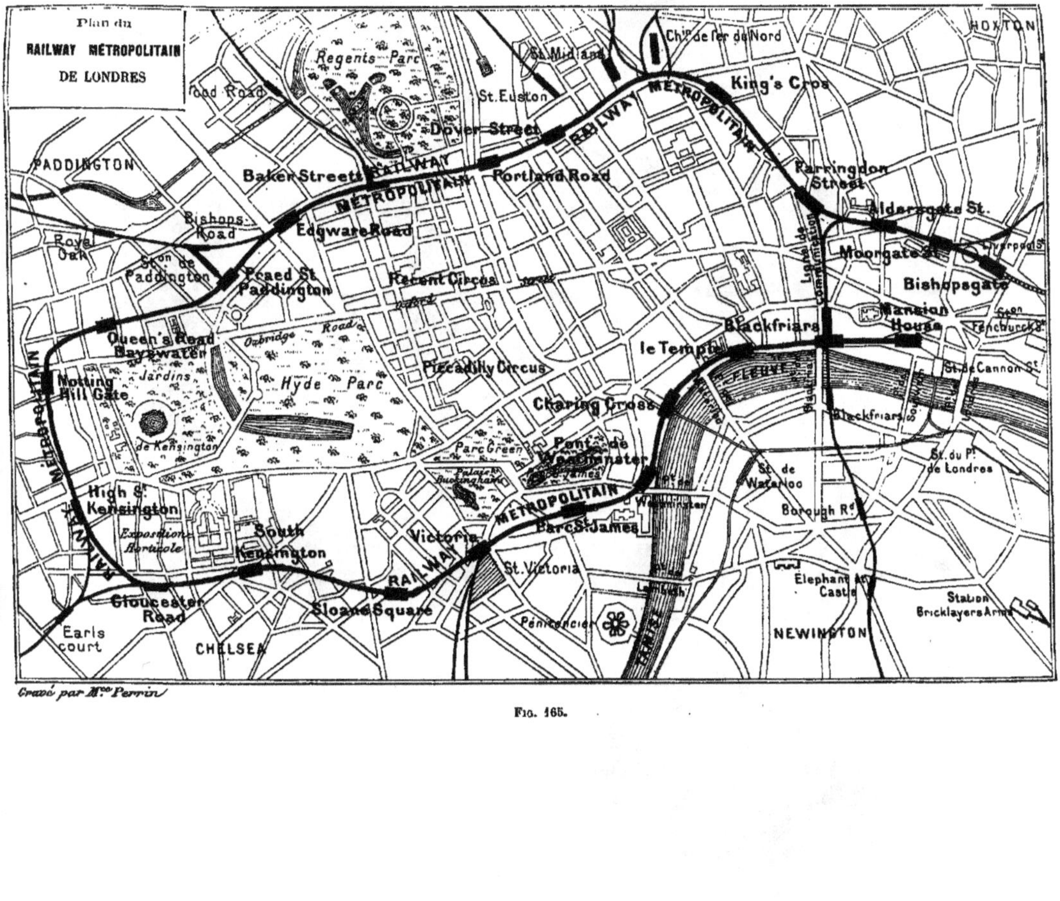

HOXTON

Regent's Parc

St Midland

Ch.in de fer du Nord

King's Cross

od Road

St. Euston

Dover Street

RAILWAY MÉTROPOLITAIN

PADDINGTON

Baker Street RAILWAY

Portland Road

Farringdon Street

Aldersgate St.

MÉTROPOLITAIN

Bishops Road

Edgware Road

Moorgate St.

Liverpool

Roy al Oak

St.on de Paddington

Praed St Paddington

Regent Circus

Bishopsgate

Oxbridge Road

Mansion House

Fenchurch

Queen's Road Bayswater

Piccadilly Circus

le Temple

Blackfriars

St. de Cannon St.

Notting Hill Gate

Jardins

Hyde Parc

Charing Cross

FLEUVE

Blackfriars

de Kensington

Parc Green

Pont de Westminster

St. de Waterloo

St. du P.t de Londres

High St Kensington

Palais de Buckingham

Parc St James

Westminster

Borough R.d

Exposition Permanente

South Kensington

Victoria

MÉTROPOLITAIN

Parc St James

Elephant & Castle

Station Bricklayers Arms

Gloucester Road

RAILWAY

St. Victoria

Earl's court

Sloane Square

Pénitencier

NEWINGTON

CHELSEA

Fig. 165.

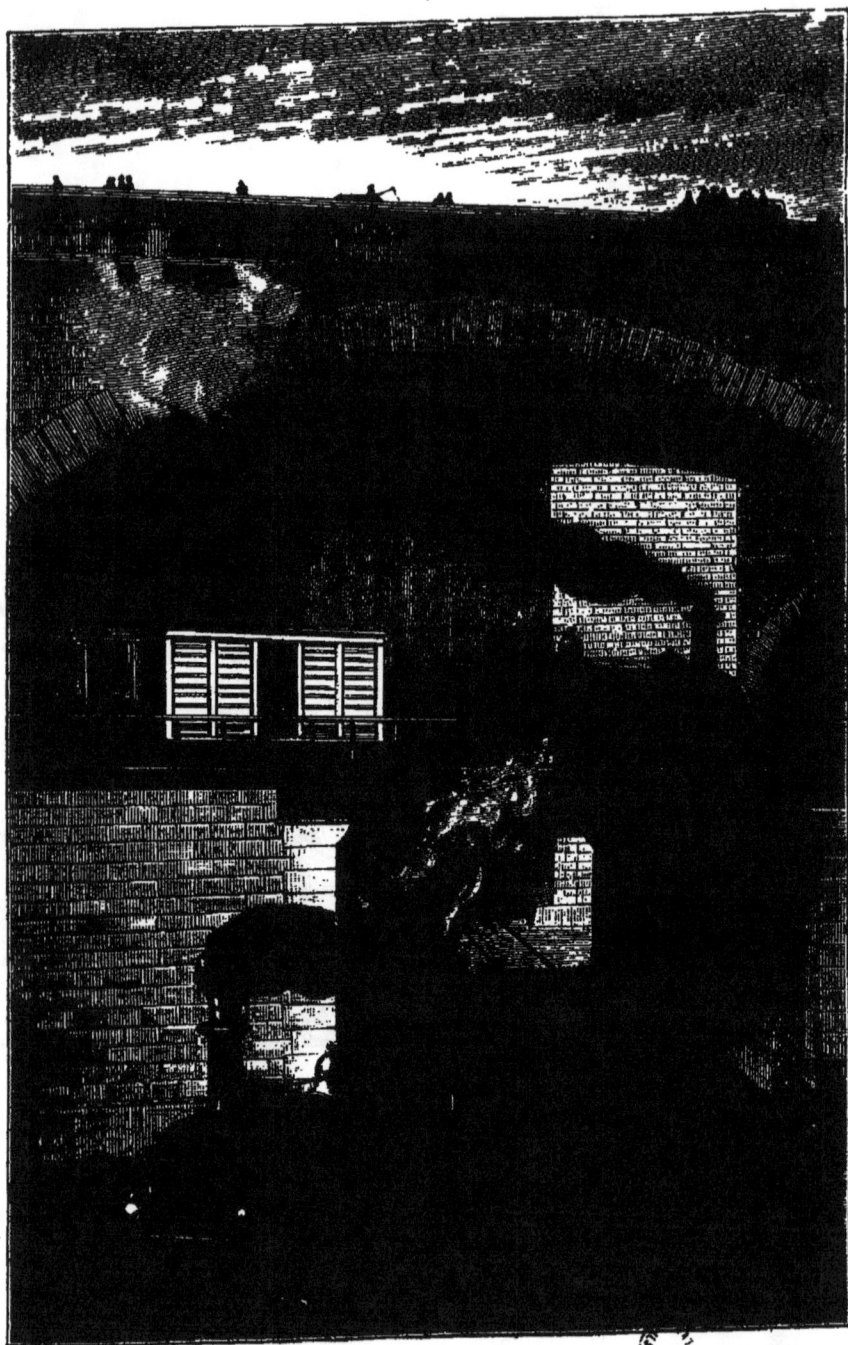

FIG. 166. — CROISEMENT DE DEUX VOIES SUPERPOSÉES, SUR LE RAILWAY MÉTROPOLITAIN DE LONDRES. ENTRÉE DU TUNNEL DE CLERKENWEL

qui décrit une courbe presque entièrement fermée, au chemin de fer de ceinture de Paris, lequel, longeant les fortifications à l'intérieur de la ville, relie entre elles les deux gares de l'Ouest, celles du Nord, de l'Est, de Lyon et d'Orléans. Seulement, tandis que le chemin de fer de ceinture de Paris ne dessert que des localités excentriques, le railway métropolitain de Londres pénètre au cœur de la ville, et met en relation les quartiers les plus populeux. Aussi, tandis que le chemin de fer de ceinture de Paris est presque partout à ciel ouvert, et ne comporte que quelques rares et courts tunnels, comme à Belleville et au Père-Lachaise, le railway métropolitain de Londres est-il un chemin de fer souterrain, dans la plus grande partie de son trajet, et plusieurs de ses gares sont-elles souterraines.

Les Anglais appellent le railway souterrain de Londres *inner circle* (cercle fermé). La courbe de ce railway a, en effet, l'aspect circulaire; mais elle n'est pas entièrement fermée : elle présente une solution de continuité entre les deux points de départ et d'arrivée.

Ainsi qu'on le voit sur la figure 165, c'est-à-dire sur la carte du chemin de fer métropolitain de Londres, le point de départ est *Bishopsgate* et le point d'arrivée *Mansion house*, quartiers situés, l'un et l'autre, au centre de la cité, et embrassant les rues les plus populeuses, les plus affairées.

Deux compagnies différentes sont propriétaires des railways intérieurs de Londres. Le *Metropolitan railway Company*, et le *Metropolitan district*, se partagent l'exploitation de ce chemin de fer, sur des longueurs inégales.

On s'imagine que la voie du railway métropolitain de Londres est très profondément enfoncée sous le sol. C'est une erreur. Le tunnel n'est pas situé, en moyenne, à plus de 10 à 12 mètres au-dessous du pavé. Quelquefois même sa profondeur ne dépasse pas 6 mètres.

Les tunnels qui se succèdent occupent une longueur de 3,370 mètres, depuis *Edgwar road* jusqu'à *King Cross*. Les gares de *Portland road*, de la rue Baker et de la rue Gower, sont établies au fond du tunnel.

Le peu de profondeur où se trouve placé le railway souterrain, en certains points de son parcours, a permis d'y superposer deux voies. Tel est le cas, intéressant et curieux, du tunnel de *Clerkenwel*, où l'on voit deux lignes passant l'une au-dessus de l'autre, le tout sous le pavé de la rue. C'est ce qui est représenté sur la figure 166.

Entrons dans quelques détails descriptifs sur le railway métropolitain de Londres, en nous attachant d'abord à ce qui concerne la voie creusée sous le sol.

La section d'un tunnel de ce railway souterrain présente une voûte en anse de panier, avec pieds-droits en arcs de cercle. Sa largeur est de 8^m,70, sa hauteur au-dessus des rails, de 5 mètres. Il est revêtu en briques, comme la plupart des ouvrages d'art en Angleterre, et le revêtement a une épaisseur de 0^m,69, dans tous ses points. Dans quelques parties *éboulantes*, il a fallu placer un revêtement complet, c'est-à-dire poser un champ de briques au plafond, directement au-dessous du sol de la ville, et l'on a prolongé ce même revêtement par-dessous la voie. C'est ce qu'on appelle un *radier*.

De chaque côté de la voie, à l'intérieur du tunnel, il existe des *refuges*, espacés de 15 mètres l'un de l'autre, et qui servent aux employés et ouvriers, pour déposer leurs outils, ou pour se garer, au moment du passage des trains.

Cependant toute la ligne n'est pas souterraine ; un quart environ de sa longueur est en tranchée, à ciel ouvert.

Les tranchées sont revêtues de murs de soutènement en briques. Quand la poussée des terres que coupe la tranchée faisait craindre des glissements, on a relié entre elles les deux parois de la tranchée par des poutres en fonte, placées à la hauteur de 4 mètres au-dessus des rails.

Dans l'axe et au-dessous de la voie, soit en tunnel, soit en tranchée, un acqueduc central suit tous les détours du tracé, pour recevoir les eaux d'infiltration et donner écoulement aux eaux pluviales.

Les tunnels n'ont pas été creusés par les procédés ordinaires d'excavation. On commença par ouvrir des tranchées, ce qui permit de travailler à découvert et dans des conditions faciles. La tranchée étant pratiquée, on les revêtit de toutes parts de sa maçonnerie en briques, et on la recouvrit de terre. C'est ainsi, disons-le en passant, que l'on a opéré à Paris, pour exécuter le conduit souterrain où passe le canal Saint-Martin.

Nous représentons dans les figures 167 et 169 le travail qu'il a fallu entreprendre pour exécuter la partie souterraine du railway de Londres. Dans la première de ces deux figures on voit creuser la tranchée à ciel ouvert ; dans la seconde on voit la construction de la voûte du tunnel, qui sera ensuite recouverte de terre.

De tels ouvrages ne présentent, d'ailleurs, aucune difficulté. Les travaux pratiqués sous le sol peuvent être estimés et exécutés avec une certitude dont on ne s'approche pas toujours quand il s'agit de constructions et de bâtisses s'élevant au-dessus du sol.

En effet, la pression que le tunnel doit supporter par les poids des terres qui le surmontent, n'est pas à redouter. L'expérience a prouvé que ni affaissement, ni infiltrations d'eaux ne se sont jamais produits dans le railway métropolitain de Londres.

FIG. 167. — CREUSEMENT D'UNE TRANCHÉE POUR L'EXÉCUTION DU TUNNEL MÉTROPOLITAIN DE LONDRES.

Nous ne voulons pas dire, pour cela, que la construction du railway souterrain de Londres se soit opérée sans difficultés. Il fallut plus de dix ans pour achever son réseau. Dans les profondeurs du sol tout un dédale de conduites d'eau et de gaz, d'acqueducs, de tubes, de fils télégraphiques, etc., se dirigent en divers sens, et à des niveaux très différents, le tout fort enchevêtré dans le sol. Ce sont là, en effet, pour ainsi dire, les racines de la vie d'une cité moderne. La gravure placée au frontispice de ce volume : *Ce qu'il y a sous le pavé de Londres*, donne l'idée exacte de l'étrange milieu qui constitue aujourd'hui le sous-sol d'une grande ville.

Pour l'exécution du railway intérieur de Londres, il fallut donc apprendre

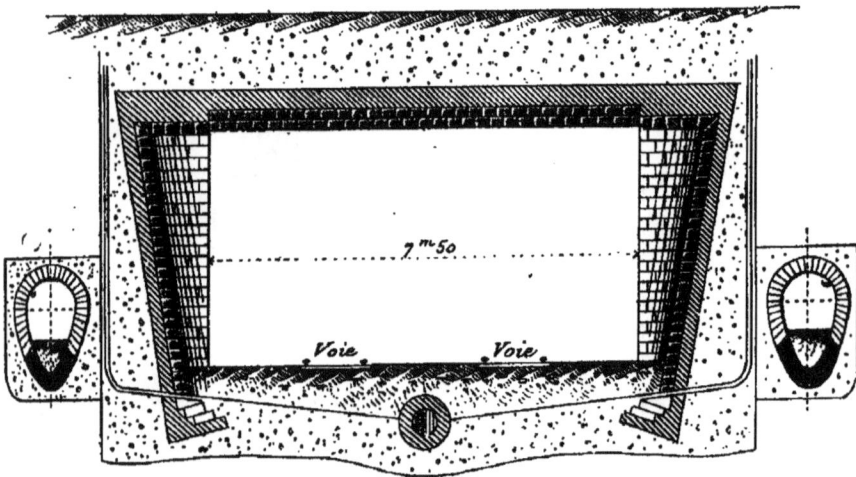

Fig. 168. — COUPE DU TUNNEL MÉTROPOLITAIN DE LONDRES, AVEC DÉVIATION, SUR SES DEUX CÔTÉS, D'UNE BRANCHE D'ÉGOUT

à détourner les égouts, faire passer d'autres conduites sous la voie, ou les suspendre à la voûte du tunnel, par des crampons de fer.

Au moment où la ligne allait être livrée à la circulation, le grand égout dit *Fleet Seever*, se creva. Je vous laisse à penser les inconvénients et les ennuis qui résultèrent de cette irruption de liquides sans nom dans les travaux terminés.

C'est pour éviter ce genre d'accidents que sur les points du trajet où l'on rencontre un égout, on le divise en deux parties, que l'on dévie des deux côtés. La figure 168, qui représente les dimensions exactes de la section du tunnel métropolitain de Londres, fait voir, en même temps, la déviation d'une branche d'égoût, en deux branches plus petites, réparties aux deux côtés de la voie.

Pour donner une idée complète du mode de fonctionnement du railway souterrain de Londres, nous examinerons :

1° Le moteur des convois ;

2° La voie et les rails ;

3° Le matériel roulant ;

4° Les procédés de ventilation ;

5° L'éclairage des wagons ;

6° Les stations ;

7° Le mode d'exploitation, en vue d'éviter les collisions et rencontres de trains.

Moteurs. — Au point de vue de la pureté de l'air, les locomotives ne pouvaient être employées, dans leurs conditions ordinaires, pour la traversée des tunnels. La fumée aurait rendu l'air peu respirable, et les gaz provenant de la combustion du charbon, l'auraient promptement vicié. On remédie à ces inconvénients, sans se priver des avantages économiques et pratiques de la locomotive, en opérant de la manière suivante. Dès que l'on pénètre dans un tunnel, le mécanicien, au moyen d'un registre, intercepte l'arrivée de l'air au-dessous de la grille du foyer. Il a eu la précaution de forcer, à l'avance, le feu ; de telle sorte que la vapeur emmagasinée dans la chaudière suffise à la consommation jusqu'à ce que l'on ait franchi le souterrain. Le mécanicien réalise ainsi, sans appareil particulier et sans prétention scientifique, cette *chaudière sans foyer*, venue des États-Unis et qui, perfectionnée par un ingénieur français, est employée pour quelques cas particuliers de traction, par exemple pour les tramways de Nantes.

La vapeur qui sort des cylindres, après avoir produit son effet utile, au lieu d'être rejetée au dehors, comme à l'ordinaire, est dirigée, au moyen d'un tube, que le mécanicien adapte au sommet de la chaudière, dans l'eau portée par le tender. Cette eau est ainsi échauffée ; ce qui n'est que plus avantageux pour l'alimentation ultérieure, et la vapeur ne se répand pas dans le souterrain.

Ces deux manœuvres, c'est-à-dire l'occlusion du foyer et l'envoi de la vapeur dans l'eau du tender, se répètent à l'entrée de chaque tunnel.

Il est évident que les locomotives à air comprimé, dont on a fait l'essai à Paris, en 1879 et 1880, pour quelques tramways, et qui ont rendu tant de services dans les travaux du tunnel du mont Saint-Gothard, s'appliqueraient ici avec beaucoup d'avantages ; mais les Anglais, *gens pratiques et peu enclins à l'innovation*, préfèrent conserver la locomotive ordinaire, en opérant comme il vient d'être dit.

Rails et voie ferrée. — La largeur des voies ferrées est la même que celle des chemins de fer anglais et du continent, c'est-à-dire 1ᵐ,50.

Les rails sont posés sur des traverses de sapin. Ils sont, comme la plupart des rails des chemins de fer de l'Europe, de la forme dite à *double champignon*, quant à la saillie. Ils pèsent 42 kilogrammes le mètre courant. On les remplace lorsqu'ils présentent une usure de 16 millimètres, ce qui correspond à un trafic opéré sur ces rails de 50 millions de tonnes. Ils durent, moyennement, huit ans.

Matériel roulant. — Le matériel roulant du railway métropolitain de Londres devant satisfaire à un service spécial et à des conditions exceptionnelles d'établissement, exigeait des dispositions *ad hoc*. Son service nécessite, en effet, des trains très multipliés, mais composés d'un petit nombre de voitures, les trains s'arrêtant fréquemment et ne comportant que des arrêts très courts à chaque station. Ajoutez que sur cette voie les rampes sont fortes et les courbes d'un faible rayon, — qu'une grande partie de la ligne est souterraine, et comprend, en particulier, un tunnel, celui d'Edgware Road à King's Cross, qui est d'une grande longueur — enfin que les stations sont de peu d'importance, n'occupent qu'un faible emplacement, et ne peuvent, dès lors, recevoir un matériel compliqué et encombrant.

Pour répondre à ces diverses conditions spéciales, les locomotives du railway métropolitain de Londres sont des *machines-tenders*, du poids de 42 tonnes anglaises. Elles sont portées, en arrière, par quatre grandes roues motrices, de 1ᵐ,64 de diamètre, et reposent, en avant, sur de petites roues. Ces *machines-tenders* sont pourvues d'une *caisse à eau*, de grande dimension, dans laquelle, comme nous l'avons dit, le mécanicien peut diriger à volonté la vapeur de la chaudière, au lieu de la laisser perdre dans l'air. Ainsi, la *caisse à eau* joue ici le rôle du condensateur des machines à vapeur fixes. Le foyer a des dimensions exceptionnelles et la grille est d'une grande surface, parce qu'il s'agit de pouvoir forcer la production à vapeur, au moment de pénétrer dans un tunnel.

Les wagons sont de 3 classes ; mais divisés chacun en 8 compartiments, de 12 mètres de longueur. Ils sont éclairés au gaz, comme nous le dirons plus loin, en parlant de l'éclairage.

La ventilation des tunnels n'exige, en fait, aucune disposition spéciale. Comme on est débarrassé de la fumée du charbon et de la vapeur de la chaudière, on se trouve, en définitive, dans une atmosphère suffisamment respirable.

On a essayé de mettre à profit, pour produire une certaine ventilation, le déplacement d'air qui résulte de l'expédition des boîtes contenant les dépêches, dans les tubes pneumatiques, lesquels sont suspendus à la voûte du tunnel. Mais les dispositions secondaires nécessaires pour produire le résultat cherché, étaient compliquées, délicates, et leur résultat quelque peu problématique. Aussi a-t-on fini par y renoncer. La ventilation s'opère simplement par la différence de température et de pression existant aux deux bouts d'un tunnel, et par le déplacement d'air provoqué par le passage des convois.

Nous dirons, pourtant, qu'à mesure que l'exploitation du railway suburbain de Londres s'est développée, on a reconnu, de plus en plus, la difficulté d'aérer convenablement ces voies profondes, parcourues par de nombreux convois, se succédant à quelques minutes d'intervalle. Dès l'ou-

FIG. 170. — COUPE LONGITUDINALE DE LA STATION SOUTERRAINE DE MANSION-HOUSE

verture de la ligne générale, en 1864, on se préoccupait de la ventilation des stations souterraines de la rue Baker, de la rue Gower et de Portland Road. En 1866, on remaniait la station de la rue Baker. En 1868, on élargissait la station de Portland Road, et, en réalité, on la découvrait partiellement. En 1870 et 1871, on pratiquait, à la station de la rue Gower, des ouvertures, pour y faire pénétrer largement l'air et la lumière. En 1871 et 1872, on faisait, de distance en distance, des percées dans la voûte du tunnel et des chaussées d'Easton Road et de Marylebone Road. Enfin, en 1877, on établit à la station de la rue Gower un système de ventilation consistant en une sorte de hotte en charpente renversée et suspendue à la voûte du tunnel, qu'elle traverse, pour déboucher à ciel ouvert. Cette disposition provoque un appel de l'air dans le souterrain.

En dépit de tous les moyens de produire une bonne aération, il est certain que l'air est vicié et quelquefois peu respirable, au fond de ces boyaux de terre. Vers la fin de la journée, quand un grand nombre de trains ont

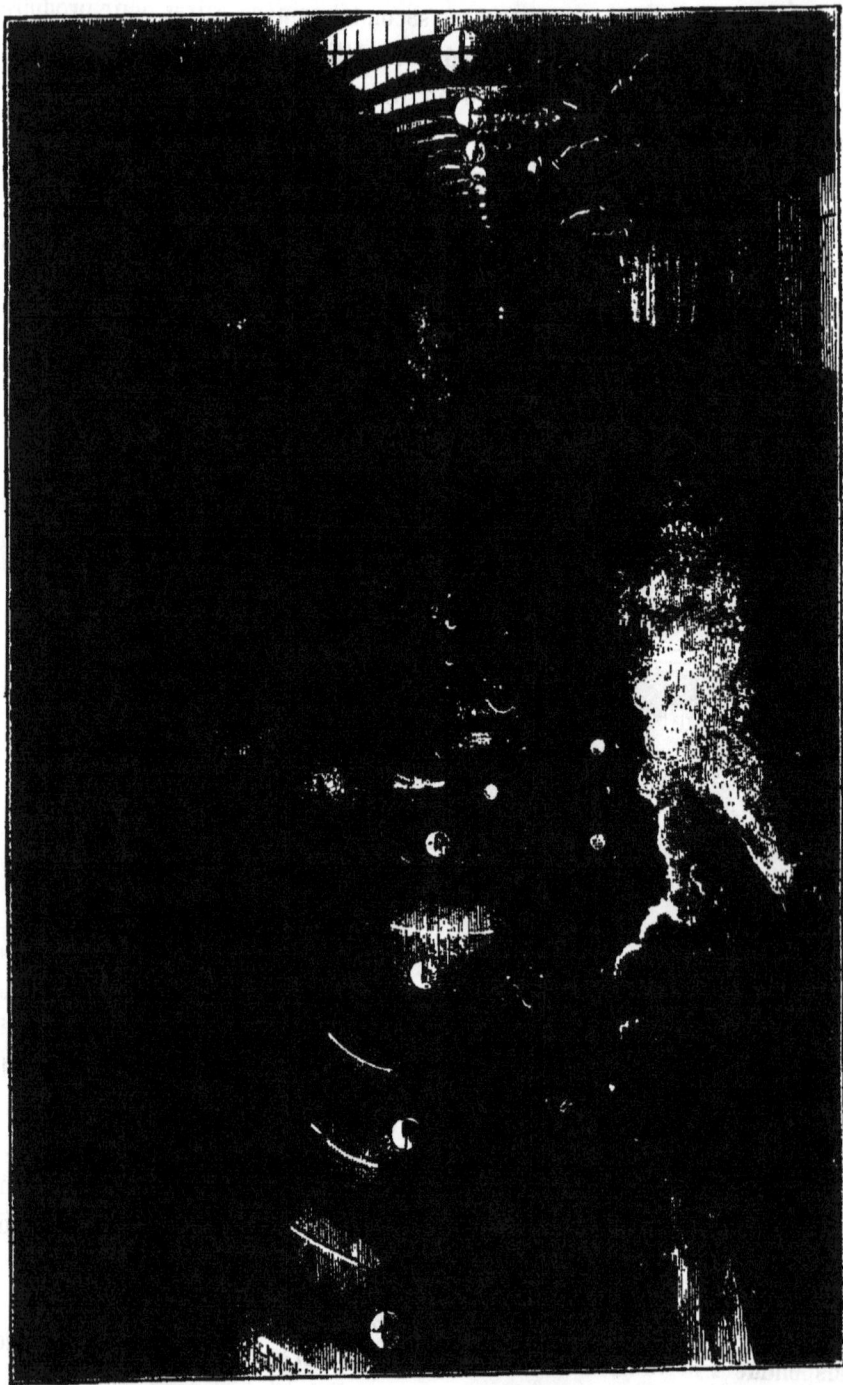

FIG. 171. — STATION SOUTERRAINE DE LA RUE BAKER.

parcouru le souterrain, l'air est devenu fort impur, par suite des gaz et des
vapeurs qui s'y sont dégagés pendant toute la journée.

Aussi a-t-on renoncé aujourd'hui à construire des tunnels longs de plus de 500 à 600 mètres ; et, en principe, on est si bien pénétré, à Londres, des inconvénients du parcours sous terre, que l'on tend généralement à découvrir les tunnels, pour obtenir, le plus qu'on le peut, des parcours à ciel ouvert.

Éclairage des wagons. — L'éclairage des wagons se fait au moyen du gaz. A cet effet, chaque wagon porte un réservoir de gaz, de 4,000 litres de capacité. De ce réservoir partent des tubes, qui sont disposés dans les divers compartiments, à raison de 2 becs par compartiment de première classe. Les 4,000 litres de gaz du réservoir suffisent à l'éclairage pendant deux heures et demie.

De grands gazomètres sont établis aux deux gares extrêmes de *Bishopsgate* et de *Mansion House*. Ils servent à remplir plus rapidement les réservoirs de chaque wagon. Deux minutes suffisent pour remplir cinq réservoirs. Un cadran à aiguille, adapté à chaque réservoir, fait connaître la quantité de gaz ainsi introduite.

Stations. — La voie ferrée est établie à des profondeurs qui varient de 8 à 12 mètres au-dessous du sol. C'est dire que l'on a, à Londres, le curieux spectacle des personnes descendant à la cave, pour monter en voiture.

Cependant les stations sont presque toutes à ciel ouvert. Trois stations seulement sont souterraines.

Les *stations à ciel ouvert* sont établies dans une tranchée élargie, pourvue d'un mur de soutènement et couverte d'une toiture vitrée. Telle est la gare de *Mansion House* que nous représentons, en coupe, dans la figure 170.

Les quais des stations de la voie ferrée, comme tous ceux des chemins de fer anglais, sont très élevés. Le voyageur n'a donc pas besoin d'escalader son wagon, dans des conditions très pénibles pour les femmes, les vieillards et les enfants. En France, au contraire, où les quais du chemin de fer sont très bas placés au-dessous des portières, la descente des wagons est toujours difficile.

Les quais sont de plain-pied avec le plancher des wagons, c'est-à-dire qu'ils sont élevés de 1 mètre à 1^m,10 au-dessus de la voie. Cette disposition, qui facilite singulièrement l'entrée et la sortie des voyageurs, est indispensable pour l'exploitation d'un chemin de fer métropolitain, où l'arrêt à chaque station n'est pas de plus d'une demi-minute.

Une passerelle, jetée par-dessus la voie, met en communication les différents quais d'une station.

Le bâtiment de la station, réduit au strict nécessaire, s'étend généralement en travers des voies, et est porté au-dessus d'elles, par la voûte ordinaire, renforcée.

Deux passerelles, desservies chacune par deux escaliers, donnent aux voyageurs les moyens d'accéder aux quais et de sortir de la gare sans que les deux courants opposés puissent se rencontrer.

Les trois *stations souterraines* sont comprises dans la longueur du grand souterrain d'Edgware Road à King's Cross.

Elles sont recouvertes par une voûte surbaissée, d'environ 15^m,70 de portée, d'une hauteur de 2^m,80 environ aux naissances et de 6^m,25 à la clef. Cette voûte est largement évidée, à ses naissances, par des voûtes rampantes de pénétration, qui forment comme de vastes soupiraux, destinés à ventiler et à éclairer ces gares souterraines.

Douze à quatorze soupiraux sont percés, de chaque côté de la voie, dans l'intervalle laissé libre par deux des contreforts des pieds-droits de la voûte. Ces soupiraux, revêtus, ainsi que la voûte, de plaques vernies en blanc, transmettent dans le souterrain la lumière de la rue.

Nous représentons dans la figure 171 la station souterraine de la rue Baker.

Le bâtiment de la station souterraine ne pouvant pas, comme dans les stations découvertes, être placé en travers des voies, est forcément double; c'est-à-dire qu'il y a de chaque côté de la voie publique, un bâtiment de distribution, donnant accès au quai correspondant par un escalier couvert.

Pour prendre un exemple de la succession des stations, tantôt souterraines, tantôt à ciel ouvert, nous citerons la partie du chemin de fer métropolitain allant de *Paddington* à la rue *Farringdon*, en priant le lecteur de se reporter à la carte du railway (fig. 165 p. 512,) où ces stations se trouvent indiquées.

De *Paddington* à *Farringdon* il y a sept stations, à savoir : *Paddington*, — *Edgware Road*, — *Baker street*, — *Portland Road*, — *Dower street*, — *King's Cross*, — et *Farringdon street*. De ces sept stations, quatre sont à ciel ouvert : celles de *Bishop's Road, King's cross* et *Farringdon street*; les autres sont souterraines.

Exploitation. — Les mesures de sécurité ayant pour but de prévenir toute rencontre entre deux trains en marche, se résument dans l'emploi du *block system*, en usage aujourd'hui en différents pays, pour l'exploitation des lignes à ciel ouvert.

On donne le nom de *block system*, dans la pratique des chemins de fer, à des séries de signaux télégraphiques installés et fonctionnant de telle sorte que deux trains qui marchent dans la même direction ne doivent jamais se trouver entre deux stations consécutives. Grâce aux signaux envoyés par le télégraphe, un train ne peut quitter une station avant que le train qui le précède soit parti de la station vers laquelle il se dirige.

C'est ainsi que l'on arrive, presque à coup sûr, à prévenir toute collision.

LES NOUVELLES CONQUÊTES DE LA SCIENCE

La meilleure preuve de l'excellence de cette méthode, c'est que sur le chemin de fer métropolitain de Londres, qui transporte plus de 60 millions de voyageurs par an, on n'a jamais encore constaté un seul accident, suivi de mort.

La circulation est, en effet, prodigieusement active sur cette ligne souterraine. De la station de Moorgate, par exemple, il part 20 trains, toutes les deux heures.

Rien n'est plus intéressant que de voir le développement qu'ont pris, année par année, le nombre des voyageurs et la quantité de marchandises transportés par le railway métropolitain de Londres, bien qu'il subisse, depuis 1850, la concurrence du *District railway*. Le tableau qui suit, et que nous trouvons dans un mémoire de M. Testud de Beauregard, publié en 1883, sous ce titre *Comparaison des principaux projets des chemins de fer métropolitains de Paris*, retrace parfaitement aux yeux l'énorme progression ascendante des recettes de la Compagnie du railway métropolitain de Londres.

ANNÉES	NOMBRE DE VOYAGEURS	RECETTES BRUTES VOYAGEURS ET MARCHANDISES
		FRANCS
1863	9.455.175	2.542.675
1864	11.721.889	2.912.225
1865	15.763.907	3.537.825
1866	21.273.104	5.256.050
1867	23.405.282	5.829.500
1868	27.708.011	7.196.075
1869	36.893.791	9.352.075
1870	39.160.849	9.634.300
1871	42.755.427	9.901.700
1872	44.392.440	10.034.750
1873	43.533.973	10.209.550
1874	44.118.225	10.288.750
1875	48.302.324	11.209.100
1876	52.586.395	11.894.800
1877	56.175.753	12.270.700
1878	58.807.038	12.371.825
1879	60.747.553	12.655.100
1880	63.759.573	13.155.325
1881	67.621.670	13.194.400
1882	69.357.183	14.369.100
TOTAUX	838.549.562	188.325.825

Nous voudrions donner un chiffre exact quant au prix de revient de la construction du tunnel souterrain de Londres ; mais les données sont insuffisantes pour une évaluation précise. Tout ce que l'on peut dire, c'est que la section de *Bishop's Road* à *Farringdon street* a coûté 4,500 francs par mètre courant, pour une longueur de 7,211 mètres. La dépense eût encore été plus considérable si, pour éviter les travaux souterrains, comme on l'avait d'abord proposé, la ligne eût été construite en viaducs. Le réseau de *Fenchurch street* à *Blackwall*, qui a été exécuté en viaducs, a coûté 5,474 fr. le mètre courant, quoique les prix des terrains soient moins élevés dans ce quartier de Londres, que sur le parcours du *Métropolitain*.

Nous terminerons ce chapitre par un historique sommaire de la création du chemin de fer intérieur de Londres, en ayant soin de distinguer les parties de ces voies exécutées par la *Metropolitan railway Company* et par celle du *Metropolitan district*, qui l'a suivie.

Nous emprunterons les renseignements qui vont suivre à un travail publié par M. Huet, ingénieur en chef des ponts et chaussées, attaché aux travaux de la ville de Paris, et qui fit partie de la commission envoyée à Londres en 1876, pour étudier les chemins de fer de cette ville. Le travail de M. Huet a pour titre *Le Chemin de fer métropolitain de Londres* (1).

C'est le 10 janvier 1863 que fut ouverte la première section de la voie intérieure construite par la *Métropolitan railway Company*. Elle devait rattacher à la cité la gare de Paddington, la plus excentrique des grandes lignes de Londres.

Au 30 juin 1863 la ligne de Paddington à la rue Farringdon était terminée et mise en exploitation. Mais, afin d'accroître son trafic, la compagnie s'était, dès le début, préoccupée de relier sa ligne aux réseaux des grandes lignes à proximité desquelles elle passait.

A la fin d'août 1862, elle terminait son raccordement à King's Cross avec le *Great Northern*, et, en vertu de conventions faites avec cette compagnie, les trains du *Great Northern* commencèrent à circuler, le 1er septembre 1863, sur la ligne du métropolitain.

En 1864, elle raccordait sa ligne avec celle du Midland ; les trains de ces deux compagnies circulaient à leur tour sur la ligne du Métropolitain.

Enfin, à partir du 1er janvier 1866, le *London Chatham and Dover*, raccordé avec le Métropolitain, à la station de Farringdon Street, faisant circuler ses trains sur le Métropolitain jusqu'à King's Cross, en correspondance

(1) Brochure in-8, avec planches, chez Dunod.

avec le *Great Northern*, tandis que ce dernier prolongeait, de son côté, son service, de Farringdon à Ludgate Hill (tête de ligne du *London Chatham and Dover*).

En même temps qu'il reliait sa ligne aux réseaux de ces grandes compagnies, le railway Métropolitain était autorisé à s'étendre à la fois vers l'Est et vers l'Ouest, afin de desservir plus complètement les districts importants de Kensington et d'Hammersmith.

Dans ce but, et dès 1864, la compagnie du railway Métropolitain s'entendait avec les compagnies du *Great Western* et d'*Hammersmith and City*, pour exploiter, en commun avec la première, le réseau d'*Hammersmith and City*.

Dans la direction de la Cité, elle prolongeait sa ligne principale, avec quatre voies, depuis Farringdon Street jusqu'à Moorgate Street, et livrait les deux premières voies à la circulation, le 23 décembre 1865.

Les deux autres voies étaient ouvertes le 1ᵉʳ juillet 1866.

Les deux voies supplémentaires ainsi créées entre King's Cross et Moorgate Street, ont été particulièrement consacrées au service des compagnies du *Great Northern*, du *Midland London, Chatham and Dover*, et c'est à ces deux voies qu'ont été définitivement raccordées les lignes de ces trois compagnies reliées jusque-là aux voies primitives du Métropolitain.

Depuis 1869 les voies primitives du Métropolitain sont exclusivement consacrées aux différents services faits par la Compagnie du Métropolitain elle-même, par celle du *Great Western* et par celle du *Metropolitan District*, qui est venu se souder à l'extrémité ouest de la ligne du Métropolitain.

Le 13 avril 1868, la compagnie du Métropolitain recevait un nouvel accroissement de trafic par l'ouverture de la ligne de *Saint-John's Wood*, qui dessert, dans la direction du nord-est, des districts importants, et qui se relie à la ligne du Métropolitain, à la station de la rue Baker. Elle s'était du reste, intéressée à la construction de cette ligne, en souscrivant, dès l'origine, pour 2,520,000 francs d'actions de la compagnie du *Metropolitan and Saint-John's Wood Line* qui en est concessionnaire, et qui en poursuit le prolongement vers Hampstead ; elle a pris en outre, dès l'ouverture, l'entretien et l'exploitation de cette ligne.

Dans la direction du sud-ouest, le Metropolitan Railway a ouvert, le 1ᵉʳ octobre 1868, un prolongement de Paddington jusqu'à Brompton (Gloucester Road) par Bayswater et Notting Hill.

Enfin, dans cette même direction, il a atteint South Kensington, le 24 décembre 1868.

Ce même jour, la compagnie du Metropolitan District ouvrait une première section de sa concession, entre South Kensington et Westminster Bridge, et en donnait l'exploitation à la compagnie du Métropolitain.

La compagnie du Railway Métropolitain poursuivait le prolongement de sa ligne vers l'est, jusqu'à Bishopsgate, en passant devant la gare principale du *Great Eastern*, à Liverpool Street. Mais, avant d'atteindre Bishopsgate, et toujours pour se rattacher aux réseaux des grandes lignes, elle jetait un raccordement sur la gare de Liverpool Street. Le 1ᵉʳ février 1875, le service d'Hammersmith était prolongé jusqu'à cette gare, en attendant qu'il fût étendu sur la ligne du Great Eastern jusqu'à Walthamsthow.

Enfin, le 12 juillet 1875, la compagnie du Railway Métropolitain ouvrait un prolongement vers l'Est, jusqu'à Bishopsgate.

On voit, par cet historique sommaire, comment la compagnie du Railway Métropolitain s'est développée incessamment, par l'extension de la ligne qui lui avait été primitivement concédée de Paddington à la Cité, grâce à de nombreux raccordements avec les réseaux des grandes compagnies voisines, enfin, par des conventions qui lui ont amené une partie du trafic de ces compagnies.

Nous passons à la création des lignes de railways de Londres due à la compagnie du *Metropolitan District*.

C'est, en 1864, que fut autorisée la construction de la ligne de Kensington à la Cité.

Le 24 décembre 1868, dit M. Huet, dans son mémoire sur le *Chemin de fer métropolitain de Londres*, que nous continuons de mettre à contribution, la compagnie ouvrait une première section de South Kensington à Westminster Bridge. Cette section formait le prolongement naturel du Metropolitan Railway, qui en prenait l'exploitation, en vertu d'une convention intervenue entre les deux compagnies.

Le 30 mai 1870, le *Metropolitan District* prolongeait sa ligne jusqu'à Blackfriars Bridge, et la compagnie du Railway Métropolitain étendait son exploitation sur ce prolongement, en vertu de la même convention.

Mais, à partir du 3 juillet 1871, date à laquelle la compagnie du *Metropolitan District* atteignait à Mansion House, la tête de ligne dans la Cité, cette compagnie prenait elle-même l'exploitation de son réseau.

L'artère principale du *Metropolitan District* se complète par un prolongement vers l'ouest, qui remonte parallèlement au Métropolitain, de South Kensington à Kensington High Street, où est son *terminus*. Ce prolongement forme, avec la partie correspondante du Métropolitain, la jonction des deux bouts des voies ferrées urbaines de Londres: c'est ce que l'on désigne sous le nom de *Joint Lines*.

Le réseau du *Metropolitan District* tel qu'il existe aujourd'hui comprend en outre :

Un raccordement de Kensington High Street sur West Brompton, par Earl's Coust, qui rattache le Metropolitan District au West London Extension ;

Un raccordement de South Kensington sur West London Junction, de même par Earl's Court qui rattache le Metropolitan District au Great Western par Kensington Addison Road.

Enfin, la compagnie du *Metropolitan District* a ouvert, le 9 septembre 1874, un embranchement partant de ce dernier raccordement et aboutissant à Hammersmith.

Elle a, d'ailleurs, obtenu l'autorisation, malgré l'opposition des compagnies du Métropolitain et du Great Western, de relier sa ligne d'Hammersmith, au *London and South Western*, ce qui lui permettra d'avoir des trains directs de Mansion House sur Kewt et Richmond et de se relier à Acton avec le Midland.

Les conditions techniques d'établissement du [*Metropolitan District* sont absolument les mêmes que celles du Railway Métropolitain, auquel sa ligne principale fait suite, en formant avec lui ce que l'on appelle le *Inner Circle*, ou *cercle fermé*, de Bishopsgate à Mansion House.

Il présente cette particularité d'avoir été établi, entre Westmins etter Blackfriars Bridge, en même temps que les nouveaux quais de la Tamise et sous la chaussée de ces quais.

Construit lorsqu'une première section du Métropolitain était déjà en exploitation, le *Metropolitan District* a profité, dit M. Huet, de l'expérience acquise pour éviter tout souterrain continu, de grande longueur.

Nouvelle preuve, dirons-nous que le parcours des voies ferrées en tunnels est de moins en moins agréé par la population de Londres, qui réclame unanimement des voies à ciel ouvert. Cette impression, aujourd'hui générale à Londres, sera prise en sérieuse considération, quand il s'agira de créer le railway métropolitain de Paris.

L'exposé que nous venons de faire de l'organisation du railway de Londres, et des nombreux services qui mettent en rapport, par des voies ferrées, les divers quartiers de la métropole, montre combien cette organisation serait peu applicable au railway urbain que l'on se propose d'établir à Paris. A Londres, il y a des raccordements à l'infini, pour ainsi dire, dans toutes les directions, et sur toute la surface de la métropole, entre les différents réseaux des chemins de fer qui viennent y aboutir. Un grand nombre de lignes, et spécialement de lignes métropolitaines, se servent des mêmes rails pour leur service commun. Cette particularité tient à ce que la plupart des gares de voyageurs et de marchandises sont établies au centre de Londres. A Paris, au contraire, on a commis la faute énorme de placer les gares des chemins de fer à des distances considérables des centres de population ; de telle sorte qu'il faut, quelquefois, plus de temps pour se rendre de son domicile à la gare, que de la gare au but de son voyage en chemin de fer. Cette regrettable condition fait que le magnifique réseau de Londres ne saurait servir de modèle à celui que l'on projette à Paris, et que ce dernier devra se contenter d'une traversée pure et simple de la ville, avec quelques raccordements, qui seront plus ou moins faciles, avec les principales gares des grandes compagnies. Le railway parisien ne pourra donc être qu'une image très raccourcie de l'immense réseau métropolitain de la capitale de l'Angleterre.

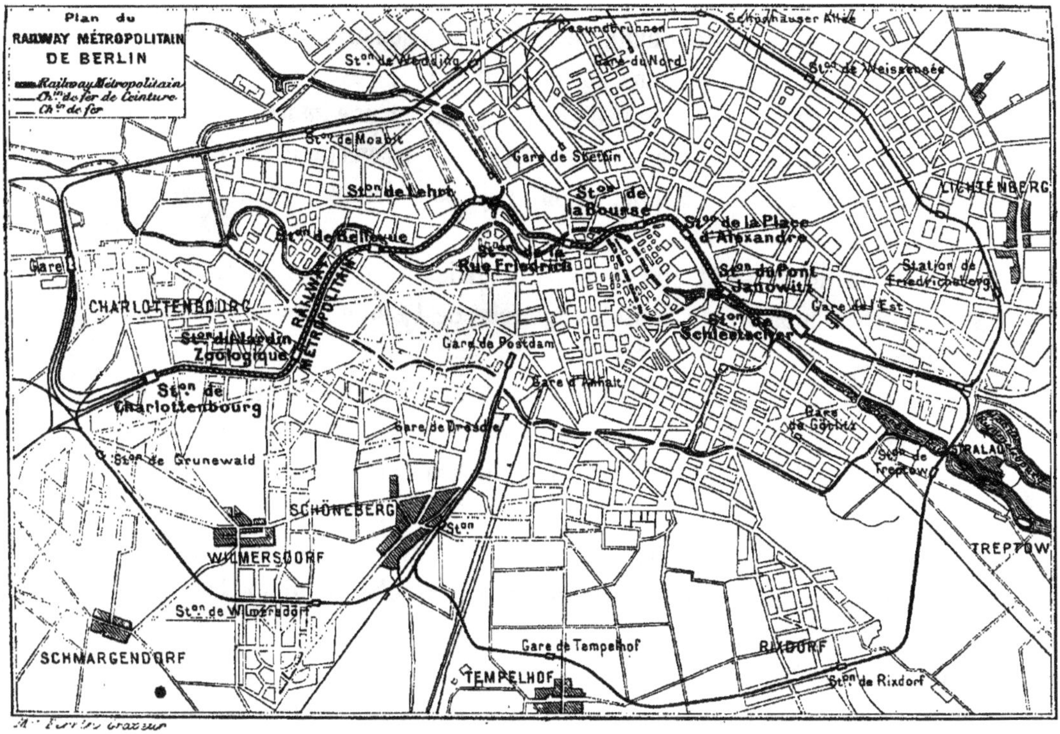
Plan du
RAILWAY MÉTROPOLITAIN
DE BERLIN
Railway Métropolitain
Chin de fer de Ceinture
Chin de fer
Schönhauser Allée
Gesundbrunnen
Gare du Nord
Ston de Wedding
Ston de Weissensée
Ston de Moabit
Gare de Stettin
Ston de Lehrt
Ston de la Bourse
Ston de la Place d'Alexandre
LICHTENBERG
Ston de Bellevue
Rue Friedrich
Station de Friedrichsberg
Gare
CHARLOTTENBOURG
RAILWAY METROPOLITAIN
Ston du Pont Jannowitz
Gare de l'Est
Ston de Schlesischer
Ston du Jardin Zoologique
Gare de Postdam
Gare d'Anhalt
Ston de Charlottenbourg
Gare de Dresde
Gare de Görlitz
Ston de Treptow
STRALAU
Ston de Grunewald
SCHÖNEBERG
Ston
TREPTOW
WILMERSDORF
Ston de Wilmersdorf
Gare de Tempelhof
RIXDORF
SCHMARGENDORF
TEMPELHOF
Ston de Rixdorf

Fig. 172.

III

Le railway métropolitain de Berlin.

Le chemin de fer métropolitain de Berlin a été construit pour répondre à deux indications : d'abord, dans un but stratégique, c'est-à-dire pour relier les chemins de fer de l'Est à ceux de l'Ouest, sans aucune interruption et par la voie la plus courte, ensuite pour faciliter les déplacements rapides à l'intérieur d'une ville dont la population, déjà considérable, tend encore à s'accroître.

C'est à la fin de 1872 que le projet actuellement exécuté fut rédigé par M. Hartwich, membre du conseil supérieur de l'Empire, au ministère du commerce.

A cette époque, Berlin possédait, comme Paris, son *chemin de fer de ceinture*, à peu près terminé. Ce chemin de fer de ceinture avait pour but d'établir une jonction entre les différentes gares et les onze lignes ferrées aboutissant à Berlin. Il était d'un très grand secours pour desservir la banlieue, mais ne rendait qu'un service limité au trafic de la ville même, parce que, dans la ville, les gares étaient trop éloignées du centre. L'utilité d'un chemin de fer traversant les quartiers populeux, et se rattachant aux gares principales, devint ainsi évidente.

Le chemin de fer métropolitain à construire à Berlin fut concédé, en 1875, à une compagnie, composée de la réunion des directeurs des principales voies ferrées partant de Berlin. Les travaux commencèrent la même année.

L'État en prit la direction, et plaça à leur tête l'entrepreneur du chemin de fer de ceinture, M. Dircksen, membre du Conseil supérieur de l'Empire.

La ligne fut ouverte le 7 février 1882.

Le railway traverse Berlin de l'Est à l'Ouest, en se rapprochant le plus possible du centre.

Pour répondre aux nombreux besoins d'une grande capitale, et à la circulation d'une population très active, enfin pour s'accorder avec les tramways et les omnibus, le railway métropolitain devait avoir un grand nombre de trains allant dans les deux sens. Cette première considération, jointe à la difficulté de faire correspondre les trains des railways métropolitains avec les nombreux convois de chemins de fer arrivant à Berlin par divers embranchements, lesquels ont souvent du retard, décida les directeurs du railway à exécuter la nouvelle ligne avec *quatre voies*, en affectant deux de ces voies au service local, et les deux autres au service extérieur (service de transit) avec l'obligation de maintenir ces deux séries de voies complètement indépendantes l'une de l'autre.

Fig. 173. — LA VOIE FERRÉE DE BERLIN ÉLEVÉE SUR UN VIADUC

Sous ce rapport, le railway métropolitain de Berlin l'emporte sur celui de Londres. On peut même dire qu'aucune ville n'a encore réalisé cette excellente disposition, la meilleure garantie pour l'activité du service et la facilité du transport des voyageurs.

Ajoutons que, pour assurer toute sécurité, aucun train ne peut circuler à contre-sens, sur aucune des quatre voies, et qu'il ne doit y avoir jamais de croisement de trains.

Grâce à la quadruple paire de rails et aux précautions concernant l'exploitation, les trains se succèdent avec régularité, sans avoir à redouter

FIG. 174. — PONT SUR LA SPRÉE

les perturbations qui pourraient résulter des retards très fréquents des

FIG. 175. — PONT MÉTALLIQUE OBLIQUE SUR LA SPRÉE

arrivées des trains aux principales lignes de chemins de fer venant des environs de Berlin.

La manipulation des trains s'effectue, comme sur le railway métropolitain de Londres, c'est-à-dire qu'un train arrivant par l'une des grandes lignes, est divisé, avant de croiser le chemin de fer de ceinture, en deux parts : l'une est expédiée vers la gare *terminus* de cette ligne, et l'autre prend la ligne de ceinture, pour aller gagner le Métropolitain.

Pour éviter les croisements entre les trains des deux services local et extérieur du chemin de fer de ceinture, les quatre voies sont groupées de façon que les deux voies placées au Nord soient affectées exclusivement au service local, et les deux voies du Sud au service extérieur.

Fig. 176. — UNE STATION DU RAILWAY DE BERLIN

La voie du railway métropolitain de Berlin est constamment aérienne. Aucun tunnel n'existe sur son parcours. Au-dessus de la Sprée, la voie se relève et continue en viaduc sur une longueur de 8 kilomètres environ, depuis le *Jardin Zoologique* jusqu'au raccordement avec le chemin de ceinture, à l'extrémité Ouest.

Le point de départ est la gare de Francfort, et la terminaison la gare de Charlottenbourg.

En partant de la gare de Francfort, le railway se dirige vers la Sprée, et en suit le cours, de l'Est vers l'Ouest, sur la rive gauche, sur une longueur d'environ 600 mètres. Il atteint ensuite le point où le fleuve se divise en trois bras, lesquels forment ainsi deux îles, dont la plus petite s'appelle l'*île du Musée*.

La ligne traverse l'*île du Musée*, vers son extrémité, passe, au moyen de deux ponts en pierre, sur l'autre rive du fleuve, repasse de nouveau la Sprée, remonte à la gare de Lehrt, traverse le fleuve pour la dernière fois, près de l'usine de Borsig. Elle redescend ensuite vers le Sud, pour gagner le *Jardin Zoologique*, et se recourbe vers l'Ouest, pour atteindre la station de Charlottenbourg, qui forme le second point extrême du Métropolitain.

Fig. 177. — L'ESCALIER D'UNE STATION DU RAILWAY DE BERLIN

Les différentes stations du Métropolitain berlinois sont affectées, comme nous l'avons dit, les unes au service local seulement, les autres aux deux services local et extérieur.

Les stations sont à deux étages. Le rez-de-chaussée est occupé par des salles d'attente, qui s'ouvrent sur deux escaliers conduisant aux quais d'embarquement.

Quant à la voie, elle est portée sur des viaducs.

On a jugé que la maçonnerie était plus avantageuse que le fer, pour la construction de ces viaducs ; car les voûtes et les piliers peuvent ainsi être mieux utilisés pour la location, ou la vente des terrains recouverts. De plus, un viaduc en maçonnerie offre une assise très sûre pour une voie aussi fréquentée. Il existe, toutefois, quelques viaducs entièrement métalliques.

Un viaduc en maçonnerie a été exécuté sur une longueur de 8 kilomètres, de la gare de Francfort jusqu'au *Jardin Zoologique*. La voie est élevée, au-dessus du niveau de la rue, d'environ 7^m,50. Les arcs ont une portée de 8 à 15 mètres; la largeur du corps du viaduc est de 14^m,50, la plate-forme est élargie au moyen de consoles en fer portant des dalles,

Fig. 173. — STATION DU PONT DE JANNOWITZ SUR LA SPRÉE

ce qui lui donne une largeur totale de 15^m,50. Les piliers des voûtes sont à jour, pour économiser les matériaux.

Les passages inférieurs des rues d'une largeur de 25 à 30 mètres, sont exécutés à l'aide d'arcs en fer.

Le pont sur la Sprée, près de la station de Moabit, jeté obliquement par rapport à la direction du fleuve (fig. 175), a été construit avec des poutres droites en fer, sur une longueur d'environ 1 kilomètre et demi. Les deux piles moyennes de ce pont sont en granit. Chaque pile consiste en quatre piliers cylindriques, de 1^m,50 environ de diamètre, dont chacun sert de

Fig. 179. — PONT-VIADUC DE JANNOWITZ

support pour l'une des quatre voies. Les deux autres larges ponts sur la Sprée (fig. 178 et 179) et un autre sur le canal au Sud du Jardin Zoologique, ont été construits en pierre.

Le reste de la ligne, sur les 3 kilomètres environ qu'elle comprend depuis le *Jardin Zoologique* jusqu'à la jonction avec les lignes de l'Ouest, est en remblais.

En établissant les stations pour les voyageurs (fig. 176), on a profité de leur position élevée, c'est-à-dire de ce qu'elles sont portées sur des viaducs, pour les faire à deux étages. Les différentes salles sont au niveau du premier étage, les quais d'arrivée et de départ se trouvent au niveau de la rue. On arrive de l'étage inférieur au quai du chemin de fer, par des escaliers doubles (fig. 177).

La disposition des stations est différente selon qu'elles sont affectées uniquement au service local ou aux deux services réunis. Pour le service local, la voie extérieure du groupe des voies affectées à ce service, qui, en section courante, est maintenu à 3m,50 d'axe en axe de l'autre voie, est écartée de 12 à 13 mètres, dans la station, de manière à former un quai intermédiaire, d'une longueur de 150 mètres. Ce quai est terminé à ses deux extrémités par un escalier, et recouvert d'une halle en fer, sur une longueur de 100 mètres.

Le deuxième genre de stations diffère du premier en ce que la disposition que nous venons de décrire pour le service local, se répète symétriquement au Sud, pour le service extérieur. Chacun des deux quais, d'une longueur de 150 mètres, est pourvu, à ses deux extrémités, d'un escalier communiquant avec les salles inférieures. Une même halle en fer recouvre les deux quais et les quatre voies.

Les stations affectées au service local comprennent : au niveau de la rue, un grand vestibule, avec guichets et caisses, une petite salle d'attente, et un petit vestibule pour la sortie. Ces bâtiments ne renferment pas de salle de bagages, car le service local ne se charge pas des bagages.

Les bâtiments affectés au service extérieur, sont distincts et placés à côté des bâtiments du service local. Ils comprennent : un vestibule, de grands bureaux pour les caisses, avec 10 à 12 guichets, une grande salle de bagages et des salles d'attente de quatre classes pour les départs, un grand vestibule, une grande salle de bagages, et des salles d'attente pour l'arrivée. La station de la rue Friedrich contient, en outre, des salles réservées pour la cour de l'Empereur.

Le matériel roulant du railway de Berlin comprend 60 locomotives et 100 voitures. Les locomotives sont des machines-tenders, à deux essieux accouplés, pesant 24 tonnes. Les foyers sont chauffés au coke, pour éviter toute production de fumée ou d'étincelles. La vapeur d'échappement n'est pas perdue dans l'atmosphère, mais, ainsi qu'on le fait à Londres, introduite dans l'eau du tender, pour s'y condenser.

Les locomotives, ainsi que les voitures, sont munies de freins à vide.

Les voitures sont éclairées au gaz. Le gaz, que l'on comprime dans des réservoirs, est fabriqué, à la gare de Francfort, avec du goudron de houille.

FIG. 180. — GARE DE LA PLACE D'ALEXANDRE

Les voitures destinées au service local, ne contiennent que des compartiments de 2ᵉ et de 3ᵉ classe.

Chaque train est accompagné d'un mécanicien, d'un chauffeur et d'un seul conducteur.

La vitesse des trains ne doit pas dépasser 45 kilomètres à l'heure.

Pour compléter les renseignements techniques qui précèdent, nous entreprendrons, avec le lecteur, une promenade à travers Berlin, sur le railway traversant cette ville. Notre voyage *intra-muros* embrassera la presque totalité

Fig. 181. — PLACE D'ALEXANDRE

du parcours, c'est-à-dire celle qui est comprise entre les deux gares de Silésie (Schlesischer), à l'Est, et celle de Charlottenbourg, à l'Ouest.

L'intervalle de la gare de Silésie à la station suivante embrasse les quartiers les plus tristes de Berlin. On aperçoit seulement quelques rues d'une longueur démesurée, qui témoignent de l'énorme étendue de la ville. Mais la vue s'égaye de plus en plus, à mesure qu'on s'approche de la station du pont de Zanovitz. Ici l'on franchit une première fois la Sprée, sur un grand viaduc; puis on longe le fleuve, sur une grande distance, au côté Nord.

En quittant la gare du pont de Zanovitz, on arrive au carrefour où se réunissent la rue Alexandre et la rue *Holtz-Marckt* (marché au bois). Là, on peut, pendant une demi-minute, jeter un coup d'œil sur la Sprée et ses arides bords.

On est déjà ici au milieu du mouvement et de l'activité de la ville. Au-dessous de soi, on voit s'agiter une foule affairée et confuse; et l'on aperçoit, au bord du fleuve, de nombreuses fabriques, telles que des teintureries, des apprêtages de drap, des ateliers mécaniques, etc. Derrière les maisons qui suivent, se dresse la tour de l'église de l'*Orphelinat*, et, plus loin, celle de l'Hôtel de ville. A droite sont les tours de l'église paroissiale et celle de l'église de Nicolas.

Continuant notre route, nous trouvons, entre la rue Alexandre et la rue Neuve-Frédéric, quelques monuments curieux, par exemple, le *Couvent gris* (*Granen Closter*), le plus ancien lycée de Berlin; et nous voyons reparaître, dominant les plus hautes maisons, la large tour de l'Hôtel de ville, véritable beffroi de la capitale.

A peine a-t-on perdu de vue ce beau monument, qu'on se trouve au centre du vieux Berlin, à la station de la *place d'Alexandre*.

C'est là le point le plus intéressant de tout le railway métropolitain. Non seulement la *place d'Alexandre* est d'un aspect fort pittoresque, mais l'agitation, le mouvement et la vie, la remplissent constamment. Le voyageur, curieux du spectacle des grandes cités, ne peut s'empêcher de s'arrêter ici un moment, pour jeter un coup d'œil sur ce qui l'environne. Quittons, en conséquence, notre place dans le wagon. Nous la reprendrons au train suivant, après avoir contemplé les tableaux divers qui se déroulent à nos pieds.

Marchant vers le Sud, nous traversons d'abord la vieille rue Royale (*Kœnig Strass*), qui nous mènera à la *place du Château*. Nous pourrons contempler là les belles colonnades des grands hôtels, bâtis au milieu du siècle dernier, qui sont caractérisés par leur architecture sévère et embellis par les statues de Tessaert. Le *château*, ou *château impérial*, situé entre la place de ce nom, le parc, la *Schlossfreihed* et la Sprée, renferme le Musée et diverses collections curieuses. A la suite du château on découvre le *Pont de l'Électeur*, nommé aussi le *long pont*, à cause de son ancien développement sur les rives arides de la Sprée. Ce pont, autrefois beaucoup plus étendu, unit le vieux *Kelln* aux quartiers de Berlin. Il est orné de la statue équestre du grand Électeur, inaugurée en 1703.

En face du *château impérial* nous appercevons le pont et le musée, où sont réunis la plupart des richesses artistiques autrefois dispersées à Berlin et à Potsdam. Derrière se trouve le nouveau musée. Une coquille colossale,

Fig. 182. — STATION DE LA BOURSE

taillée dans un bloc de granit, et qui ne pèse pas moins de quinze cents quintaux, est placée dans le parc, où l'on voit aussi un jet [d'eau, de 15 mètres de haut.

Les monuments les plus remarquables, que l'on peut voir, en parcourant rapidement ce quartier, c'est-à-dire le *Friederchwerder*, sont : l'église du Werder, construite dans le style gothique, achevée en 1830, — l'arsenal, un des plus beaux monuments de l'Allemagne, qui forme un carré régulier isolé, avec le buste de Frédéric Ier, — le palais impérial. En face, sur la petite place de l'opéra, s'élève la statue en pied de Blücher, de 9 mètres de hauteur, exécutée en bronze, d'après le modèle de Rauch.

Le vieux pont de la Sprée, devenu insuffisant, a été remplacé par un pont nouveau. Il fallut, pour le construire, détourner le fleuve, et le fond, desséché à grand'peine, fut rempli de terres et de matériaux, parmi lesquels on compta 100,000 mètres cubes de briques.

Sur l'emplacement de l'ancien pont Royal, il existe aujourd'hui une vaste et belle place, constamment occupée par une foule de piétons et de voitures se croisant incessamment, et rappelant, par l'agitation et le bruit qui la remplissent, les quartiers les plus encombrés de Londres. C'est la *place*

FIG. 183. — PRÈS DE FRIEDRICHSTRASSE

d'Alexandre que nous avons quittée tout à l'heure, pour jeter un coup d'œil sur le brillant quartier du *château,* et à laquelle nous revenons maintenant.

Remontons l'escalier de la station, pour revenir à la gare de la *place d'Alexandre,* et continuer notre promenade en wagon.

Le train venant de l'Est s'approche avec rapidité; ils s'arrête dans le vaste *hall* de la station, et une minute après, nous roulons vers l'Ouest.

Nous passons devant l'ancien magasin à blé et le vieux pont de Roch. Deux minutes après, nous sommes à la station de la *Bourse* (fig. 182).

Située entre le pont de Spandau et Montbijou, la gare de la *station de la Bourse* n'est pas très grande, mais elle a une certaine élégance. De cette gare, on n'aperçoit pas l'édifice de la Bourse, mais on peut l'examiner, si l'on quitte pour un moment la station, pour monter sur le *Bustgarten* (jardin de plaisance).

Avançons encore sur la ligne. Après le pont d'Hercule, nous voyons se succéder à nos yeux le château, le musée, la galerie nationale, et nous parvenons, en passant sur un pont massif, à l'autre bord de la Sprée.

Dans la suite de la route, le viaduc qui supporte la voie est environné des

FIG. 184. — PLACE DE LA GARE DE FRIEDRICHSTRASSE

deux côtés par les maisons; et, comme le montre la figure 183, la locomotive passe à la hauteur des fenêtres du dernier étage des maisons.

Mais nous voici parvenus dans le plus beau quartier de Berlin : la rue de Frédéric (*Friederichstrasse*) (fig. 184). C'est une des rues les plus animées pendant le jour et les plus brillantes le soir, alors que l'éclairage des réverbères et des boutiques, joint à celui des voitures innombrables qui la traversent, mêlent leurs feux multicolores.

La *Friderichstrasse* n'a pas moins de 1,200 mètres de longueur. La belle *Luptigerstrasse* et la *Wilhemstrasse* et la magnifique place Wilhem, sont remplies d'une population active et agitée. La place Wilhem est ornée de

six statues de marbre élevées en l'honneur de généraux qui ont laissé leur
nom dans l'histoire militaire de la Prusse. Les édifices les plus remarquables
de la *Friederichstrasse* sont le théâtre, — l'église catholique — la *Fondation
de Laule*, — les hôtels de différents ministres et la porte de Leipzig.

Fɪɢ. 185. — ɢᴀʀᴇ ᴅᴇ ꜰʀɪᴇᴅʀɪᴄʜꜱᴛʀᴀꜱꜱᴇ

Mais tout cela disparaît vite, et l'on entre dans la gare.

La gare de *Friederichstrasse* a les mêmes proportions que celle de la
place d'Alexandre. Ce sont les deux plus belles du tramway métropolitain.
Leur plan est des mieux conçus. Les corridors sont vastes et élevés ; les
escaliers larges et commodes. Le *hall* (fig. 186), recouvert d'un énorme toit

demi-circulaire, en fer et vitrage, est éclairé, le soir, à la lumière électrique. Les trains qui ne cessent de le traverser, pour l'arrivée et le départ; les voyageurs qui attendent le long du quai; les hommes de service et les mar-

FIG. 186. — HALL DE LA GARE DE FRIEDRICHSTRASSE

chands de journaux, tout cela qui s'agite et se mêle incessamment, produit une impression très vive. Aussi le *hall* de Friederichstrasse rend-il les Berlinois justement fiers.

FIG. 188. — STATION DU JARDIN ZOOLOGIQUE

En quittant la gare de *Friederichstrasse*, pour arriver à celle de Lerth, on franchit un pont, et on traverse les rues Louise et Karl, sur un grand et libre viaduc. On passe devant la prison, puis devant la caserne des Uhlans, et le faubourg Moabit.

FIG. 187. — LE VIADUC DU CHATEAU DE BELLEVUE, AUX BORDS DE LA SPRÉE

Mais déjà nous avons à peu près quitté la ville, et c'est le paysage qui reparaît à nos yeux.

Ce qui frappe surtout ici le voyageur, c'est le *château de Bellevue*, entouré de son beau parc (fig. 187) et s'étendant au bord de la Sprée, que l'on franchit une fois encore, sur un pont métallique.

Là se voit la fabrique royale de porcelaine, dirigée par l'État, comme notre manufacture de Sèvres. Quand on l'a perdue de vue, on arrive, en traversant l'avenue principale d'un parc considérable, à la station du *Jardin Zoologique* (fig. 188).

Du *Jardin Zoologique* on pénètre dans la dernière station du railway, c'est-à-dire à Charlottenbourg.

Les habitants de Berlin commencent à trouver cette gare trop éloignée du centre de la ville, et l'on s'occupe d'en construire une nouvelle, plus rapprochée du centre.

A la gare de Charlottenbourg se termine le railway métropolitain de la capitale de la Prusse. De cette gare partent, en rayonnant, les cinq ou six lignes des chemins de fer de l'Ouest.

IV

Le railway métropolitain de New York. — Son état actuel. — Mode de construction de la voie. — Lignes composant le réseau. — Stations, etc. — Le pont de Brooklyn, sa structure, son inauguration. — Le railway métropolitain aérien de Philadelphie.

Comme Lyon, New York est resserré entre deux rivières, qui le rendent beaucoup plus long que large. Il résulte de cette disposition une séparation entre les quartiers du travail et ceux du logement. Il arrive souvent que, pour aller à son bureau ou à son magasin, l'habitant de New York est obligé de parcourir jusqu'à 12 kilomètres. Or, en Amérique, plus que partout ailleurs peut-être, la valeur du temps est appréciée argent comptant. Aussi les projets de modes nouveaux de locomotion destinés à abréger le temps du parcours à l'intérieur de la ville, n'ont-ils jamais fait défaut à New-York.

Depuis bien des années, on jugeait nécessaire de créer un railway intérieur. On s'était proposé d'abord de créer un chemin de fer souterrain, à l'imitation de celui de Londres; mais sa construction aurait demandé un temps beaucoup trop long et des dépenses excessives pour l'achat des terrains et l'expropriation. On décida alors l'exécution de chemins aériens, qui demandent une mise de capitaux moindre et peuvent être établis beaucoup plus vite.

La première route aérienne construite à titre d'essai, fut celle de la rue Greenwich. On fit primitivement tirer les wagons par un câble sans fin, au moyen d'une machine à vapeur fixe, mais on se décida bientôt à se servir de petites locomotives.

Cette première ligne n'eut qu'un demi-succès. Les trains ne partaient qu'à de longs intervalles, et les bénéfices étaient minimes.

En 1874, on prolongea cette ligne jusqu'au *Parc Central*, en partant de la *Battery*. On construisit de nouvelles stations, pour multiplier les départs.

Quelques années après, le succès commençant à se dessiner, on s'occupa d'étendre tout autour de la ville le réseau du railway aérien.

La voie aérienne allant de la *Battery* à la rue Grenwich, est courbe. Il faut monter un escalier assez haut pour arriver à la station, et de la hau-

FIG. 189. — PREMIÈRE LIGNE MÉTROPOLITAINE AÉRIENNE DE NEW YORK, DU QUARTIER DE LA BATTERY AU PARC CENTRAL

leur de cette station, on voit, au-dessous de soi, maisons, tramways, voitures et piétons.

Le billet que l'on prend avant d'entrer dans le wagon, se paye 50 centimes (5 *cents*), pour une distance quelconque. Une porte à coulisse s'ouvre, et l'on entre dans un wagon, moins long et un peu plus étroit qu'un wagon de chemin de fer, assez semblable, par conséquent, par sa forme, à nos voitures de tramways; et l'on part bientôt, avec un mouvement très doux. La courbe décrite autour de la Battery permet de jouir, par une échappée, du beau panorama de la baie de New York. Le train s'arrête à la station de la rue Morris. Les portes de la station s'ouvrent, pour laisser ou prendre des voyageurs, et le train reprend sa marche.

Si, de la hauteur à laquelle on voyage ainsi, on regarde dans la rue qui s'étend au-dessous de soi, on éprouve irrésistiblement la crainte d'un déraillement. Cependant un malheur de ce genre n'est guère possible. Si l'on examine la voie ferrée, on voit en dehors des rails une poutre massive solidement fixée aux attaches, et dépassant les rails d'une hauteur de 15 centimètres. C'est un *garde-fou*, capable de repousser une roue qui viendrait à dérailler. Dans de nouvelles sections du chemin, la voie a été protégée par deux poutres semblables, par un revêtement en charpente très large et très solide en dehors des rails, et en dedans par un revêtement plus petit.

Le train s'arrêtait à la 59e rue. Le trajet avait duré près d'une demi-heure, depuis la Battery. Avec les voitures ordinaires il aurait fallu près d'une heure. En continuant la route, on arrivait à la 6e avenue.

En 1874, le railway aérien ne dépassait pas cette 6e avenue. Depuis cette époque le système a été complété, et aujourd'hui le railway aérien forme, autour de l'île de New York, un véritable chemin de ceinture.

Le plan que nous mettons sous les yeux du lecteur (figure 190) présente l'ensemble du réseau du chemin de fer aérien de New York.

Nous donnerons quelques renseignements sur le mode de construction de ce système de voies ferrées aériennes. Mais nous parlerons seulement des dispositions adoptées par la *Compagnie Gilbert* pour la ligne de Broadway et celle de la 6e avenue.

C'est sur le bord des rues les plus larges et des avenues que la voie du chemin de fer est posée. Elle est supportée par des colonnes de fonte, qui laissent au-dessous du tablier de la voie l'espace libre à la circulation.

Broadway est la grande artère commerciale de New-York; sa chaussée est large de 15 mètres. Les colonnes destinées à soutenir le tablier de la voie ferrée au-dessus du sol, ont donc été placées, non sur la chaussée, mais sur les trottoirs, près des bordures, à des distances de 16 mètres chacune. Chaque ligne de rails repose sur une poutre de 15^m,50 de portée, sur 1^m,83 de hauteur. Les poutres transversales sont en treillis, à intersection simple, de 1^m,83 de hauteur. Toute cette construction est assemblée à rivets.

FIG. 190. — VUE, A VOL D'OISEAU DES RAILWAYS AÉRIENS DANS L'ÎLE, A NEW YORK
1. Brooklyn. — 2. Jersey City. — 3. Hobdoken. — 4. New Jersey. — 5. Parc central. — 6. Harlem. — 7. Mellgatte. — 8. Long Island. — 9. Sound.

contrairement à ce qui a lieu ordinairement dans les travaux américains.

La superstructure a été combinée pour résister à un effort de 2,750 kilogrammes par mètre de voie ; savoir, 520 kilogrammes de poids mort et 2,230 kilogrammes de charge roulante. Les semelles supérieures des poutres

FIG. 191. — VUE PRISE A CHATAM-SQUARE, A LA JONCTION DES LIGNES DE LA SECONDE ET DE LA TROISIÈME AVENUE

travaillent à raison de 2 kilogrammes 800 par millimètre carré ; les semelles inférieures à 3 kilogrammes 50 ; les contreforts à 5 kilogrammes 60.

Pour la ligne de la 6ᵉ avenue, on a placé la charpente métallique au milieu de la chaussée, en laissant, de chaque côté des trottoirs, un espace de 5ᵐ,20. Les colonnes sont espacées transversalement de 7 mètres ; longitudinalement, elles sont distantes de 15ᵐ,06. Les colonnes montent jusqu'en haut des poutres longitudinales.

Ces pièces sont formées de quatre fers méplats, de 0ᵐ,30 de largeur, sur 0ᵐ,15 d'épaisseur, réunis par quatre cornières. Les poutres longitudinales sont en treillis de 1ᵐ,90 de haut, avec assemblage par goujons. Les poutres transversales sont en tôle de 0ᵐ,008 d'épaisseur. Le panneau du milieu est en treillis. Ces poutres sont solidement reliées aux colonnes et aux poutres longitudinales.

C'est le 25 avril 1878 que les premières voitures, au nombre de vingt, furent mises en circulation sur le chemin de fer aérien de la Compagnie Gilbert, embrassant, comme il vient d'être dit, Broad-Way et la sixième avenue. Ces voitures, qui ont 13ᵐ,50 de longueur, contiennent 40 personnes, et sont pourvues de roues en papier durci, avec bandages d'acier, et des freins Westhing-House. Elles sont tirées par des locomotives du poids de 6 tonnes et font 48 kilomètres à l'heure.

Les lignes ferrées traversant les rues et avenues de New York ne sont pas sans présenter divers inconvénients, ni sans soulever des critiques. Les adversaires de ce système leur reprochent la gêne considérable qu'elles occasionnent dans les passages des rues étroites, la frayeur que le bruit cause aux chevaux, et les embarras résultant quelquefois, pour la circulation, des piliers placés dans certaines rues.

On peut dire cependant que ces piliers, soutiens de constructions gigantesques, mais relativement solides et légères, ne blessent pas la vue, et qu'en certains points, leur effet est même pittoresque. Vu les services qu'ils leur rendent, les habitants de New-York leur pardonnent quelques défectuosités et inconvénients.

L'inconvénient qui paraît le plus sérieux, c'est le bruit occasionné par les trains, et la répercussion du son envoyé par tous les piliers métalliques qui supportent la voie. Il y a là une série de vibrations métalliques et de ricochets d'ondes sonores qui affectent très péniblement les nerfs des riverains. Quelques médecins de New York se sont même attachés à énumérer les maux qui doivent résulter, pour la population, de l'établissement de ce chemin de fer. D'après eux, le bruit infernal auquel sont exposés les habitants du voisinage, lors du passage des convois, aurait une influence fâcheuse sur leur santé. Il en résulterait une fatigue extrême, de l'insomnie, des maladies du cerveau, des méningites, etc.

Edison, l'inventeur du phonographe, l'oracle scientifique de New York, fut chargé, en 1873, d'étudier le mal, et de trouver un moyen d'atténuer le bruit des vibrations produites par les trains. Mais nous ne sachons pas que son esprit inventif soit intervenu ici avec succès.

Nous dirons, d'ailleurs, que ces craintes sont exagérées. On se fera au bruit, et l'on restera en possession d'un moyen rapide de communication, qui a l'avantage de débarrasser la voie publique de la circulation des voitures.

Depuis 1882, le chemin de fer aérien de New York a complété son réseau : Il embrasse aujourd'hui toute l'île. Pour donner une idée exacte du parcours de ce railway, des particularités de son service et des conditions dans lesquelles il a été construit, nous aurons recours à un excellent travail publié dans le numéro du 15 mars 1884 du Génie civil (1), par un ingénieur américain, M. A.-J. Rossi, qui a étudié sur les lieux le métropolitain de New York, et a recueilli les renseignements les plus précis sur cette œuvre intéressante et nouvelle de l'art des constructions.

« Les traits caractéristiques du système des chemins de fer aériens consistent, d'une manière générale, dit l'ingénieur américain, dans le travail publié par le Génie civil, dans l'établissement de deux voies ferrées parallèles, l'une montante, l'autre descendante, à une hauteur au-dessus de la chaussée, qui varie, suivant les circonstances locales et les rampes à remonter, de 18 à 20 pieds (6 mètres). Ces voies sont supportées par une construction métallique en forme de ponts en treillis, reposant sur des colonnes ou des piliers en fer, également en treillis, qui sont solidement encastrés dans des supports en fonte boulonnés sur des dés en maçonnerie de briques et de ciment, construits au-dessous de la chaussée. Sur ces voies circulent des locomotives ordinaires.

Les treillis, les poutres, les dispositions des voies parallèles, leur mode d'assemblage et de réunion ne sont pas les mêmes sur toutes les lignes, ni même sur la totalité de chacune d'elles, soit à cause de circonstances locales, soit qu'on ait profité des données de l'expérience, au fur et à mesure des travaux, qui ont embrassé une période de plusieurs années.

« Nous allons décrire brièvement les différents types employés et les amplifications qu'ils ont subies, en prenant pour base la ligne de la 6e Avenue,

---

(1) Le Génie civil, revue générale hebdomadaire des industries françaises et étrangères. (Max de Nansouty, rédacteur en chef), est une des meilleures et des plus utiles publications périodiques que compte aujourd'hui, en France, l'art de l'ingénieur.

Fig. 192. — LE VIADUC COURBE DE LA TROISIÈME AVENUE

la mieux construite de toutes, et donnant des détails de construction qui s'appliqueront également, plus ou moins, aux autres lignes du réseau.

« *Ligne de la sixième Avenue.* — Sur une grande partie de cette ligne, on a adopté un système de fermes composées de poutres en treillis qui sont supportées par deux rangées de piliers parallèles, établis au milieu de la chaussée et aussi éloignés que possible des maisons de chaque côté. Les colonnes de support sont réunies par des poutres en fer à âme pleine, en treillis seulement vers la partie centrale, portant les deux voies ferrées, qui sont contiguës. Celles-ci, à certains intervalles, sont réunies par des changements de voies, de manière à permettre au besoin le passage de l'une sur l'autre.

« Sur certains parcours, au contraire, les poutres longitudinales sont en retraite, de 1^m,30 environ, sur la ligne des supports verticaux, et les poutres transversales sont de simples poutres en forme de double T, à ailes très larges.

« Cette disposition est celle qui enlève le plus l'air et la lumière à la chaussée, d'autant plus qu'elle n'a guère été employée que dans les rues latérales, qui n'ont que 16 mètres de largeur, tandis que les avenues ont 33 mètres.

« Enfin, une troisième modification est d'un aspect beaucoup plus léger. Les deux voies sont séparées par presque toute la largeur de l'avenue, de manière à la dégager entièrement. Chacune est établie sur des fermes en treillis longitudinales, en forme de trapèze, qui viennent se relier à des treillis transversaux, supportés par les piliers verticaux établis sur la ligne même des trottoirs. Cette disposition rapproche les voies des maisons, mais elle s'adapte mieux à la circulation encombrée du quartier où elle a été adoptée.

« *Ligne de la troisième Avenue.* — Sur cette ligne, une autre disposition a été adoptée. Elle est d'apparence beaucoup plus légère et plus agréable à l'œil que les autres. Les voies ne sont plus supportées sur les treillis transversaux, comme à la sixième Avenue, mais elles le sont indirectement par une seule rangée de colonnes, qui sont des poutres en treillis, au lieu d'être pleines. Ces poutres, à leur partie supérieure, s'évasent de manière à former une espèce de chapiteau qui est relié aux fermes longitudinales sur lesquelles sont établies les voies (fig. 191 et 192).

« Dans certaines portions du parcours, les deux voies parallèles, peu éloignées l'une de l'autre, sont établies au milieu de la chaussée, et, dans ce cas, les piliers verticaux supportant chacune d'elles, sont reliés l'un à l'autre, en travers de l'avenue, par une arche métallique en fers à double T. D'autres fois, les deux voies sont entièrement indépendantes l'une de l'autre et sont séparées par toute la largeur de la chaussée ; les rangées de piliers, dans ce cas, courent le long des trottoirs. Enfin, dans quelques cas, les deux voies, très écartées, courent le long des trottoirs ou à peu près, et les deux rangées de piliers sont reliées par des treillis transversaux, soit rectangulaires, soit en forme de trapèzes.

« *Ligne de la neuvième Avenue.* — C'est dans le bas de la ville, dans Greenwich Street, que cette ligne, la première de toutes, a été commencée en 1868. Elle n'avait qu'un mille de longueur au début, et les essais ont duré plusieurs années. En 1872, elle ne s'étendait pas encore au delà de la 30° rue, soit une longueur totale de 4 milles au plus. Les wagons y étaient remorqués originairement par un câble sans fin, actionné par des machines fixes, au moyen d'un chariot-pilote, disparaissant dans le sol, par un plan incliné à l'extrémité de la ligne. La voie, établie sur des longrines métalliques parallèles, une sous chaque rail, reposait sur des poutres métalliques transversales supportées par une seule ligne de piliers verticaux; ceux-ci s'évasaient à leur partie supérieure pour se relier aux pièces transversales et couraient le long des trottoirs.

« Tout en conservant l'idée première, ce système, abandonné aujourd'hui, a été modifié et amplifié au fur et à mesure du développement des lignes aériennes. Actuellement cette portion du réseau a été entièrement reconstruite suivant les nouveaux plans.

« La ligne de la neuvième Avenue a été continuée jusqu'au pont-aqueduc de Harlem, puis, plus récemment, jusqu'à Yonkers, à 15 milles plus loin, par un chemin de fer au niveau du sol.

« La ligne de la sixième Avenue, ainsi que nous l'avons dit, s'interrompt au Parc Central, pour rejoindre, par la 52° rue, la ligne de la neuvième Avenue. Celle-ci, à son tour, rejoint la 8° Avenue, où elle se continue, à la hauteur de la 105° rue. La construction prend là des proportions grandioses. Le viaduc passe en courbe au-dessus du sol, à une hauteur considérable, et la hardiesse, la légèreté de cette courbe en S et du viaduc en ligne droite qui la prolonge, sont remarquables, même pour les ingénieurs américains (fig. 193).

« Un trafic continuel, jour et nuit, depuis quatre ans, en a démontré, en même temps, la solidité.

« A cause du niveau du terrain, on a été obligé d'élever les voies à une hauteur considérable. Elles passent à cet endroit sur des piliers de 19^m,60 de haut, reposant sur des dés en maçonnerie de 6^m,70, soit à une altitude de 26^m,50 à partir de la chaussée. Les fondations de la maçonnerie, établies sur pilotis, ont 13^m,30 de profondeur et ont coûté, à elles seules, 1 million de francs par mille.

« La courbe en S a une longueur de 600 mètres, et le viaduc rectiligne qui lui fait suite, une longueur de 735 mètres dans sa portion la plus élevée

FIG. 193. — LIGNE DE LA HUITIÈME AVENUE

(13 à 19 mètres de hauteur). A la 135e rue, ce viaduc se raccoder avec le niveau ordinaire de la voie au-dessus du sol (6m,60 environ), par une rampe de 1m,40. Si la voie ferrée avait eu à suivre le terrain à la hauteur moyenne, il eût fallu se décider à une rampe de 3m,20.

« *Ligne de la seconde Avenue.* — C'est la ligne qui a présenté les plus grandes difficultés pour la construction des piliers verticaux, à cause du réseau des conduites de gaz et d'eau et des égouts, qu'on rencontre de ce côté. En outre, en certains endroits le sol est ou sans consistance, ou presque tout en rochers. Les fondations ont, en général, été construites sur pilotis, à raison de 20 pieux par pilier, et dans certains cas où des difficultés locales se sont présentées, il a été nécessaire de battre jusqu'à 82 pieux pour un seul pilier et d'employer plus de 80 000 briques pour les arches nécessitées par les égouts et les grandes conduites d'eau de la ville. On compte qu'il a fallu près de 1 000 tonnes de fer pour passer au-dessus des obstacles dont nous venons de parler, pour les 2 400 piliers de cette ligne. On a dû faire sauter 45 000 mètres cubes de terre, déblayer 60 000 mètres cubes de terre et battre 100 000 mètres linéaires de pieux. On a employé 37 000 mètres cubes de sable pour mortier, 70 000 barils de ciment et 21 millions de briques. La ligne a une longueur de 11 kil. 850 et il y entre 28 000 tonnes de fer.

« *Stations.* — Les stations, très élégantes et très luxueuses, sont construites en fer. Elles sont espacées à peu près tous les kilomètres, et, à moins d'empêchement spécial, sont situées aux intersections avec les rues transversales. Elles sont pourvues de plates-formes couvertes, dépassant la station, des deux côtés, sur une assez grande longueur, de manière à permettre de prendre et de déposer les voyageurs de quatre wagons à la fois, opération qui ne doit pas exiger plus d'une demi-minute.

« Des escaliers élégants et recouverts permettent d'atteindre les stations du niveau de la rue. Il y en a deux à chaque arrêt, un de chaque côté de l'avenue, complètement indépendants, l'un pour la voie montante, l'autre pour la voie descendante. Les stations sont supportées par des fermes et treillis, analogues à celles de la voie, reposant sur des piliers très forts, là où les circonstances locales l'ont fait juger préférable.

« *Matériel roulant.* — Les locomotives sont de construction et de forme spéciales, à foyer fumivore, beaucoup plus légères que celles employées sur les lignes ordinaires. Elles pèsent 15 tonnes. Au-dessous des voies, à des distances convenables, on a placé de grandes caisses plates en fer, dans lesquelles les locomotives peuvent se débarrasser de l'eau et des cendres du foyer; un tuyau allant jusqu'à l'égout permet d'évacuer l'eau.

« Les prises d'eau se font, comme à l'ordinaire, à des endroits spéciaux de la ligne.

« Les wagons, genre américain, sont pourvus de freins à air comprimé, manœuvrés directement par le mécanicien. Ils sont chauffés, en hiver, par une circulation d'eau chaude, au moyen d'une chaudière spéciale établie au-dessous de chaque wagon, et indépendamment les uns des autres. Aux extrémités des wagons, les plates-formes sont fermées des deux côtés par une grille en fer, munie de portes s'ouvrant par un mécanisme actionné par le conducteur : elles permettent, comme à l'ordinaire, de circuler d'un bout à l'autre du train.

FIG. 194. — LOCOMOTIVE A VAPEUR DES RAILWAYS DE NEW YORK

« *Coût des travaux. Détails statistiques.* — La ligne de la sixième Avenue, la plus solidement et la mieux construite du réseau, est revenue, en tout, à 10 300 000 dollars, pour une longueur de 5 milles et demi de double voie, soit 936 000 dollars par mille de voie simple, ou plus de 3 millions de francs par kilomètre ; tandis que le coût total des quatre lignes aériennes, pour une longueur de plus de 70 milles de voie simple, a été de 43 millions de dollars, soit 600 000 dollars par mille, ou environ 2 millions de francs par kilomètre. D'autre part, il résulte d'une enquête législative faite par le Comité de la Chambre des représentants de l'État de New York, en octobre 1879, pour déterminer certaines questions en litige au sujet de la

Fig. 195. — LIGNE DE LA SIXIÈME AVENUE

légalité de transactions financières se rapportant à l'émission d'obligations, que ce coût a varié de 700 000 dollars à 1 million de dollars par mille, suivant les lignes. Mais, comme dans certains cas une portion des paiyements avaient été faits en obligations de la ligne, on estimait que le chiffre de 550 000 dollars par mille, argent comptant, pouvait couvrir le coût réel, matériel roulant compris. Ce prix coïncide assez bien avec le chiffre de 600 000 dollars par mille (2 millions de francs par kilomètre), que nous donnons plus haut, déduit du coût total réel, en argent comptant, de tout le réseau construit et du nombre de milles exploités.

« Les wagons coûtent 18 000 francs chacun, en moyenne ; les locomotives 27 000 francs.

« Le temps régulier du parcours sur la troisième Avenue, de la Battery à Harlem, y compris les arrêts, qui sont très fréquents, est de 42 minutes pour une distance de 8 milles et demi, soit une vitesse de près de 20 kilomètres à l'heure.

« Les trains partent toutes les quatre minutes, et se composent de quatre wagons, de cinquante places chacun, mais dans lesquels à certaines heures on reçoit jusqu'à 75 personnes.

« Sur la ligne de la sixième Avenue, la vitesse est plus grande : vingt minutes pour une distance de 5 milles et demi, soit 26 kilomètres et demi à l'heure, arrêts compris, et ceux-ci étant au nombre de deux au moins par kilomètre. Sur la ligne de la seconde Avenue, la vitesse atteint jusqu'à 30 milles, soit 48 kilomètres à l'heure, les arrêts étant moins fréquents. A certaines heures de la journée, le matin et le soir, circulent des trains express sur toutes les lignes. Ils ne s'arrêtent qu'à certaines rues, et leur vitesse atteint 35 et 40 milles, soit 55 à 64 kilomètres à l'heure.

« Le prix du transport, d'un bout à l'autre de l'île, est de 10 cents (0 fr. 50), excepté de 5 heures du matin à 9 heures, et de 4 heures de l'après-midi à 8 heures du soir, où il n'est que de 5 cents (0 fr. 25). Le prix moyen du transport pendant la journée est de 7,41 cents (0 fr. 37) pour la ligne de la troisième Avenue, de 7,15 cents (0 fr. 357) pour celle de la neuvième et 7,88 (0 fr. 394) pour celle de la sixième. Ces chiffres montrent que le nombre de voyageurs à 10 cents est le plus considérable sur cette dernière ligne.

« Quelques statistiques, relevées sur des documents officiels, vont nous servir à prouver, mieux que tout ce que nous pourrions dire, le développement incroyable qu'ont atteint les chemins de fer aériens, et la faveur qu'ils ont conquise auprès du public.

D'abord, sur le chapitre des accidents, il faut avouer que, malgré les

FIG. 196. — BROADWAY, A NEW YORK

FIG. 197. — LA CINQUIÈME AVENUE, A NEW YORK

pronostics des pessimistes, ils ont été remarquablement peu nombreux. Pendant l'année 1882, *pas un seul* voyageur n'a été blessé, soit par collision, déraillement, explosion, ou toute autre cause pour laquelle les Compagnies auraient pu être déclarées responsables. Les quelques rares personnes, cinq ou six, qui aient été blessées, l'ont été par leur négligence ou par leur imprudence, en voulant aborder des trains en mouvement, ou en sortir, malgré les défenses des règlements des Compagnies et le luxe de précautions dont elles se sont entourées pour éviter ces accidents.

« Pour le premier semestre de l'année 1882, le nombre total des voyageurs transportés sur les quatre lignes aériennes, se montait à 42 961 639, soit environ 90 *millions* pour l'année entière. C'est une moyenne, par jour, de 237 305 voyageurs. Si, maintenant, on exclut les dimanches, jours où deux des lignes seulement, sur les quatre, sont en exploitation, et où le trafic, dans tous les cas, est considérablement réduit, on arrive à un chiffre de 250 900 voyageurs pour chaque jour de semaine, soit plus de 10 000 par heure. Le chiffre maximum atteint dans une seule journée a été, en 1882, de 274 023 ; au mois de mai 883, le jour de l'inauguration du pont de Brooklyn, il a dépassé 300 000.

« Pendant l'année 1882, le nombre des locomotives employées se montait à 203, celui des wagons à 612. Il y avait 161 stations. Le nombre des trains par jour était de 3 480, ainsi répartis : 560 sur la ligne de la seconde Avenue, 1 750 sur celle de la troisième, 816 sur celle de la sixième et 354 sur celle de la neuvième. Le nombre des employés de tous genres était de 3 274. Les recettes brutes ont oscillé de 14 000 à 18 000 dollars par jour, soit un revenu brut annuel moyen de 5 840 000 dollars (31 536 000 francs). Les dépenses pour le payement des ouvriers, employés, etc., ont été de 165 566 dollars par mois, soit 1 986 800 dollars par an. A ces chiffres il faut ajouter 266 000 dollars pour l'entretien de la voie et 385 000 dollars pour l'entretien du matériel roulant, à raison de 3 800 dollars par mille de voie ferrée et par an pour le premier, et de 5 500 dollars pour le second, la longueur totale de voies simples étant de 70 milles (113 kilomètres), ce qui porte les dépenses moyennes annuelles à 2 637 800 dollars (14 244 120 francs).

« Les recettes brutes étant de 5 840 000 dollars, c'est donc un revenu net de 3 202 200 dollars (17 292 000 francs), soit 7,45 °/. du capital engagé, en admettant le chiffre de 43 millions de dollars (232 200 000 francs) pour ce dernier, comme prix d'établissement.

« C'est donc un revenu net moyen de 3,82 cents par voyageur, (à peu près 20 centimes.)

« Les chiffres des dépenses pour l'entretien de la voie et du matériel, comparés à ceux des dépenses d'un chemin de fer à niveau, sont tout en faveur des chemins de fer aériens. Ceci doit être attribué sans aucun doute à la légèreté du matériel roulant, aux soins exceptionnels donnés à l'établisse-

FIG. 198. — LE PONT DE BROOKLYN

ment de la voie, à l'absence de ballast et aux conditions spéciales de bonne conservation dans lesquelles se trouvent les traverses.

« Les compagnies ont essayé plusieurs moyens pour éviter les inconvénients résultant du bruit produit par la circulation des trains sur les viaducs métalliques, ainsi que les désagréments de la fumée et des cendres. Elles y ont dépensé plus de 500 000 francs, mais les résultats obtenus sont loin d'être entièrement satisfaisants.

« *Inspection de la voie.* — L'exploitation d'un pareil réseau exige évidemment la plus grande attention dans tous les détails, et une surveillance continuelle pour prévenir les accidents. Il y a tout un corps d'employés constitué pour ce service. Chaque escouade a des attributions définies, et

FIG. 199. — PILE DU PONT, DU COTÉ DE BROOKLYN

des sections de la ligne qu'elle doit examiner tous les jours. Il y a des inspecteurs spéciaux pour les viaducs, pour les rivets, pour les stations, pour la voie, les piliers, les changements de voie. Toutes les colonnes sont numérotées, et servent, en cas de réparations, à désigner l'endroit où celles-ci sont nécessaires.

« La flexion des poutres des viaducs sous le passage des trains est observée fréquemment, au moyen d'un instrument spécial, d'une grande simplicité. Il se compose de deux règles verticales bien dressées, dont la première glisse dans une coulisse pratiquée dans la seconde ; l'une porte une échelle divisée, l'autre une aiguille indicatrice. L'extrémité de l'une des règles reposant sur le sol, on accroche l'extrémité de la seconde à la partie inférieure d'une des fermes, au moyen d'une cornière disposée à cet effet, et on lit, sur l'échelle, la division correspondante à l'aiguille. Le jeu des règles produit par le passage

Fig. 200. — PILE DU PONT, DU COTÉ DE NEW YORK

d'un train mesure la dépression. Si celle-ci dépasse 1/1500 de la hauteur de la ferme, maximum seul admis, la ferme doit être renforcée. Pour cela, ou bien on dédouble les contreventements des treillis, ou bien on rive, sur les longrines supérieure et inférieure, des plates-bandes en fer addition-nelles.

« Si une des fondations a tassé, on décharge le pilier, en supportant la ferme par un échafaudage en charpente temporaire, qu'on laisse vingt-quatre heures, pour s'assurer de sa résistance. On découvre alors la fondation, qu'on examine avec soin, et qu'on refait s'il en est besoin. Comme la circulation des trains est continue, jour et nuit, bien que ralentie pendant la nuit, s'il est nécessaire de remplacer des rivets qui ont sauté, on le fait immédiatement après le passage d'un train, de manière à leur laisser quelques minutes pour se refroidir avant d'être soumis à un nouvel effort.

« Toute la construction métallique est recouverte d'une couche de peinture, qu'on entretient avec le plus grand soin.

« On peut se demander pourquoi les chemins de fer aériens ne sont pas employés pour le service des marchandises, surtout sur les deux lignes qui touchent presque aux deux rivières, celle de la seconde Avenue étant contiguë à la rivière de l'Est, et celle de la neuvième, contiguë à la rivière du Nord. On pourrait abandonner les deux autres exclusivement aux voyageurs, ou, dans tous les cas, ce service pourrait se faire de nuit. Pourquoi, tout au moins, ne pas les utiliser pour le service des « express » (transport des paquets)? il suffirait d'ajouter un wagon spécial. Déjà ils transportent la malle de la grande poste aux succursales du haut de la ville. Mais chaque chose a son temps.

« *Conclusion*. — Des chiffres précédents, qui parlent suffisamment par eux-mêmes, il ressort clairement que les chemins de fer aériens à New York, quelque sérieuses que soient les objections qu'ils ont pu susciter, au point de vue de l'effet esthétique de la ville, et des intérêts privés qu'ils ont lésés, répondaient à un besoin réel, sans quoi il serait impossible d'expliquer leur développement prodigieux et continuel, et la faveur croissante dont ils jouissent auprès du public. Leur établissement finira donc par s'imposer partout ailleurs où les mêmes besoins se feront sentir. »

Nous avons cru devoir citer textuellement le mémoire publié dans le *Génie civil* par l'ingénieur américain, M. Rossi. Les renseignements donnés par cet ingénieur étant de la plus grande exactitude, et rédigés sur les lieux mêmes, seront consultés très utilement pour la création de lignes semblables.

Le complément du railway métropolitain de New York, c'est le *pont de Brooklyn*, ce grand et haut ouvrage qui a été terminé et inauguré en 1883. Sa description sera lue avec intérêt par toutes les personnes qui s'intéressent à l'œuvre qui est à l'ordre du jour, c'est-à-dire aux railways métropolitains.

New York, grâce à ses 1 300 000 habitants, grâce à son admirable port, qui absorbe 60 pour 100 de tout le commerce des États-Unis avec le reste de l'univers, est de beaucoup la ville la plus considérable de ce Nouveau-Monde qui, aux pas de géant dont il marche, aura bientôt laissé loin derrière lui l'Ancien.

A côté de cette immense métropole, dont elle est séparée par l'embouchure de l'Hudson, il existe une seconde ville, Brooklyn, à laquelle une population de plus de 600 000 âmes assigne le troisième rang dans l'Union américaine. C'est le seul exemple au monde de deux cités aussi importantes qui soient aussi rapprochées l'une de l'autre. Leur population s'accroît avec une rapidité effrayante; et si, un jour, elles s'entendaient, ce qui pourrait bien arriver, pour ne former qu'une seule cité, dont partie serait sur une rive et partie sur l'autre, cette cité serait certainement la plus grande, la plus peuplée et la plus commerçante de l'univers.

Les deux villes de Brooklyn et de New York sont baignées par le canal maritime l'*East-river*, qui est incessamment parcouru de par nombreux bâtiments.

La communication entre New York et Brooklyn se faisait jusqu'ici au moyen de *ferry-boats*, sorte de bacs à vapeur, qui partaient de divers points des deux rives, à chaque instant de la journée et même de la nuit.

Les bacs à vapeur étaient devenus tout à fait insuffisants pour la circulation; mais on ne pouvait en augmenter le nombre sans danger et pour eux et pour les milliers de navires qui montent et descendent le fleuve. Un pont allant d'une rive à l'autre, en traversant le canal, s'offrait donc comme le seul moyen d'établir des communications régulières entre les deux villes. Seulement, il fallait que les plus grands navires pussent passer librement sous ses arches.

C'est à un riche propriétaire de Brooklyn, M. William Kingsley, que revient tout le mérite de cette œuvre gigantesque. Il en conçut seul l'idée, la mûrit dans son esprit, détermina les points que le pont devait relier, engagea un ingénieur pour dresser les plans et devis préparatoires, le tout à ses frais. Il ne fit appel aux capitaux que lorsqu'il fut certain que l'entreprise pouvait être menée à bonne fin. Pendant dix-huit années, il ne cessa de s'occuper de son projet : il s'y dévoua corps et âme.

Ce fut en 1865 que M. William Kingsley passa de l'idée à l'exécution. Deux ans plus tard, en janvier 1867, la législature de l'État de New York autorisait la formation d'une société, au capital de 25 millions de francs, pour construire le pont de Brooklyn. Au mois de juin suivant, M. John Rœbling était chargé de dresser les plans et devis définitifs, et trois mois plus tard il présentait son rapport.

M. Rœbling est le fils de l'illustre ingénieur qui construisit le pont suspendu du Niagara et celui de Cincinnati, sur lesquels passent des locomotives et des voitures.

Le résultat cherché a été obtenu par M. Rœbling en ajoutant à la résistance des câbles de suspension, celle des poutres métalliques supportant le tablier et la force des haubans fixés aux piles, pour soutenir une partie de la charge.

Le pont suspendu de Brooklyn est à trois travées. L'ouverture de l'arche centrale est de 486 mètres. Les travées latérales ont 283 mètres. La suspension est faite au moyen de quatre câbles, de 39 centimètres de diamètre, comprenant chacun 6 224 fils d'acier parallèles, non tressés ensemble. Le poids que chaque câble peut porter, est de 11 380 000 kilogrammes. La longueur d'un câble est de 1090 mètres, et son poids de 88 400 kilogrammes. Six poutres métalliques, appartenant au tablier, et 280 haubans attachés aux piles, sont destinés à diminuer la charge des câbles.

Les deux piles centrales, construites en granit, s'élèvent de 84 mètres au-dessus de la haute mer. Elles s'enfoncent au-dessous du fond de la mer, dans le lit maritime, jusqu'à 30 mètres de profondeur. La pile du côté de New York (fig. 200) cube 36 160 mètres de maçonnerie, du poids de 100 millions de kilogrammes. Les câbles partent du haut des tours et suspendent le tablier vers la moitié de leur hauteur, à 36 mètres d'altitude, soulevant ce tablier en son milieu, de sorte qu'il y a une hauteur de 41 mètres pour le passage des vaisseaux.

Le tablier a 26 mètres de large. Deux voies carrossables existent de chaque côté avec des ornières de fer destinées aux voitures. Deux lignes ferrées et une passerelle surélevée, pour les piétons, complètent cette voie de communication.

Deux viaducs de maçonnerie continuent le pont sur les deux rives; ils s'abaissent au niveau du sol, au centre de New York et de Brooklyn.

La longueur totale de l'ouvrage est de 1 825 mètres.

Ce grand et magnifique pont fut livré à la circulation le 24 mai 1883, et aujourd'hui moyennant un *cent* (un sou américain) chacun peut contempler le magnifique panorama se déroulant du haut de ce gigantesque édifice, qui est venu compléter le système des railways aériens de la grande cité américaine.

C'est, en vérité, un spectacle grandiose que celui de toute cette masse combinée de pierre, de fer et d'acier, se dressant audacieusement dans les airs, pour laisser passer sous son arche immense, voiles déployées, les navires du plus fort tonnage qui remontent l'*East River*, et sur laquelle s'établissait, quelques jours seulement après son inauguration, une circulation de piétons, de tramways et de véhicules de toutes sortes, dont le pont de Londres, dans la métropole britannique, peut à peine donner une idée.

L'entreprise fut déclarée d'utilité publique en 1875. Les souscripteurs du capital émis par la Société, furent remboursés, et, depuis lors, les travaux furent exécutés pour le compte des municipalités de New York et de Brooklyn, sous la surveillance d'un conseil d'administration nommé par elles

Fig. 291. — LES CINQ VOIES DU PONT DE BROOKLYN

On a dépensé, pour cette construction gigantesque, 75 millions de francs, au lieu des 54 millions prévus par les premiers devis ; ce qui s'explique par les changements qui ont été apportés, après coup, aux plans primitifs, relativement à la largeur et à la hauteur du pont ; si l'on tient compte aussi de la hausse survenue dans le prix de tous les matériaux employés et dans celui de la durée des travaux qui a été de seize ans, au lieu de cinq, prévus à l'origine.

La longueur totale, d'une entrée à l'autre, est de 1,820 mètres : entre les les deux ouvrages, 1,065 mètres; entre tours, 485 mètres. Au centre du tablier, la hauteur est de 51 mètres au-dessus du niveau des plus grandes eaux.

La nécessité d'une aussi grande élévation a, par suite, forcé à prolonger les approches du pont proprement dit de chaque côté de la rivière, de façon à le raccorder à la terre ferme par une pente convenable. En raison de la différence des niveaux, l'approche de la rive de Brooklyn n'a que 235 mètres de longueur, tandis que celle du côté de New York en a 406. Ces parties du pont reposent sur d'immenses arches en pierres et en briques, sous lesquelles la circulation s'opère comme à travers une rue quelconque. En effet, comme l'approche sur la rive de New York traverse une des parties les plus commerçantes et les plus fréquentées de la ville, et conduit au centre même du quartier des affaires et au point où se trouvent toutes les grandes administrations, il était indispensable que la circulation n'y fût en rien entravée.

La voie du pont (fig. 201) se divise en cinq avenues parallèles, d'un peu plus de 5 mètres chacune de largeur : une pour les piétons, deux pour les chevaux et les véhicules, deux pour les tramways.

Ces tramways sont de longues voitures du même modèle que celles en usage sur les chemins de fer aériens. Elles peuvent contenir de 40 à 50 personnes. Leur traction se fait au moyen d'un câble sans fin, actionné par deux machines fixes, de la force de 300 chevaux-vapeur.

Ce câble a $0^m,0375$ de diamètre et 3,538 mètres de longueur totale ; il pèse 46 kilogrammes par mètre courant, soit en tout 162,000 kilogrammes ; sa résistance à la rupture est de 50 tonnes.

L'âme est formée par une corde de chanvre goudronnée, autour de laquelle s'enroulent, en hélice, six torons, composés chacun de 19 fils d'acier.

Le raccordement des deux extrémités, en vue de constituer le câble sans fin, a demandé une opération spéciale. En voici le détail : les deux extrémités ont d'abord été chevauchées de $24^m,50$, au delà de leur point de rencontre ; ensuite chacun des six torons a été détordu ainsi qu'il suit : le premier sur une longueur de 21 mètres, le deuxième de 17^m50, le troisième de 14^m, le quatrième de

10^m,50, le cinquième de 7 mètres, le sixième de 3^m,50.

Cela fait, l'âme centrale en chanvre a été enlevée sur la longueur de 24^m,50, puis les torons métalliques, de longueur égale deux à deux, ont été enroulés en hélice, l'un sur l'autre et les uns sur les autres, de façon à former une épissure complète avec croisement hélicoïdal des joints.

Le point de raccordement a été recouvert d'une couche de peinture blanche, afin de pouvoir être retrouvé en cas de réparation.

Quant à la distension ultérieure du câble nécessaire à prévoir, en raison de l'allongement de l'âme en chanvre et de la dilatation des torons métalliques, elle sera compensée par des tendeurs à galets spéciaux.

Pour les voitures et les chevaux on paye un droit de passage. Quant aux piétons, le péage est réduit aux dernières limites du possible, et finira, sans doute, par être supprimé.

Après l'inauguration, c'est-à-dire le 24 mai à minuit, le public fut admis à circuler sur le pont. Les recettes faites au guichet constatent le passage de 140,000 personnes le premier jour, et de 90,000 le deuxième. Le dimanche qui suivit l'inauguration, le nombre des passants s'éleva à 250,000.

Il nous reste à ajouter qu'un accident terrible attrista l'inauguration du pont de Brooklyn. A quatre heures, au moment où il y avait peut-être 50,000 personnes traversant le pont, dans un sens et dans l'autre, une panique vînt à se produire. Quelle en était la cause ? On ne la découvrira sans doute jamais, bien qu'on l'attribue généralement à des pick-pockets, qui auraient voulu profiter du désordre pour exercer plus fructueusement leur criminelle industrie.

Quoi qu'il en soit, le résultat fut une pression tellement formidable, du côté de New York, qu'un grand nombre de personnes furent écrasées, ou gravement meurtries. Quand la place put être dégagée, on ramassa 15 morts et au moins 80 blessés, dont beaucoup ne survécurent pas à leurs blessures.

Nous terminerons ce chapitre par quelques mots sur un railway métropolitain qui a été établi à peu près à la même époque que celui de New York. Nous voulons parler du chemin de fer intérieur de la ville de Philadelphie.

Les travaux entrepris pour doter Philadelphie d'un chemin de fer aérien furent terminés en 1882.

Ce railway, qui traverse l'immense rue *Filbert*, présente, avec ses divers embranchements, un développement de 2 kilomètres 735 de voie principale, avec voies d'évitement, ce qui équivaut à environ 16 hilomètres de voie unique. Il comprend toutes les voies de la station de *Broadstreet* à l'ancien dépôt de voyageurs à la 32° rue et rue du Marché et au croisement du *West-Chester* et du chemin de fer de jonction, sous le pont de South Street. Tout le mouvement d'arrivée des voyageurs des lignes de *Philadelphie*, *Wilmington*, *Baltimore*, *West-Chester*, de la ligne principale du chemin de fer de Pensylvanie et de la division de New York, est concentré à la station de *Broad Street*.

A cette station il y a 4 voies montantes et 4 voies descendantes pour voyageurs et 4 voies pour trains de marchandises. A la 17° rue, ces voies se réduisent à 4, mais elles reviennent à 9 à la 18° rue. De la 20° à la 30° rue, il n'y a que 3 voies, mais à cette dernière localité il y a de nouveau 7 voies pour les voyageurs et 1 pour les marchandises.

Le mouvement des trains à la station de *Broad Street* passe pour être plus considérable que dans aucune autre gare du monde. Le tableau indique 129 trains arrivant et 131 trains partant journellement, soit un total de 260 trains, avec, au moins, 8 trains supplémentaires arrivant et partant tous les jours, excepté les dimanches. Il y a également 8 ou 9 trains de marchandises par jour, dans les deux sens.

A certaines heures de la journée le mouvement des trains dépasse la moyenne. Ainsi entre 5 heures et 5 heures et demie du soir, il arrive 7 trains et il en part 8 ; ce qui fait un train toutes les deux minutes, sans compter les manœuvres des wagons vides. Le nombre total de trains manœuvrant dans la gare, dépasse 1 100 par jour.

Le mouvement de tous ces trains est contrôlé par un système d'aiguilles couvrant la voie d'une gare à l'autre, inventé par H.-F. Cox, ingénieur. Il y a plusieurs tours à signaux : celle de la 17° rue règle les mouvements des trains montant entre les 15° et 21° rues, tous les trains descendant de la 15° à la 19° rue, ainsi que tous les garages comprenant l'addition et la remise des wagons.

L'opérateur a sous sa direction 60 leviers au deuxième étage de la tour. Ces leviers sont reliés à des tuyaux de $0^m,035$ de diamètre, afin de faire fonctionner les aiguilles et signaux. Il est prévenu soit par les signaux graphiques, soit par le télégraphe, des mouvements qui doivent avoir lieu. Cet opérateur a deux aides qui sont chargés de déplacer les leviers, suivant ses instructions. Le mécanisme demande la manœuvre de 6 à 14 leviers pour opérer le mouvement complet d'une aiguille ou d'un signal quelconque : le signal de sûreté est donné par l'opérateur aux mécaniciens des trains, en poussant le dernier levier de la combinaison.

V

Le railway métropolitain de Paris, son utilité. — Revue historique des projets pour la création d'un chemin de fer dans Paris. — Le chemin souterrain desservant les Halles, proposé par Eugène Flachat. — Projets étudiés en 1875 : les tunnels sur arcades et les tunnels souterrains. — Projets Le Masson, Le Tellier, Vauthier, etc. — Projet de M. Louis Heuzé, taillant en plein Paris la route de la voie ferrée. — Projet de M. Paul Haag. — Le chemin aérien électrique de M. J. Chrétien. — Projet adopté par le Conseil municipal de Paris en 1883.

Le lecteur qui vient de faire connaissance avec les railways intérieurs de Londres, de Berlin, de New York et de Philadelphie, dont le service remonte, pour le premier, à 1863, aura quelque peine à comprendre que l'établissement d'un pareil système de transport soit encore à l'état de projet, de rêve, d'aspiration, quelques-uns disent même de chimère et d'utopie, dans la ville qui se flatte de marcher à la tête du progrès. Depuis bien des années les projets de railways à créer dans la capitale se multiplient, les études se succèdent et les solutions sont annoncées, sans que la question paraisse faire un pas, et sans que l'on puisse prévoir encore l'époque probable de l'exécution de l'un quelconque de ces projets.

Et pourtant s'il est une ville qui réclame impérieusement la création de voies rapides de communication dans son enceinte, c'est assurément Paris.

Un relevé, qui a été fait en 1882, a constaté que le mouvement des véhicules au carrefour du boulevard Montmartre et de la rue Montmartre, vulgairement nommé le *Carrefour des écrasés*, est de plus de 100,000 par jour. Outre les carrefours, certaines rues et boulevards sont constamment encombrés. Telle est la rencontre des boulevards Saint-Michel et Saint-Germain, près de l'hôtel de Cluny. Telle est encore l'Avenue des Champs-Élysées, ainsi que la rue Richelieu, où l'on a constaté le passage de 27,000 chevaux par jour.

Aussi la circulation devient-elle chaque jour plus difficile dans les rues de la capitale. Les voitures, dont le nombre s'accroît sans cesse, occasionnent des encombrements permanents, au milieu desquels le piéton ne peut s'engager sans risquer sa vie. Les omnibus et tramways sont toujours pleins quand tout le monde en a besoin, et la contrariété du voyageur est alors d'autant plus vive, que les distances sont devenues énormes, par suite de l'extension de la ville. Combien l'on regrette l'absence d'un chemin de fer intérieur, avec ses départs fixes, ses voitures toujours en nombre suffisant, sa rapidité, et sa sécurité, lorsque, les pieds dans la boue, par le vent et la pluie, on attend, sous l'incertain abri d'une porte cochère, une voiture de place, qui ne passe pas, ou dont le cocher refuse, en ricanant, de répondre à votre appel désespéré. Si, alors, on se décide à se mettre en route à pied, et à l'aventure, les omnibus, tramways et fiacres qui s'entre-croisent dans tous les sens, vous envoient au visage la fange de leurs roues ; et vous frôlez de lourdes charrettes, pesamment chargées, qui menacent de vous broyer sous leur masse épouvantable. D'autre part, si l'on est en voiture, on se heurte trop souvent contre les rails des tramways, qui impriment aux roues et aux essieux des secousses, mortelles pour l'acier. Il a été, dit-on, constaté à Vienne (Autriche) que les essieux des voitures durent six fois moins depuis l'établissement des tramways.

Le désencombrement de la voie publique s'impose donc à Paris, comme une nécessité de premier ordre, et, pour y parvenir, il n'est d'autre moyen qu'un chemin de fer intérieur, à l'instar de ceux de Londres, de Berlin, de New York et de Philadelphie. Un railway métropolitain peut seul débarrasser les rues, parce que ses trains continuent de circuler quand les voitures ordinaires sont forcées d'interrompre leur marche, par l'excès du mauvais temps, parce que l'on est toujours certain d'arriver, quelles que soient les circonstances extérieures.

D'un autre côté, l'élévation des prix des loyers tend à chasser de Paris l'ouvrier, et même le fabricant. S'il existait un chemin de fer intérieur transportant, pour un faible prix, l'ouvrier hors de Paris, celui-ci choisirait une habitation aux portes de la ville ; et il trouverait à la campagne le bien-être, avec l'amélioration de sa santé.

Le travailleur parisien qui a passé toute la semaine à l'atelier, au bureau ou dans le magasin, éprouve, chaque dimanche, un besoin de déplacement irrésistible, passionné. Quand arrive le jour dit du *repos*, c'est, pour lui, le moment de s'éreinter à courir la campagne, par le soleil ou par la pluie.

Le besoin de sortie et de grand air, le dimanche, est tel pour le Parisien, que, ce jour-là, tous les moyens de transport deviennent insuffisants. Tramways, omnibus, voitures de place, chars-à-bancs, tapissières, tout est mis à contribution. Mais comme les entrepreneurs de transport public ont un matériel borné ; comme ils ne peuvent entretenir, pour un seul jour de la semaine, des réserves de voitures, et surtout nourrir des chevaux, qu'il faudrait conserver inutilement pendant les six autres jours, il en résulte que tous les moyens de transport sont épuisés le dimanche, c'est-à-dire le jour où la grande majorité de la population les désire. Alors, les hommes vont prendre l'air au café ou au cabaret, tandis que les femmes et les enfants restent à la maison. Supposez l'existence d'un railway pouvant emporter, à un prix modique, toute la nichée à deux lieues de Paris, et voyez tout ce que gagnerait la santé de cette famille, en particulier, et la morale, en général.

Un chemin de fer seul, nous le répétons, peut répondre à la nécessité d'un immense transport à un jour donné, c'est-à-dire le dimanche, ou un jour de fête publique, parce que seul il est pourvu d'un moteur qui ne mange pas, qui ne dépense rien quand il est au repos, et qu'il peut ainsi répondre à des besoins intermittents.

Dans un avenir prochain, Paris est destiné à s'étendre plus encore, par suite de la puissance de son industrie, qui s'accroît chaque jour. Quelles que soient la cherté actuelle de la vie matérielle et le prix des loyers, la population ouvrière augmente continuellement à Paris. Les travailleurs s'y rendent en foule, désertant les campagnes. C'est que, tandis que les sources de travail, ainsi que les salaires, s'accroissent dans la capitale, elles diminuent en province. La culture des céréales, qui nourrissait jadis la grande majorité des paysans de l'ouest et du centre de la France, est devenue de moins en moins rémunératrice, par suite de la liberté du commerce des grains. Les paysans des contrées du centre et de l'ouest trouvent moins d'occupation qu'autrefois dans l'élevage des bestiaux et dans le paccage. Enfin, le phylloxera, en détruisant les vignobles du Midi, a chassé les travailleurs de la vigne, et les a forcés, soit de s'expatrier, pour aller cultiver la vigne en Espagne, en Algérie ou en Italie, soit de se consacrer au travail industriel dans les villes.

Par toutes ces causes, le nombre des ouvriers s'accroît sans cesse dans la capitale, et un moment viendra où on ne saura plus où les loger. Déjà, l'ouvrier est forcé de choisir entre un loyer écrasant dans Paris, et un loyer modique dans la banlieue, acquis, toutefois, au prix d'un déplacement quotidien, lequel est toujours coûteux et souvent incertain.

Les tramways sont venus atténuer cette situation, mais leur effet a été temporaire. Aujourd'hui, les tramways refusent du monde, comme les omnibus. Vides, à certains moments, ils sont bondés à l'heure de la sortie des ateliers, des magasins, ou des théâtres. Il ne peut, d'ailleurs, en être autrement ; car on ne saurait exiger des administrateurs des tramways, qu'ils entretiennent sur pied un personnel et des chevaux qui resteraient inoccupés les trois quarts de la journée.

Ce que le tramway n'a pu faire, le railway métropolitain le fera. Agent de transport rapide, économique, toujours prêt, ne refusant jamais de voya-

FIG. 202. — LE CHEMIN DE FER TRANSVERSAL SUR LE BOULEVARD POISSONNIÈRE, PRÈS DE LA PORTE SAINT-DENIS

geurs, quelle que soit l'intermittence des demandes, il transportera à bas prix les habitants du centre de Paris dans la banlieue, là où ils pourront trouver une demeure commode, saine et vivifiante. Alors apparaîtra, dans la banlieue de Paris, ce qui se voit depuis longtemps aux environs de Londres, c'est-à-dire cette suite de maisons à un seul étage, longeant la voie ferrée, et composant de longs villages, où l'ouvrier et le fabricant, l'employé et le manouvrier sont chez eux, avec leurs arbres et leurs fleurs, heureuse retraite des champs, qu'ils quittent à l'aurore, pour y rentrer le soir, moyennant quelques penny.

La solution du problème des logements à bon marché, pour les Parisiens, nous paraît être là, et non ailleurs.

Nous croyons avoir suffisamment établi l'utilité de la création d'un railway à l'intérieur de Paris. Nous avons maintenant à exposer les études qui ont été faites jusqu'à ce jour pour doter la population de cette précieuse création de la science moderne.

Un chemin de fer à travers Paris étant une entreprise, au fond, assez ardue, nous n'étonnerons personne en disant qu'elle a exigé beaucoup de tâtonnements, avant d'arriver à maturité. Les études qui ont été faites dans ce but, par un grand nombre d'ingénieurs, sont, d'ailleurs, fort intéressantes à connaître. Aussi commencerons-nous par jeter un coup d'œil historique sur les différents projets qui se sont succédé avant d'amener une solution à peu près définitive.

Le premier projet sérieux de railway dans Paris appartient à l'ingénieur Eugène Flachat, le même qui s'est rendu célèbre par ses travaux à la ligne du chemin de fer de l'Ouest.

Nous avons dit, dans les considérations générales du premier chapitre de cette Notice, qu'Eugène Flachat avait étudié et rédigé le projet d'un chemin de fer souterrain, destiné à assurer l'approvisionnement des halles centrales de Paris. Ce projet fut au moment de recevoir son exécution. Cependant, on finit par reconnaître que borner son ambition au service des halles, c'était bien rapetisser une question aussi importante que celle des railways parisiens, et l'on arrêta les travaux. On fit bien, d'ailleurs, car cette suspension de l'exécution d'un projet local était le prélude d'une étude de la question générale de l'établissement des railways dans Paris. Il ne s'agissait plus de transporter quelques centaines de tonnes de marchandises par jour, mais trois cent mille à quatre cent mille voyageurs, dans le même intervalle de temps.

En 1870, l'administration de la ville de Paris se préoccupait de l'achèvement des voies de communication intérieure. Un projet de chemin de fer urbain, qui comprenait la réorganisation du service des omnibus, ainsi que d'autres combinaisons pouvant faciliter les moyens de transport, venait d'être terminé par un groupe d'ingénieurs. Mais la guerre avec l'Allemagne vint retarder l'exécution de ce plan.

L'idée fut reprise en 1871. Le Conseil général de la Seine invita le Préfet de la Seine, le 16 novembre 1871, à faire étudier, par une commission spéciale, un réseau de tramways et de chemins de fer intérieurs.

Cette commission n'eut que l'embarras du choix parmi les projets qui avaient été étudiés depuis dix ans, par des ingénieurs habiles et compétents.

Parmi ces projets il faut citer :

1° Le projet Eugène Flachat, remontant à une époque déjà éloignée.

2° Le projet Le Hir.

3° Le projet Le Masson.

4° Le projet Vauthier.

5° Le projet Le Tellier.

6° Le projet Guerbigny.

Après avoir examiné cet ensemble d'études, la commission municipale posa un grand principe, dont on ne devrait jamais se départir.

C'était d'effectuer le railway métropolitain dans les conditions générales des grands chemins de fer. L'idée de créer une ligne à voie étroite et à moteur d'une faible puissance, aurait pu tenter un moment, dans le but de faciliter l'opération. Mais un peu de réflexion fait comprendre qu'il y aurait grand danger à s'en tenir à une voie de petite section. Un pareil système n'est acceptable que dans des cas particuliers, pour des lignes secondaires, n'intéressant pas la circulation générale. Mais le railway parisien doit pouvoir se souder sans interruption aux lignes générales du réseau français et européen. Une ligne métropolitaine traversant Paris, doit être stratégique, c'est-à-dire pouvoir relier le chemin de fer de ceinture avec les autres lignes aboutissant à la capitale. Elle doit se prêter à la circulation universelle. Pour cela, il faut lui donner la largeur de voie et la variété de matériel des grandes lignes ferrées; il faut la construire dans les conditions de solidité et de puissance d'exploitation du réseau général européen. Grâce à l'idée admirable qui, dès l'origine des chemins de fer, fit décréter une largeur de voie uniforme sur tout le territoire de l'Europe (1^m,50) — uniformité à laquelle, pour le dire en passant, un seul pays, la Russie, se dérobe, dans un absurde et triste esprit d'isolement, — tout wagon partant d'un point quelconque d'un chemin de fer européen, peut parcourir le réseau entier des

Fig. 203. — LE CHEMIN DE FER TRANSVERSAL DANS UNE RUE SPÉCIALE

lignes de notre continent. Le railway parisien ne devait pas se tenir en dehors de ce cercle puissant d'harmonie internationale. La commission municipale de 1872 fut donc bien inspirée en posant le grand principe de la construction du railway métropolitain dans notre capitale, selon le type général des grandes lignes ferrées.

Après avoir posé ce principe, la commission municipale de 1872 arrêta une ligne, dont le tracé avait peu de signification, à une époque où l'on ne pouvait qu'entrevoir le moment de l'exécution. Le tracé proposé n'était donc que provisoire.

Quoi qu'il en soit, la Commission municipale de 1872 décida une ligne allant à travers Paris, de la Bastille au Bois de Boulogne, par les boulevards intérieurs, en passant par la place de l'Étoile ; ainsi qu'une ligne transversale, Nord-Sud, divisée en trois sections, à savoir : 1° des Halles au chemin de fer de ceinture, rive droite ; 2° du square Cluny à Montrouge, par le boulevard Saint-Michel ; 3° une ligne de jonction entre les précédents.

Bien que ce trajet fût très restreint, la Commission ajourna à une époque plus éloignée toute étude des lignes complémentaires de ce réseau.

Le Préfet de la Seine avait nommé une seconde commission, chargée de concéder ce réseau à une Compagnie. Mais les Préfets de la Seine se succèdent rapidement. Le changement continuel des titulaires de cette éphémère fonction, fit ajourner l'exécution du railway proposé par la Commission de 1872.

En 1875, nouvelle initiative du Conseil général de la Seine, demandant la reprise du projet.

Le nouveau Préfet de la Seine produisit, en réponse à ce vœu, un projet de railway souterrain qui, abandonnant celui de 1872, établissait, sous le jardin du Palais-Royal, une gare centrale, d'où partiraient des rayons dirigés sur chacune des grandes gares. Pour l'exécution de ce projet, on demandait au Conseil municipal une subvention de 40 millions. Une subvention de même somme était demandée au Conseil général, total 80 millions. Le coût de la ligne était évalué à 159 millions. L'État aurait garanti l'excédent au delà des 80 millions acquis par les deux subventions.

Ce projet, qui aurait été concédé au syndicat des cinq grandes Compagnies de chemins de fer, aurait desservi parfaitement les gares, mais il négligeait le grand courant de la circulation parisienne.

Il ne fut pas admis à la discussion devant le Conseil municipal, qui, en 1876, le remplaça par un autre, dû aux études de M. Alphand.

Le réseau proposé par ce savant ingénieur, devait monter à 178 millions. On demandait encore 120 millions de subvention. Le syndicat des cinq grandes

Compagnies de chemins de fer était de nouveau désigné pour la concession.

Le ministère des Travaux publics et le Conseil général des ponts et chaussées, consultés sur ce projet, avaient émis un avis favorable.

Avec ce projet, l'administration remit à la Commission spéciale du Conseil municipal un volumieux dossier comprenant, outre les projets déjà produits en 1872, une longue série de projets nouveaux, parmi lesquels celui de M. Letellier, très complet et très étudié ; celui de M. Mouton ; celui de M. Louis Heuzé, enfin la savante étude de M. J. Chrétien, sur un *railway électrique*.

Les deux premiers projets comportaient surtout des voies souterraines.

Le troisième, celui de M. Louis Heuzé, architecte parisien, était remarquable par sa nouveauté et sa hardiesse. Il posait en arcades la voie ferrée, et se taillait délibérément, comme celui de Londres, son chemin à travers les maisons et les places.

Le quatrième, concernant l'application de l'électricité comme moteur à la traction de trains circulant au haut d'arcades de fer, était également digne d'attention.

En raison de l'originalité de ces deux derniers projets, nous les exposerons avec quelques détails.

Et d'abord le projet de M. Louis Heuzé.

Dans un mémoire ayant pour titre *Chemin de fer transversal, avec passage couvert pour piétons* (1), M. Louis Heuzé se propose de démontrer les avantages d'un chemin de fer à air libre pour traverser Paris, et les inconvénients des voies souterraines projetées par l'administration.

Ce chemin de fer, établi à 7 mètres au-dessus du sol, dans une voie spécialement ouverte dans ce but, de 13 mètres de largeur donne, en même temps, au rez-de-chaussée, un passage couvert pour les piétons, et par la double circulation qu'il procure, peut rendre les services d'un boulevard.

Le produit du chemin de fer, celui de la location des étalages, en bordure sur le passage, équivaudraient au moins à l'intérêt des dépenses occasionnées par l'exécution du percement et par la construction de la voie ferrée.

Ce chemin de fer pourrait servir de type à de nouveaux percements qui, ne grevant pas les finances de la ville de Paris, remplaceraient avantageusement, dans certains cas, des boulevards dispendieux.

« Pas de chemin de fer en sous-sol dans la partie basse de Paris, plus de tramways sur les boulevards intérieurs, dit M. Louis Heuzé. Il faut créer

(1) Paris, chez, A. Lévy, libraire-éditeur, 13, rue Lafayette.

des chemins de fer en élévation, dans une voie spéciale, percée exprès,

FIG. 204. — LE CHEMIN DE FER TRANSVERSAL FORMANT AU-DESSOUS DE LA VOIE UN PASSAGE COUVERT POUR PIÉTONS

par expropriation, avec passage couvert pour piétons, bordé de boutiques ou étalages dont la location s'ajoute au revenu du trafic de la voie et du transport des voyageurs. »

Avec ce système, on peut faire des tracés dans toutes les directions, éviter, par un parcours légèrement sinueux, les quartiers neufs, ainsi que les monuments, passer dans l'intérieur des îlots de maisons où il y a le moins de constructions, commencer par le chemin de fer transversal réunissant la gare du chemin de fer du Nord et celle de l'Est à la gare de Montparnasse, en faisant le service des Halles et des Postes, et trouvant au pourtour et sous les rues couvertes des Halles, 2,500 mètres de quais, prêts à recevoir les marchandises.

On peut, avec le même système, franchir la Seine sur autant de points qu'on le voudra.

« Le principe de traverser Paris sur un pont continu, le passage couvert offert aux piétons pour les petits parcours, les passerelles qu'on peut annexer aux ponts pour traverser les points encombrés, sont si avantageux à tous les points de vue, que nous croyons, dit M. Heuzé, ce mode de percement destiné à suppléer aux boulevards qui nous manquent encore. »

Le percement du passage qui recevrait le chemin de fer, a 13 mètres de largeur. C'est la dimension de la rue Rougemont. Pour se rendre compte de l'effet, supposons un pont métallique de 8 mètres de largeur, supporté par deux colonnes en fonte, à 7 mètres de hauteur ; il restera de chaque côté du pont, un espace libre de 2^m,50, par lequel arriveraient le jour et l'air aux boutiques et sous le pont.

Sous ce pont les piétons ont un espace à couvert, à l'abri des intempéries, à pied sec, et ils n'ont pas à redouter les voitures. Le soir, le passage est éclairé. Les gardiens y sont à l'abri, et les grilles des extrémités peuvent être fermées à la première alerte ; ce qui donne toute sécurité, en écartant les gens qui n'aiment ni la police ni la lumière.

Un passage ainsi établi, sur un parcours de plus de 3 kilomètres, dans la traversée de Paris, serait inappréciable pour les personnes obligées de circuler le jour et la nuit, soit en quittant le chemin de fer, soit en parcourant de petites distances.

Enfin les colonnes seraient avantageusement utilisées pour l'affichage.

Une seule objection se présente contre ce projet : Ce chemin de fer coûterait trop cher.

« S'est-on rendu compte, dit M. Heuzé, de la longueur des percements exécutés depuis trente ans dans Paris ? Qu'on mette le plan de Paris, avec le réseau complet de chemin du fer que je propose, en parallèle avec le même plan sur lequel sont tracées presque toutes les rues et boulevards nouvellement percés ; rien qu'à la vue on jugera que l'établissement de chemins de fer au travers de la ville serait un travail d'une bien moindre importance. »

Voici des chiffres donnés par l'architecte parisien.

D'une part, le développement des principales rues et boulevards

FIG. 205. — COUPE DE LA VOIE DU CHEMIN DE FER TRANSVERSAL.

percés depuis trente ans est de plus de 120 (129) kilomètres. Ces boulevards ont une largeur de 30 mètres.

D'autre part, la longueur des chemins de fer métropolitains se décompose ainsi :

Le chemin de fer transversal, réunissant les gares du Nord et celle de l'Est à Montparnasse, en faisant le service des Halles et des Postes, soit 5 kilomètres et demi. La partie circulaire, rive droite, reliant les gares d'Orléans, de Lyon, de Vincennes à celle de l'Ouest et au premier réseau transversal, a 5 kilomètres et demi. Ensemble 11 kilomètres sur 13 mètres de largeur, pour relier toutes les gares, les halles et les postes et desservir le Palais de Justice,

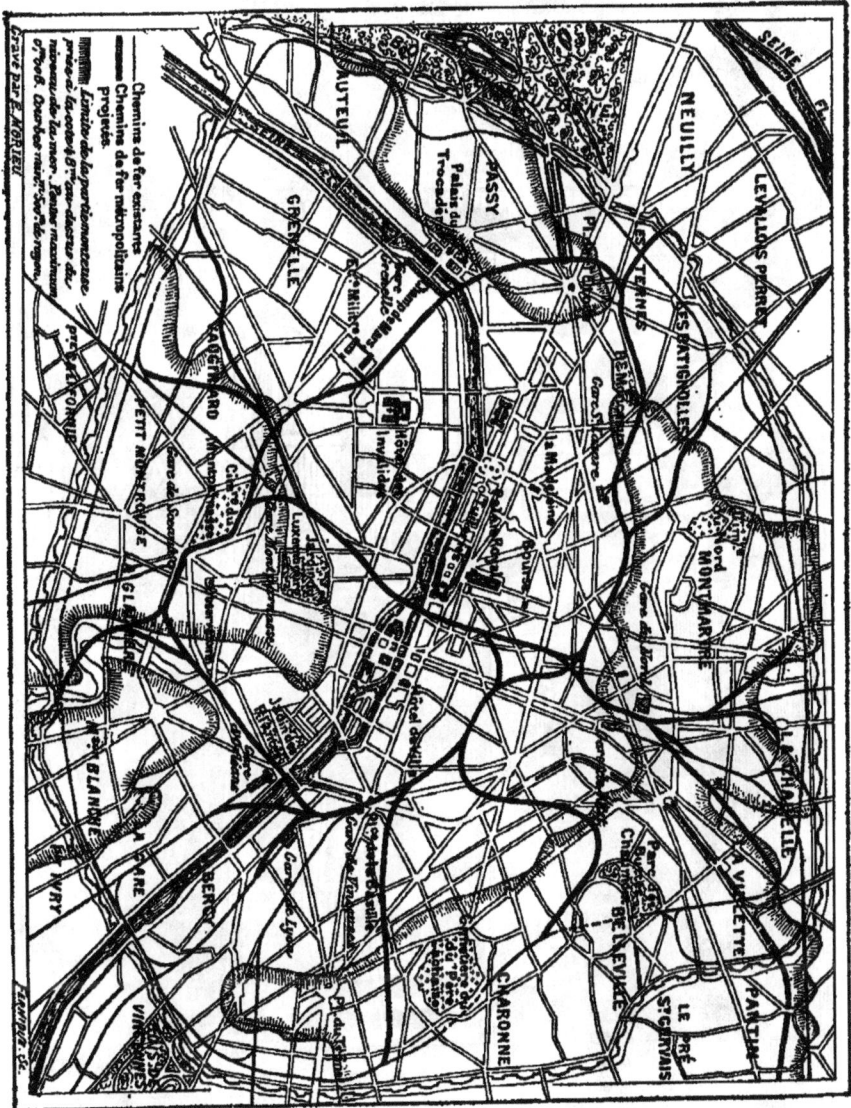

FIG. 206. — PLAN DU CHEMIN DE FER TRANSVERSAL PROPOSÉ PAR M. LOUIS HEUZÉ.

soit *la valeur de 5 kilomètres de boulevards*. C'est seulement un vingtième des surfaces des percements qui ont été exécutés à Paris depuis trente ans.

Il faut, ajoute M. Heuzé tenir compte, en déduction de la dépense, qu'il n'y aurait pas d'expropriations à faire pour la traversée des rues, quais et boulevards : c'est une économie d'un sixième.

Les boulevards ne rapportent à la ville que les droits d'octroi ; le

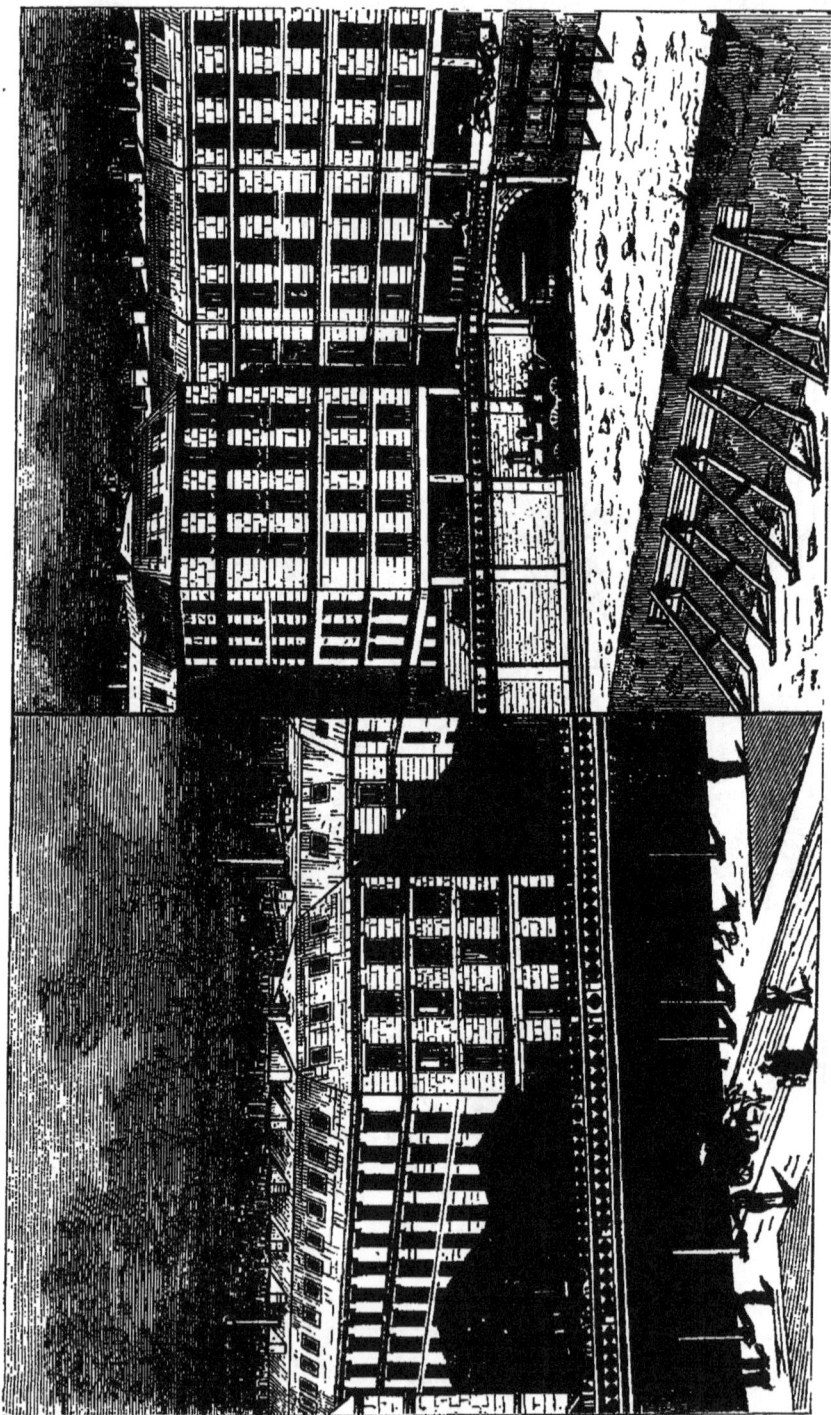

FIG. 207. — LE CHEMIN DE FER TRANSVERSAL PASSANT DANS LA RUE PARADIS-POISSONNIÈRE ET SOUS LA RUE CHABROL.

chemin de fer rapporterait le prix de transport des voyageurs, des marchandises et la location des étalages en boutiques bordant le passage.

M. Heuzé donne, dans son mémoire, la description du tracé qu'il propose et que nous représentons dans la figure 206.

« Il faut faire, dit-il, un percement transversal, réunissant les deux rives de la Seine, de la gare Montparnasse à celle du Nord, passant dans l'intérieur des îlots de maisons où il y a moins de constructions, évitant les monuments et les quartiers nouvellement construits, d'une part, et se raccordant, d'autre part, avec les Halles et l'Administration des Postes. »

Suivant ce tracé, le chemin de fer passe, en élévation, de la rue de Vaugirard à la rue Paradis-Poissonnière.

La voie entre en tranchée ouverte, au nord, entre la rue Paradis-Poissonnière et la rue de Chabrol (fig. 207), sans modifier le nivellement de ces deux rues, pour aboutir entre les chemins de fer du Nord et de l'Est ; et au Sud, entre la rue de Vaugirard et le boulevard Montparnasse, où elle arrive à la gare de ce nom.

Établie sur un pont en fer continu, supportée par des colonnes de fonte, elle ne coupe que cinq grandes artères : le boulevard Poissonnière, la rue de Rivoli, les quais, le boulevard Saint-Germain, la rue de Rennes. Elle passe ces voies sur des ponts élégants, légers d'aspect, aussi élevés que les grandes arcades du Carrousel et que le viaduc du Point-du-Jour.

Les courbes sont insensibles, les pentes très faibles, la traction est facile, exempte de dangers et d'accidents. Des disques sur les rues avertissent du passage des trains.

La hauteur de l'escalier, pour y accéder, serait à peu près celle de l'escalier du Point-du-Jour, que l'on monte sans aucune fatigue.

La voie du boulevard Montparnasse se raccorde avec celle du projet de M. Vauthier.

Le pont qui supporte la voie, doit être créé dans des conditions de solidité telles qu'il puisse servir au transit entre les grandes compagnies, même pour les trains les plus lourds. Mais, pour l'usage ordinaire et pour une traction rapide, les trains devront être légers. Car il ne faut pas perdre de vue que le parcours habituel doit se faire à raison de deux minutes par kilomètre et d'une minute à peine pour les arrêts, comme au chemin de fer d'Auteuil.

Le tracé passe entre les Halles centrales et la Halle au blé. Là existerait la gare centrale, occupant un espace de 50 mètres de largeur sur 100 mètres de longueur. Le dessous fournirait de vastes magasins-débarcadères.

Aux Halles centrales (fig. 208), les rails sont établis à 7 mètres de hauteur. Ils traversent les voies couvertes qui relient les divers pavillons et en doublent la surface. On sait que, sur le boulevard

FIG. 208. — LE CHEMIN DE FER TRANSVERSAL COUPANT LES HALLES CENTRALES, A TRAVERS DEUX PAVILLONS

Sébastopol et les quais, les tramways apportent un grand trouble dans le remisage des voitures qui se rendent aux Halles ; le railway, au contraire, par ses embranchements sur les grandes rues couvertes des Halles, formerait un dégagement, où les marchandises pourraient attendre la mise en vente et même la réexpédition.

Le raccordement de l'Hôtel des Postes, à l'angle de la rue Pagevin et de la rue Jean-Jacques Rousseau, se ferait de la même manière.

La disposition des Halles, avec leurs grandes rues couvertes et leurs larges hottins, se prêterait parfaitement à l'établissement de lignes accessoires, passant presque à la hauteur des chéneaux qui reçoivent les eaux, et permettrait d'accumuler les wagons et de distribuer les marchandises dans tous les pavillons et presque instantanément, aménagement prévu en sous-sol, et qui sera bien plus avantageusement établi en élévation.

Avec le chemin de fer transversal, le réseau du projet de M. Vauthier, et les chemins de fer existants, la poste pourrait rayonner sur tous les points et supprimer ses voitures.

Dans la Halle au blé, un plancher, porté sur des colonnes, permettrait d'y introduire des trains.

De même, un plancher dans une partie de la cour de l'Hôtel des Postes permettrait d'y introduire des wagons à la hauteur du chemin de fer.

Ce tracé a, en résumé, l'avantage de desservir un grand nombre d'établissements de premier ordre. Il rattache, en effet, trois gares, les Halles de Paris, la mairie du 1er arrondissement, six églises (Saint-Sulpice, Saint-Germain des Prés, Saint-Germain l'Auxerrois, Saint-Eustache, Bonne-Nouvelle, Saint-Laurent), la Monnaie, le théâtre du Gymnase, le Conservatoire de musique, et, au moyen d'une gare monumentale, il conduit au Palais-de-Justice, et correspond avec les tramways sur les quais et les bateaux de la Seine. Il procure, enfin, un passage couvert, mettant les piétons à l'abri des intempéries.

Les avantages manifestes du plan de M. Louis Heuzé, qui crée en plein Paris de nouvelles routes pour donner passage aux voies ferrées aériennes, a inspiré à un ingénieur, M. Paul Haag, un projet complet, où un système analogue est réalisé, suivant un tracé différent. Ce projet qui a été présenté à la *Société des ingénieurs civils*, a été l'objet d'un examen approfondi de la part des membres de cette société.

La Nature du 14 septembre 1883 a publié l'exposé du projet de M. Paul Haag.

« M. Haag, dit *La Nature*, estime qu'un chemin de fer en viaduc est seul en mesure de remplir complètement les conditions proposées, et il n'hésite pas à proposer de faire dans Paris une percée transversale, considérablement élargie à dessein, afin de fournir en même temps les voies de circulation qui font défaut, et compenser, en outre, dans une certaine mesure, les énormes dépenses à faire.

Il propose, en effet, de relier la gare Saint-Lazare à la gare de Lyon par une ligne principale qui traverserait ainsi les quartiers centraux, et la percée qu'elle obligerait à exécuter fournirait par là-même les voies supplémentaires qu'il faudra créer tôt ou tard. Elle traverserait la rue Saint-Lazare sur un pont métallique, puis couperait le passage du Havre, suivrait les rues Joubert et de Provence, traverserait la rue Lafayette à son intersection avec la rue du Faubourg-Montmartre, suivrait ensuite cette rue, puis la rue Montmartre en passant auprès de la Bourse et allant jusqu'aux Halles. »

Le projet de M. Haag est, certes, parfaitement réalisable. Nous n'y voyons qu'une seule objection, mais elle est capitale, il est vrai. Comme nos lecteurs l'ont deviné, c'est la dépense, qui serait réellement énorme. Chaque mètre de la voie centrale représente, en effet, 40 mètres carrés de terrain qui, à 1000 francs le mètre, donnent 40,000 francs, soit 40 millions par kilomètre.

Il faut considérer, il est vrai, comme a soin de le signaler M. Haag, qu'on ferait, en même temps, deux grandes rues de chaque côté du viaduc, et que la percée de ces voies s'imposera certainement dans l'avenir, pour dégager, par exemple, la rue Montmartre, toujours encombrée. La ville de Paris pourrait donc supporter une partie de la dépense correspondant à l'établissement de ces voies.

On trouverait, en outre, une source de revenus importants dans la location des boutiques sous le viaduc, comme on l'a fait à Berlin. M. Haag estime qu'on en tirerait probablement plus de 300,000 francs par kilomètre.

On a exprimé la crainte qu'un viaduc pareil ne fît un effet très disgracieux dans Paris. Nous ne voyons pas que cette considération soit bien fondée, puisque le viaduc ne touche aucun monument de la ville, et traverse seulement des rues qui ne se recommandent en aucune manière au point de vue artistique, On pourrait, d'ailleurs, obtenir sur le viaduc lui-même, un effet décoratif très satisfaisant.

Dans le projet que nous avons exposé sommairement, M. Paul Haag propose de suivre, en l'élargissant, la rue Montmartre, ce qui oblige à des expropriations assez coûteuses; mais, ultérieurement, il a pensé qu'il serait possible de faire la percée, en se plaçant parallèlement, à une certaine distance de cette rue. On respecterait ainsi les façades, et on n'aurait plus à exproprier que des terrains d'une valeur pécuniaire plus faible, ce qui réduirait sensiblement les frais de premier établissement.

On peut rapprocher du projet de M. Louis Heuzé et de celui de M. Paul Haag, un autre plan de voie ferrée dans Paris, dû à un savant ingénieur des ponts et chaussées, conseiller municipal de cette ville, M. Wauthier, qui est remarquable par sa simplicité.

Le railway métropolitain, d'après le plan de M. Wauthier, passerait, *en élévation*, à environ 6 mètres du sol, sur les boulevards extérieurs, et le long des quais de la Seine.

Ce système, d'une exécution aisée, n'aurait que l'inconvénient de desservir un trop petit nombre de quartiers. Combiné avec le *chemin de fer transversal* de M. Louis Heuzé, il donnerait un ensemble irréprochable.

Arrivons à l'exposé du projet de M. J. Chrétien, consistant à appliquer l'électricité comme agent de traction de convois glissant sur des lignes ferrées posées sur des arcades de fer.

Mais, avant d'aller plus loin, nous tenons à dire que M. J. Chrétien, l'ingénieur à qui l'on doit la belle étude sur les railways électriques parisiens, est le même qui, en 1875, fit, à la sucrerie de Sermaize, de M. Félix, la magnifique expérience de l'application de l'électricité comme agent moteur du labourage des terres. Nous avons rapporté, dans le volume précédent de cet ouvrage, consacré à l'*Électricité*, l'expérience célèbre de MM. Chrétien et Félix, qui a fait époque dans l'histoire de l'électricité, car elle a donné le signal et le modèle du grand principe du transport de la force à distance au moyen de machines dynamo-électriques *reversibles*.

Cela dit, expliquons le projet de railway électrique de M. J. Chrétien, que l'auteur a développé dans une brochure publiée à Paris, en 1881, sous ce titre *Chemin de fer électrique dans Paris* (1).

L'ensemble du projet de M. Chrétien comprend trois lignes, dont la principale parcourt les boulevards intérieurs, de la Madeleine à la Bastille, et les deux autres suivent, l'une le boulevard Voltaire, l'autre le boulevard Haussmann et l'avenue Friedland.

Les gares *terminus* (têtes de lignes) sont situées : à la Madeleine, à la Bastille, à l'Arc de triomphe de l'Étoile, et à l'ancienne barrière du Trône. Les deux gares d'embranchement se trouvent, l'une à la place de la République, l'autre à une place centrale projetée au carrefour Drouot, et, dont il sera question plus loin.

Sur tout le parcours de chaque ligne, des stations intermédiaires sont placées à des distances à peu près régulières, qui varient de 350 à 360 mètres,

---

(1) In-4°, chez Baudry, 2ᵉ édition. Paris, 1881.

sur les grands boulevards ; de 380 à 400 mètres, sur le boulevard Haussmann et l'avenue Friedland ; et de 350 à 360 mètres, sur le boulevard Voltaire.

L'emplacement de ces stations a été choisi de manière à répondre à la plus grande commodité du public, et, autant que possible, à proximité des rues transversales les plus passagères.

Le chemin de fer est construit partout en viaduc à deux voies. C'est une superstructure métallique qui occupe une très faible étendue dans l'espace, et qui repose sur *une rangée unique de colonnes*, placées au milieu même de la chaussée. Le viaduc n'a ni garde-corps, ni parapets, parce que personne ne doit jamais y circuler, et qu'un parapet quelconque ne peut, selon M. J. Chrétien, être d'aucune utilité. Il ne donnerait qu'une sécurité apparente, mais nullement efficace, contre les déraillements, du reste impossibles. Pour munir la voie d'un parapet important, il faudrait élargir le tablier supérieur, ce qui aurait plus d'inconvénients que d'avantages. Cependant si des parapets étaient imposés, il serait possible d'en placer sans porter atteinte au mode de construction proposé.

Du reste, l'une des conditions essentielles, possible à remplir dans ce cas particulier, c'est que tout déraillement soit rendu absolument impossible, même en admettant l'intervention de la malveillance. Ce point essentiel sera examiné plus loin.

L'élévation normale du viaduc est de 5 à 6 mètres, mesurée du sol en dessous des poutres du viaduc.

Bien que les sinuosités du boulevard, de la Madeleine à la Bastille, aient entraîné l'adoption de courbes à faible rayon, dans tous les projets proposés jusqu'ici, l'auteur a pu, par des arrangements spéciaux, supprimer toute courbe sensible dans les espaces compris entre deux stations, condition essentielle à divers points de vue, notamment à la conservation du matériel en bon état d'entretien.

Il n'y a nulle part de croisements de voies, ni d'aiguillages, causes fréquentes d'accidents sur les autres chemins de fer. Il est donc absolument impossible que deux véhicules marchant en sens contraire, puissent se trouver sur les mêmes rails.

Des dispositions spéciales rendent également une rencontre impossible, sur un même tronçon de voie, compris entre deux stations voisines allant dans le même sens.

Il n'y a donc ni déraillements ni collisions possibles.

Les viaducs sont composés d'une poutre longitudinale, de deux poutres reliées entre elles par des poutrelles, et d'un tablier métallique, sur lequel sont posés les rails. L'ensemble repose sur des colonnes, comme on le voit sur les figures 209 et 210, qui représentent le chemin fer électrique établi le long des boulevards.

Les colonnes ont été calculées pour résister, en toute sécurité, à des efforts beaucoup plus grands que tous ceux qui peuvent être prévus. Elles sont en fonte et creuses, d'un diamètre qui eût pu être réduit notablement, sans la nécessité de donner satisfaction à l'œil et d'inspirer une apparence de sécurité complète au public. L'écoulement des eaux qui tombent sur le tablier du viaduc, se fait par l'intérieur de ces colonnes.

La distance normale d'une colonne à l'autre, est de 10 mètres. Cet espacement n'est point arbitraire. En écartant davantage les colonnes, il eût fallu les faire beaucoup plus fortes, donner au viaduc un poids et des dimensions bien supérieurs; le prix de construction eût été aussi bien plus élevé. En les rapprochant davantage, au contraire, toutes les dimensions diminuaient, et avec elles le prix d'établissement; mais il en résultait une gêne pour la circulation sur la voie publique, qui eût rendu la solution impossible, ou tout au moins défectueuse.

Les colonnes reposent sur des massifs de fondation, et elles sont entourées, à leur base, d'une bordure en granit, qui forme autour de chacune d'elles un refuge, ayant les dimensions des refuges ordinaires : $1^m,80$ ou 2 mètres de largeur, sur 4 à 5 mètres de longueur.

Le moteur de railway proposé par M. J. Chrétien, c'est, nous l'avons dit, l'électricité. Nos lecteurs, qui ont fait, dans le premier volume de cet ouvrage, une connaissance approfondie des moyens qui permettent de transporter à distance l'électricité, pour en faire un agent de traction sur une voie ferrée, n'auront pas de peine à comprendre le mécanisme moteur du railway de M. J. Chrétien.

« La force motrice est produite, dit M. J. Chrétien, dans le mémoire qui nous a fourni les renseignements qui précèdent, par des machines à vapeur fixes, installées dans des conditions spéciales, qui sont indiquées, et qui font tourner des machines magnéto-électriques Gramme, lesquelles produisent de l'électricité. Cette électricité est conduite, par des fils de cuivre, tout le long de la voie, et se trouve ainsi distribuée sur tous les points du parcours. Les voitures portent chacune une machine magnéto-électrique, qui recueille l'électricité envoyée par les conducteurs, et tourne à la vitesse que l'on veut avoir. Le mouvement ainsi obtenu est transmis aux roues du véhicule, par un mécanisme approprié.

C'est ainsi que la force motrice, produite par des machines à vapeur établies à poste fixe, se trouve transportée et communiquée aux roues des véhicules qui circulent sur les voies par le seul fait de l'électricité agissant comme intermédiaire.

Le point de départ de cette application de l'électricité au transport des forces se trouve, dans l'expérience exécutée à l'Exposition de Vienne, en 1873, et dans les applications faites plus tard à Sermaize. Ces expériences et applications

FIG. 209. — VUE LONGITUDINALE DU CHEMIN DE FER ÉLECTRIQUE SUR LES BOULEVARDS

méritent d'être autant et plus souvent rappelées, pour l'honneur de notre pays, qu'elles sont le vrai, l'unique point de départ d'un mode essentiellement nouveau

FIG. 210. — LE CHEMIN DE FER ÉLECTRIQUE SUR LES BOULEVARDS

d'utiliser les forces motrices qui existent dans la nature et celles que l'on peut créer par n'importe quels moyens.

Les machines à vapeur qui produisent la force motrice, peuvent être installées en des emplacements quelconques, pourvu que ce ne soit pas à une trop grande distance des points à desservir. L'électricité peut, à la rigueur, aller aussi loin qu'on le veut, mais il est des distances qu'il est bon de ne pas dépasser dans la pratique : 2 ou 3 kilomètres, par exemple.

Si l'emplacement des machines peut être quelconque, il n'en est pas moins vrai qu'il y a des points qui conviennent mieux que d'autres. Ces points sont : pour desservir la ligne Madeleine-Bastille, la place centrale à créer au carrefour Drouot (fig. 211) et la petite place qui est sur le boulevard du Temple, en face du Cirque d'hiver.

Pour desservir la ligne de l'Étoile, les machines seraient installées en partie sur la place centrale et en partie sur l'avenue de Friedland, près de la rue de Messine.

Enfin, pour desservir la ligne du Trône, les moteurs seraient installés sur la place Voltaire, près de la mairie du onzième arrondissement.

Tous ces emplacements ont l'avantage de diviser les lignes desservies en tronçons à peu près égaux et d'une longueur très convenable.

A la place centrale et à l'avenue Friedland, les usines produisant la force motrice, seraient entièrement installées sous le sol, les cheminées seules sortant au dehors et cela sans que l'installation générale offrît d'inconvénients ni présentât de difficultés.

Au boulevard du Temple et à la place Voltaire, au contraire, les usines de force motrice ne seraient que partiellement dans le sol, l'espace permettant d'élever au dehors des constructions appropriées au service, et qui concourraient, en même temps, à l'embellissement de ces places.

Ces diverses usines, plus particulièrement destinées à fournir la force nécessaire à la traction sur les chemins de fer électriques, pourraient également fournir à tout leur quartier l'électricité dont on aurait besoin pour les divers usages, publics ou privés, tels que : éclairage, transmission de force, galvanoplastie et usages domestiques divers.

L'usine située à la place centrale, ayant à alimenter trois tronçons de chemins de fer, tandis que les autres n'en auraient que deux, serait la plus importante. Partout, les constructions ont été indiquées comme devant être faites en vue du travail maximum à produire, et qui correspond au service prévu de deux voitures accouplées, se succédant de minute en minute, dans chaque direction. Les machines et tout le matériel en général, ne doivent correspondre, quant à présent, qu'au travail maximum nécessaire pour mettre en mouvement des voitures uniques, se succédant de minute en minute, dans chaque direction.

D'après les calculs qui ont servi de base à ce projet, les machines motrices devraient fournir, aux moments du plus fort travail, une force inférieure à 100 chevaux-vapeur à l'usine de la place centrale, et à 75 chevaux à chacune des trois autres.»

M. J. Chrétien donne une idée de la forme et de la disposition des voitures.

Indépendamment du confortable, qui est de rigueur, les voitures doivent donner les plus grandes facilités pour l'entrée et la sortie des voyageurs. Il ne doit y avoir qu'un seul marchepied, peu élevé, prolongeant jusque sur le quai le parquet même de la voiture, afin que l'entrée et la sortie puissent se faire facilement et sans hésitation pour tout le monde. Les portes doivent être très larges, les places peu nombreuses dans chaque compartiment, et l'intérieur des voitures bien visible du dehors, afin d'éviter autant que possible les pertes de temps.

Les voitures proposées par M. Chrétien sont à 50 places ; nombre qu'il n'est guère possible de dépasser sans leur donner des proportions par trop considérables, mais qu'il ne faut pas réduire, afin de pouvoir suffire ordinairement au mouvement des voyageurs. Il ne faut pas perdre de vue que les omnibus actuels des boulevards contiennent 40 voyageurs, qu'à certains moments de la journée, il y a un départ toutes les deux minutes, dans chaque direction, et que la place y manque presque toujours.

Les voitures du *railway électrique* de M. Chrétien, ont 8 mètres de longueur et 2^m,50 de largeur ; il n'y a que 5 places sur chaque banquette et 10 par compartiment ; les portes ont 70 centimètres d'ouverture ; elles s'ouvrent et se ferment instantanément, à toutes les stations, sans que le voyageur ait à s'en préoccuper. Le marchepied règne dans toute la longueur de la voiture, et recouvre le quai de la station à une hauteur de 16 centimètres. Les vitres des voitures commencent à la hauteur d'un mètre environ au-dessus du quai. Tout le monde peut voir facilement les places libres, en passant devant un compartiment.

Chaque voiture porte son moteur : c'est-à-dire une machine dynamo-électrique Gramme, qui entre dans le circuit électrique au moyen d'un collecteur du courant actionnant les roues du véhicule.

Un simple mouvement de main du conducteur suffit pour mettre en marche, comme pour arrêter, la voiture, ou pour modérer, au besoin, sa vitesse. Les machines dynamo-électriques sont aptes à devenir instantanément des freins énergiques, ce qui permet de donner à la construction de l'ensemble une grande simplicité.

M. J. Chrétien examine le railway électrique au point de vue de la sécurité, et il s'attache à réfuter les craintes que pourrait inspirer la circulation des voitures sur ses viaducs.

L'absence de rampes et de courbes prononcées, le peu d'étendue du réseau, la faible vitesse de marche, la légèreté et le petit nombre des véhicules, sont autant de raisons pour que le bon entretien du matériel soit facile. Les ruptures et avaries qui causent ordinairement les déraillements ou les retards des trains, n'auront plus ici autant de raisons d'être. Avec un bon contrôle, on pourrait même les prévenir complètement.

Cependant, quelque soin que l'on apporte à la construction du matériel et à son entretien, quelles que soient les conditions de sécurité qui existent, il faut admettre qu'une avarie puisse arriver à une voiture en service, ou qu'une cause quelconque la retienne en détresse sur la voie. Dans cette hypothèse, et quoi qu'il arrive, aucune catastrophe ni aucun accident de personnes ne sont à redouter; le service même des autres voitures ne peut être entravé que pour quelques instants.

En effet, supposons les deux cas les plus graves qui puissent se présenter (puisque toute collision entre deux voitures marchant en sens inverse n'est pas possible), le cas de la rupture d'une roue ou d'un essieu, et celui d'une perturbation survenant dans le courant électrique ou dans le mécanisme moteur. Dans le premier cas, la voiture s'arrête, ou elle glisse sur ses patins; car elle ne peut ni dérailler, ni tomber, par suite des dispositions prises en prévision de pareilles éventualités. Dans le second cas, la voiture s'arrête tout simplement et le conducteur avertit les chefs des stations voisines, qui prennent des mesures en conséquence. Dans les deux cas, la voiture avariée est poussée par celle qui la suit jusqu'à la station suivante, où les voyageurs peuvent descendre, s'il y a lieu, et de là jusqu'à la prochaine gare *terminus*, où elle est retirée du circuit, pour y être mise en état, s'il n'y a que peu de chose à y faire, ou dirigée sur le dépôt, s'il faut une réparation importante.

Il ne peut y avoir collision entre deux voitures venant en sens inverse, puisqu'elles ne peuvent marcher que dans un seul sens, et que les deux voies sont séparées par la poutre centrale.

Deux voitures marchant dans le même sens, sur la même voie, ne peuvent non plus se rencontrer, et cela par plusieurs raisons. D'abord le service devra être réglé pour qu'une voiture ne parte d'une station qu'après que la station suivante aura été quittée par la voiture qui la précède. C'est ce qui a été dit en parlant de l'exploitation des chemins métropolitains de Londres par le *blok system*. Ensuite, y eût-il négligence ou erreur, de la part d'un conducteur et d'un chef de station ensemble, il serait impossible à une voiture dont la voie n'est pas libre de se mouvoir; ceci étant chose absolument résolue dans les combinaisons électriques; enfin, parce que le conducteur et les voyageurs voient assez loin devant eux pour qu'il n'y ait rien à craindre à ce sujet.

Les déraillements sont impossibles, disons-nous. C'est une condition sur laquelle il est bon d'insister.

Les causes de déraillement sur un chemin de fer aérien ne sont pas tellement nombreuses et complexes qu'on ne puisse juger s'il est possible d'en éviter les conséquences.

Comme il n'y a ni explosion de chaudières, ni collisions de véhicules à redouter, les seules causes qui, avec un chemin de fer électrique, pourraient

FIG. 211. — PROJET DE PLACE CENTRALE ET DE GARE D'EMBRANCHEMENT DU CHEMIN DE FER ÉLECTRIQUE, A CRÉER AU CARREFOUR DROUOT

produire un déraillement, seraient la rupture des roues ou des essieux, un obstacle placé sur la voie, où le mauvais état de celle-ci.

Pour prévenir les conséquences de la rupture d'une roue ou d'un essieu, rien n'est plus facile que de placer aux angles de chaque véhicule, et à quelques centimètres seulement au-dessus des rails, des galets ou des patins de sécurité, qui se porteraient sur la voie, dans le cas où les roues viendraient à manquer.

Un obstacle placé sur la voie, quoique difficile à expliquer, doit cependant être considéré comme possible, surtout si l'on fait intervenir la malveillance. Mais il faut bien reconnaître que, placée où elle se trouve, la voie est protégée contre la plupart des causes qui peuvent obstruer les autres chemins de fer. La circulation des personnes y est, non seulement interdite, mais même impossible, à cause de la fréquence du passage des voitures. Il n'y aurait guère qu'un objet lancé avec intention du haut d'une maison voisine, qui pourrait s'y trouver ; et encore ne serait-ce pas chose facile à faire. Mais, quel que soit l'obstacle que l'on veuille imaginer sans aller jusqu'à l'impossible, il suffira d'armer l'avant de chaque véhicule d'un appendice analogue aux chasse-pierres et aux chasse-neige des locomotives, pour dégager la voie des obstacles qui pourraient être placés sur les rails.

Il n'y a rien à redouter, non plus, au sujet du mauvais état dans lequel pourrait se trouver la voie ; car la construction entièrement métallique du viaduc, le peu d'étendue de la ligne et les facilités de toutes sortes que l'on a de la maintenir en parfait état, doivent donner toute satisfaction de ce côté.

La sécurité est donc assurée.

Et maintenant, si l'on veut bien faire entrer en ligne de compte les accidents de toute nature occasionnés par les moyens actuels de transport, on doit reconnaître que, loin de faire courir des risques aux voyageurs, le chemin de fer électrique aérien leur donnerait une sécurité qu'ils n'ont pas toujours actuellement.

En ce qui concerne les dépenses de construction et d'exploitation, M. J. Chrétien nous dit que d'après les devis qui ont été établis pour la ligne des boulevards, de la Madeleine à la Bastille, les dépenses pour la construction des viaducs, des gares et stations, des usines de force motrice, et du matériel en général, y compris les voitures nécessaires au service, peuvent varier entre 8 et 10 millions, c'est-à-dire 8 millions, si l'on se renferme dans des conditions économiques en ne faisant que le strict nécessaire, et 10 millions, s'il faut donner à l'œuvre un aspect plus monumental, plus artistique, en rapport avec la situation qu'elle doit occuper.

Le projet dont il s'agit donne lieu à diverses objections. M. J. Chrétien s'attache à les combattre, en terminant son intéressante étude.

La première objection est celle de la possibilité. N'est-ce pas une utopie, aux yeux de bien des personnes, que cette traction électrique? Non, ce n'est pas une utopie : c'est, au contraire, dit M. J. Chrétien, le moyen de locomotion le plus pratique dans les villes. Les applications déjà existantes ne sont pas des chimères. L'électricité est un agent que l'on commence à savoir utiliser, et auquel appartient l'avenir ; ses applications sont à l'ordre du jour, et la traction sur les chemins de fer est une de celles qui présentent le moins de difficultés.

Peut-on placer des colonnes au milieu de la chaussée, tout le long des boulevards, sans nuire à la circulation ? L'objection est sérieuse, et une simple affirmation ne suffirait pas pour y répondre. L'auteur du projet fut lui-même longtemps perplexe avant de se décider à adopter cette solution, qui cependant lui paraissait la seule réalisable. Heureusement, les faits sont venus le tirer d'embarras, et répondre nettement à cette question.

Oui, on peut placer des colonnes au milieu de la chaussée des boulevards, à la seule condition de les espacer convenablement. De plus, il y a de grands avantages à le faire. Ces colonnes serviront à régulariser la circulation des voitures, et à dégager la voie publique de trop fréquents encombrements.

Depuis quelques années, en effet, on place, sur les boulevards, des refuges, servant à faciliter aux piétons la traversée de la chaussée ; l'expérience a prouvé leur utilité et on les multiplie chaque jour.

Aux endroits les plus fréquentés, ces refuges, dont les candélabres simulent, aux dimensions près, les colonnes du viaduc projeté, ne sont espacés que de 30 à 35 mètres.

Si la continuité de ces colonnes, placées à 35 mètres d'intervalle, pouvait laisser subsister quelque doute dans l'esprit du public, si l'espacement à adopter devait faire naître des controverses, quoi de plus facile que de résoudre expérimentalement le problème ?

L'expérience, qui mettrait tout le monde à peu près d'accord, est facile à faire et sans de grands frais. Il suffirait, dit M. Chrétien, d'établir des refuges avec des candélabres au milieu, simulant les colonnes aux endroits indiqués pour celles-ci, en choisissant de préférence le lieu où leur présence serait supposée devoir gêner le plus. De cette façon, la question serait nettement résolue.

L'accès des stations sera-t-il facile et possible pour tout le monde ? A cette question la réponse vient d'elle-même. Quelle difficulté y a-t-il à établir des escaliers commodes, pour monter ou descendre les 6 mètres qui sont la hauteur moyenne des stations ? N'y a-t-il pas des rues, à

Paris, où l'on n'arrive qu'en montant des escaliers plus élevés et moins bien établis ? Ne faut-il pas monter pour arriver aux deux gares de l'Ouest ? Qu'est-ce, après tout, que cette hauteur de deux étages à gravir, quand aucune raison ne s'oppose à ce que les escaliers soient aussi doux qu'on le voudra ? Pour les personnes dont la marche est embarrassée, il est plus difficile de monter dans n'importe quel wagon de chemin de fer, dans n'importe quel omnibus même, qu'il ne le sera pour arriver dans les stations projetées.

M. Chrétien examine ensuite les critiques que l'on peut adresser à ses viaducs intérieurs, au point de vue artistique. Quel serait l'effet d'un viaduc régnant sur toute la longueur du boulevard ? Prenant la question bien en face, le taureau par les cornes, s'il est permis d'emprunter une image vulgaire, dans une question d'art et de goût, M. J. Chrétien répond aux craintes que pourrait inspirer, au point de vue de l'effet artistique de ce beau monument, un viaduc qui traverserait le boulevard, au-devant de l'Opéra. Loin de craindre que la perspective de l'Opéra soit affectée par l'interposition de ce viaduc, il estime que l'effet obtenu serait encore amélioré.

Bien des personnes, que l'on peut croire bons juges en la matière, trouvent que la place de l'Opéra gagnerait à être un peu plus *meublée* qu'elle ne l'est. Ce serait une belle occasion de donner satisfaction à leur manière de voir, qui mérite certainement d'être prise en considération.

Quant à masquer la façade du monument d'une façon désagréable à la vue, il faut bien s'entendre, et ne pas supposer un pont massif qui, de certains côtés, cacherait, en effet, une bonne partie de la façade de l'opéra. En effet, le viaduc proposé est construit entièrement à claire-voie ; la plus grande latitude peut être donnée aux artistes, décorateurs ou autres, pour augmenter, réduire, modifier, presque à leur gré, les proportions, les formes, les pleins, les vides, etc. Tel qu'il est projeté par M. J. Chrétien, dans sa forme et dans ses proportions exclusivement utilitaires, sans rien sacrifier à l'art, il est d'un aspect qui n'a rien de désagréable. Ses lignes, correctes, toutes régulières, parallèles à celles du monument principal, pourraient très bien concourir à faire ressortir encore davantage l'Opéra lui-même, plutôt que nuire à son aspect. Nul n'ignore, en effet, qu'un excellent moyen de faire valoir certains monuments consiste à placer dans leur entourage, et parfois bien en face, des constructions accessoires, qui n'ont pas d'autre raison d'être.

Certainement, si l'on devait masquer une partie quelconque du monument, le résultat serait très mauvais ; mais tel n'est pas le cas. La voie aérienne est placée à 85 mètres de la façade ; or, le spectateur doit s'en éloigner d'environ

110 à 120 mètres, pour que la silhouette du viaduc commence à se projeter sur le monument.

FIG. 212 — LE CHEMIN DE FER ÉLECTRIQUE SUR LA PLACE DE L'OPÉRA

La figure ci-jointe, qui représente le passage du viaduc sur la place de l'Opéra, est une vue supposée prise à 150 mètres de la façade environ. C'est le point où la voie aérienne se projette de la façon la plus apparente sur le monument, et l'on peut voir que l'effet produit n'a rien de désagréable à l'œil

Si l'on s'éloigne davantage, le viaduc, qui est d'une extrême légèreté, perd encore de son importance relative, et n'apparaît que comme un filet, qui ne peut nuire en aucune façon à l'effet général.

En résumé, le projet de M. J. Chrétien a pour double caractéristique un mode de construction des viaducs fort original, et un mode d'exploitation entièrement nouveau.

Comme construction, la double voie ferrée, portée presque entièrement par une poutre centrale, reposant elle-même sur une seule rangée de colonnes, est une nouveauté réelle dans la construction des chemins de fer, nouveauté qui répond complètement aux exigences du lieu choisi. La critique pourra apprécier diversement le mérite de l'œuvre elle-même, mais son originalité et son utilité sont incontestables.

Comme exploitation, c'est une solution particulièrement avantageuse et essentiellement nouvelle, que cette application de l'électricité aux chemins de fer, sans laquelle il faudrait peut-être renoncer à avoir de vrais chemins de fer dans l'intérieur de Paris, surtout sur les boulevards.

En conclusion générale, M. J. Chrétien s'exprime ainsi :

« Ce moyen nouveau donnerait annuellement à 30 millions de personnes, la facilité de circuler sur les boulevards, de faire un voyage agréable dans l'espace, loin des mauvaises odeurs de la rue et à l'abri des intempéries ; il permettrait de transporter 20,000 voyageurs par heure sur les boulevards, de la Madeleine à la Bastille, moyennant le prix de 10 centimes, et devrait rapporter à la ville un revenu annuel d'un million à un million et demi. »

Si l'on veut résoudre la question des railways parisiens, non dans son entier, mais partiellement, c'est-à-dire à peu de frais et avec un succès assuré d'avance, on n'a donc qu'à installer, sur les grands boulevards, le chemin de fer électrique de M. J. Chrétien, qui assurerait immédiatement une circulation facile et économique sur l'une des artères les plus fréquentées de la capitale.

On a, paraît-il, proposé à M. J. Chrétien d'établir son chemin de fer électrique le long du boulevard Voltaire ; mais l'auteur a trouvé, avec raison, que le lieu était mal choisi, pour l'essai de son système, et la question n'est pas allée plus loin.

Nous consignerons ici, à propos de ces solutions partielles, un projet ayant le même but que celui de M. J. Chrétien, c'est-à-dire la traversée des grands boulevards, mais ayant un siège tout opposé, c'est-à-dire cheminant sous terre, au lieu de voyager en l'air.

Les lourdes voitures-omnibus à 40 places qui parcourent incessamment la ligne des boulevards, de la Bastille à la Madeleine, transportent quarante mille voyageurs par jour, mais elles en refusent au moins autant. Ce système de transport ne suffit donc pas aux besoins de la population parisienne.

Un mécanicien qui s'est fait connaître depuis longtemps par beaucoup d'idées ingénieuses et d'inventions marquées au coin de l'utilité pratique, M. Jules Mareschal, a proposé, en 1883, de remplacer les omnibus des boulevards par un système qu'il appelle *tramway souterrain à plans inclinés et à moteur fixe*, au moyen duquel on pourrait transporter plus de cent mille voyageurs par jour, de la Bastille à la Madeleine, sans encombrer la voie publique.

Son projet consiste à établir, sous la chaussée des boulevards, deux tunnels parallèles, de 2^m, 50 de largeur, sur autant de hauteur.

L'auteur affirme que la construction de ces tunnels ne présenterait pas de difficultés. Dans chacun serait posée une voie ferrée, sur laquelle rouleraient des chars-à-bancs, pouvant contenir 12 à 15 personnes, et se succédant à des intervalles aussi rapprochés que l'affluence du public l'exigerait.

Les stations ne seraient séparées les unes des autres que par une distance de 250 mètres.

L'impulsion serait donnée aux chars-à-bancs par la seule pente de la voie ferrée. Une différence de hauteur de 1 mètre environ entre deux stations consécutives, serait suffisante pour obtenir une vitesse égale à celle des omnibus, et l'inclinaison des rails serait combinée de telle sorte que les chars-à-bancs prendraient, en quelques secondes, au départ de chaque station, la vitesse réglementaire, la conserveraient, sans accélération ni ralentissement, pendant le parcours d'une station à l'autre, et s'arrêteraient presque instantanément à toutes les stations, sans le secours des freins.

Le retour seul nécessiterait le remorquage des voitures par un câble à traction, qui serait commandé par une machine à vapeur fixe.

Nous ne pouvons faire ici la description complète du système que M. Jules Mareschal a développé avec beaucoup de méthode et de clarté, dans une série d'articles publiés dans un journal spécial. Les détails techniques et les calculs présentés par M. Jules Mareschal mettent en évidence les avantages de ce projet et le peu de difficultés que présenterait son exécution.

VI

Nous venons de faire connaître les principaux projets qui ont été proposés par divers ingénieurs, pour la solution du problème de la locomotion rapide et économique à l'intérieur de Paris. La Commission municipale, formée en 1876, eut à examiner en détail la plupart de ces études. Mais comme aucune n'était accompagnée d'une proposition de construire la voie ferrée proposée, elles ne pouvaient servir à la commission municipale que comme moyen d'étude. Toutefois, les meilleurs de ces projets entraient dans des détails d'estimation de dépenses et de produits, qui, tous, conduisaient à cette conclusion qu'un chemin de fer métropolitain dans Paris peut être assez rémunérateur pour être exécuté sans subvention, ni garantie d'intérêts.

Pour s'édifier sur la question générale des railways intérieurs, le Conseil municipal de Paris décida, en 1876, d'envoyer à Londres quelques-uns de ses membres, pour étudier, sur les lieux, le fonctionnement de la voie ferrée métropolitaine. C'était une excellente décision.

Les membres du Conseil municipal, après leur visite à Londres, revinrent édifiés sur les points suivants : 1° la possibilité de doter Paris d'un railway analogue à celui de Londres ; 2° la possibilité d'exécuter cette entreprise sans aucune subvention de la ville ou de l'État, sans même une garantie d'intérêts.

Le Conseil municipal chargea alors deux de ses membres, MM. Cernesson et Deligny, le premier architecte, le second ingénieur, qui depuis longtemps s'occupait de cette question, de faire le rapport général sur ce grave sujet, et de proposer un tracé définitif, avec le mode d'exécution, soit en souterrain, soit en plein air. La condition imposée aux rapporteurs, c'était de limiter le tracé dans une extension et dans des parcours qui le rendissent rémunérateur.

Les différents projets en présence, à l'exception de celui de M. Vauthier, parurent tous à MM. Deligny et Cernesson s'écarter des conditions indispensables d'économie. Ils comportaient, dans des proportions diverses, des expropriations et démolitions coûteuses, et présentaient des développements trop considérables pour un premier réseau.

Le projet de M. Vauthier, composé d'une ligne circulaire par les anciens boulevards extérieurs des deux rives, et d'une ligne tranversale suivant lesquais, était très contesté quant à la ligne transversale. Quant à la ligne circulaire par les boulevards extérieurs, elle laissait, sansle desservir, le centre de la circulation la plus intense.

Les rapporteurs furent amenés à composer, avec les éléments du dossier, qui leur avait été remis par le Conseil municipal, un tracé économique et concentré, d'un développement total de 32,900 mètres, divisé en trois lignes :

1° De la Bastille au Bois de Boulogne et à Neuilly, par les grands boulevards intérieurs, la rue de la Paix, les Tuileries, les Champs-Élysées, le Trocadéro, le Bois de Boulogne et Neuilly ;

2° De la Bastille au Trocadéro, par le chemin de fer d'Orléans, les boulevards extérieurs, la gare Montparnasse, le Champ-de-Mars, le Trocadéro ;

3° Une annexe pour les gares de la rive droite, allant de la place de la République aux Champs-Élysées, en touchant aux gares de l'Est, du Nord et de l'Ouest.

Ce réseau, presque exclusivement tracé par des voies publiques suffisamment larges, pouvait s'excuter sans expropriations coûteuses. Son devis total montait à cent millions de francs ; son revenu brut était estimé à 12,950,000 francs ; son revenu net à 7,770,000 francs.

Hâtons-nous de dire que le rapport de MM. Deligny et Cernesson ne put arriver à la discussion. Le Conseil général avait terminé sa mission. Il fut renouvelé en janvier 1881, ainsi que le Conseil municipal, et le nouveau Conseil municipal ne souleva pas la question du railway métropolitain. La politique absorbait exclusivement nos édiles.

M. Deligny dut se contenter de publier, comme œuvre personnelle, son rappport au Conseil municipal.

Peu de temps après, l'initiative privée reprenait l'œuvre que délaissait la Municipalité parisienne.

Quelques ingénieurs, et à leur tête MM. Buisson des Leszès, appuyés sur des études, devis et avant-projets rédigés par M. F. Soulié, ingénieur des Ponts et chaussées, poursuivaient depuis de longues années, tant devant la ville, que devant l'État, la concession du chemin de fer métropolitain sur les bases du projet arrêté par une commission technique en 1872.

Le 29 décembre 1881, ces ingénieurs adressèrent au ministre des travaux publics une demande de concession d'un réseau métropolitain dans Paris, sans subvention, ni garantie d'intérêt, d'après le projet rédigé par M. F. Soulié.

Ce projet comprend :

1° Une ligne allant de Saint-Cloud aux chemins de fer de Vincennes et de Lyon ;

2° Une ligne allant des Halles centrales à La Chapelle ;

3° Une ligne allant de la Bastille à la place de l'Étoile, par la gare d'Orléans, la gare de Sceaux, la gare Montparnasse et le Trocadéro ;

4° Une ligne allant du square Cluny au pont de l'Alma ;

5° Une ligne du carrefour de l'Observatoire à la place de l'Étoile, par la gare Montparnasse et le Trocadéro ;

6° Un raccordement entre les lignes 2 et 3, traversant la Seine à la pointe de la Cité.

D'après ce projet, le mode de construction du réseau métropolitain parisien serait subordonné à la nature et à la dimension des voies publiques ; c'est-à-dire qu'il passerait, selon les conditions locales, soit en dessus, soit en dessous du sol. Sur la rive droite, au moins entre le boulevard de Courcelles et la Bastille, il serait en souterrain, avec nombreuses prises d'air. — De la Bastille au Trocadéro, par la rive gauche, il serait entièrement à l'air. — Au Trocadéro il reprendrait la voie souterraine, jusqu'à la place de l'Étoile. — Entre le boulevard de Courcelles et Puteaux ou Saint-Cloud, le chemin serait d'abord en souterrain avec prises de jour ; puis, à partir des fortifications, entièrement à jour. La ligne transversale Nord-Sud serait en souterrain, du boulevard Ornano à la traversée de la Seine, avec jours sur le parcours, elle reviendrait à l'air en passant la Seine, puis serait tunnel jusqu'au chemin de fer de Sceaux.

Ce projet fut adopté, en 1883, par le Conseil municipal de Paris.

La figure 213 (page 629) représente le tracé dont il s'agit.

Par un arrêté du 18 février 1882, le Préfet de la Seine ouvrait la mise à l'enquête de ce projet, et nommait la commission, conformément à la loi du 3 mai 1841.

L'enquête fut close le 24 avril, et le 5 mai, le Préfet en soumettait le dossier au Conseil municipal. Elle aboutit à une déclaration d'utilité publique.

Du Conseil municipal la demande de concession passa, le 14 juin 1883, au Conseil général de la Seine, lequel donna un avis favorable. La demande de concession arriva enfin au ministère des travaux publics.

Mais ici éclata un conflit, qui couvait depuis longtemps, et qui est. il faut le dire, la cause de la tiédeur, de l'indifférence, que le Conseil municipal de Paris a toujours apportée à cette question.

Depuis longtemps, l'État et la municipalité revendiquaient chacun le privilège de la construction et de l'exploitation du railway parisien, et l'accord n'avait jamais pu se faire sur cette grave difficulté.

Le Conseil municipal, persistant plus que jamais à revendiquer le caractère local et municipal du chemin métropolitain de Paris, le Conseil général des Ponts et Chaussées fut consulté par l'État, comme l'autorité la plus compétente. Le Conseil des Ponts et Chaussées approuva le tracé, mais maintint au réseau le caractère d'intérêt général, tout en lui reconnaissant une spécialisation, qui permettait d'en faire l'objet d'une concession à la ville de Paris elle-même.

Le Conseil d'État fut alors consulté, comme autorité suprême, et dont la décision devait faire loi.

Réuni en session plénière, le Conseil d'État confirma le caractère d'intérêt général du chemin de fer métropolitain parisien. Il n'admit pas en sa faveur, une exception à la loi qui attribue à l'État la juridiction et le contrôle sur tous les chemins de fer classés comme étant d'intérêt général.

En présence de cet avis, le ministre mit fin au débat en retenant l'entreprise pour le compte de l'État.

C'est donc, en définitive, à l'État que reviendra la mission d'exécuter le railway parisien, c'est-à-dire d'accorder la concession à telle ou telle compagnie qui lui paraîtra réunir les meilleures garanties de capacité technique et de ressources financières. Seulement, comme la ville est propriétaire du sol sur lequel sera établi le railway, il faut négocier avec elle, pour pouvoir exécuter un tracé quelconque.

Tout le monde sait que les cinq grandes Compagnies de chemins de fer aboutissant à Paris, visent la concession ; mais elles se préoccuperaient nécessairement plutôt de relier les principales gares, et de compléter leur chemin de ceinture, ce qui entraîne peu de frais, que de desservir les parties centrales de la ville, ce qui est le nœud des difficultés et la source de grandes dépenses. La ville, au contraire, exigerait, pour céder les terrains. que l'on desserve surtout les quartiers populeux ; car tel est le véritable objet d'un railway métropolitain.

Nous dirons, pour finir cette histoire, qu'à la suite de l'examen du projet qui nous occupe, par le Conseil d'État, et d'après la déclaration d'intérêt général qui a soustrait le futur railway, à la juridiction municipale la commission municipale est allée protester auprès du ministre des travaux publics. Le ministre a répondu que l'avis du Conseil d'État lui créait l'obligation de proposer aux Chambres l'attribution du chemin de fer métropolitain à l'État, et par suite, sa concession par le gouvernement. Il a ajouté qu'il saurait sauvegarder l'intérêt spécial de la ville de Paris, en prenant l'avis du Conseil municipal en ce qui toucherait l'exécution du tracé de la voie ferrée.

Le Conseil municipal de Paris avait adopté, comme nous l'avons dit, le projet que nous représentons dans le plan ci-joint (fig. 213) et qui se compose de deux réseaux, embrassant la surface presque entière de la capitale. Comme on le voit sur ce plan, une première ligne partant de Puteaux, au-dessous de la colline du mont Valérien, traverse Paris de l'ouest à l'est. Après avoir longé le bois de Boulogne, elle gagne l'Arc de Triomphe de l'Étoile. Puis, suivant la direction du boulevard Haussmann, elle touche à la gare Saint-Lazare, à l'Opéra et à la Bourse. De là, elle suit une ligne à peu près parallèle aux grands boulevards. Alors, s'infléchissant au sud, elle descend vers le boulevard Richard-Lenoir, et aboutit à la gare de Lyon. Son *terminus* se trouve à peu de distance de cette gare, au boulevard de Reuilly.

Après cette première ligne, le Conseil municipal, d'après les plans étudiés par M. F. Soulié, en proposait une seconde, destinée à former un circuit à peu près complet à travers la ville. Cette seconde ligne, ainsi qu'on le voit sur le même plan (fig. 213), partant de l'extrémité du bois de Boulogne, non loin de Saint-Cloud, touche à la place du Trocadéro, et gagne la gare Montparnasse, dans la direction des boulevards extérieurs. Touchant ensuite à la gare de Sceaux, elle va aboutir, en définitive, à la gare de Lyon, pour se raccorder avec la première ligne, et compléter ainsi le circuit

Pour une époque plus éloignée, le Conseil municipal proposait un troisième réseau, que l'on pourrait appeler *transversal*, et qui pénétrait, pour ainsi dire, au cœur de Paris, par quatre ou cinq voies entre-croisées, que l'on voit figurées en pointillé sur le plan que le lecteur a sous les yeux.

Le Conseil des Ponts et Chaussés, ainsi que le Conseil d'État, ont décidé l'exécution de la première de ces deux lignes, réservant pour une époque plus éloignée l'exécution de la seconde.

La concession à soumettre aux Chambres françaises par le Ministre des travaux publics, comprendra donc la ligne, en partie à ciel ouvert, en partie souterraine, qui, partant de la banlieue de Paris, à Puteaux, aboutit à la gare de Lyon et au boulevard de Reuilly.

Sur la figure 213 nous avons représenté par un signe particulier le tracé adopté par le Conseil des Ponts et Chaussées et le Conseil d'État, tracé dont l'exécution sera proposée aux Chambres. Ses stations principales seraient :

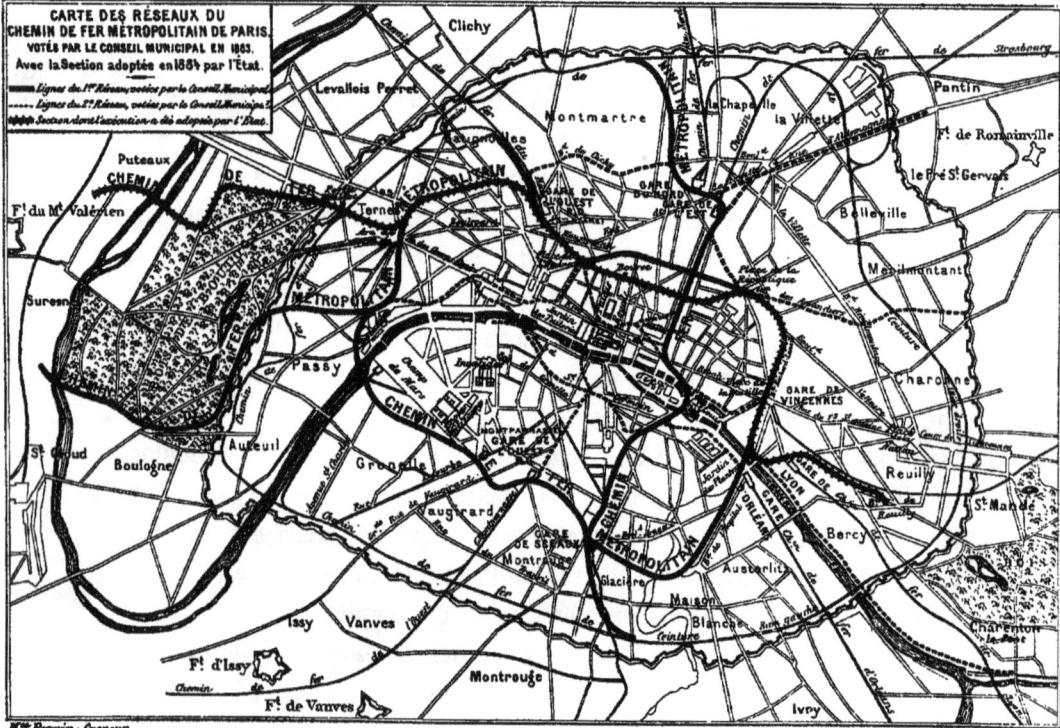

CARTE DES RÉSEAUX DU
CHEMIN DE FER MÉTROPOLITAIN DE PARIS.
VOTÉS PAR LE CONSEIL MUNICIPAL EN 1883.
Avec la Section adoptée en 1884 par l'État.

Fig. 213.

1° Puteaux, sous la colline du mont Valérien ;

2° La porte Maillot, au bois de Boulogne ;

3° L'Arc de Triomphe de l'Étoile ;

4° La gare du chemin de fer de l'Ouest, rive droite, rue Saint-Lazare ;

5° La place de l'Opéra :

6° La Bourse ;

7° La place de la République ;

8° La place de la Bastille ;

9° La gare de Lyon ;

10° Le boulevard de Reuilly.

Un embranchement spécial relierait cette ligne avec la gare du chemin de fer du Nord.

Voilà donc où en est la question. Les Chambres prononceront, au nom de l'État, et sur le rapport du Ministre, sur la création d'un réseau de chemins de fer à l'intérieur de Paris et sur le tracé à adopter.

D'où il résulte que tout, à peu près, est remis en question ; que les études sont ouvertes une fois encore, et que chacun peut apporter une solution, ou plus nouvelle ou plus pratique.

On voit, d'après cet exposé impartial, que ce qui prive les Parisiens de la jouissance d'un railway intérieur, avec tous les avantages qui en résulteraient pour eux, ce n'est pas la difficulté pratique d'exécution, mais bien l'antagonisme d'intérêts depuis longtemps en lutte, la rivalité entre la ville de Paris et l'État. La question est financière, plutôt que technique.

Cette opposition d'intérêts retardera l'exécution du chemin de fer métropolitain, et de même que Paris n'a adopté les tramways que vingt ans après qu'ils fonctionnaient en Amérique et en Belgique, il est probable que la capitale du progrès, comme elle s'intitule, ne sera dotée d'un chemin de fer intérieur que lorsque toutes les grandes villes des deux mondes jouiront de ce moyen de transport commode, économique et rapide.

VII

Nous avons fait connaitre ce qui a été exécuté à Londres, à Berlin, à New York et à Philadelphie, concernant les chemins de fer à l'intérieur de ces villes, et exposé la série de projets qui ont été étudiés depuis bien des années, pour doter la capitale de la France du même moyen de transport, sans jamais, d'ailleurs, aboutir à aucune solution. Il nous reste à signaler l'imminence de l'installation de railways urbains au milieu d'autres capitales ou grandes villes de l'Europe.

Ces projets sont à la veille d'être exécutés en ce qui concerne Vienne et Naples. Il est donc intéressant, pour nos lecteurs, d'être mis au courant des systèmes qui ont été adoptés.

Le chemin de fer métropolitain de Vienne mérite d'autant plus d'être signalé qu'il est établi, comme celui de Berlin, pour répondre à deux services distincts et également importants : 1° servir au transport intérieur ou local, en amenant les voyageurs, par des trains rapides et nombreux, d'un point à l'autre de la ville ; 2° servir aux transports extérieurs à la ville, c'est-à-dire transporter les voyageurs d'une gare à l'autre, sans les astreindre à faire cette traversée en voiture. Le même service extérieur amène les voyageurs arrivant du dehors jusqu'au centre ou à l'intérieur de la ville.

Le railway métropolitain de Vienne a été dressé par un ingénieur anglais, M. Foggerty. Il sera établi, dans des conditions analogues à celui de Berlin. Comme celui de Berlin, il traversera les quartiers les plus populeux de la ville, et reviendra à son point de départ par les boulevards extérieurs, après avoir décrit une courbe fermée.

Comme le Métropolitain de Berlin, il sera à quatre voies, dont deux seront consacrées au service local et deux aux trains venant du dehors.

M. Foggerty avait été attaché aux travaux du railway métropolitain de Londres, qui est presque tout en tunnels. A-t-il été frappé des inconvénients de ce système ? A-t-il trouvé là son chemin de Damas, pour employer l'image biblique qui sert à représenter les subits changements d'opinion? Toujours est-il que M. Foggerty a préparé le projet du chemin de fer de Vienne entièrement dans le système aérien.

M. Shaller a donné, dans le *Recueil* des *Mémoires des ingénieurs civils*, la description du chemin de fer aérien projeté à Vienne. Nous emprunterons à ce recueil la description faite par M. Shaller.

« La voie, dit cet ingénieur, sera portée sur des voûtes en maçonnerie dans la partie la plus importante de son tracé, c'est-à-dire dans les quartiers bas, voisins du canal du Danube et de la Vienne, quartiers qui sont pourtant les plus populeux de la ville et où le terrain est le plus cher. La voie s'enfoncera sous terre en une faible partie de son parcours, c'est-à-dire dans les quartiers dont le niveau est très élevé et qui composent les boulevards extérieurs. C'était le seul moyen de maintenir la voie continuellement à niveau en évitant toute pente.

Mais la partie du railway exécutée en tunnel, ne représente qu'une faible partie du tracé. Sa plus grande étendue est aérienne. C'est que la traversée en plein air avec la voie libre et animant les rues et les places sera toujours préférée par les habitants aux tunnels sans jour et sans air, sauf l'impossibilité de faire autrement. Partout d'ailleurs se prononce cette tendance à poser en plein air les voies métropolitaines. Liverpool, Rotterdam, Philadelphie, qui se préparent à créer des voies urbaines, se prononcent nettement pour la circulation à l'air libre. A Londres même la traversée souterraine est désagréable à tout le monde. On découvre autant qu'on le peut les tunnels, et on ne songe plus à en créer d'autres. Le bruit assourdissant que l'on reproche aux railways de New York peut être évité dans les constructions nouvelles de semblables voies, grâce à un choix convenable de matériaux, grâce surtout à l'emploi de voûtes en maçonnerie. Ces voûtes en maçonnerie, comme on les a construites à Berlin et comme on les construit à Vienne, permettent d'ailleurs d'obtenir un revenu important de la location des boutiques, ce qui compense un peu les frais d'installation de la ligne aérienne.

Voici le parcours du chemin de fer Métropolitain de Vienne, qui représente une courbe fermée. Le plan ci-joint (fig. 214) fera comprendre les lieux exacts des stations :

1° Une première section va de la gare François-Joseph au pont d'Aspern, en suivant le canal du Danube;

2° Une autre station va du pont d'Aspern à l'abattoir de Miniling, en suivant la Vienne ;

3° Une dernière section partant de l'Abattoir et retournant à la gare François-Joseph par les boulevards extérieurs qu'elle suit en souterrain sur une partie de son parcours.

Les railways Métropolitains présentent une longueur de 13 kilomètres, avec 19 stations ; on estime que le parcours total serait fait en 38 minutes, l'arrêt dans les stations étant d'une demi-minute seulement. Les trains se succéderaient toutes les 4 ou 5 minutes.

Le railway central sera relié, d'autre part, par des embranchements spéciaux à

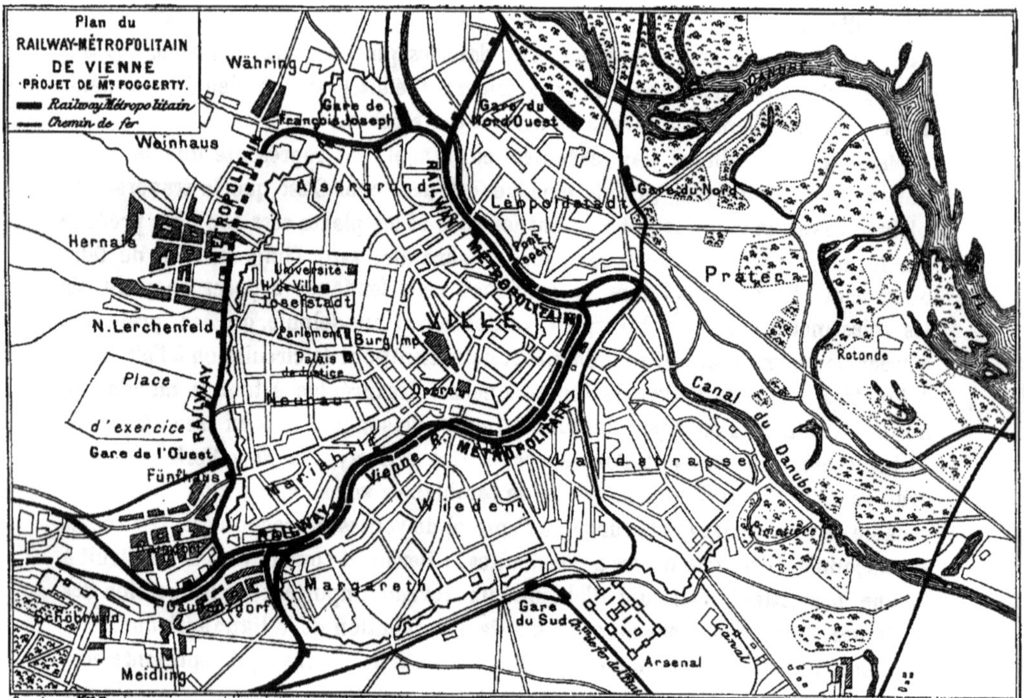

Fig. 214

toutes les gares de la ville, de manière à permettre le passage des trains venant de l'extérieur.

On aura ainsi les embranchements suivants :

1° De la gare Lichtenstein à la gare François-Joseph ;

2° De la station Rossan aux gares Nord-Ouest et Nord ;

3° Du pont d'Aspern à la station Rothenstern et à la gare du Nord ;

4° Du pont d'Aspern vers le cimetière central et les gares Est et Sud ;

5° De l'Abattoir à Gumpendorf, par une ligne qui ira rejoindre le chemin de fer Élisabeth à la station Peuzing et enfin de la station Pont de Lobkowitz à la gare de Hiezing.

Ce qui donnera, en comptant les embranchements, 25 stations sur le chemin de fer Métropolitain qui se trouveront dès lors reliées avec toutes les lignes de chemin de fer de l'Empire et pourront, comme à Londres, donner des billets pour une station quelconque de ces lignes.

La gare centrale du Métropolitain sera installée sur le quai François-Joseph, et elle pourra recevoir les trains de toutes les lignes qui aboutissent à Vienne. Elle sera munie de 6 voies, dont 4 seront affectées aux trains extérieurs.

La hauteur moyenne des voies au-dessus du sol sera maintenue à 4^m,50, et les différentes gares seront toujours installées sur les viaducs mêmes, au croisement des rues, pour ne pas gêner la circulation.

La voie sera du type général, c'est-à-dire de la largeur normale de 1^m,44, pour recevoir les wagons des lignes venant du dehors.

La voie restera presque toujours horizontale et ne devra pas dépasser la pente de 16,6 millimètres en ligne courante, 5 millimètres dans les stations intermédiaires et 2,5 millimètres dans les stations où se composeront les trains.

Sur la longueur totale du réseau on prévoit 8 k. 786 sur viaducs en fer, 0 k. 160 sur viaducs en maçonnerie, 3 k. 243 en tranchée, 1 k. 300 en remblai. 0 k. 449 en tunnel, 0 k. 85 en tranchée ouverte et 0 k. 264 à niveau du sol. »

Le mode de traction a donné lieu à de longues études, de la part des ingénieurs autrichiens. A la suite de l'examen comparatif qui a été fait de tous les procédés de traction : locomotive ordinaire, comme à Londres, avec suppression de la fumée et de la vapeur — locomotive à air comprimé — système funiculaire, comme on opéra d'abord à New York, et comme on opère aujourd'hui à Lyon, à la Croix-Rousse et à Fourvières, — traction électrique, comme le propose M. J. Chrétien, pour Paris, — on s'est décidé pour la *locomotive sans foyer*.

La *locomotive sans foyer* a l'avantage d'être d'une conduite facile, sans trop d'entretien, et d'éviter tout dégagement de fumée et de vapeur.

Quelques détails descriptifs sur la *locomotive sans foyer* ne seront pas de trop ici, pour faire apprécier les avantages spéciaux de cette curieuse modification de la locomotive ordinaire.

On fit usage en Amérique, en 1874, pour les appliquer à la traction des tramways, de chaudières de locomotives qui ne portaient ni foyer ni combustible. On les remplissait, pendant le parcours, d'eau bouillante, au moyen de générateurs distribués le long du trajet. C'est ce que l'on appelait les *locomotives sans feu.*

Des locomotives de ce genre fonctionnnèrent avec succès, aux États-Unis, à la Nouvelle-Orléans, à New York, à Saint-Louis, à Baltimore, à Chicago, pour traîner des tramways. En 1875, un ingénieur français, M. Léon Francq, les introduisit en Europe, en les perfectionnant.

La *locomotive sans foyer* de M. Léon Francq est une locomotive ordinaire, dans la chaudière de laquelle on emmagasine de l'eau bouillante. Deux petits cylindres à vapeur sont installés verticalement, à l'arrière de la locomotive. Le réservoir d'eau bouillante occupe la place assignée à la chaudière des locomotives ordinaires. Au moment du départ, on le remplit d'eau surchauffée, en laissant une hauteur libre pour la vapeur. Un dôme de prise de vapeur est relié par deux tubes avec les petits cylindres. Ceux-ci fonctionnent avec détente de la vapeur. Le réservoir d'eau bouillante est en tôle d'acier, de 6 millimètres d'épaisseur. Pour le protéger contre le refroidissement, ce qui est un point capital, on l'enveloppe d'une couche de matière non conductrice de la chaleur. A l'intérieur de ce réservoir, près du fond et dans toute sa longueur, règne un tuyau, percé sur son pourtour d'un grand nombre de petits trous. Ce tuyau traverse la paroi d'avant du réservoir et se termine en dehors par une bride ; un robinet commande l'orifice ; c'est là le tuyau alimentateur du réservoir.

Un générateur de vapeur est installé à la station du départ ; la locomotive vient se placer à proximité d'une plate-forme ; un tube la relie au générateur. Lorsqu'on veut charger le réservoir, on commence par l'échauffer avec de la vapeur, puis on y laisse entrer la quantité d'eau bouillante convenable, et l'on ferme le robinet, dès que l'eau s'écoule par un robinet-jauge placé en dehors. La température de cette eau est d'environ + 193 degrés, ce qui correspond à une pression de vapeur de 11 atmosphères et demie. La locomotive est alors prête à partir. Elle circule ainsi, pendant deux heures et demie à trois heures, selon le nombre et la raideur des rampes à franchir, gravissant, sans ralentissement, des pentes de 4 1/2 pour 100. Au retour, la pression a diminué seulement de 2 1/2 pour 100, par le refroidissement, et il suffit de quatre minutes environ pour remettre la locomotive en charge de vapeur, au moyen d'une nouvelle injection d'eau bouillante.

Avec cette machine les explosions ne sont pas à craindre, car la pression ne fait que diminuer sans cesse, et l'on a éprouvé, d'avance, les réservoirs au double de la pression maxima. Les causes d'avaries pour la chaudière n'existent plus. Il n'y a plus de variations de température dues à l'inexpérience du chauffeur. On ne voit plus de foyer en ignition, ni d'escarbilles incandescentes, capables d'effrayer les animaux. Point de flammèches ni de fumée. La marche est silencieuse, et les arrêts sont immédiats et sans secousse. Un cocher quelconque remplace le mécanicien.

La *locomotive sans foyer* de M. Léon Francq s'accommode de rampes de 4 centimètres et demi et de courbes de 20 mètres de rayon. Le matériel de l'exploitation est simple et peu coûteux, le personnel restreint.

En Amérique, l'expérience a fait reconnaître, avec ce système, une économie d'un tiers sur la dépense de traction exercée par les chevaux. En France, la main-d'œuvre étant moins chère, la dépense serait de 60 pour 100 sur la traction par les chevaux, en prenant pour terme de comparaison les dépenses des tramways de Paris, et en tenant compte des perfectionnements apportés par M. Léon Francq à la construction de cet appareil.

La *locomotive sans foyer* de M. Léon Francq fonctionne à Nantes, et près de Paris, à Marly, pour la traction des tramways, et elle donne de très bons résultats. C'est une machine bien équilibrée, régulière dans sa marche, et qui utilise directement, sans déperdition intermédiaire, la quantité de force accumulée dans sa chaudière. En marche, elle émet dans l'air la vapeur, qui s'échappe des cylindres, après son travail ; mais cette vapeur pourrait être facilement condensée, pour ne pas être gênante pendant la traversée des tunnels.

Le défaut de cette machine, c'est d'être forcément condamnée à des parcours restreints ; car chaque tour de roue épuise son approvisionnement, et bientôt il faut arriver à la remise, pour se recharger à la chaudière alimentaire.

Dans les expériences qui ont été faites, sur les tramways de Vienne, avec la *locomotive sans foyer* de M. Léon Francq, et en France, sur le canal de l'Est, pour la traversée du souterrain de Mauvages, on a constaté qu'une machine pesant 10 tonnes, renfermant 500 litres d'eau chauffée à + 100 degrés, peut entraîner un poids total de 20 tonnes, sur un parcours de 20 kilomètres, comprenant même une montée de 100 mètres.

On espère, à Vienne, arriver à créer un type de machine sans foyer approprié au service du railway Métropolitain, et pouvant entraîner un poids de 100 tonnes.

Naples se propose de suivre bientôt l'exemple de la capitale de l'Autriche. En 1883, le Conseil municipal de cette ville a approuvé le projet qui lui a été présenté par M. Lamont, pour la construction d'un chemin de fer intérieur, devant relier les divers quartiers de la ville.

Une partie de la voie sera à ciel ouvert et une autre en tunnel. L'air comprimé sera le moteur employé ; les wagons et les tunnels seront éclairés par le gaz.

La nouveauté la plus intéressante de cette voie sera une station souterraine dans l'intérieur de la montagne sur laquelle sont bâtis les faubourgs de Naples, et qui regarde la mer. Cette station sera reliée, par un ascenseur, à un chemin de fer à ciel ouvert, placé immédiatement au-dessus, et qui doit desservir les quelques villages situées au sommet de la montée. Entre la station du haut et la station souterraine, la distance verticale est de plus de 240 mètres.

Nous terminerons cette revue des villes de l'Europe qui se proposent de créer des railways intérieurs, par quelques mots sur Bruxelles. Non que la création d'un railway métropolitain paraisse encore décidée dans la capitale de la Belgique, mais parce que nous tenons à rappeler un projet, déjà fort ancien assurément, puisqu'il remonte à 1860, mais qui, en raison même de cette ancienneté d'origine, nous donne la preuve que la Belgique a devancé presque toutes les nations des deux mondes dans les projets de création de voies ferrées intérieures.

Le projet que nous désirons rappeler, fut publié par un ingénieur belge, Carton de Wiart. Son *plan d'une rue ferrée à Bruxelles* était la réalisation, par avance, de ces chemins de fer aériens qui ont été inaugurés avec tant d'éclat à New York, et pour lesquels se prononce aujourd'hui la faveur publique.

Nous avons vu, avec le projet de M. Louis Heuzé pour le métropolitain de Paris, un chemin de fer exigeant la construction d'une ville, nouvelle, pour ainsi dire, puisqu'il nécessite la création de rues spéciales, destinées à recevoir les arcades de la voie ferrée. Avec le dernier projet de la commission municipale de Paris, on aurait une voie ferrée en partie sous terre. Le plan proposé par M. Carton de Wiart, pour la ville de Bruxelles, est plus facile à réaliser. L'auteur de ce projet ne demande pas la construction d'une ville nouvelle, pour y approprier son système ; il se plie, au contraire, à tous les accidents de terrain, à toutes les sinuosités, passablement nombreuses, d'une ville qui est renommée par les difficultés qu'elle présente à la simple circulation des voitures.

M. Carton de Wiart proposait de raccorder les stations du Nord et du Midi du railway de l'État, à Bruxelles, par une rue de fer, dont il faisait connaître les moyens d'exécution et le but, sous le titre d'*avant-projet*.

On sait que la Belgique a devancé le continent européen en créant, la première, sur son territoire, un réseau de chemins de fer qui embrasse huit provinces, et qui est complété par la ligne du Luxembourg. Il serait intéressant de voir la capitale de ce petit État offrir le même exemple pour une *rue de fer*.

Cette création ne présenterait, d'ailleurs, rien que d'assez facile à réaliser, grâce au plan de Carton de Wiart, qui représente une sorte de terme moyen entre le viaduc et le tunnel.

Pour exposer le plan de l'ingénieur belge, il nous suffira de citer quelques passages du mémoire qui fut publié par l'auteur en 1860.

Après avoir rappelé la disposition topographique de Bruxelles, divisée en deux parties, l'une de niveau, qui forme le bas de la ville ; l'autre bâtie en amphithéâtre, sur la colline que couronne le parc, M. Carton de Wiart expliquait son projet en ces termes :

« Cette disposition nous a permis de présenter un projet de *rue de fer* qui traverserait Bruxelles à mi-côte et réunirait les stations du Nord et du Midi, en passant au-dessous des rues qu'il faut couper pour aller d'une station à l'autre.

Cette rue de fer traversera Bruxelles, comme les canaux traversent Venise. On peut s'en faire une idée approximative en se plaçant, rue de la Régence, sur le *pont de fer*, et en considérant la rue de Ruysbroeck comme exclusivement destinée au passage des trains circulant sur le chemin de fer.

La rue de fer comprend quatre voies, dont deux sont destinées à la circulation des convois, et les deux autres à la remise des marchandises à domicile sur toute la longueur de la rue.

Les deux voies du milieu sont établies à ciel ouvert, tandis que les deux autres passent sous une galerie recouverte par une terrasse. Cette terrasse forme un large trottoir vis-à-vis des maisons de la rue de fer. Elle est établie de manière à se raccorder avec les rues sous lesquelles passe la voie ferrée, et sa largeur est suffisante pour permettre le passage des voitures.

De cette façon, la circulation des convois est rendue tout à fait indépendante de la circulation des voitures et des piétons.

La rue de fer aura 19m. de largeur, 8^m,50 à ciel ouvert et 5^m,25 de chaque côté pour la partie ouverte. La partie de la terrasse destinée au passage des voitures aura 3 mètres de largeur ; il restera ainsi 2^m,25 pour établir un trottoir devant les maisons. La circulation des voitures aura lieu dans une direction différente sur chaque terrasse. L'impossibilité pour les voitures de circuler dans les deux sens présentera peu d'inconvénient à cause du peu de distance qui sépare les rues croisées par la rue de fer. Il suffira toujours, lorsque l'on voudra changer de direction, d'aller tourner à quelques pas à l'angle de la première rue, et rien ne serait plus facile, du reste, si la distance était trop forte, que d'établir un pont reliant les deux terrasses.

Une rue dans des conditions pareilles présentera de sérieux avantages. Elle formera sur toute sa longueur un vaste entrepôt où les marchandises s'arrêteront directement en évitant les chargements et déchargements nécessaires aujourd'hui pour conduire où chercher les marchandises à la station.

Le chargement et le déchargement des marchandises pourront avoir lieu sur toute la longueur de la traversée de Bruxelles, devant la maison de l'expéditeur ou du destinataire, au moyen de voies d'évitement ou de plates-formes établies aux deux côtés des voies principales. Les marchandises pourront être chargées ou déchargées à proximité des magasins ou usines des habitants des divers quartiers de la ville, sous des hangars publics, placés de distance en distance.

... Le tracé que nous indiquons part d'un point pris sur la ligne du Midi à 500 mètres du boulevard, et se dirige à droite, de manière à passer sous le boulevard, à peu près en face de la rue du Fleuriste.

La ligne passe ensuite successivement sous les rues du Fleuriste, des Rats, du Renard, des Capucins, de Saint-Ghislain, de la Navette et des Brigittines ; elle traverse, par conséquent, le quartier de la rue Haute dans toute sa longueur et dans la partie où les terrains ont le moins de valeur actuellement et où les constructions existantes présentent également le moins d'importance.

De la rue des Brigittines, la ligne continue en passant sous les rues des Ursulines d'Accoley, des Alexiens, du marché au Fromage, du marché aux Herbes, de la Montagne, des Bouchers, d'Aremberg, d'Assaut et de Sainte-Élisabeth ; elle traverse la caserne, puis passe sous les rues des Sables, du Marais (Meyboom) et sous le boulevard Botanique.

De là elle rejoint le chemin de fer du Nord à la station même, après avoir passé sous les rues des Plantes et de Saint-Lazare, et traversé à niveau la rue du Chemin-de-Fer et la rue de Brabant, et partout avec des pentes et des rampes très faibles et dont la plus forte n'a que $0^m,005$ par mètre sur une longueur de 339 mètres.

De la construction d'une rue de fer reliant les deux stations, et traversant la ville dans toute sa longueur, résultera nécessairement, comme une conséquence forcée, l'établissement d'une station centrale.

.... On a répondu ailleurs aux objections qui avaient été faites contre le passage des locomotives à travers la ville. Les craintes que l'on éprouve à cause du bruit et de la fumée sont en réalité bien futiles ; mais cette apparence même d'inconvénient pourrait disparaître en employant pour la traversée de la ville une machine fixe, et en laissant les locomotives dans les stations du Nord et du Midi. »

Nous n'avons pas besoin de prolonger ces citations. Le lecteur a pu se rendre compte du caractère pratique de ce projet, que nous aimerions à voir s'étendre à Paris. Il nous semble possible, en effet, d'appliquer à Paris le plan proposé par Carton de Wiart pour la ville de Bruxelles. En examinant de près le projet dont nous venons de rendre compte, il nous semble qu'il pourrait se combiner très heureusement avec l'un de ceux que nous avons fait connaître pour Paris : nous voulons parler du projet de M. Louis Heuzé. Le plan d'une *rue de fer à Bruxelles*, conçu par Carton de Wiart, s'appliquerait aussi bien à Paris qu'à la capitale de la Belgique.

D'un autre côté, il y a dans le plan proposé par M. Louis Heuzé des solutions très remarquables de différentes difficultés pour l'établissement des chemins de fer urbains. La combinaison de ces deux projets pourrait donc offrir de grands avantages.

Ce n'est pas la première fois, d'ailleurs, que la fusion de deux systèmes dans la construction de chemins de fer, aurait produit d'heureux résultats. En prenant à chacun des plans que nous avons fait connaître ce qu'il a de réalisable, en les modifiant l'un l'autre par d'habiles combinaisons, on pourrait peut-être doter Paris de tout un réseau de voies ferrées, sans condamner ses habitants à la sensation pénible que cause toujours la circulation dans des tunnels. Le système de l'ingénieur belge représente, en effet, une sorte de terme moyen entre le viaduc et le tunnel.

Inter utrumque tene : medio tutissimus ibis.

FIN DES RAILWAYS MÉTROPOLITAINS

TABLE DES MATIÈRES

LE TUNNEL DU MONT CENIS

LE TUNNEL DU MONT SAINT-GOTHARD

LE TUNNEL DE L'ARLBERG

LE TUNNEL SOUS-MARIN DU PAS-DE-CALAIS

LES RAILWAYS MÉTROPOLITAINS

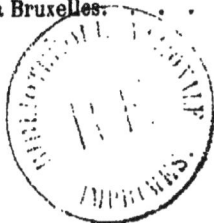

FIN DE LA TABLE DES MATIÈRES

CORBEIL. — IMPRIMERIE B. RENAUDET

www.ingramcontent.com/pod-product-compliance
Lightning Source LLC
Chambersburg PA
CBHW060822220326
41599CB00017B/2259